性能测试JMeter实战

胡通◎编著

人民邮电出版社
北京

图书在版编目（CIP）数据

大话性能测试 : JMeter实战 / 胡通编著. -- 北京 : 人民邮电出版社, 2021.11（2023.4重印）
ISBN 978-7-115-57398-8

Ⅰ. ①大… Ⅱ. ①胡… Ⅲ. ①软件开发－程序测试 Ⅳ. ①TP311.55

中国版本图书馆CIP数据核字(2021)第191226号

内 容 提 要

本书以业界开源性能测试工具 JMeter 为依托，结合真实的工作实践，用通俗易懂的语言层层深入讲解性能测试技能。全书共分为 5 章和 6 个附录，第 1 章讲解性能测试基础知识，包括性能测试的整体知识体系、必备基础知识和通用标准等；第 2 章讲解初级性能测试技能，包括 JMeter 九大核心组件的使用、测试脚本的编写等；第 3 章讲解中级性能测试技能，包括如何扩展 JMeter 的功能插件、搭建性能自动化和实时可视化平台等；第 4 章讲解高级性能测试技能，包括 Dubbo 的扩展测试、中间件的基准测试、JMeter 源码的解析等；第 5 章通过实例剖析 3 种典型性能测试场景；附录部分扩展讲解实用性能知识，包括典型性能问题和解决方法、性能参数调优、问题定位和优化建议等。

本书适合对性能测试有入门、进阶学习需求的测试人员，也适合对性能知识有学习需求的开发人员、运维人员等相关技术人员。

◆ 编　　著　胡　通
　责任编辑　刘雅思
　责任印制　王　郁　焦志炜

◆ 人民邮电出版社出版发行　　北京市丰台区成寿寺路 11 号
　邮编　100164　　电子邮件　315@ptpress.com.cn
　网址　https://www.ptpress.com.cn
　北京九州迅驰传媒文化有限公司印刷

◆ 开本：800×1000　1/16
　印张：20.5　　　　2021 年 11 月第 1 版
　字数：482 千字　　2023 年 4 月北京第 5 次印刷

定价：89.90 元

读者服务热线：(010)81055410　印装质量热线：(010)81055316
反盗版热线：(010)81055315
广告经营许可证：京东市监广登字 20170147 号

前　言

为什么写本书

如今互联网飞速发展，各个公司产品比拼的不仅仅是功能齐全，更多的是体验流畅。在每日成千上万用户的访问下，用户还能拥有非常好的产品使用体验，这对于进一步增加老用户黏性和吸引新用户至关重要。性能测试是提前暴露产品问题，保障线上运营稳定的重要手段。不安于现状，努力自我增值是每个互联网人应有的品质。从事业务功能测试的工程师如果仅仅专注于业务，那么其职业生涯的发展瓶颈或困惑可能马上就会到来，而性能测试是测试行业里颇具技术含量的领域，也是广大测试工程师进一步提升自己知识技能的方向。我自硕士毕业以来，一直从事一线的性能测试工作，也是从新手真刀真枪一步步地实践成长过来的。2018 年 9 月，我开通了微信公众号“大话性能”，开始编写原创技术文章，分享工作经验和方法，其间不断有测试同行希望我推荐性能测试的书籍。另外，我一直推崇“知识的流通才能创造其价值”的理念，于是有了写书的想法，特写此书，把个人多年的性能测试实战经验毫无保留地分享出来，让更多读者能够更加全面、系统地学习性能测试。

虽然过了而立之年，我还会继续更新技术文章，让更多人受益，少走弯路，这对我自己也是一种成长。众所周知，性能测试涉及的知识面广而深，不是掌握一个工具就能成为性能测试专家的，希望本书能给各位读者在成为专家的路上提供帮助。

通过本书能收获什么

本书结合我自己从初入职场到成为职场老手的学习成长经历和多年的一线 JMeter 实战真经，内容具有以下特点。

（1）在系统性上，本书解决了网上性能测试相关知识碎片化和片面化的问题，系统地梳理了性能测试领域知识，技能树齐全。

（2）在延展性上，本书从 JMeter 自带组件、第三方扩展和代码定制等多个维度扩展了工具使用的深度，满足读者的个性化需求。

（3）在实操性上，本书绝非“纸上谈兵”，而是融技术讲解于项目实战，并梳理常见典型问题和解决方法，让读者学以致用。

本书适合哪些读者

不论是否有性能测试基础、是否了解性能测试，也不论是否为性能测试老手，本书对各层次的读者都有所帮助，包括但不限于：

- 测试工程师；
- 开发工程师；
- 运维工程师。

如何阅读本书

读者可借鉴本书的实战内容，掌握性能测试的完整过程并应用于实际工作。本书的实战内容包括需求分析、测试脚本开发、环境部署、测试数据构造、测试执行、问题定位和优化技能等，让读者真正能够胜任性能测试工作。本书共分为 5 章和 6 个附录。

第 1 章全面、细致地讲解性能测试相关的技能知识图谱和必备知识，帮助测试新手从全局了解性能测试，重点传授使用阿里开源工具 TProfiler 定位代码耗时、使用淘宝的开源工具 OrzDBA 诊断 MySQL 的异常、编写自定义 Shell 脚本监控服务器、通过 Java 代码快速构建千万数据等实战真经，可借鉴性强、实用性高。

第 2 章主要讲解在实际工作中使用最频繁的九大 JMeter 核心组件，帮助测试新手快速掌握 JMeter，从而独立承担起初级脚本的编写和测试工作。

第 3 章讲解 JMeter 分布式压测的方法，然后提炼 BeanShell 的 10 个实战应用示例，接着介绍 JMeter 的自定义扩展方法和 WebSocket 相关组件，最后提供自动化的测试方案，并结合代码和业界常用的开源工具搭建可视化的性能测试平台，可以帮助小型互联网公司快速应用。

第 4 章讲解常用分布式架构 Dubbo 的扩展测试、百万 TCP 长连接的验证测试、消息中间件 ActiveMQ 和缓存中间件 Redis 的基准测试，并解读 JMeter 源码，供有兴趣的读者深入学习。

第 5 章逐一分析日常项目迭代型、方案对比型、MQTT 开源协议共 3 种典型的性能测试场景，进一步提升读者解决实际性能问题的能力，让读者能够独立承担起具有特殊需求的性能测试。最后，本章剖析实战中 3 例典型问题的定位分析过程。

附录部分依次梳理常见性能测试问题和分析解决方法、性能参数调优、Java 代码定位和优化建议、MySQL 定位和优化建议、JVM 定位和优化建议、Cookie 和 Session 的关系等实用性能专题内容，供广大读者学习。

本书的配套资源包含性能测试报告模板、常见中间件搭建必知必会、利用 Maven 构建私有 jar 包等干货内容，读者可在异步社区本书页面下载。

致谢

感谢公司、部门给予的广阔成长空间，感谢部门领导和同事的悉心指导。

感谢人民邮电出版社的大力支持，尤其要感谢张涛和孙喆思两位编辑，他们在我写作本书期间提供了不少好的建议和帮助。

最后，谨以此书献给“大话性能”微信公众号的广大粉丝和测试同仁，希望我们一起学习、成长、进步！

资源与支持

本书由异步社区出品，社区（https://www.epubit.com/）为您提供相关资源和后续服务。

配套资源

本书提供性能测试报告模板、常见中间件搭建方法等配套学习资料，请在异步社区本书页面中单击 配套资源 ，跳转到下载界面，按提示进行操作即可。注意：为保证购书读者的权益，该操作会给出相关提示，要求输入提取码进行验证。

提交勘误

作者和编辑尽最大努力来确保书中内容的准确性，但难免会存在疏漏。欢迎您将发现的问题反馈给我们，帮助我们提升图书的质量。

当您发现错误时，请登录异步社区，按书名搜索，进入本书页面，单击“提交勘误”，输入勘误信息，单击“提交”按钮即可。本书的作者和编辑会对您提交的勘误进行审核，确认并接受后，您将获赠异步社区的 100 积分。积分可用于在异步社区兑换优惠券、样书或奖品。

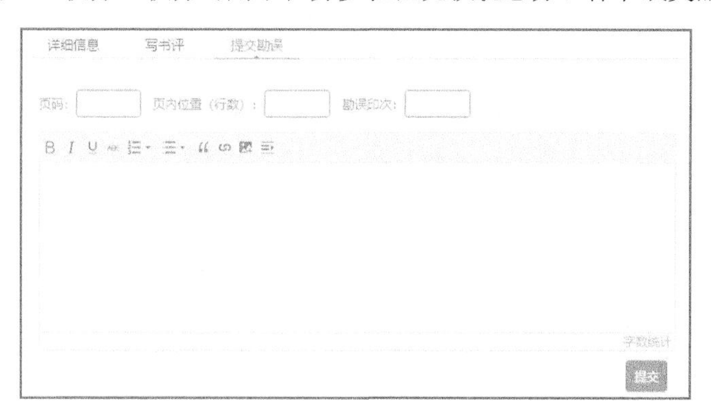

扫码关注本书

扫描下方二维码，您将会在异步社区微信服务号中看到本书信息及相关的服务提示。

与我们联系

本书责任编辑的联系邮箱是 liuyasi@ptpress.com.cn。

如果您对本书有任何疑问或建议，请您发邮件给我们，并请在邮件标题中注明本书书名，以便我们更高效地做出反馈。

如果您有兴趣出版图书、录制教学视频或者参与技术审校等工作，可以直接发邮件给本书的责任编辑。

如果您来自学校、培训机构或企业，想批量购买本书或异步社区出版的其他图书，也可以发邮件给我们。

如果您在网上发现有针对异步社区出品图书的各种形式的盗版行为，包括对图书全部或部分内容的非授权传播，请您将怀疑有侵权行为的链接通过邮件发给我们。您的这一举动是对作者权益的保护，也是我们持续为您提供有价值的内容的动力之源。

关于异步社区和异步图书

"异步社区"是人民邮电出版社旗下 IT 专业图书社区，致力于出版精品 IT 图书和相关学习产品，为作译者提供优质出版服务。异步社区创办于 2015 年 8 月，提供大量精品 IT 图书和电子书，以及高品质技术文章和视频课程。更多详情请访问异步社区官网 https://www.epubit.com。

"异步图书"是由异步社区编辑团队策划出版的精品 IT 专业图书的品牌，依托于人民邮电出版社近 30 年的计算机图书出版积累和专业编辑团队，相关图书在封面上印有异步图书的 LOGO。异步图书的出版领域包括软件开发、大数据、AI、测试、前端和网络技术等。

异步社区

微信服务号

目录

第 1 章

性能测试基础

如今，互联网电商、短视频、网络社交和支付等应用正深深地改变着人们的生活模式，成万上亿的用户每日都会使用这些应用来满足生活需求，在节假日或者特殊活动期间，应用的访问量便会呈几何级数上涨。为了保证在如此大的访问量下，用户还能拥有非常好的产品使用体验，工程师们就需要预先进行大规模的性能测试工作，以确保提前发现和解决问题。性能测试可以说是互联网行业评估平台能够支撑的访问量级、保障产品的使用流畅度、维持用户黏性的一把利刃。本章不仅会介绍性能测试基础理论知识，而且会更多地讲述作者在 5 年多的性能测试工作成长中，思考提炼出的对实际测试工作具有指导意义的工具、脚本和流程等实战内容，接下来我们就正式开始性能测试学习之旅。

1.1 性能测试新手入门

本节主要讲解性能测试的入门基础知识。首先，介绍一些重要的性能测试基本概念；然后，从整体勾勒出提升性能测试人员能力的专项技能知识图谱；最后，简要描述新手快速入门性能测试的实战思考，让新手在全局上直观认识性能测试。

1.1.1 性能测试的背景

相信不管是技术人员还是非技术人员，不知道“天猫双 11 购物狂欢节”的人应该极少。2019 年，“天猫双 11 购物狂欢节”开启后 96 秒成交额破百亿元人民币，24 小时内总成交额达 2684 亿元人民币，创造了交易创建峰值 54.4 万笔每秒的历史记录。从 2014 年到 2019 年，随着技术不断更新迭代，订单量峰值也是不断创新高，如图 1-1 所示。“天猫双 11 购物狂欢节”已经不仅是购物节，更是商业和技术的奥林匹克运动会，在不断追求着更高、更快、更强。

除了电商大促，大家司空见惯的还有新浪微博热搜、微信热点事件等典型高流量场景。在热点事件发生时应用稳定运行的背后，是很多技术工程师团队花费了无数个日夜的迭代测试。其中，性能测试发挥着不可估量的作用，因此其意义和重要性可见一斑。

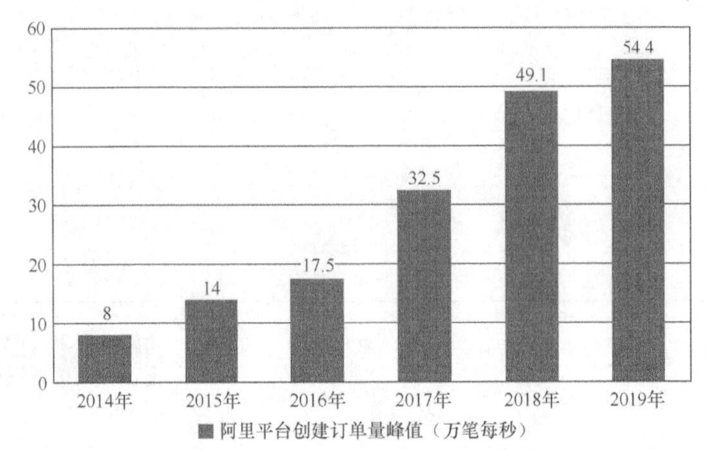

图 1-1　2014～2019 年阿里平台“天猫双 11 购物狂欢节”交易创建峰值（数据摘自网易科技）

1.1.2　性能测试的目的

性能测试不同于功能测试，性能测试需要面面俱到，考虑到每一个需求细节，一般来说性能测试更加关注系统的性能表现。概括来说，可以将性能测试的目的划分为 5 类：能力验证、规划能力、性能调优、缺陷发现和基准比较。

1. 能力验证

我们经常会听到这样的描述“某系统能否在什么条件下具有什么能力”，这就是一个典型的能力验证问题。例如，我们为客户进行系统上线后的验收测试，或是作为第三方对一个已部署的应用的性能进行验证，这些都属于为达到这种性能测试的目的进行的测试。

该性能测试的目的具有如下特点。

（1）要求在已确定的环境下运行。

（2）需要根据典型场景设计测试方案和用例。

（3）一般采用的测试方法包括性能测试、可靠性测试、压力测试和失效恢复测试。

也就是说，它关心的是“在给定条件下，系统是否具有预期的能力表现”。

2. 规划能力

通常被描述为“系统能否支持未来一段时间内的用户增长”或者是“应该如何调整系统配置，使系统能够满足增长的用户数的需要”。其实它和业界常说的容量规划大同小异，即通过性能测试和评估得到性能基线，并将其作为容量规划的一个指标，明确系统大概在什么情况下会出现瓶颈，什么时候需要进行扩容。但是以系统实际的线上观察数据作为基础会更有效，因此容量规划通过性能测试环境来模拟是不充分的，仅可作为参考。

该性能测试的目的具有如下特点。

（1）它是一种探索性的测试。

（2）它可被用于了解系统的性能以及获得扩展性能的方法。

（3）一般采用的测试方法包括负载测试、配置测试和压力测试。

也就是说，它关心的是“应该如何使系统具有我们要求的性能”或是“在某种可能发生的条件下，系统性能如何”。

3. 性能调优

调优可以在多种不同的测试阶段和场合下使用。对已经部署在实际生产环境中的应用系统来说，性能调优可能会首先关注硬件环境和系统设置，例如，对服务器的调整、对数据库参数的调整，以及对应用服务器参数的调整，此时的性能调优需要在生产环境这个确定的环境下进行。但对正在开发的应用来说，性能调优会更多地关注应用逻辑的实现方法、应用中涉及的算法和数据库访问层的设计等因素，此时并不要求性能测试环境是实际的生产环境，只要整个调优过程中有一个可用于比较的基准性能测试环境即可。

该性能测试的目的具有如下特点。

（1）确定了基准环境、基准负载和基准性能指标。

（2）调整了系统运行环境和实现方法。

通常包括如下 3 个不同层面的调整。

- 硬件环境的调整主要是对系统运行的硬件环境进行调整，包括改变系统运行的服务器和主机设备环境（改用具有更高性能的计算机，或是调整某些服务器的物理内存总量、CPU 总量等）、调整网络环境（更换传输速度更快的网络设备，或是采用带宽更高的组网技术）等。
- 系统设置的调整主要是对系统运行的基础平台的设置进行调整，例如，根据应用需要调整 UNIX 系统的核心参数、调整数据库的内存池大小、调整应用服务器使用的内存大小，或是采用版本更高的 JVM 环境等。
- 应用级别的调整主要是对应用实现本身进行调整，包括选用新的架构、采用新的数据访问方式或修改业务逻辑的实现方式等。

需要说明的是，不要一次调过多的参数或多次修改应用实现方法，否则很难判断具体是哪个调整对系统性能产生了较为有利的影响，即通常采用单一变量实验法来进行测试验证。

（3）记录测试结果，并进行分析。循环的出口是“达到预期的性能调优目标”。

（4）一般采用的测试方法包括配置测试、负载测试、压力测试和失效恢复测试。

4. 缺陷发现

日常项目迭代中，通过性能测试来发现系统中存在的缺陷和问题。

一般采用的测试方法包括并发测试、压力测试和失效恢复测试。

5. 基准比较

该目的通常应用在敏捷开发过程中，即在不设定明确的性能目标的情况下，通过比较得到每次迭代中的性能表现的变化，并根据这些变化判断迭代是否达到了预期的目标。

不同系统有不同的业务特性，同一产品在不同时期，对性能测试的需求和要达成的目标也会有所不同，性能测试的目的通常包括以上 5 类。

注意

在真实测试中，性能测试的目的总是会有一些重叠。其实也不必很纠结，读者只需了解以上各类性能测试的目的即可。

1.1.3　性能测试的分类

性能测试根据目的不同又可以细分为不同的测试类型，平时工作中根据具体情况进行对应的测试。下面是最常见的性能测试分类。

（1）并发测试。用于评估当多用户并发访问同一个应用、模块、数据时是否会产生隐藏的并发问题，常用于秒杀场景，可以发现一些超买超卖、死锁等问题。

（2）压力测试。用于评估当处于或超过预期负载时系统的运行情况。压力测试的关注点在于系统在峰值负载或超出最大载荷情况下的处理能力。

（3）负载测试。通过对系统不断增加压力，测试压力或者增加压力后的持续时间，直到系统的一项或多项性能指标达到安全临界值，从而评估系统在安全阈值范围内的处理能力情况，或配合性能调优来使用。

（4）稳定性测试。若要判断系统在上线后长时间运行会不会出现性能问题、有无内存泄漏或线程泄漏，或产生其他异常，则需要进行稳定性测试。稳定性测试考察了系统在一定压力下连续运行3×24h、7×24h的状况，以确定系统足够稳定。

（5）可靠性测试。产品上线后，在运营及推广下，用户量会持续上升。某些时候因为一些运营活动会出现用户激增，导致服务器负载过高。在这种场景下保障服务正常提供且足够可靠，计算机不会运行异常，则需要进行可靠性测试。

提示

有些大厂，例如网易、京东，还经常会进行故障演练的测试，目的在于保证和提升系统在压力下的稳定性。通过人工制造和注入故障，了解故障发生后系统的表现，从而设计对应的保证措施，以提前验证解决方案的可行性，同时提高系统的容错率和健壮性。

容量测试是性能测试中的一种测试方法，它的目的是测量系统的最大容量，为系统扩容、性能优化提供参考，同时节省成本投入并提高资源利用率。容量测试常用于容量规划。

1.1.4　性能测试的术语和指标

性能测试中会涉及很多性能相关的指标和术语，本节重点剖析核心的概念。

（1）在线用户，表示某个时间段内在服务器上保持登录状态的用户。但在线用户不一定是对服务器产生压力的用户，只有正在操作的活跃用户才会对服务器产生压力，在线只是一种状态。

（2）相对并发用户，类似活跃用户，表示某个时间段内与服务器保持交互的用户，理论上这些用户有同一时刻（即绝对并发）进行操作的可能（对这种可能性的度量称为并发度）。相对并发的说法主要是为了区分绝对并发。

（3）绝对并发用户，表示同一时间点（严格地说是足够短的时间段内）与服务器进行交互的用户，一般通过测试工具提供的并发控制（如 JMeter 的集合点）实现。

（4）思考时间，表示用户每个操作后的暂停时间，或者叫作操作之间的间隔时间，此时间内用户是不对服务器产生压力的。如果想了解系统在极端情况下的性能表现，可以设置思考时间为 0；而如果要预估系统能够承受的最大压力，就应该尽可能地模拟真实思考时间。

（5）响应时间，通常包括网络传输请求的时间、服务器处理的时间，以及网络传输响应的时间。而我们重点关心的应该是服务器处理的时间，这部分受到代码处理请求的业务逻辑的影响，从中可以真正发现缺陷并对业务逻辑进行优化，而网络传输请求和响应的时间很大程度上取决于网络质量。

响应时间也就是 JMeter 术语中的 Elapsed time，表示接收完所有响应内容的时间点减去请求开始发送的时间点。另外，Latency time 表示接收到响应的第一个字节的时间点减去请求开始发送的时间点，Connection time 表示建立连接所消耗的时间。

当关注响应时间时，不应该只关注平均响应时间。通常我们会采用 95%的响应时间，即所有请求的响应时间按照从小到大排列，位于 95% 的响应时间。该值更有代表性，而平均响应时间未能有效地考虑波动性。

（6）TPS，指每秒处理的事务数，是直接反映系统性能的指标。该值越大，系统性能越好。通常如果一个事务包含的请求就 1 个，那么这个值就是每秒处理请求数。另外还有个概念叫吞吐量，它除了用于描述网络带宽能力，也指单位时间内系统处理的请求数量，JMeter 聚合报告中 TPS 就是用该术语显示的。假如 1 个用户在 1s 内完成 1 笔事务，则 TPS 明显就是 1；如果某笔业务响应时间是 1ms，则 1 个用户在 1s 内能完成 1000 笔事务，则 TPS 就是 1000 了；如果某笔业务响应时间是 1s，则 1 个用户在 1s 内只能完成 1 笔事务，要想 TPS 达到 1000，则至少需要 1000 个用户。因此在 1s 内，1 个用户可以完成 1000 笔事务，1000 个用户也可以完成 1000 笔事务，这取决于业务响应时间。

（7）TPS 波动范围。方差和标准差都是用来描述一组数据的波动性的（表现数据集中还是分散），标准差的平方就是方差。方差越大，数据的波动越大。

众所周知，性能测试依赖于特定的硬件、软件、应用服务和网络资源等，所以在性能场景执行期间，TPS 可能表现为稳定，或者波动，或者遵循一定的趋势上升或下降。由此可以根据离散系数提出一个 TPS 波动范围的概念，并定义为 TPS 标准差除以 TPS 平均值。如果这个比值超过了一定的范围，就认为这个性能点的 TPS 不够稳定，也间接证明被测系统的响应波动大，不满足性能期望。

另外，从上述的术语中不难发现，TPS、并发数与响应时间之间是有一定的关系的。假设平均响应时间为 t（单位为毫秒），并发量为 c，每秒处理请求数为 q，则 $q=(1000/t)\times c$ 就是这个关系。所以想要升高 q，就只有两条路：降低 t 和升高 c。

对于降低 t，只能靠优化代码方式来实现，这取决于软件工程师的编码水平或架构设计。

对于升高 c，通常 c 与服务器程序的请求处理模型关系比较大。如果服务器程序是“一个线程对应一个请求”的模式，那么 c 的最大值就受制于服务器能支撑多少个线程；如果是“一个进程对应一个请求”的模式，那么 c 的最大值则受制于最大进程数。另外，在升高 c 值的过程中，不得不注意的一点是，随着线程/进程数增多，上下文切换、线程/进程调度开销会增大，这会间接地显著增大 t 的值，因而不能让 q 的值跟着 c 的值等比升高。所以一味增大 c 值通常也不会有好结果，最合适的 c 值应该根据实测试验得出。

注意

有一种特殊情况：若业务决定了该服务器提供的服务具有“数据量小、返回时间较长”的特征，即这是一个不忙但很慢的业务类型，那么可以采用 NIO 模式提供服务，例如 Nginx 就默认采用 NIO 模式。

在这种模式下，c 值不再与线程/进程数相关，而只是与“套接字连接数”相关。通常“套接字连接数”可以非常大，在经过特殊配置的 Linux 服务器上，可以同时支撑百万级别的套接字连接数，在这种情况下 c 值可以达到 100 万。

在如此高的 c 值之下，就算 t 再大，也可以支撑一个很高的 q，同时真正的线程/进程数可以只设置到跟 CPU 核数一致，以求最大化 CPU 利用率。当然，这一切的前提是该业务具有“数据量小、返回时间较长”的特征。

经过上述分析，在评定服务器的性能时，应该结合 TPS 和并发用户数，以 TPS 为主、以并发用户数为辅来衡量系统的性能。如果必须要用并发用户数来衡量，则需要一个前提——交易在多长时间内完成。因为在系统负载不高的情况下，将思考时间（思考时间的值等于交易响应时间）加到脚本中，并发用户数基本可以增加一倍，所以用并发用户数来衡量系统的性能没太大的意义。

提示

- 高并发：并发强调多任务交替执行，并发与并行是有区别的，并行是多任务同时执行。例如，一个核的 CPU 处理事务就是并发；多个核的 CPU 就会存在事务的并行处理。这里涉及的知识点包括多线程、事务和锁，设计高并发通常采用无状态、拆分、服务化、服务隔离、消息队列、数据处理和缓存等。
- 高可用：用系统的无故障运行时间来度量，主要作用为保证软件故障监控、数据备份和保护、系统告警、错误隔离。业务层设计包括集群、降级、限流、容错、防重和幂等。数据库设计包括分库、分表和分片等。

1.1.5 性能测试的基础曲线模型

对初学者来说，培养观察与分析的思维是很重要的。图 1-2 为性能测试的基础曲线模型，是一个经典的压力曲线拐点图，不过在真实测试时结果不会这么理想。

其中，X 轴代表并发用户数，Y 轴代表资源利用率、吞吐量和响应时间。X 轴与 Y 轴区域从左往右分别代表轻压力区、重压力区和拐点区。

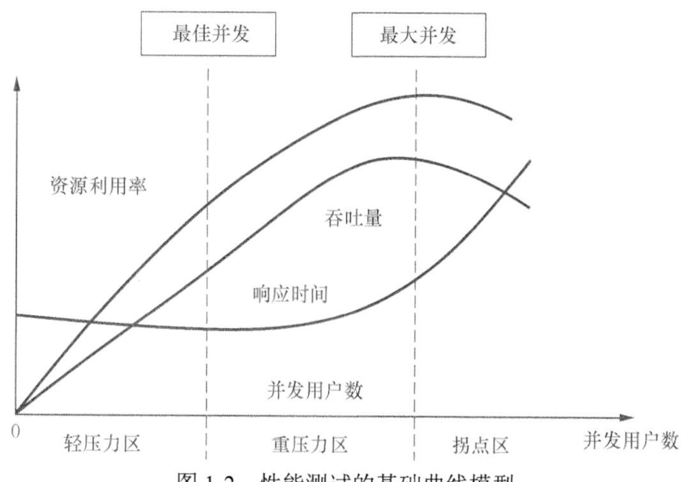

图 1-2 性能测试的基础曲线模型

然后，根据前面学习的性能测试的术语与指标进行理解。随着并发用户数的增加，在轻压力区的响应时间变化不大，曲线比较平缓。进入重压力区后响应时间呈现增长的趋势。最后进入拐点区后曲线倾斜率增大，响应时间急剧增加。

接着，观察吞吐量，随着并发用户数的增加，吞吐量增加。进入重压力区后吞吐量逐步平稳。到达拐点后吞吐量急剧下降，这说明系统已经达到了处理极限，有点要扛不住的感觉。同理，随着并发用户数的增加，资源利用率逐步上升，最终达到饱和状态。

最后，把所有指标融合分析。随着并发用户数的增加，吞吐量与资源利用率增加，说明系统在积极地处理事务，所以响应时间增加得并不明显，此时系统处于比较好的状态。但随着并发用户数的持续增加，压力也在持续加大，吞吐量与资源利用率都达到饱和。随后，吞吐量急剧下降，响应时间急剧上升。轻压力区与重压力区的交界点的并发用户数值是系统的最佳并发用户数，因为各种资源都利用得比较充分，响应也很快；而重压力区与拐点区的交界点的并发用户数值就是系统的最大并发用户数，超过这个点后，系统会性能急剧下降甚至崩溃。

提示

性能测试在寻找拐点的时候，通常采用手动方式调整并发用户数，人为地判断峰值和临界点。其实可以设计实现一个算法，采用滑动窗口的方式，自动化地寻找性能拐点，这样做效率高，大家可以动手尝试一下。

1.1.6 性能测试的技能知识图谱

性能测试是一门很深的学问，是一个知识体系庞大的工程，因此想速成基本上是不可能的，需要一步步地通过实践积累经验。图 1-3 是性能测试由浅入深的技能知识图谱，作者在此抛砖引玉，一方面希望让大家有全局的认知，另一方面给大家提供按知识图谱去深入学习的方向，让大家有的放矢地学习。

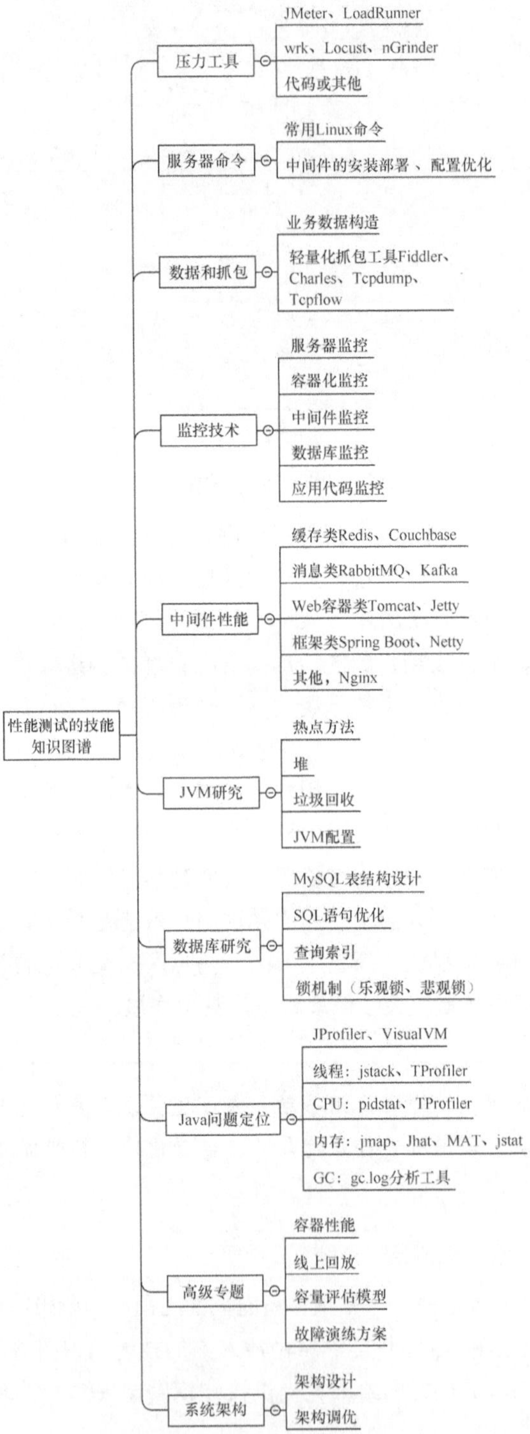

- 性能测试的技能知识图谱
  - 压力工具
    - JMeter、LoadRunner
    - wrk、Locust、nGrinder
    - 代码或其他
  - 服务器命令
    - 常用Linux命令
    - 中间件的安装部署 、配置优化
  - 数据和抓包
    - 业务数据构造
    - 轻量化抓包工具Fiddler、Charles、Tcpdump、Tcpflow
  - 监控技术
    - 服务器监控
    - 容器化监控
    - 中间件监控
    - 数据库监控
    - 应用代码监控
  - 中间件性能
    - 缓存类Redis、Couchbase
    - 消息类RabbitMQ、Kafka
    - Web容器类Tomcat、Jetty
    - 框架类Spring Boot、Netty
    - 其他，Nginx
  - JVM研究
    - 热点方法
    - 堆
    - 垃圾回收
    - JVM配置
  - 数据库研究
    - MySQL表结构设计
    - SQL语句优化
    - 查询索引
    - 锁机制（乐观锁、悲观锁）
  - Java问题定位
    - JProfiler、VisualVM
    - 线程：jstack、TProfiler
    - CPU：pidstat、TProfiler
    - 内存：jmap、Jhat、MAT、jstat
    - GC：gc.log分析工具
  - 高级专题
    - 容器性能
    - 线上回放
    - 容量评估模型
    - 故障演练方案
  - 系统架构
    - 架构设计
    - 架构调优

图 1-3　性能测试的技能知识图谱

1.1.7 新手入门基础知识

作为性能测试新手，需要优先掌握哪些知识才可以开始独立开展性能测试的工作呢？答案如图 1-4 所示，新手需要优先掌握这 5 个入门核心步骤。

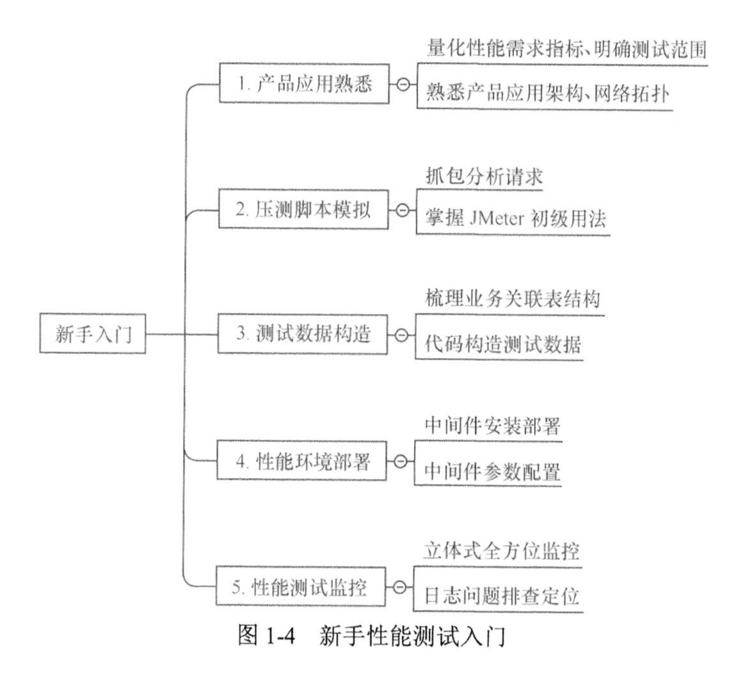

图 1-4 新手性能测试入门

1. 产品应用熟悉

首先，毫无疑问，我们需要先熟悉产品，分析并梳理出核心功能模块、复杂业务，然后对这些内容进行数据分析，量化可以测量的性能需求指标，后面的章节会单独重点讲解需求分析。接下来，明确性能测试范围和具体的性能需求指标后，我们需要进行性能测试方案设计、性能测试用例设计等一系列工作。另外，产品的部署方式和架构也是有必要去了解的，这有助于后续的性能测试环境搭建。这些准备工作做得越精细，后续的测试准确性就越高。

2. 压测脚本模拟

在性能测试中，互联网行业都喜欢用开源的工具，一方面是因为其免费，另一方面因为其可扩性比较强。所以，在这里作者建议学习测试的同学优先掌握 JMeter 工具，本书意在分享作者系统梳理在工作中积累的 JMeter 常见的实战经验和一些技巧，让大家能够拿来即用，快速应用于自己的实际工作任务中。

3. 测试数据构造

在压测之前，需要在数据库中准备好一定量的铺垫存量数据，有些比较复杂的数据会涉及多张表的关联关系，需要利用代码去按一定规则批量快速创建。接下来我们也会详细讲解这部分内容，并提供 Python 和 Java 两个版本的构造数据代码。

4. 性能测试环境部署

为了使性能测试环境尽可能和线上环境保持一致，我们需要掌握独立部署常用中间件，以及知道每个中间件的配置信息，尤其是一些和性能息息相关的参数。所以首先我们需要学习一些 Linux 的常用命令，例如解压缩、查看进程和修改文件等；其次是熟悉中间件的配置信息和调优参数；最后了解一些高可用的技术和架构。

5. 性能测试监控

性能脚本准备好，测试数据构造已完成，性能测试环境也有了，在开始正式执行性能测试之前，我们要先开启性能测试的监控。我们需要掌握常用的监控方法和各个指标的含义，如服务器系统层的 CPU、内存和网络情况，应用层的 JVM 和垃圾回收（Garbage Collection，GC）情况，数据库层的 SQL 语句和连接池情况等。监控启动或部署后，我们就可以正式执行脚本，并观察系统的表现，根据一些异常情况或日志定位分析问题，进行调优。

至此 5 步，我们便可以独立地完成一些简单项目的性能测试了，新手同学可以优先掌握上面要求的内容，再在后续性能测试工作中专题式的研究其他内容，其实掌握 20%的技能就可以完成 80%的日常工作。

注意

（1）在性能测试开始前和结束后，务必要清理性能测试环境中的脏数据和构造的数据，保持性能测试环境数据的纯净有效。

（2）在环境检查时，务必确认没有涉及短信、支付、流量、推送等会引起经济损失的业务，以及引用到线上环境的地址的配置。

（3）在大规模压测开始前，务必先做好脚本单线程调试，确认好环境地址，否则如果一口气发送几百万条消息短信或者支付请求，那可不是闹着玩儿的。

1.2　性能测试必备知识

在本节中，首先我们给出性能测试的完整工作流程，然后展开，深入浅出地讲解性能测试的需求分析、方案设计、环境搭建、数据构造、抓包分析、脚本编写、监控部署、定位分析和报告总结共 9 个环节。其中，我们重点分享工作中利用代码批量构造数据、自定义 Shell 脚本监控系统、利用阿里开源工具诊断代码、结合淘宝的 OrzDBA 监测 MySQL，以及典型性能问题剖析等实战真经。

1.2.1　性能测试的完整工作流程

性能测试在项目流程中和功能测试一样，需要进行性能需求分析评审、性能测试方案评审、性能测试报告评审等几项核心工作。因为性能测试是一项系统性的工作，所以参与的人员包含产品运营人员、运维人员、测试人员、开发人员、架构师等，大家共同承担和评估性能测试工作。图 1-5 较为细致地阐述了测试人员主导的各个性能测试环节的工作流程，大家可以借鉴。

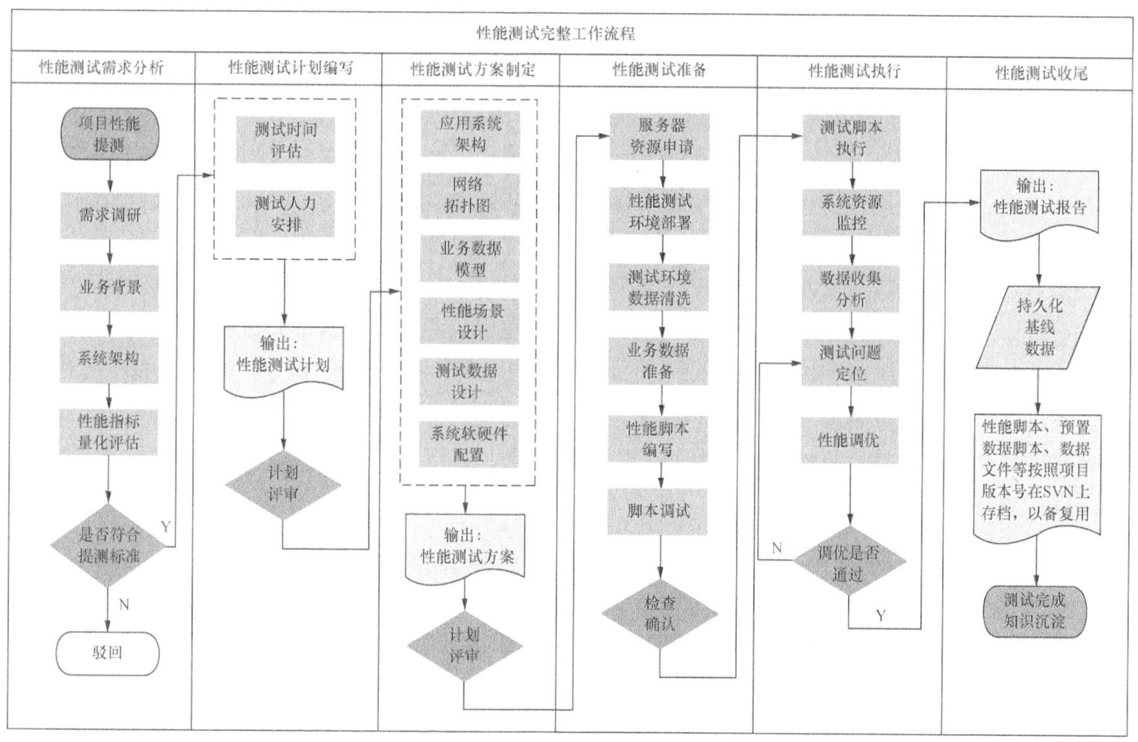

图 1-5 性能测试完整工作流程

提示

（1）关于性能测试的执行时机，大家可以制定一些规则，例如按照版本号结合重要事件活动的规则。

（2）为性能测试制定的通用标准，可以因产品的形态不同动态微调。

1.2.2 性能测试的需求分析

性能测试最开始的需求分析工作细致与否，与后面的性能测试结果息息相关。需求分析是一个繁杂的过程，它并非我们想象的那么简单。做需求分析除了要对系统的业务非常了解，还需要有深厚的性能测试知识，这样才能够挖掘分析出真正的性能测试需求。

很多时候，性能测试的需求是比较模糊的，需要性能测试工程师去挖掘和分析。在工作中，作者经常被问到的一个问题是：应该设置多少个 JMeter 线程去压测？还有不懂技术的客户提出想要做性能测试，但是没有提供指标，只说系统支持 100 万用户。这些都是我们日常工作中司空见惯的泛泛的需求。

此时，我们可以通过“3 步法”对产品进行正确的需求分析和用户业务模型建立。

1. 剖析被测系统

（1）了解系统架构。首先我们需要与开发人员沟通，了解清楚系统的部署架构采用了哪些中间件、数据库、容器、缓存等，以及它们之间的架构关系，并画出对应的网络拓扑图和系统部署架构图。

（2）了解业务模型。首先我们需要采用用户行为分析，分析用户使用产品的习惯，确定系统的典型业务及发生时间。很多大型系统的业务使用都有流量高峰。这类系统业务使用的流量高峰可能出现在一天、一月、一年中的某个时间点上或时间段内。对于新浪、网易等门户网站，在周一到周五的早上刚上班时，可能使用邮件系统的用户比较多，而在中午休息时间浏览热点新闻的用户较多；对于一般的 OA 系统，早上阅读公告的用户较多，在其他时间可能没有用户使用系统或者仅有少量的用户，比如秘书或领导使用系统起草和审批公文；对于电信缴费系统，在月末很可能会出现用户集中使用交费业务的情况。

然后是调研历史统计数据，通过分析数据确定热点模块。如果产品已上线，可以统计和分析线上历史数据。对于 Web 类产品，我们可以获取和分析独立用户数、页面访问量和最大在线用户数；对于后台类产品，则可以分析如 Nginx 的 Access log，从而得出最大的访问量；对于数据库类产品，我们还可以分析出热点 SQL 等。如果产品未上线，有同类产品参考，可以参考公司内同类产品或者同行的同类产品进行热点模块预估，虽然不能完全照搬，但可以根据业务增长数据进行统计分析，输出用户访问热点轨迹图。

2. 选取性能测试点

选取性能测试点是性能测试需求分析中非常重要的一个环节。面对一个功能繁杂的系统，要设计出有效的测试场景，最大程度上覆盖系统的性能问题和瓶颈，需要较多的经验积累。目前我们可以按照以下原则来进行性能测试点的选取：

（1）核心业务模块，例如支付业务、核心算法；

（2）并发量较高的业务模块；

（3）逻辑较复杂的业务模块；

（4）有复杂数据库操作或事务的模块；

（5）有较频繁的磁盘读写操作的模块。

然后根据不同类型的系统应用，选取的原则也可以进一步细分。

对于 Web 应用，其性能测试点的选取原则为：

（1）依据业务数据统计中几种典型业务的用户使用数比例；

（2）调用频繁、占用空间大的数据库表的交易；

（3）占用最大存储空间或其他资源的交易；

（4）对磁盘、常驻内存的数据过度访问的交易。

对于后台类应用，其性能测试点的选取原则为：

（1）读（查询）、写（增删改）、读写（增删改查）混合的业务模块；

（2）配置服务器的业务模块；

（3）功能的实现方式，如同步和异步，轮询和 notify 等；

（4）分布式业务模块，如单客户端和多客户端，单节点和多节点；

（5）数据规模，如数据库已存在大量记录，存储可用空间少；

（6）缓存，如对文件系统缓存和数据库缓存的利用等；

（7）负载均衡，如多节点情况下是否负载均衡。

对于分布式数据库，其性能测试点的选取原则为：

（1）数据库读写混合业务模块；

（2）数据库之间数据同步；

（3）SQL 语句；

（4）数据规模。

此外，当系统应用包含长连接消息服务时，其性能测试点的选取原则为：

（1）单机能支撑的最大并发长连接数；

（2）并发一定数量的用户时的消息推送情况，包括消息到达时间、消息丢失率等。

3. 量化测试目标

梳理出来性能测试场景后，就需要进一步明确各个场景的测试指标，而大部分的产品经理给出的指标都是不完整的，通常情况下可以结合上面采集的数据和二八定律进行具体量化，让性能测试指标更明确。

下面举个例子说明性能测试指标量化方法。

例如，某互联应用，预计推广群体达 500 万人，用户使用应用的时间是每天早上 8 点至晚上 8 点，共 12h。

分析建模过程如下：

（1）注册用户转化率预估为 5%，那么注册用户数为 5000000×5%=250000；

（2）高峰时段（比如有活动时）每日在线用户活跃率预估为 10%，那么活跃用户数为 250000×10%=25000；

（3）用户常用下单到成功触发 20 个请求，总请求量为 25000×20=500000；

（4）利用二八定律计算，得出的吞吐量为 500000×0.8/(12×3600×0.2)=46.7 个每秒。

若是更新需求，如发布新产品，定时抢购优惠活动（某日 10 点开始抢购，12 点结束）。

重新建模如下：

（1）注册用户数为 25 万不变；

（2）高峰时段在线用户在线率预估为 20%，那么这 2h 的在线用户数为 250000×20%=50000；

（3）用户常用下单到成功触发 20 个请求，总请求量为 50000×20=1000000；

（4）利用二八定律计算，得出的吞吐量为 1000000×0.8/(2×3600×0.2)=555.6 个每秒；

由此可见，评估出来的 TPS 值和需求业务模型息息相关。

在性能测试的前期，通过上述“3 步法”整理分析的详尽程度将直接决定后续性能测试的有效性和准确性。

注意

在评定服务器的性能时，应该结合 TPS 和并发用户数，以 TPS 为主、并发用户数为辅来衡量系统的性能。如果必须要用并发用户数来衡量的话，则需要一个前提，那就是交易在多长时间内完成，因此只用并发用户数来衡量系统的性能没太大的意义。

提示

- 响应时间：根据国外的资料，一般操作的响应时间为2秒、5秒、8秒，即2秒内为优秀、5秒内为良好、8秒内为可接受；对于其他一些特殊的操作，如上传、下载，可以依据用户体验的情况延长响应时间。
- 二八定律：又称帕累托效应，例如，一些系统一天中80%的访问量集中在20%的时间内。

1.2.3　性能测试的方案设计

通过上面的性能测试需求分析，我们已经明确了此次性能测试的目的和性能测试点，接下来就需要进行方案的设计。

有可能对测试结果产生影响的因素主要包括：活跃用户数量、用户活跃时间、用户操作频率（思考时间）、用户操作路径、系统访问量随时间分布、各页面访问量（工作量）分布等。对这些因素考虑得越周全，测试的结果才会越准确。

性能测试方案中应该重点阐述此次性能测试的业务模型如何设计，具体的测试策略是什么。

1. 业务模型的设计

一个系统的业务模型是通过业务调研获得的。业务模型的正确性反映在两个方面——业务选择的正确性和业务比例的正确性。

首先是业务选择。一个系统可能支持几百个业务活动（也叫作交易），但是只有少数的业务活动非常频繁，占总业务量的80%以上，那么在性能测试时只需关心这些占了大部分业务量的少数业务活动上。

其次是业务比例。如何精确统计业务的数量是关键问题。针对一个全新的系统可能要通过对使用系统的涉众进行调研，搞清楚他们的群体数量和操作行为周期。再通过组合这些数据确定在常规交易日各种业务占总业务的比例，同时也要考虑特殊交易日的情况。

例如，某一个商务活动或周期性的业务结算日等都是特殊交易日。在特殊交易日时某一类业务活动的业务量可能突然增加很多，那么在常规交易日的业务比例就不再合适，这点在业务模型上要进行区分。常规交易日的业务模型用来测试系统容量，特殊交易日的业务模型要单独做压力负载测试。

对已上线运营的系统做业务模型的调研相对简单，不需要再去调研那么多的涉众，只需与运营维护部门进行协调，由他们协助测试需求调研人员提取系统中的历史数据即可。但是在数据选择上要有些规则，要选取时间相对长的数据，比如选取几个月的数据。如果有条件的，可以选取一年的数据，选取一年中每月平均业务量、年度高峰月业务数据和月度高峰日业务数据。

2. 测试模型的设计

业务模型是根据系统运营真实数据得来的，真实反映了系统运营的业务状况。测试模型是以业务模型为基础，根据测试需求不同对业务模型进行调整，或不调整直接纳入测试场景中使用。所以测试模型的设计其实是依托于业务模型的设计，是具体需要落地实施的方法。

1.2.4 性能测试的环境搭建

性能测试环境一般情况下都是搭建在Linux服务器上的，那么就有必要掌握一些常用的Linux命令和搭建性能测试环境的原则。另外，本书还分析和总结了不同级别的项目的性能测试环境搭建解决方案，供读者借鉴，希望对读者有所启迪。本节首先讲解Linux服务器上最基础的操作命令和知识要点，然后强调环境搭建的一些原则。

1. 基础常用的 Linux 命令

（1）压缩/解压文件。安装部署源码，下载的安装包都是压缩过的文件。Linux 中的打包文件一般是以.tar 结尾的，压缩文件一般是以.gz 结尾的。一般情况下打包和压缩是一起进行的，打包并压缩后的文件的后缀名一般是.tar.gz，打包和压缩文件命令格式为“tar -zcvf 打包压缩后的文件名 要打包压缩的文件”，其中，选项的含义如下：

- z 用于调用 gzip 压缩命令进行压缩；
- c 用于打包文件；
- v 用于显示运行过程；
- f 用于指定文件名。

例如，test 目录下有 3 个文件分别是 aaa.txt、bbb.txt 和 ccc.txt。如果要打包成 1 个文件并指定压缩后的压缩包名称为 test.tar.gz，则可以使用命令 tar -zcvf test.tar.gz aaa.txt bbb.txt ccc.txt 或 tar -zcvf test.tar.gz /test/ 来实现。

解压压缩包命令格式为“tar [-xvf] 压缩包”，其中，x 表示解压。

例如，将 test 目录下的 test.tar.gz 解压到当前目录下，可以使用命令 tar -xvf test.tar.gz，将 test 目录下的 test.tar.gz 解压到根目录 usr 下，可以使用命令 tar -xvf test.tar.gz -C /usr（-C 表示指定解压的位置）。

（2）复制移动。修改目录名称命令格式“mv 目录名称 新目录名称”。

mv 命令用来对文件、目录和压缩包等重新命名，或者将文件从一个目录下移到另一个目录下。

复制目录命令格式为“cp -r 目录名称 目录复制的目标位置”，其中，-r 表示递归复制。

cp 命令不仅可以用来复制目录，还可以用来复制文件、压缩包等，复制文件和压缩包时不用写-r 递归。

删除目录命令格式为“rm [-rf] 目录名称。”

rm 命令不仅可以用来删除目录，也可以用来删除文件或压缩包，为了减轻大家的记忆负担，作者建议无论删除任何目录或文件，都直接使用“rm -rf 目录/文件/压缩包”（注意，加了 f 选项会强制删除，并不会出现提醒消息）。

（3）进程和端口管理。ps -ef 和 ps aux 这两个命令都是用来查看当前系统正在运行的进程，两者的区别是展示格式不同。如果想要查看特定的进程可以使用这样的命令 ps aux | grep redis（查看包括 Redis 字符串的进程）。

注意，如果直接用 ps 命令，会显示所有进程的状态，通常结合 grep 命令查看指定进程的状态。

在使用 Linux 过程中，需要了解当前系统开放了哪些端口，并且要查看开放这些端口的具体进程和用户，我们可以通过 netstat 命令进行简单查询。

netstat 命令各个参数选项说明如下。

- -t 表示显示 TCP 端口。
- -u 表示显示 UDP 端口。
- -l 表示仅显示监听套接字，套接字是使应用程序能够读写与收发通讯协议、资料的程序。
- -p 表示显示进程标识符和程序名称，每一个套接字/端口都属于一个程序。
- -n 表示不进行 DNS 轮询，显示 IP，这可以提升查询速度。

通常与 grep 结合可查看某个具体端口或服务使用情况。示例如下：

```
netstat -ntlp   //查看当前所有 TCP 端口
netstat -ntulp | grep 80   //查看所有 80 端口使用情况
netstat -ntulp | grep 3306   //查看所有 3306 端口使用情况
```

假设我们想查找端口 3306 对应的服务是什么，一般可以这么做。

首先通过 lsof -i:3306 或者 netstat -ntulp | grep 3306 查出对应的 pid：

```
 # lsof -i:3306
COMMAND   PID  USER    FD TYPE DEVICE  SIZE/OFF NODE NAME
mysqld  16422 mysql   19u IPv6 148794      0t0  TCP *:mysql (LISTEN)
mysqld  16422 mysql   39u IPv6 643698      0t0  TCP localhost:mysql->localhost:36582 (ESTABLISHED)
mysqld  16422 mysql   45u IPv6 643699      0t0  TCP localhost:mysql->localhost:36584 (ESTABLISHED)
mysqld  16422 mysql   46u IPv6 643700      0t0  TCP localhost:mysql->localhost:36586 (ESTABLISHED)
mysqld  16422 mysql   47u IPv6 643702      0t0  TCP localhost:mysql->localhost:36588 (ESTABLISHED)
mysqld  16422 mysql   48u IPv6 643704      0t0  TCP localhost:mysql->localhost:36590 (ESTABLISHED)
java    17302  root  122u IPv4 643695      0t0  TCP localhost:36582->localhost:mysql (ESTABLISHED)
java    17302  root  123u IPv4 643701      0t0  TCP localhost:36588->localhost:mysql (ESTABLISHED)
java    17302  root  124u IPv4 643696      0t0  TCP localhost:36586->localhost:mysql (ESTABLISHED)
java    17302  root  125u IPv4 643697      0t0  TCP localhost:36584->localhost:mysql (ESTABLISHED)
java    17302  root  126u IPv4 643703      0t0  TCP localhost:36590->localhost:mysql (ESTABLISHED)
```

或者使用如下 netstat 命令：

```
 # netstat -ntulp | grep 3306
tcp6   0    0 ::: 3306          :::*          LISTEN   16422/mysqld
```

找到 pid 后，通过 ps -aux | grep 16422 即可找到对应具体的进程服务：

```
 # ps -aux | grep 16422
 mysql 16422 0.0 47.7 1340428 485944 ? Sl Jun29 1:46 /usr/sbin/mysqld --basedir=/usr --datadir=
/var/lib/mysql --plugin-dir=/usr/lib64/mysql/plugin--log-error=/var/lib/mysql/VM_39_230_centos.err --pid-
file=/var/lib/mysql/VM_39_230_centos.pid
 root   25713 0.0 0.0 112616  700 pts/0  R+  17:04  0:00 grep --color=auto 16422
```

（4）修改配置。vim 编辑器是 Linux 中的强大组件，是 vi 编辑器的加强版。vim 编辑器的命令和快捷方式有很多，这里仅列出一些常用命令。

在实际部署环境中，使用 vim 编辑器的主要作用就是修改配置文件，一般步骤是：通过 vim 文件命令进入文件的命令模式，按 I 键进入编辑模式，编辑文件后按 Esc 键进入底行模式，最后，输入 wq 或 q!（输入 wq 代表写入内容并退出，即保存；输入 q!代表强制退出且不保存。）

用 vim 编辑器打开一个文件刚开始进入的就是命令模式，在这个模式下我们可以控制光标的移动，字符、行的删除，移动复制某段区域。在该模式下可以进入插入模式或编辑模式，也可以进入底行模式。vi 命令模式的转换方法见表 1-1。

表 1-1　vi 命令模式的转换方法

模式	方法
插入模式/编辑模式	通过 vi 文件名打开文件后，按 A 键（或 I 键、O 键）进入编辑状态
底行模式	在编辑状态，按 Esc 键进入底行模式。通常在底行模式下输入 wq!表示强制保存，输入 q!表示强制退出且不保存
查找模式	在底行模式下，输入/，然后再输入想查找的字符串，即可查找

（5）修改文件权限。操作系统中每个文件都拥有特定的权限、所属用户和所属组。权限是操作系统用来限制资源访问的机制。在 Linux 中权限一般分为可读（readable）、可写（writable）和可执行（excutable）共 3 组，分别对应文件的属主（owner）、属组（group）和其他用户（other）。通过这样的机制来限制哪些用户、哪些组可以对特定的文件进行哪些操作。通过 ls -l 命令我们可以查看某个目录下的文件和目录的权限。

```
 # ls -l
drwxr-xr-x  6  hutong staff 192   Feb 24 17:52 Movies
drwxr-xr-x  4  hutong staff 128   Nov 20 11:28 Music
drwxr-xr-x  6  hutong staff 192   Nov 20 18:47 Pictures
-rw-r--r--  1  hutong staff 3986  May 11 18:09 Test Plan.jmx
drwxr-xr-x  13 hutong staff 416   May 12 10:57 eclipse-workspace
-rw-r--r--  1  hutong staff 13839 May 14 17:01 jmeter.log
```

文件和目录的类型表示如下。

- d 表示目录。
- -表示文件。
- l 表示链接（可以看作 Windows 中的快捷方式）。

在 Linux 中权限分为以下几种。

- r 表示权限是可读，r 也可以用数字 4 表示。
- w 表示权限是可写，w 也可以用数字 2 表示。
- x 表示权限是可执行，x 也可以用数字 1 表示。

而对于文件和目录，不同权限对应的可执行操作不同，具体区别见表 1-2。

表 1-2　文件和目录的权限与可执行操作

类型	权限名称	可执行操作
文件	r	可以使用 cat 查看文件的内容
	w	可以修改文件的内容
	x	可以将文件运行为二进制文件
目录	r	可以查看目录下的列表
	w	可以创建和删除目录下的文件
	x	可以使用 cd 进入目录

在 Linux 中的每个用户必须属于一个组，不能独立于组外。在 Linux 中每个文件有所有者、文件所在组和其他组的概念。

- 所有者：一般为文件的创建者，即谁创建了该文件就自然成为该文件的所有者。用 ls -ahl 命令可以看到文件的所有者，也可以使用“chown 用户名 文件名”来修改文件的所有者。
- 文件所在组：当某个用户创建了一个文件后，这个文件的所在组就是该用户所在的组。用 ls -ahl 命令可以看到文件的所在组，也可以使用“chgrp 组名 文件名”来修改文件的所在组。
- 其他组：除了文件的所有者和所在组的用户，系统的其他用户所在组都是文件的其他组。

那么，如何修改文件或目录的权限？修改文件或目录的权限的命令为 chmod。

下面举个例子，修改 test 目录下的 aaa.txt 的权限为属主有全部权限，属主所在的组有读写权限，其他用户只有读的权限，命令如下：

```
chmod u=rwx, g=rw, o=r aaa.txt
```

上述示例还可以使用数字表示：chmod 764 aaa.txt。

以上是必须要掌握的相关命令和知识点，其他更多的命令只能靠平时一点一滴地积累了。

2. 环境搭建的原则

在掌握了上面最基础的服务器操作命令和知识点后，我们就可以开始搭建各个中间件了。性能测试环境的搭建和选取有一些原则，如何尽可能地模拟真实环境，是需要总结和思考的。有些公司的环境搭建由专门的运维人员负责，但是作者认为如果有权限或者公司允许，学会自己搭建性能测试环境还是很有必要的。通过搭建环境可以进一步熟悉系统的架构和请求流经的各个中间件，这对于问题的定位比较有帮助。总的原则是尽可能地和线上真实环境保持一致。

（1）新项目。对于第一次上线的新项目，我们可以直接在这个预发布的环境上进行测试，因为不会涉及和影响真实用户。

（2）老项目。对于已经有真实用户在使用的项目，我们需要根据系统规模的大小和公司资源的情况有针对性地、灵活地搭建性能测试环境。

- 小集群。如果项目涉及的服务器数目比较少（1～5 台），那么一般情况下都会按照完全复制线上环境的服务器配置的方式搭建性能测试环境，部署各个中间件。待性能测试结束后，回收释放资源，提高服务器利用率。

- 大集群。如果项目涉及的服务器数目比较多（多于 5 台），可以根据一些原则进行配置缩放。例如，涉及数据库的服务器配置保持一致，而涉及应用服务部署的服务器，我们可以根据其压力评估情况进行配置缩放或者几个应用复用一台服务器。为什么可以这样做呢？因为根据经验，在数据库没出现瓶颈的理想情况下，系统的处理能力通过扩展应用服务器是可以线性增长的，所以基于这个原理进行性能测试环境搭建。在性能测试结束后，需要按照比例系数估算线上的性能容量能力。

以上就是作者在从事大大小小的性能测试项目后，思考提炼出的性能测试环境搭建原则。当然，如果公司经济条件允许，那么完全复制线上环境的服务器配置得到的性能测试结果是最为真实的。

提示

读者可以自己尝试做一些 Docker 的容器化镜像，方便复用，一劳永逸。

像阿里这种大团队可能会采用线上环境直接压测，并利用一些标签（每个请求有 tag 标识）和使用配套的支撑平台等技术手段，使测试环境更加真实，成本更低，但是技术要求也更高。

1.2.5 性能测试的数据构造

在性能测试过程中，准备测试数据是一项非常系统化、工作量非常庞大的工作。如何准备支持不同业务操作、不同测试类型的大量测试数据来满足压力测试的需求，是性能测试过程中经常面对的一个重要话题。关于如何准备性能测试数据，相信不少性能测试人员也踩过不少坑，例如数据量不足，导致性能表现非常好，但未能暴露和发掘潜在性能问题；数据分布不合理，导致测试结果与线上差异较大。

1. 性能测试数据的准备类型

在执行性能测试前，一般需要准备 3 类数据：初始化数据、铺底数据（历史数据）和参数化数据。

（1）初始化数据。业务系统安装部署完成后，我们并不能马上进行相关业务的性能测试，需要对业务系统进行初始化操作。系统初始化主要对系统中的基本角色信息、机构信息、权限信息和业务流程设置等增加数据，这些数据是系统能够开展相关业务的基础。准备初始化数据是为了识别数据状态并且验证测试案例的数据，需要在业务系统搭建完成后按照业务系统实际运行要求导入，以供测试时使用。

（2）铺底数据（历史数据）。当业务系统刚刚上线的时候，数据库中数据量相对较少，系统整体响应时间很快，用户使用体验较好。但随着业务的持续开展，业务系统数据库中的数据量会成倍地增加，业务系统的相关操作响应时间会因为数据库中业务数据的快速增长等原因而越来越长，用户使用体验会越来越差。因此，在性能测试时，需要加入相当规模的铺底数据，来模拟未来几年业务增长条件下系统相关操作的性能表现。如果要测试并发查询业务，那么要求对应的数据库和表中有相当的数据量，以及数据的种类应覆盖全部业务。

（3）参数化数据。在负载压力测试过程中，为了模拟不同的虚拟用户操作的真实负载情况，同时由于业务系统中大部分业务操作的交易数据不能重复使用，因此我们需要为不少用户输入信息准备大量参数化数据。参数化数据涉及的范围很广，例如，模拟不同用户登录系统，需要准备大量用户名及密码参数化数据；模拟纳税人纳税申报，需要准备大量的纳税人识别号、纳税人内码或纳税人系统内部识别号等参数化数据。准备这类数据要求符合实际运行要求，并且保证数据表之间的关联关系。

在压力测试时，通常模拟不同的用户行为或者业务行为，从系统提供的 API 来看，我们需要参数化用户账号等数据，如压测下单场景时，我们要参数化用户数据，哪些用户进行下单操作；参数化商品数据，这些用户购买什么产品等。

2. 性能测试数据的构造原则

我们知道数据量变化会引起性能的变化。在制作测试数据时，首先要注意数据量，需要准备足够的存量/历史业务数据；其次要注意数据的分布，例如我们计算出需要并发 100 个虚拟用户，我们至少需要准备 100 个以上的账号，并对账号赋予相应的权限（浏览、发帖、删除、查询）。最后还要注意冷热数据，一般热点数据也需要准备。

铺底数据量多少合适？这个完全根据产品的规模来预估，例如预计半年后产品的注册用户数达到 100 万，则需要铺底 100 万用户账号。如果是已上线产品，则根据线上数据库的数据量进行预估，可以根据用户规模的比例进行铺底，如线上注册用户数 1000 万，线下铺底注册用户数 100 万，则总体铺底数据规模为线上数据量的十分之一。实际情况下，这里会比较复杂，例如还要考虑线上数据库集群和测试集群的硬件差异等，需做适当的调整。

在进行参数化数据准备时，对于已经上线的产品，可以统计不同铺底数据的分布规律。其实大多数数据的分布接近二八定律。比如活跃用户数占注册用户数的比例为 20%左右，非活跃或者欠活跃的用户占比为 80%左右。针对具体业务，80%左右的业务是由 20%左右的活跃用户产生，20%左右的业务是由 80%左右的非活跃用户产生。所以参数化测试账号时，对这 20%左右的用户账号需要进行精心铺底。

3. 性能测试数据的构造方法

（1）从线上数据库导入真实数据。从线上数据库或者备库导入数据，最大的优势是数据真实性高、数据分布合理、业务压力点及瓶颈能和线上保持一致，这样测试得到的结果与线上实际表现会比较接近，比自己模拟数据要可靠得多。但是，缺点是用户数据需要进行脱敏，而且要考虑用户的数据是否能直接拿来用，例如用户的手机号就需要脱敏，涉及短信通知等业务需要进行一定的数据处理或者模拟数据等。

（2）根据业务规则构造模拟数据。模拟数据的优点是数据会符合自己定义的规则，便于使用，例如测试账号可以自己进行编号，方便参数化使用。模拟数据的缺点也比较明显，模拟数据需要大量的梳理工作，要梳理数据库表，厘清哪些是基础表、表与表之间的关联等；要充分把握产品业务，例如对社交类产品，要统计和分析用户的好友关系、每个用户的好友个数及分布，梳理每个好友发布的微博分布等，这样测试结果才能趋于与线上一致。

下面是日常工作中通过代码快速构造数据的方法。

（1）编写代码批量生成 SQL 语句，具体代码可参考代码清单 1-1。

代码清单 1-1 SQLUtil.java

```
import java.io.File;
import java.io.FileWriter;
import java.io.IOException;

public class SQLUtil {
    public static void genAN_ONU() throws IOException {
        String AN_ONU = "INSERT INTO AN_ONU VALUES
        ('NE_MODEL_CFG_TYPE-2c9799f456d614260156df017fdb01bb', 'HV1.0.0', 'SV1.0', '%s',
        'DISTRICT-00001', '%s',NULL, 'DEVICE_VENDOR-2c9799f456d614260156deffaf1501b7',
        NULL,NULL, '%s',sysdate,NULL,0,NULL,NULL,NULL, 'cpe', 'cpe', 'rms', 'rms',NULL,
        0,NULL,NULL,NULL,NULL,NULL,NULL,NULL,NULL,NULL,NULL,NULL,NULL,NULL, 'Android',
        '1.0.0',sysdate,sysdate,0,NULL,NULL,NULL,NULL,1,NULL);";
        String mac_prex = "HW-";
        String sn_prex = "SN_HW00";
        String cuid_prex = "DEVICE-cuid-HW";

        BufferedWriter bw = new BufferedWriter(new FileWriter(new File("/Users/
        hutong/Downloads/an_onu.sql")));
        //100000 台设备
        for (int i = 200001; i <= 300000; i++) {
              String offset = String.format("%05d",i);
              String sql = String.format(AN_ONU,mac_prex+offset,sn_prex + offset,cuid_
              prex + offset);
              //System.out.println(AN_ONU);
              bw.write(sql + "\n");
        }
        bw.write("commit;");
        bw.flush();
        bw.close();
    }
    public static void main(String[] args) throws IOException {
        genAN_ONU();
    }
}
```

（2）通过 MySQL 的工具导入数据，在 MySQL 的命令行上执行下面的语句即可：

```
load data infile '/Users/hutong/Downloads/an_onu.sql' into table tb_onu fields terminated by ','
optionally enclosed by '"' escaped by '"' lines terminated by '\n'
```

其中的参数解释如下。

- /Users/hutong/Downloads/an_onu.sql 表示构造的数据的存放路径。
- tb_onu 表示数据库下要存放的表。
- fields terminated by ','表示每个字段用逗号分开。
- optionally enclosed by '"' escaped by '"'表示内容包含在双引号内。
- lines terminated by '\n'表示每行的换行（注意，Windows 中用'\r\n'，Linux 中用'\n'）。

通过该高效的方法，作者在自己的服务器上构造千万条数据只需要几分钟。

注意

考虑生成的测试数据量是否达到未来预期数据量只是最基础的一步，更需要考虑的是数据的分布是否合理，这需要仔细地确认程序中使用的各种查询条件。重点列的数据分布要尽可能地模拟真实的数据分布，否则测试的结果可能是无效的。

1.2.6 性能协议的抓包分析

在现实工作中，有比较完善的接口文档是比较幸运的，很多时候文档都是比较匮乏的，此时就需要用到抓包分析。另外，对于特殊的协议，相应的基本的抓包工具是必不可少的。

1. Fiddler 和 Charles

Fiddler 和 Charles 都是常用的 HTTP/HTTPS 的抓包分析工具。Fiddler 一般在 Windows 上用得比较多，Charles 常用在 macOS 上。

在 Web 开发中，我们无法看到 Web 浏览器/客户端和服务器之间发送和接收的内容，这种情况下想要确定错误在哪里是困难且耗时的。而通过使用 Fiddler/Charles，我们可以很容易地看到这些内容，从而快速诊断和解决问题。Fiddler/Charles 可以让开发者监视所有连接互联网的 HTTP 通信，包括请求、响应和 HTTP 头信息等。这主要用于网页的开发、调试、分析封包协议，以及模拟慢速网络。

2. Tcpdump

当涉及特殊协议（如 SOAP）或者需要在服务器上抓取数据包时，可以采用 Tcpdump + Wireshark 的方法。

Tcpdump 命令格式如下：

```
tcpdump [ -adeflnNOpqStvx ] [ -c 数量] [ -F 文件名][ -i 网络接口] [ -r 文件名] [ -s 抓取长度]
[ -T 类型] [ -w 文件名] [表达式]
```

常用的参数为：

- -l 表示将标准输出变为缓冲行形式；
- -n 表示不把网络地址转换成名字；
- -c 表示在收到指定的数目的数据包后，Tcpdump 就会停止抓取；
- -i 表示监听的网络接口（如果没有指定，则可能在默认网卡上监听，需要指定绑定了特定 IP 的网卡）；
- -w 表示直接将数据包写入文件中，并不分析和打印出来；
- -s 表示抓取数据包的长度，常见 -s 0，代表最大值 65535，一般 Linux 传输最小单元（MTU）为 1500。

常用表达式有：

- 关于类型的关键字，主要包括 host、net、port；
- 传输方向的关键字，主要包括 src、dst、dst or src、dst and src；
- 协议的关键字，主要包括 IP、arp、rarp、TCP、UDP 等；

- 逻辑运算，取非运算是 not、！；与运算是 and、&&；或运算是 or、||。

要让 Wireshark 能分析 Tcpdump 抓取的数据包，关键的地方是-s 参数设置，并且要将抓取的数据包保存至-w 参数设置的文件中。参看下面的例子：

```
./tcpdump tcp -i eth1 -t -s 0 -c 100 and dst port ! 22 and src net 192.168.1.0/24 -w ./target.cap
```

- tcp、udp、icmp 等选项都要放到第一个参数的位置，用来过滤数据包的类型。
- -i eth1 表示只抓取经过接口 eth1 的数据包。
- -t 表示不显示时间戳。
- -s 0 表示抓取数据包时默认抓取长度为 68 字节。设置-s 0 后可以抓到完整的数据包。
- -c 100 表示只抓取 100 个数据包。
- dst port ! 22 表示不抓取目标端口是 22 的数据包。
- src net 192.168.1.0/24 表示数据包的源网络地址为 192.168.1.0/24。
- -w ./target.cap 表示保存成 cap 文件，方便用 Wireshark 分析。

3. Chrome 浏览器的调试模式

对于 Web 类项目，最常用和最简单的方法就是通过 Chrome 浏览器的调试模式，如图 1-6 所示，在 Chrome 浏览器中按 F12 键进入调试模式。在调试模式下，我们可以快速查看 HTTP 的相关信息，方便快捷。

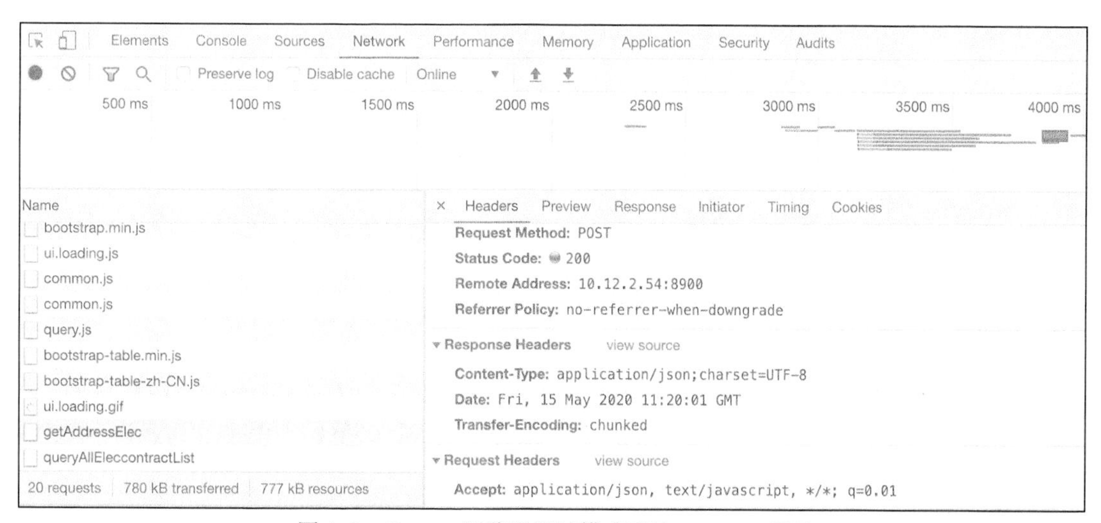

图 1-6 Chrome 浏览器调试模式下的 Network 界面

1.2.7 性能测试的脚本编写

性能测试脚本模拟方法常用的工具有 LoadRunner、JMeter、Locust、nGrinder、XMeter、Blaze Meter、Gatling、AB、wrk、腾讯 WeTest、压测宝等，其中有开源的也有商业的。另外还有一些特殊的基准工具，例如 NetPerf 用于测试网络带宽流量。

本书主要讲解通过 JMeter 编写性能测试脚本，包括单业务脚本和混合业务脚本。

（1）单业务脚本。性能测试不可能对所有功能都测试，所以需要抽象一些特定的独立业务来进行测试用例的设计。独立业务实际是指一些核心业务模块对应的业务，这些模块通常具有功能比较复杂、使用比较频繁等特点。针对这类独立业务进行的性能测试称为单业务性能测试。

（2）混合业务脚本。在真实应用系统中，通常不会存在所有用户只使用一个或者几个核心业务模块的情况，即一个应用系统的每个功能模块都可能被使用到，所以性能测试既要模拟多用户的相同操作，又要模拟多用户的不同操作。混合业务性能测试是最接近用户实际使用情况的性能测试，也是性能测试的一个必要内容。混合业务性能测试的突出特点是根据用户使用系统的情况分成不同的用户组进行并发，每组的用户人数比例要根据实际情况来匹配，通常会取各个相关模块并发用户人数最大值进行组合。也就是说，在混合业务性能测试中，通常需要按照用户实际使用模块的人数比例来模拟各个模块的组合并发情况。

以上就是对在编写 JMeter 性能测试脚本的时候需要覆盖的内容的概述，具体的编写方法见后续的实战章节。

提示

- 同步工具：工具发送请求后，只有在收到该请求的响应后才会继续发送下一个请求。
- 异步工具：工具不停地发送请求，不管有没有收到响应，一般用来测试秒杀场景。

1.2.8 性能测试的监控部署

在真正开始执行性能测试之前，需要全方位的、立体式的部署对各个环节的监控，这样对后续发现问题和定位问题是很有帮助的，一般至少要从服务器层、应用 JVM 层和数据库层这 3 个层面进行监控。

1. 服务器层监控

常见且需要重点或者优先观察的监控指标有 CPU、内存、网络和连接数。

（1）CPU。

- CPU 利用率。核心的指标包括用户时间（User Time）、系统时间（System Time）和空闲时间（Idle Time）。一般 CPU 的空闲比例至少为 20%，否则 CPU 资源可能会比较紧张。另外 CPU 利用率还要看用户态和系统态的使用占比情况，用户态 CPU 资源通常是代码损耗的，如果系统态 CPU 资源利用占比太高，说明代码利用 CPU 的效率低下，需要深入分析代码。
- 可运行队列。每个可运行队列中不应该有超过 3 个线程（每处理器），例如双核处理器系统的可运行队列中不应该有超过 6 个线程。

（2）内存。

- 内存使用率。主要用于观察可用内存是否还够用，一般内存使用率不应该超过 80%。另外也可观察虚拟内存有没有被使用，如果已被使用，说明可用内存不够用了。

（3）网络。

- 带宽大小。带宽最大不能超过网卡的最大带宽。
- 丢包率。对于 UDP 之类，可能需要重点关注有无丢包。
- 重传率。对于 TCP 之类，可能需要重点关注重传率。

（4）连接数。

系统本身的连接数是有限的，通常只有 65535 个。我们一方面需要注意连接消耗的总数，另一方面还需要观察连接的状态，例如 ESTABLISHED、TIME_WAIT 等状态，如果 TIME_WAIT 状态的连接数太多，那么很有可能需要优化配置或代码。

接下来我们讲一下监控方法。Linux 中用于监控的命令有很多，这里只讲解作者平时用得较多的命令，简要汇总如表 1-3 所示。

表 1-3 常用 Linux 监控命令

命令	简单介绍
top	查看进程活动状态以及一些系统状况，是最常用的命令。一般用来获取系统整体的 CPU 和内存使用情况，还有每个进程的状态和消耗
free	查看系统的内存使用情况，通常用来计算内存使用率，加上-m 可以以兆字节为单位显示，更易读
vmstat	通常用来查看内存是否够用，通过有没有使用虚拟内存来判断
sar	综合工具，作者通常用该命令查看网络流量、网络状态，看是否有丢包、重传情况
netstat/ss	查看网络连接的数量和状态
dmesg	查看系统本身的日志，观察是否有错误
iostat	观察系统磁盘的使用状态，重点关注 IO

表 1-3 中具体的各项指标含义参看下面的示例。

在命令行中执行命令 top，显示如下：

```
top - 20:23:23 up 675 days,22:04,2 users, load average:0.19,0.16,0.09
Tasks: 145 total, 1 running, 144 sleeping,0 stopped,0 zombie
%Cpu(s): 0.8 us, 0.6sy,0.0 ni,98.6id,0.0 wa,0.0 hi,0.0 si,0.0 st
KiB Mem: 8010172total,152740 free, 5595992 used,2261440 buff/cache
KiB Swap: 0 total,0 free,0 used.699464  avail Mem

PID   USER PR NI   VIRT    RES   SHR  S %CPU %MEM     TIME+ COMMAND
24926 root 20 0 3900520 305088  7644 S 4.3  3.8      274: 47.22 java
25307 root 20 0 5755460 408544  6264 S 1.0  5.1      6648: 34 java
```

在 Linux 中，通过 top 命令可以简要查看一个运行中的程序，占用了多少内存和 CPU，其中，VIRT（或 VSS）列表示程序占用了多少虚拟内存，RES 列表示程序占用了多少物理内存。

Linux 使用内存有一个原则就是能使用多少就使用多少，所以，Linux 会把已经调用过的包缓存起来，放在内存里。实际上，可以使用的内存应该为 free+buffers+cached。在命令行中执行命令 free -m，显示如下：

```
$ free -m
          total    used    free   shared  buffers    cached
 Mem:     4024     2507    1516   0       237        1170
-/+ buffers/cache:     1100       2924
 Swap:          1021     0        1021
```

那么是否内存 free 越少表明内存越不够用？不是这样的，free 越少只能证明 Linux 对内存的使用率越高。通常系统可用内存分为三部分，一部分是 free，一部分是 Cache，还有一部分是 Buffer，Cache 通常指的是读 Cache。当 free 不够用时，系统先将 Cache 和 Buffer 使用的内存供进程使用，等这些都用完了才会考虑 Swap 设备。

提示

当系统没有足够物理内存来应付所有请求的时候就会用到 Swap 设备，Swap 设备可以是一个文件，也可以是一个磁盘分区。不过要小心的是，使用 Swap 设备的代价非常大。系统没有物理内存可用，就会频繁交换，如果 Swap 设备和程序正要访问的数据在同一个文件系统上，就会碰到严重的 IO 问题，最终导致整个系统迟缓，甚至崩溃。Swap 设备和内存之间的交换状况是判断 Linux 系统性能的重要参考指标。

执行 vmstat 命令，会输出一些系统核心指标，这些指标可以让我们更详细地了解系统状态。

```
 $ vmstat 1
procs ---------memory---------- ---swap-- -----io---- -system-- ------cpu-----
 r b swpd      free  buff cache     si   so   bi     bo     in    cs us  sy  id wa  st
34 0   0 200889792 73708 591828     0    0    0      5      6    10 96   1   3  0   0
32 0   0 200889920 73708 591860     0    0    0    592 13284 4282 98   1   1  0   0
32 0   0 200890112 73708 591860     0    0    0      0  9501 2154 99   1   0  0   0
32 0   0 200889568 73712 591856     0    0    0     48 11900 2459 99   0   0  0   0
32 0   0 200890208 73712 591860     0    0    0      0 15898 4840 98   1   1  0   0
```

命令的参数 1，表示每秒输出一次统计信息。输出结果中，首行提示了每一列的含义，这里介绍一些和性能调优相关的列。

- r 表示等待 CPU 资源的进程数。这个数据比平均负载更加能够体现 CPU 负载情况，其中不包含等待 IO 的进程。如果这个数值大于计算机的 CPU 核数，那么计算机的 CPU 资源已经饱和。
- free 表示系统可用内存数（以千字节为单位），剩余可用内存不足，也会导致系统性能问题。通过 free 命令，我们可以更详细地了解系统内存的使用情况。
- si 和 so 表示交换区写入和读取的数量。如果这个数据不为 0，说明系统已经在使用交换区，计算机物理内存已经不足。
- us、sy、id、wa 和 st 都表示 CPU 时间的消耗，它们分别表示用户时间、系统（内核）时间、空闲时间、IO 等待时间（wait）和被偷走的时间（stolen，一般被其他虚拟机消耗）。上述这些 CPU 时间，可以让我们很快了解 CPU 是否处于繁忙状态。一般情况下，如果用户时间和系统时间相加数值非常大，则 CPU 处在忙于执行指令的状态。如果 IO 等待时间很长，那么系统性能的瓶颈可能在磁盘 IO 方面。

从示例中的输出可以看出，大量 CPU 时间消耗在用户态，也就是用户应用程序消耗了 CPU 时间。这不一定是性能问题，需要结合 r 列一起分析。

执行下面的命令会输出系统日志的最后 10 行。

```
$ dmesg | tail
[1880957.563150] perl invoked oom-killer: gfp_mask=0x280da, order=0,oom_score_adj=0
[...]
[1880957.563400] Out of memory:Kill process 18694 (perl) score 246 or sacrifice child
[1880957.563408] Killed process 18694 (perl) total-vm:1972392kB,anon-rss:1953348kB,file-rss:0kB
[2320864.954447] TCP:Possible SYN flooding on port 7001. Dropping request. Check SNMP counters.
```

从示例中的输出可以看到一次内核的 oom-killer 和一次 TCP 丢包。这些日志可以帮助排查性能问题，千万不要忘记这个命令。

iostat 命令主要用于查看计算机磁盘的 IO 情况。

```
 $ iostat -xz 1
Linux 3.13.0-49-generic (titanclusters-xxxxx) 07/14/2015 _x86_64_ (32 CPU)
avg-cpu:  %user   %nice %system %iowait %steal   %idle
          73.96    0.00   3.73    0.03    0.06    22.21
Device:  rrqm/s  wrqm/s   r/s    w/s  rkB/s   wkB/s avgrq-sz avgqu-sz  await r_await w_await
svctm %util
xvda     0.00    0.23  0.21  0.18    4.52    2.08   34.37 0.00    9.98 13.80    5.42  2.44  0.09
xvdb     0.01    0.00  1.02  8.94  127.97  598.53  145.79 0.00    0.43  1.78    0.28  0.25  0.25
xvdc     0.01    0.00  1.02  8.86  127.79  595.94  146.50 0.00    0.45  1.82    0.30  0.27  0.26
dm-0     0.00    0.00  0.69  2.32   10.47   31.69   28.01 0.01    3.23  0.71    3.98  0.13  0.04
dm-1     0.00    0.00  0.00  0.94    0.01    3.78    8.00 0.33  345.84  0.04  346.81  0.01  0.00
dm-2     0.00    0.00  0.09  0.07    1.35    0.36   22.50 0.00    2.55  0.23    5.62  1.78  0.03
```

执行该命令输出的列主要含义如下。

- r/s、w/s、rkB/s、wkB/s 分别表示每秒读写次数和每秒读写数据量（千字节）。读写量过大，可能会导致性能问题。
- await 表示 IO 操作的平均等待时间，单位是毫秒。这是应用程序在和磁盘交互时需要消耗的时间，包括 IO 等待和实际操作的耗时。如果这个数值过大，则可能硬件设备遇到了瓶颈或者出现故障。
- avgqu-sz 表示向设备发出的请求的平均数量。如果这个数值大于 1，则可能硬件设备已经饱和（部分前端硬件设备支持并行写入）。
- %util 表示设备利用率。这个数值表示设备的繁忙程度，作者的经验是如果该数值超过 60，可能会影响 IO 性能（可以参照 IO 操作平均等待时间）；如果该数值达到 100，说明硬件设备已经饱和。如果显示的是逻辑设备的数据，那么设备利用率高不代表后端实际的硬件设备已经饱和。值得注意的是，即使 IO 性能不理想，也不意味着应用程序性能会不好，可以利用诸如预读取、写缓存等策略提升应用程序性能。

sar -n 可以根据关键字以不同的角度报告实时的网络流量变化，其中 DEV 关键字和 ETCP 关键字最为常用。DEV 关键字表示以设备为单位提供网络统计报告，方便快速观察各网卡性能。

```
$ sar -n DEV 1
12:16:48 AM     IFACE   rxpck/s   txpck/s    rxkB/s   txkB/s  rxcmp/s   txcmp/s  rxmcst/s
12:16:49 AM      eth0  18763.00  5032.00  20686.42   478.30     0.00      0.00      0.00
12:16:49 AM        lo     14.00    14.00      1.36     1.36     0.00      0.00      0.00
12:16:49 AM   docker0      0.00     0.00      0.00     0.00     0.00      0.00      0.00
12:16:49 AM     IFACE   rxpck/s   txpck/s    rxkB/s   txkB/s  rxcmp/s   txcmp/s  rxmcst/s
12:16:50 AM      eth0  19763.00  5101.00  21999.10   482.56     0.00      0.00      0.00
12:16:50 AM        lo     20.00    20.00      3.25     3.25     0.00      0.00      0.00
12:16:50 AM   docker0      0.00     0.00      0.00     0.00     0.00      0.00      0.00
```

该命令输出的列主要含义如下：

- IFACE 表示设备名；
- rxpck/s 表示每秒接收的数据包数量；
- txpck/s 表示每秒发送的数据包数量；
- rxkB/s 表示每秒接收的数据包大小，单位为 KB；
- txkB/s 表示每秒发送的数据包大小，单位为 KB；
- rxcmp/s 表示每秒接收的压缩数据包；
- txcmp/s 表示每秒发送的压缩数据包；
- rxmcst/s 表示每秒接收的多播数据包。

sar 命令在这里用于查看网络设备的吞吐率。在排查性能问题时，可以通过网络设备的吞吐量，判断网络设备是否已经饱和。在示例输出中，eth0 网卡设备吞吐量大概在 22 MB/s，即 176 Mbit/s，没有达到 1Gbit/s 的硬件上限。现在我们使用的所有网卡都称为自适应网卡，即能根据网络上不同网络设备导致的不同网络速度和工作模式进行自动调整的网卡。我们可以通过 ethtool 工具来查看网卡的配置和工作模式，并强制网卡工作在 1000baseT 下，例如/sbin/ethtool -s eth0 speed 1000 duplex full autoneg off。

提示

（1）吞吐量，指在没有帧丢失的情况下，设备能够接受的最大数据传输速率。

（2）存储的最小单位是字节（byte）。存储单位有 GB、MB 和 KB 等，它们之间的换算关系是 1GB = 1024MB，1MB = 1024KB，1KB = 1024B。

- bit：“比特”，有时也称为位，用字母 b 表示。
- byte：“字节”，1 字节就是 8 比特。一个字节是 8 个二进制位，用字母 B 表示。

（3）Mbit/s（million bit per second，兆比特/秒）表示每秒传输 1000000 比特。该缩写用来描述数据传输速度。例如，4Mbit/s=每秒传输 4 兆比特。

（4）吞吐量与带宽的区分。吞吐量和带宽是很容易被混淆的两个词，两者的单位都是 Mbit/s。

我们先来看一下两者对应的英语，吞吐量是 throughput，带宽是 bandwidth。当我们讨论通信链路的带宽时，一般是指链路上每秒所能传送的比特数。我们可以说以太网的带宽是 10Mbit/s，但是，我们需要区分链路上的可用带宽（带宽）与实际链路上每秒能传送的比特数（吞吐量）。我们倾向于用“吞吐量”来表示系统的数据传输性能。因为在实现过程中受各种低效率因素的影响，所以由一段带宽为 10Mbit/s 的链路连接的一对节点可能只有 2Mbit/s 的吞吐量。这就意味着，一个主机上的应用能够以最大 2Mbit/s 的速率向另外的一个主机发送数据。

```
 $ sar -n TCP,ETCP 1
12:17:19 AM  active/s  passive/s     iseg/s      oseg/s
12:17:20 AM      1.00       0.00   10233.00    18846.00
12:17:19 AM  atmptf/s   estres/s  retrans/s   isegerr/s    orsts/s
12:17:20 AM      0.00       0.00       0.00        0.00       0.00
12:17:20 AM  active/s  passive/s     iseg/s      oseg/s
12:17:21 AM      1.00       0.00    8359.00     6039.00
12:17:20 AM  atmptf/s   estres/s  retrans/s   isegerr/s    orsts/s
12:17:21 AM      0.00       0.00       0.00        0.00       0.00
```

sar 命令在这里用于查看 TCP 连接状态，其中的一些输出说明如下。

- active/s 表示每秒本地发起的 TCP 连接数，即通过 connect 调用创建的 TCP 连接数。
- passive/s 表示每秒远程发起的 TCP 连接数，即通过 accept 调用创建的 TCP 连接数。

TCP 连接数可以用来判断性能问题是否由建立了过多的连接造成，进一步可以判断是主动发起的连接，还是被动接受的连接。TCP 重传可能是由网络环境恶劣，或者服务器压力过大导致丢包造成的。

通过 ETCP 关键字可以查看 TCP 层的错误统计，包括重试、断连、重传、错误等。

- atmptf/s 表示每秒重试失败数。
- estres/s 表示每秒断开连接数。
- retrans/s 表示每秒重传数。
- isegerr/s 表示每秒错误数。

另外，通过如下命令可以统计服务器上各个状态的连接数。

```
netstat -n | awk '/^tcp/ {++S[$NF]} END {for(a in S)print a,S[a]}'
```

返回结果示例如下：

```
LAST_ACK 5
SYN_RECV 30
ESTABLISHED 1597
FIN_WAIT1 51
FIN_WAIT2 504
TIME_WAIT 1057
```

其中，SYN_RECV表示正在等待处理的连接数，ESTABLISHED表示正常数据传输状态的连接数，TIME_WAIT表示处理完毕，等待超时结束的连接数。

注意

TIME_WAIT状态的连接数的值过高会占用大量连接，影响系统的负载能力，需要调整参数，以尽快释放TIME_WAIT状态的连接。

一般TCP相关的内核参数在/etc/sysctl.conf文件中。为了能够尽快释放TIME_WAIT状态的连接，可以做以下配置：

```
// 表示开启SYN Cookies。当出现SYN等待队列溢出时，启用Cookies来处理，可防范少量SYN攻击，默认为0，表示关闭
net.ipv4.tcp_syncookies = 1
// 表示开启重用。允许将TIME_WAIT状态的套接字重新用于新的TCP连接，默认为0，表示关闭
net.ipv4.tcp_tw_reuse = 1
// 表示开启TCP连接中TIME_WAIT状态的套接字的快速回收，默认为0，表示关闭
net.ipv4.tcp_tw_recycle = 1
// 修改系统默认的TIMEOUT时间
net.ipv4.tcp_fin_timeout = 30
// 表示当keepalive启用的时候，TCP发送keepalive消息的频率。默认是2h，改为20min
net.ipv4.tcp_keepalive_time = 1200
// 表示用于向外连接的端口范围。默认情况下很小，为32768到61000，改为10000到65000（注意，这里不要将最低值设得太低，否则可能会占用正常的端口）
net.ipv4.ip_local_port_range = 10000 65000
// 表示SYN队列的长度，默认为1024，加大队列长度为8192，可以容纳更多等待连接状态的连接
net.ipv4.tcp_max_syn_backlog = 8192
// 表示系统同时保持TIME_WAIT状态的最大连接数，如果超过这个数字，TIME_WAIT状态的连接将立刻被清除并打印警告信息。默认为180000，改为5000
net.ipv4.tcp_max_tw_buckets = 5000
```

上面讲解的都是日常工作中最实用的命令，一般在定位问题的时候是比较常用的。而在压测过程中，还需要收集每个时间点的状态。从最早的nmon工具，到后来的Zabbix，此处是作者自己写Shell脚本来搭建收集每个时间点的监控指标平台，供读者借鉴。

该脚本通过sar、top、free等上述常用命令，按一定的时间间隔收集数据，存入InfluxDB时序数据库中，以便后续图形化展示。该脚本是基于CentOS 6和CentOS 7编写的，如代码清单1-2所示，读者可以根据自己的需要进行微调和增加监控内容。

代码清单1-2 monitor_centos.sh

```
#!/bin/bash
###usage: ./*.sh countNum influxdbIp project monitorIp dbname
##system:  centos
##update: 2019/11/20
##author: hutong
##dbname: mymonitor(存储被监控计算机)/pressure(存储压测机)
##每5s收集一次数据
```

```
if [ $# != 5 ] ; then
echo "USAGE:        sh $0 countNum influxdbIp project monitorIp influxdbname"
exit 1
fi

countNum=$1
influxdbIp=$2
project=$3
monitorIp=$4
dbname=$5

if [ ! -d "/data" ]; then
 mkdir /data
fi
file_log='/data/mymonitor.log'

#获取网卡名
line=$(expr $(/usr/sbin/ifconfig |grep "$monitorIp" -n|awk -F: '{print $1}') - 1 )
netface='/usr/sbin/ifconfig |sed -n "$line p"|awk '{print $1}'|cut -d: -f 1'
#获取系统版本号
os_version='cat /etc/redhat-release|sed -r 's/.* ([0-9]+)\..*/\1/''

#确保已安装sar
result='sar -V'
if [[ "$result" =~ "sysstat version" ]]; then
 echo 'sar installed.' 1>$file_log 2>&1
else
 yum install sysstat -y 1>$file_log 2>&1
fi

#创建一个数据库,库名为项目名称
curl -i -XPOST -u root:root "http://$influxdbIp:8086/query" --data-urlencode 'q=CREATE DATABASE
'$project'' 1>>$file_log 2>&1
curl -i -XPOST -u root:root "http://$influxdbIp:8086/query" --data-urlencode 'q=create
retention policy "rp_7d" on "'$project'" duration 7d replication 1 default ' 1>>$file_log 2>&1

function monitor7(){
num=0
 #echo 'date'
while:;
do
  if (( $num==$1 ));
  then  break
  else
    #计算开始时间
```

```
startTime_s='date +%s'

#cpu
#cpu='sar -u 1 1| grep Average'
#cpu_io='echo $cpu |awk '{print $6}''
#cpu_idle='echo $cpu |awk '{print $8}''
cpu='top -bn 1 -i -c | awk '{if($1~/^%Cpu/) print}''
cpu_io='echo $cpu |awk '{print $10}''
cpu_idle='echo $cpu |awk '{print $8}''

#mem
mem_total='free -m | grep Mem | awk '{print $2}''
mem_avail='free -m | grep Mem | awk '{print $7}''
mem_used=$(($mem_total - $mem_avail))

#net
net='sar -n DEV 1 1 | grep Average | grep $netface'
net_rx='echo $net | awk '{print $5}'' #receive kB/s
net_tx='echo $net | awk '{print $6}'' #transmit kB/s
#echo $net_rx
#echo $net_tx
#net_all='echo "$net_rx + $net_tx"|bc' #需要安装 bc
#shell 脚本中不可直接进行小数运算
net_all=$(echo $net_rx $net_tx | awk '{ printf "%0.2f" ,$1 + $2}')
#echo $net_all

#rx_before='ifconfig $netface|sed -n "6p"|awk '{print $5}''
#tx_before='ifconfig $netface|sed -n "8p"|awk '{print $5}''
#sleep 1
#rx_after='ifconfig $netface|sed -n "6p"|awk '{print $5}''
#tx_after='ifconfig $netface|sed -n "8p"|awk '{print $5}''
#rx_result=$[(rx_after-rx_before)/1024] #接收速度,单位为 KB/s
#tx_result=$[(tx_after-tx_before)/1024] #发送速度,单位为 KB/s

#tcp state
tcp_timewait='ss -ant|grep TIME-WAIT |wc -l'
tcp_estab='ss -ant|grep ESTAB |wc -l'
tcp_total='ss -ant |wc -l'

endTime_s='date +%s'
#计算执行上面 Shell 命令消耗的时间
costTime=$[ $endTime_s - $startTime_s ]
#echo $costTime
#echo 'date'
sleeptime=$[ 5 - $costTime ]
#echo "需要延迟时间: "$sleeptime
```

```
        sleep $sleeptime
        wait
        #timestamp
        #currentTimeStamp=$[$(date +%s%N)/1000000]
        #postfix=000000

        #往 InfluxDB 中插入数据
        curl -i -XPOST -u root:root "http://$influxdbIp:8086/write?db=$project&precision=s"
 --data-binary ''$dbname',host='$2' cpu_io='$cpu_io',cpu_idle='$cpu_idle',mem_total='$mem_
total',mem_used='$mem_used',rx_net='$net_rx',tx_net='$net_tx',all_net='$net_all',tcp_wait=
'$tcp_timewait',tcp_estab='$tcp_estab',tcp_total='$tcp_total' ' 1>>$file_log 2>&1
        num=$(($num+1))
      fi
    done
    }

    function monitor6(){
    num=0
     #echo 'date'
    while:;
    do
      if (( $num==$1 ));
      then  break
      else
        #计算开始时间
        startTime_s='date +%s'

        #cpu
        #cpu='sar -u 1 1| grep Average'
        #cpu_io='echo $cpu |awk '{print $6}''
        #cpu_idle='echo $cpu |awk '{print $8}''
        cpu='top -bn 1 -i -c | awk '{if($1~/^%Cpu/) print}''
        cpu_io='echo $cpu |awk '{print $10}''
        cpu_idle='echo $cpu |awk '{print $8}''

        #mem
        mem_total='free -m | grep Mem | awk '{print $2}''
        mem_used='free -m | grep cache: | awk '{print $3}''

        #net
        net='sar -n DEV 1 1 | grep Average | grep $netface'
        net_rx='echo $net | awk '{print $5}'' #接收速度，单位为 KB/s
        net_tx='echo $net | awk '{print $6}'' #发送速度，单位为 KB/s
        net_all=$(echo $net_rx $net_tx | awk '{ printf "%0.2f" ,$1 + $2}')
```

```
#rx_before='ifconfig $netface|sed -n "9p"|awk '{print $2}'|cut -c7-'
#tx_before='ifconfig $netface|sed -n "9p"|awk '{print $6}'|cut -c7-'
#sleep 1
#rx_after='ifconfig $netface|sed -n "9p"|awk '{print $2}'|cut -c7-'
#tx_after='ifconfig $netface|sed -n "9p"|awk '{print $6}'|cut -c7-'
#rx_result=$[(rx_after-rx_before)/1024]
#tx_result=$[(tx_after-tx_before)/1024]

#tcp state
tcp_timewait='ss -ant|grep TIME-WAIT |wc -l'
tcp_estab='ss -ant|grep ESTAB |wc -l'
tcp_total='ss -ant |wc -l'

endTime_s='date +%s'
#计算执行上面 Shell 命令消耗时间
costTime=$[ $endTime_s - $startTime_s ]
#echo $costTime
#echo 'date'
sleeptime=$[ 5 - $costTime ]
#echo "需要延迟时间:"$sleeptime
sleep $sleeptime
wait

#timestamp
#currentTimeStamp=$[$(date +%s%N)/1000000]
#postfix=000000

curl -i -XPOST -u root:root "http://$influxdbIp:8086/write?db=$project&precision=s"
--data-binary ''$dbname',host='$2' cpu_io='$cpu_io',cpu_idle='$cpu_idle',mem_total='$mem_
total',mem_used='$mem_used',rx_net='$net_rx',tx_net='$net_tx',all_net='$net_all',tcp_wait='
$tcp_timewait',tcp_estab='$tcp_estab',tcp_total='$tcp_total' ' 1>>$file_log 2>&1
    num=$(($num+1))
  fi
done
}

if (( $os_version==7 ));then
monitor7 $countNum $monitorIp
else
monitor6 $countNum $monitorIp
fi
```

2. 应用 JVM 层的监控和方法

虚拟机在物理上主要划分为两个，即新生代（Young Generation）和老年代（Old Generation）。

- 新生代：绝大多数最新被创建的对象会被分配到这里，因为大部分对象在创建后会很快变得不可到达，所以很多对象被创建在新生代，然后消失。对象从这个区域消失的过程我们称之为 Minor GC 或者 Young GC（YGC）。
- 老年代：对象没有变得不可到达，并且从新生代中存活下来，会被复制到这里。其占用的空间要比新生代多。也正由于其占用了相对较大的空间，发生在老年代上的 GC 要比新生代少得多。对象从这个区域消失的过程我们称之为 Major GC 或者 Full GC（FGC）。

新生代用来保存那些第一次被创建的对象，它可以被分为 3 个区：1 个 Eden 区（Eden Space）和 2 个 Survivor 区（Survivor Space）。

绝大多数刚刚被创建的对象会存放在 Eden 区。此后，在 Eden 区执行了第一次 GC 之后，存活的对象被移动到其中一个 Survivor 区。当这个 Survivor 区达到饱和，还在存活的对象会被移动到另一个 Survivor 区。之后会清空已经饱和的那个 Survivor 区。在以上的步骤中重复几次依然存活的对象，就会被移动到老年代。

（1）监控指标。

- JVM 内存使用率。
- YGC 和 YGCT（Young GC 的次数与时间）。
- FGC 和 FGCT（Full GC 的次数与时间）。
- GCT（总的 GC 时间）。

（2）监控方法。

虚拟机常出现的问题包括内存泄漏、内存溢出和频繁 GC 导致性能下降等。导致这些问题的原因可以通过下面虚拟机内存的监视手段来进行分析，具体实施时可能需要灵活选择这些手段，同时借助两种甚至更多的手段来共同分析。例如，通过 GC 日志可以分析出哪些 GC 较为频繁导致性能下降、是否发生内存泄漏；jstat 工具和 GC 日志类似，同样可以用来查看 GC 情况、分析是否发生内存泄漏；判断发生内存泄漏后，可以通过结合使用 jmap 和 MAT 等分析工具来查看虚拟机内存快照，分析发生内存泄漏的原因；通过查看内存溢出快照可以分析出内存溢出发生的原因等。

GC 日志记录。将 JVM 每次发生 GC 的情况记录下来，通过观察 GC 日志可以看出来 GC 的频度，以及每次 GC 都回收了哪些区域的内存，从而可以判断是否有内存泄漏发生，并以这些信息为依据来调整 JVM 相关设置，减小 Minor GC 发生的频率以及减少 FGC 发生的次数。

JDK 自带命令工具如下。

- jmap+MAT 常用来定位内存溢出问题。
- jstack 常用来定位线程、死循环、死锁问题。
- JVisualVM 可以用来进行本地和远程可视化监控，比较直观。

命令具体的使用方法如表 1-4 所示。

表 1-4　JDK 自带命令使用方法

命令名称	使用方法
jstat	实时监视虚拟机运行时的类装载情况、各部分内存占用情况、GC 情况、JIT 编译情况等。 常用具体参数如下。 • -class：统计 class loader 行为信息。 • -compile：统计编译行为信息。 • -gc：统计 JDK GC 时堆信息。 • -gccapacity：统计不同的 generations（包括新生代、老年代）相应的堆容量情况。 • -gccause：统计 GC 的情况（同-gcutil）和引起 GC 的事件。 • -gcnew：统计 GC 时，新生代的情况 • -gcnewcapacity：统计 GC 时，新生代堆容量。 • -gcold：统计 GC 时，老年代的情况。 • -gcoldcapacity：统计 GC 时，老年代堆容量。 • -gcutil：统计 GC 时，堆情况。 命令使用： `jstat -class 2083 1000 10`（每隔 1s 监控一次，共做 10 次，其中 2083 是进程号） `jstat -gc 2083 2000 20`（每隔 2s 监控一次，共做 20 次）
jstack	观察 JVM 中当前所有线程的运行情况和线程当前状态。 值得关注的线程状态如下。 • Deadlock，即死锁（重点关注）。 • Runnable，即执行中。 • Waiting on condition，即等待资源（重点关注）。 • Waiting on monitor entry，即等待获取监视器（重点关注）。 • Suspended，即暂停。 • Object.wait()或 TIMED_WAITING，即对象等待中。 • Blocked，即阻塞（重点关注）。 • Parked，即停止。 命令使用： `jstack <pid>`
jmap	观察运行中的 JVM 物理内存的占用情况。 常用的参数如下。 • -heap 用来打印 JVM 堆的情况。 • -histo 用来打印 JVM 堆的直方图。其输出信息包括类名，对象数量，对象占用大小。 • -histo: live 用来打印 JVM 堆的直方图，但是只打印存活对象的情况。 命令使用： `jmap -heap 2083`（可以观察到具体的新生代和老年代的内存使用情况） `jmap -dump:format=b,file=heap.bin 16113`（生成 dump 文件，获得内存快照后，可以通过 MAT 工具分析）

提示

MAT（Memory Analyzer Tool）是 Eclipse 的一个插件，使用起来非常方便。尤其是在分析大内存的 dump 文件时，使用 MAT 可以非常直观地看到各个对象在堆空间中所占用的内存大小、类实例数量和对象引用关系，可以利用对象查询语言（OQL）查询，以及可以很方便地找出对象 GC Roots 的相关信息，最吸引人的是它能够快速为开发人员生成内存泄漏报表，方便开发人员定位和分析问题。

在 macOS 的命令行中直接输入 jvisualvm 命令，或在 Windows 下找到对应的 exe 文件双击即可打开 Java VisualVM，如图 1-7 所示。另外，建议安装 Visual GC 和 BTrace Workbench，便于定位问题。

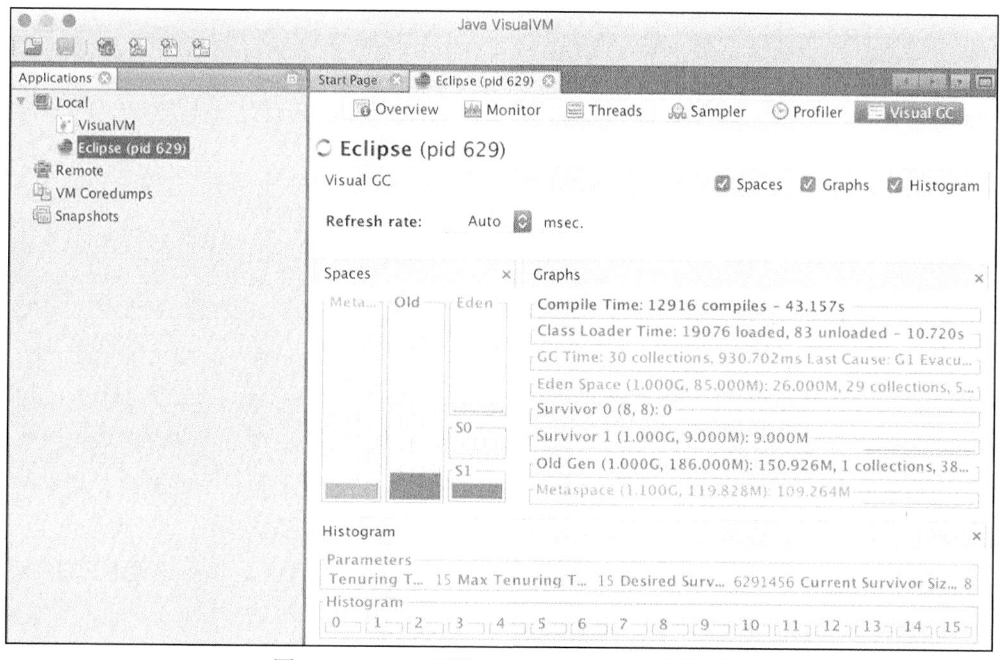

图 1-7 macOS 下的 Java VisualVM 工具界面

这是本地的 Java 进程监控界面，Java VisualVM 还可以进行远程的监控。在图 1-7 左侧导航栏的 Applications 视图下的 Remote 处用鼠标右键单击，选择 Add Remote Host 选项，输入主机 IP 地址即可添加监控主机。在 IP 地址上用鼠标右键单击会发现有两种连接 Java 进程进行监控的方式，jmx 和 jstatd。一般如果是 Tomcat 修改启动脚本 catalina.sh，需添加如下参数配置：

```
JAVA_OPTS="$JAVA_OPTS -Dcom.sun.management.jmxremote
-Dcom.sun.management.jmxremote.port=9004
-Dcom.sun.management.jmxremote.authenticate=false
-Dcom.sun.management.jmxremote.ssl=false
-Djava.net.preferIPv4Stack=true -Djava.rmi.server.hostname=192.168.0.5"
```

启动 Tomcat，以 JMX 为例，在 IP 地址上用鼠标右键单击并选择 Add JMX Connection 选项，输入 IP 地址和端口号即可，如图 1-8 所示。

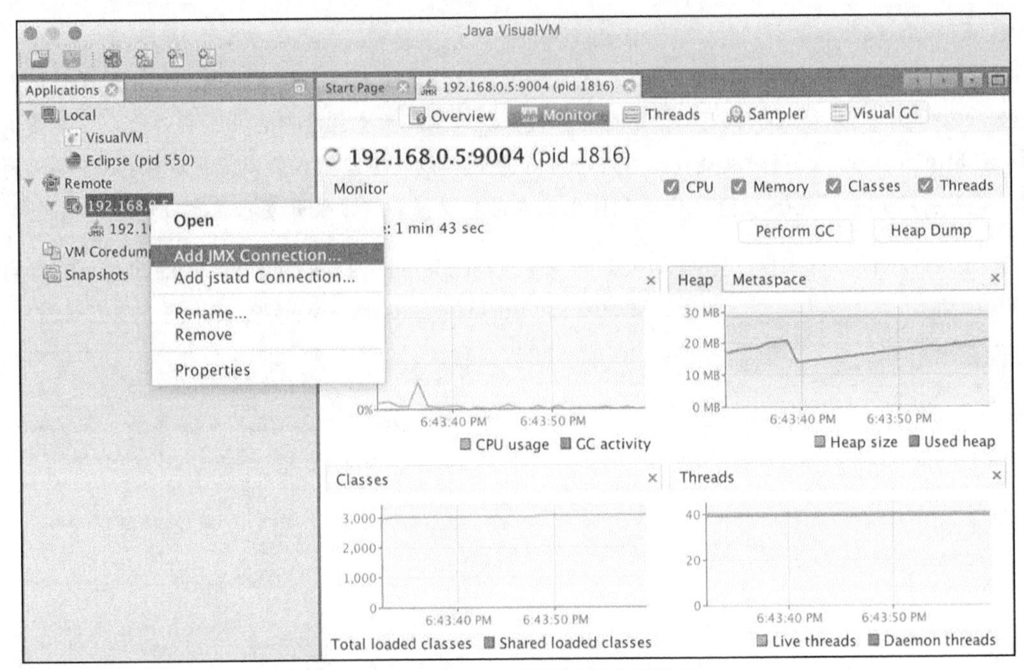

图 1-8　macOS 下配置远程应用监控

这里重点推荐一款小巧的代码定位性能的工具——阿里开源工具 TProfiler。该工具小巧，安装简便，对代码没有任何侵入性，同时对性能影响也较小，甚至可以用在生产环境进行问题排查。我们只需要在启动参数中加入-javaagent:/xx/tprofiler.jar，即可监控想要监控的方法耗时，并且可以输出报告，非常方便。

首先，访问 TProfiler 的 GitHub 主页，单击 Code 按钮打开下载菜单，选择该菜单下的 Download ZIP 选项将 TProfiler-master.zip 下载到本地。

然后，在本地将下载的 TProfiler-master.zip 解压缩，将 dist 目录下的 profile.properties，以及 dist/lib 目录下的 tprofiler-1.0.1.jar 通过 FTP 上传到远程服务器/opt/tprofiler 目录下。

最后，按如下方式编辑服务器上/opt/tprofiler/profile.properties 文件的内容：

```
#log file name
logFileName = tprofiler.log
methodFileName = tmethod.log
samplerFileName = tsampler.log

#basic configuration items
startProfTime = 9:00:00
endProfTime = 23:00:00
eachProfUseTime = 5
eachProfIntervalTime = 50
samplerIntervalTime = 20
```

```
port = 30000
debugMode = false
needNanoTime = false
ignoreGetSetMethod = true

#file paths
logFilePath = ${user.home}/logs/${logFileName}
methodFilePath = ${user.home}/logs/${methodFileName}
samplerFilePath = ${user.home}/logs/${samplerFileName}

#include & excludes items
excludeClassLoader = org.eclipse.osgi.internal.baseadaptor.DefaultClassLoader
includePackageStartsWith =com.caucho;com.defonds;com.fasterxml;com.sun.jersey;com.sun.jmx;
org.apache;org.codehaus;org.jdbcdslog;org.mybatis;org.quartz;org.springframework
excludePackageStartsWith = com.taobao.sketch;org.apache.velocity;com.alibaba;com.taobao.
forest.domain.dataobject
```

（3）操作使用。

首先，输入如下命令启动 TProfiler：

```
-javaagent:/opt/tprofiler/tprofiler-1.0.1.jar  -Dprofile.properties=/opt/tprofiler/profile.
properties
```

指令操作如下所示。

- 查看 TProfiler 当前状态：

```
$ java -cp /opt/tprofiler/tprofiler-1.0.1.jar com.taobao.profile.client.TProfilerClient
127.0.0.1 30000 status
```

- 关闭 TProfiler：

```
$ java -cp /opt/tprofiler/tprofiler-1.0.1.jar com.taobao.profile.client.TProfilerClient
127.0.0.1 30000 stop
```

- 开启 TProfiler：

```
$ java -cp /opt/tprofiler/tprofiler-1.0.1.jar com.taobao.profile.client.TProfilerClient
127.0.0.1 30000 start
```

- 保存数据：

```
$ java -cp /opt/tprofiler/tprofiler-1.0.1.jar com.taobao.profile.client.TProfilerClient
127.0.0.1 30000 flushmethod
```

执行此命令会将数据保存到~/logs/目录下生成“TProfiler 的日志.png”。

- 用普通方法进行线程统计：

```
$ java -cp /opt/tprofiler/tprofiler-1.0.1.jar com.taobao.profile.analysis.SamplerLogAnalysis~/
logs/tsampler.log~/logs/method.log~/logs/thread.log
```

- top 统计：

```
$ java -cp /opt/tprofiler/tprofiler-1.0.1.jar com.taobao.profile.analysis.ProfilerLogAnalysis~/
logs/tprofiler.log~/logs/tmethod.log~/logs/topmethod.log~/logs/topobject.log
```

执行上述命令显示的 topmethod.log 部分结果如下：

```
com/defonds/core/ppts/common/support/JsonUtils:object2jsonString:123 13519 154 2083584
com/caucho/hessian/client/HessianURLConnection:sendRequest:156 15894 130 2072565
com/defonds/rest/core/client/proxy/ResourceJsonInvocationHandler:invoke:39 8123 113 921340
com/defonds/core/ppts/cache/service/impl/MerBankCfgServiceImpl:selectMerBankCfgByParams:
72 54213 15 799322
com/defonds/core/ppts/incomes/biz/sinopay/service/impl/SinoPayBankReturnServiceImpl4Json:
updateOrderSuccess:792 2495 176 438542
```

结果显示的数据分别是方法信息、执行次数、平均执行时间（单位为毫秒）和全部执行时间（单位为毫秒）。

方法执行时间的统计非常重要，它是 TProfiler 最重要的特性，是 TProfiler 能够傲视所有其他性能测试类（包括 JVM 性能测试类）工具的关键所在，我们将会不止一次地在关键的时候受益于 TProfiler 的这一非常有用的特性。

根据 topmethod.log 统计结果，我们拿到了热点方法前 10 位的被调用次数、平均执行时间、全部执行时间，这些都是性能测试过程中重点观察的指标，十分有价值和意义。

提示

Arthas（阿尔萨斯）是阿里开源的 Java 诊断性能监控分析工具，它不需要用户做任何参数配置，就可以直观地获取各种维度的性能数据。通过阅读官网的介绍可以看到，当我们遇到类似以下问题而束手无策时，Arthas 可以帮助我们解决。

- 这个类是从哪个 jar 包加载的？为什么会报各种类相关的异常？
- 我改的代码为什么没有运行？难道是我没提及？分支搞错了？
- 遇到问题无法在线上调试，难道只能通过加日志再重新发布吗？
- 线上遇到某个用户的数据处理有问题，但线上无法调试，线下无法重现？
- 是否有全局视角来查看系统的运行状况？
- 有什么办法可以监控到 JVM 的实时运行状态？

Arthas 支持 JDK 6+，支持 Linux/macOS/Windows，采用命令行交互模式，同时提供丰富的 Tab 自动补全功能，进一步方便开发人员进行问题的定位和诊断。

3. 数据库层监控

本书重点讲解使用最频繁的 MySQL 数据库。

（1）监控指标。

- 缓存命中率。

- 索引使用率。
- 单条 SQL 性能。

（2）监控方法。

淘宝开源工具 OrzDBA 是淘宝 DBA 团队开发出来的 perl 监控脚本，主要功能是监控 MySQL 数据库。其小巧精致，而且消耗资源也非常少。

最常使用的方法如下：

```
./orzdba -S /tmp/mysql.sock-mysql
--------            -QPS- -TPS-      -Hit%- ------threads------ -----bytes----
 time      | ins   upd    del   sel   iud |      lor   hit| run  con cre cac|   recv  send|
16: 21: 21| 0     0      0     0     0   |       0 100.00|  0     0   0   0|      0     0|
16: 21: 22| 1556 2031   120   5993 3707|  92736 99.62| 17    18   0   3|   406k  2.2m|
16: 21: 23| 1601 2087   121   6179 3809|  98670 99.62| 17    18   0   3|   424k  2.2m|
16: 21: 24| 1886 2452   144   7118 4482| 115044 99.63| 17    18   0   3|   497k  2.6m|
16: 21: 25| 1618 2131   124   6425 3873| 100295 99.64| 17    18   0   3|   435k  2.3m|
16: 21: 26| 1872 2477   153   7258 4502| 115035 99.65| 17    18   0   3|   497k  2.6m|
```

从上面的结果可以看到，通过这个方法可以监控 MySQL 的增、删、改、查的速度，缓存命中率，线程连接状态，还有带宽情况，这几个都是性能测试最核心的指标。

另外，可以通过调用 tcprstat 来监控 MySQL 的响应时间：

```
./orzdba -rt -C 10 -i 1 -t -d sda
-------- -------------------------io-usage----------------------- --------tcprstat(us)--------
    time|  r/s  w/s  rkB/s  wkB/s  queue  await  svctm  %util|count  avg  95-avg  99-avg|
16:53:22|  0.0  0.0    0.1    0.0    0.0    0.4    0.4    0.0|    0    0       0       0|
16:53:24|  0.0  0.0    0.0    0.0    0.0    0.0    0.0    0.0|    0    0       0       0|
16:53:25|  0.0  0.0    0.0    0.0    0.0    0.0    0.0    0.0|    0    0       0       0|
16:53:26|  0.0  0.0    0.0    0.0    0.0    0.0    0.0    0.0|    0    0       0       0|
16:53:27|  0.0  0.0    0.0    0.0    0.0    0.0    0.0    0.0|    0    0       0       0|
16:53:28|  0.0  0.0    0.0    0.0    0.0    0.0    0.0    0.0|    0    0       0       0|
16:53:29|  0.0  0.0    0.0    0.0    0.0    0.0    0.0    0.0|    0    0       0       0|
16:53:30|  0.0  0.0    0.0    0.0    0.0    0.0    0.0    0.0|    0    0       0       0|
```

其中一些输出的含义如下。

- count 表示此间隔内处理完成的请求数量。
- avg 表示此间隔内所有完成的请求响应的平均时间。
- 95_avg 表示此间隔内 95%完成的请求的平均响应时间，单位微秒，该值能更好体现 MySQL Server 的查询响应时间的水平。

自定义 Shell 脚本的方法原理是通过 show status 获取服务器状态信息，我们也可以使用 mysqladmin extended-status 命令获得。

show status 可以根据需要显示会话级别的统计结果和全局级别的统计结果。例如，显示当前会话级的信息命令 show status like "Com_%"；显示全局级别的信息命令 show global status。

以下几个参数对 MyISAM 和 InnoDB 存储引擎都计数：

- Com_select 统计执行 select 操作的次数，一次查询只累加 1；
- Com_insert 统计执行 insert 操作的次数，对于批量插入的 insert 操作，只累加一次；
- Com_update 统计执行 update 操作的次数；
- Com_delete 统计执行 delete 操作的次数。

以下几个参数是针对 InnoDB 存储引擎计数的，累加的算法也略有不同：

- Innodb_rows_read 统计 select 操作返回的行数；
- Innodb_rows_inserted 统计执行 insert 操作插入的行数；
- Innodb_rows_updated 统计执行 update 操作更新的行数；
- Innodb_rows_deleted 统计执行 delete 操作删除的行数。

以下是用 Shell 脚本实现的监控模板，供读者借鉴：

```
mysqladmin -usystem -p*** -h127.0.0.1 -P3306 -r -i 1 extended-status \
 | grep "Questions\|Queries\|Innodb_rows\|Com_select \|Com_insert \|Com_update \|Com_delete "
| Com_delete                  | 44        |
| Com_insert                  | 39796     |
| Com_select                  | 497645    |
| Com_update                  | 34154     |
| Innodb_rows_deleted         | 22        |
| Innodb_rows_inserted        | 138254    |
| Innodb_rows_read            | 7600681   |
| Innodb_rows_updated         | 39184     |
| Queries                     | 867858    |
| Questions                   | 859168    |
```

提示

目前互联网系统架构多采用分布式和微服务，打造立体化监控体系，提供分布式调用跟踪、梳理服务依赖关系、得到用户行为路径、可视化各个阶段的耗时等服务，对于定位问题和故障给予快速响应。

目前有很多应用性能管理（Application Performance Management，APM）的解决方案（开源的和未开源的）。

- Google 的 Drapper，最早的 APM。
- 鹰眼，阿里未开源内部系统。
- 听云，国内端到端应用性能管理解决方案提供商。
- 大众点评 CAT，跨服务的跟踪功能与大众点评内部的 RPC 框架集成。
- hydra，京东开源的基于 Dubbo 的调用分布跟踪系统，与 Dubbo 框架集成，对于服务级别的跟踪统计，可以无缝接现有业务。

- Pinpoint，采用字节码探针技术，代码无侵入，体系完善不易修改，支持 Java，技术栈支持 Dubbo。
- Zipkin 方便集成 Spring Cloud，社区支持的插件包括 Dubbo、Rabbit、MySQL、HttpClient 等，代码入侵度小。

1.2.9 性能问题的定位分析

性能问题的分析、定位或者调优，很大程度是一种技术问题，需要测试人员具备多方面的专业知识。数据库、操作系统、网络等方面的管理和技术开发都是一个合格的性能测试人员需要拥有的技能。只有这样，才能从多角度全方位地去考虑分析问题。本节分 4 个方面进行深入讲解，分别是性能问题分析方法论、性能数据解读建议、性能常见问题和案例、性能调优建议。

1. 性能问题分析方法论

性能问题的定位排查过程比较复杂，可以采用“拆分问题，隔离分析”的方法进行分析，即逐步定位、从外到内、由表及里、逐层分解、隔离排除。以下的分析顺序供读者参考：日志分析→网络瓶颈（对局域网可以不考虑这一层）→服务器操作系统瓶颈（参数配置）→中间件瓶颈（参数配置、Web 服务器等）→应用瓶颈（业务逻辑、算法等）→数据库瓶颈（SQL 语句、数据库设计、索引）。

其实这也是根据请求流入系统的顺序层层递进分析的，而上面每一环节的监控方法在性能测试的监控部署这一节都有涉及。接下来，我们需要解读监控收集的数据，分析异常，由此可见性能测试是环环相扣的、系统性的工作。

另外，做性能测试的时候，我们一定要确保瓶颈不发生在自己的测试脚本和测试工具上。

基于上述思想的指导，在具体执行层面，可以参考如下分析过程。

首先，当系统有问题的时候，我们不要急于去调查我们代码，这毫无意义。我们首先需要看的是操作系统的报告。看看操作系统的 CPU 利用率、内存使用率、操作系统的 IO，还有网络的 IO 和网络连接数等。通过观察以下这些最直观的数据，我们就可以知道软件的性能问题基本上出在哪里。

（1）查看 CPU 利用率，如果 CPU 利用率不高，但是系统的吞吐量和响应上不去，这说明我们的程序并没有忙于计算，而是忙于别的一些事，例如网络的 IO。另外，CPU 的利用率还要看内核态的和用户态的，一旦内核态的上去了，整个系统的性能就下来了。而对于多核 CPU，CPU 0 是相当关键的，如果 CPU 0 的负载高，则会影响其他核的性能，因为 CPU 各核间是需要调度的，这靠 CPU 0 完成。

（2）查看 IO 大不大，IO 与 CPU 利用率相反，CPU 利用率高则 IO 不大，IO 大则 CPU 就小。关于 IO，我们要看 3 个指标，即磁盘文件 IO、网卡的 IO、内存换页率。这 3 个指标都会影响系统性能。

（3）查看网络带宽使用情况。在 Linux 下，可以使用 sar、iptraf、tcpdump 这些命令来查看。

（4）查看系统的连接数是不是接近 65535，TIME_WAIT 的连接是不是非常多。若连接数较大，可能配置是有问题的。

如果 CPU 利用率不高、操作系统的 IO 不高、内存使用率不高、网络带宽使用率不高，但是系统的性能依然上不去，这说明我们的程序有问题。例如，我们的程序被阻塞了，可能是因为等某个锁、可能是因为等某个资源，或者是在切换上下文。

通过了解操作系统的性能，我们才能知道性能的问题，例如带宽不够、内存不够、TCP 缓冲区不够等。很多时候不需要调整程序，只需要调整一下硬件或操作系统的配置就可以了。具体配置项的调优，可以参考调优章节。

接下来，我们需要使用性能检测工具。可以使用性能测试的监控部署这一节中讲到的阿里开源工具 TProfiler，统计 top 的方法耗时，结合 Java 自带的 jstack 命令，查看每个线程的运行状态，定位代码有无死循环、逻辑错误等问题。

最后，其实很多时候性能问题最终都会落到数据库上，因为磁盘的读写能力永远是跟不上 CPU 的计算能力的。而对于数据库，我们可以通过解读淘宝开源工具 OrzDBA 的监控数据，分析有无出现瓶颈，是否缺失数据索引等。

以上就是性能问题分析的一种思路，从服务器操作系统层面、中间件层、应用层、数据库层，逐层排查定位。

2. 性能数据解读建议

性能问题分析过程也是一个解读数据的过程，读懂了数据我们就能知道问题出在何处。随着经验的累积，我们将会很容易判断问题的根源所在，甚至在开发阶段就及时规避可能出现的问题。

表 1-5 中列出一些常见的性能问题异常特征和相应的分析工具。

表 1-5 常见的性能问题异常特征和分析工具

性能指标类型	性能问题异常特征	分析工具
TPS 及其波动范围	1. TPS 有明显的大幅波动，不稳定。例如 TPS 轨迹缓慢下降、缓慢上升后骤降、呈瀑布型、呈矩形、分时间段有规律的波动、无规律的波动等。这些 TPS 的波动轨迹反映出被测试的性能点存在异常，需要性能测试工程师与开发工程师查找异常的原因 2. TPS 轨迹比较平稳，但是也存在波动现象。该类波动不明显，很难直接确定是否存在异常。我们需要根据其他指标来进行判断	JMeter
响应时间	1. 关注高峰负载时，用户操作的响应时间 2. 关注数据库增量对用户操作响应时间的影响	JMeter
Web/数据库服务器内存	1. 很高的换页率 2. 频繁使用交换区，si、so 值较大 3. 交换区所有磁盘的活动次数过高 4. 内存不够出错(Out Of Memory Errors)	top/vmstat/free
Web/数据库服务器 CPU	1. 响应时间很慢 2. CPU 空闲时间为零 3. 用户占用 CPU 时间过高 4. 系统占用 CPU 时间过高 5. 长时间的运行进程队列很长	top

续表

性能指标类型	性能问题异常特征	分析工具
Web/数据库服务器磁盘 IO	1．磁盘利用率过高 2．磁盘等待队列太长 3．等待磁盘 IO 的时间所占的百分比太高 4．物理 IO 速率太高 5．缓存命中率过低 6．运行进程队列太长，但 CPU 却空闲	iostat
MySQL 数据库	1．缓存命中率小于 0.90 2．前 10 位 SQL 语句耗时高	OrzDBA

3．性能常见问题和案例

当性能测试实战经验丰富后，会发现常见的性能问题可以分为 3 类——CPU 类、内存类和配置类，这里不考虑架构设计的合理性。

CPU 类。代码或 MySQL 都可能会导致 CPU 爆满。CPU 利用率高不是问题，由 CPU 利用率高引起的负载高才是问题，负载是判断系统能力指标的依据。

为什么这么说呢？以单核 CPU 为例，我们日常的 CPU 利用率在 20%～30%，这其实是浪费 CPU 资源的，这意味着绝大多数时候 CPU 并没有在做事。理论上，一个系统极限的 CPU 利用率可以达到 100%，这意味着 CPU 完全被利用起来处理计算密集型任务了，例如 for 循环、md5 加密、新建对象等。但是实际不可能出现这种情况，因为应用程序中不存在消耗 CPU 的 IO 是几乎不可能的，例如读取数据库或者读取文件，所以 CPU 利用率不是越高越好，通常 75%是一个需要引起警戒的经验值。

例如，服务部署在阿里云上，某天突然收到告警通知，CPU 利用率超过阈值 75%，连续告警一段时间。

在一个 Java 应用中，排查 CPU 利用率高的思路通常比较简单，有比较固定的做法，实际排查问题的时候建议打印 jstack 命令结果 5 次（至少 3 次），根据多次的栈内容，再结合相关代码段进行分析，定位高 CPU 利用率出现的原因。高 CPU 利用率可能是代码段中某个 bug 导致的而不是栈打印出来的那几行导致的。

（1）通过 top 命令找出 CPU 资源消耗过高的进程。

top H 打开线程显示开关。

（2）找出进程对应的线程：

```
ps -mp pid -o THREAD,tid,time
```

（3）其次，将需要的线程 ID 转换为十六进制格式：

```
printf "%x\n" tid
```

（4）打印线程栈信息：

```
jstack pid |grep tid -A 30
```

（5）据此找到对应的代码逻辑。

```
"http-nio2-9386-exec-25" #52 daemon prio=5 os_prio=31 tid=0x00007ff9c46d6800 nid=0x7c03
waiting on condition [0x000070000a651000]
   java.lang.Thread.State:WAITING (parking)
        at sun.misc.Unsafe.park(Native Method)
        - parking to wait for <0x00000007816cdbc8> (a
   java.util.concurrent.locks.AbstractQueuedSynchronizer$ConditionObject)
        at java.util.concurrent.locks.LockSupport.park(LockSupport.java:175)
        at java.util.concurrent.locks.AbstractQueuedSynchronizer$ConditionObject.await
(AbstractQueuedSynchronizer.java:2039)
        at java.util.concurrent.LinkedBlockingQueue.take(LinkedBlockingQueue.java:442)
        at org.apache.tomcat.util.threads.TaskQueue.take(TaskQueue.java:103)
        at org.apache.tomcat.util.threads.TaskQueue.take(TaskQueue.java:31)
        at java.util.concurrent.ThreadPoolExecutor.getTask(ThreadPoolExecutor.java:1067)
        at java.util.concurrent.ThreadPoolExecutor.runWorker(ThreadPoolExecutor.java:1127)
        at java.util.concurrent.ThreadPoolExecutor$Worker.run(ThreadPoolExecutor.java:617)
        at org.apache.tomcat.util.threads.TaskThread$WrappingRunnable.run(TaskThread.java:61)
        at java.lang.Thread.run(Thread.java:748)
```

根据以上常规的利用 jstack 定位 CPU 的问题套路，我们编写了如代码清单 1-3 所示的脚本。

代码清单 1-3　jstack_check.sh

```
#!/bin/bash
##system:centos
##update:2019/11/20
##author:hutong
pid=$1
sfile="/tmp/java.$pid.trace"
tfile="/tmp/java.$pid.trace.tmp"
rm -f $sfile $tfile
echo "pid $pid"

jstack $pid > $tfile
ps -mp $pid -o THREAD,tid,time|awk '{if ($2>0 && $8 != "-") print $8,$2}'|while read line;
do
    nid=$(echo "$line"|awk '{printf("0x%x",$1)}')
    cpu=$(echo "$line"|awk '{print $2}')
    echo "nid: $nid,cpu: $cpu %">>$sfile
    lines='grep $nid -A 100 $tfile |grep -n '^$'|head -1|awk -F':' '{print $1}''
    ((lines=$lines-1))
    if [ "$lines" = "-1" ];
    then
```

```
        grep $nid -A 100 $tfile >>$sfile
        echo '' >>$sfile
    else
        grep $nid -A $lines $tfile >>$sfile
    fi
done
rm -f $tfile
echo "read msg in $sfile"
########### end ############
```

执行上述脚本后的结果如下，通过分析我们可以迅速找到相关代码，然后相应地去解决问题。

```
nid:0x1fe1,cpu:0.1 %
"main" #1 prio=5 os_prio=0 tid=0x00007fdc1c008800 nid=0x1fe1 waiting on condition
[0x00007fdc23829000]
    java.lang.Thread.State:TIMED_WAITING (sleeping)
    at java.lang.Thread.sleep(Native Method)
    at com.lihongkun.example.StackExample.main(StackExample.java:8)

nid:0x1feb,cpu:0.1 %
"VM Periodic Task Thread" os_prio=0 tid=0x00007fdc1c144800 nid=0x1feb waiting on condition

nid:0x200f,cpu:1.0 %
"Attach Listener" #8 daemon prio=9 os_prio=0 tid=0x00007fdbe8001000 nid=0x200f waiting
on condition [0x0000000000000000]
    java.lang.Thread.State:RUNNABLE
```

注意

不同的系统用途也不同，要找到性能瓶颈需要知道系统运行的是什么应用、有什么特点，例如Web 服务器对系统的要求肯定和文件服务器不一样，所以分清不同系统的应用类型很重要，通常应用可以分为两种类型。

一种是 IO 相关的应用，通常用来处理大量数据，需要大量内存和存储，频繁 IO 操作读写数据，而对 CPU 的要求则较少，大部分时候 CPU 都在等待硬盘，例如数据库服务器、文件服务器等。

另一种是 CPU 相关的应用，需要使用大量 CPU，例如高并发的 Web/邮件服务器、图像/视频处理、科学计算等都可被视为 CPU 相关的应用。

内存类。内存异常、内存泄漏是最常见的问题。

例如，使用 JMeter 对保险公司投保接口进行压力测试，增大压力开始测试后，返回很多错误请求。观察后台接口日志，具体错误如下：

```
2019-03-30 16:59:46.012 [http-nio-7112-exec-6] ERROR o.a.c.c.C.[.[localhost].[/].
[dispatcherServlet] - Servlet.service() for servlet [dispatcherServlet] in context with path []
```

```
threw exception [Handler dispatch failed; nested exception is java.lang.OutOfMemoryError:
unable to create new native thread] with root cause
    java.lang.OutOfMemoryError:unable to create new native thread
    at java.lang.Thread.start0(Native Method)
    at java.lang.Thread.start(Thread.java:717)
    at java.util.concurrent.ThreadPoolExecutor.addWorker(ThreadPoolExecutor.java:950)
    at java.util.concurrent.ThreadPoolExecutor.execute(ThreadPoolExecutor.java:1357)
    at java.util.concurrent.AbstractExecutorService.submit(AbstractExecutorService.java:112)
    at com.netease.baoxian.service.InsuranceService.insured(InsuranceService.java:110)
    at com.netease.baoxian.service.ServiceOrderService.addServiceOrder(ServiceOrderService.java:126)
    at com.netease.baoxian.controller.SceneController.insure(SceneController.java:180)
    at sun.reflect.GeneratedMethodAccessor154.invoke(Unknown Source)
    at sun.reflect.DelegatingMethodAccessorImpl.invoke(DelegatingMethodAccessorImpl.java:43)
    at java.lang.reflect.Method.invoke(Method.java:498)
    at org.springframework.web.method.support.InvocableHandlerMethod.doInvoke
(InvocableHandlerMethod.java:205)
    at org.springframework.web.method.support.InvocableHandlerMethod.invokeForRequest
(InvocableHandlerMethod.java:133)
```

原因分析如下。

JVM 向操作系统申请创建新的原生线程（native thread）时，有可能会碰到“java.lang.OutOfMemory Error：Unable to create new native thread”错误。如果底层操作系统创建新的原生线程失败，JVM 就会抛出相应的 Out Of Memory Error。总体来说，导致“java.lang.OutOfMemoryError：Unable to create new native thread”错误的场景大多经历以下这些阶段。

（1）Java 程序向 JVM 请求创建一个新的 Java 线程，JVM 本地代码（native code）代理该请求，尝试创建一个操作系统级别的原生线程。

（2）操作系统尝试创建一个新的原生线程，同时需要分配一些内存给该线程。

（3）如果操作系统的虚拟内存已耗尽，或者是受到 32 位进程的地址空间限制（2 GB～4 GB），操作系统就会拒绝本地内存分配。

（4）JVM 抛出“java.lang.OutOfMemoryError：Unable to create new native thread”错误。

根据栈信息，我们定位到问题代码出现在下面这个方法里，此方法实现的功能是异步调用保险公司投保接口：

```
public void insured(ServiceOrder serviceOrder,boolean isSync){
    if(isSync){
      insured(serviceOrder);
    }else{
      ExecutorService es = Executors.newFixedThreadPool(1);
      es.submit(()->insured(serviceOrder));
      es.shutdown();
    }
}
```

分析这段代码，开发人员在处理异步任务时，使用了线程池。使用线程池处理多线程的好处有：重用了存在的线程，减少了对象创建、消亡的开销，性能佳；可有效控制最大并发线程数，提高了系统资源的使用率，同时避免了过多资源竞争，避免了堵塞；提供了定时执行、定期执行、单线程和并发数控制等功能。

问题就出现在“ExecutorService es = Executors.newFixedThreadPool(1);”这一行代码上。newFixedThreadPool 方法的功能是创建一个定长线程池，可控制线程最大并发数，超出的线程会在队列中等待。开发人员在此处创建线程池时使用了局部变量，每个请求进入这个方法时，都会新建一个固定线程个数为 1 的线程池。就这样大量并发请求进入后，新建了大量的线程，导致系统虚拟内存被耗尽，JVM 抛出“java.lang.OutOfMemoryError：Unable to create new native thread”错误。

配置类。很多时候各个中间件本身的参数是不能满足业务的性能需求的，需要根据实际用户量灵活地调整。例如，数据库连接池不够用导致响应时间久。

问题现象：在测试一个场景时，我们发现响应时间很长，但日志无报错现象。根据调用链接逐级定位，我们发现 80%的时间都是消耗在数据访问对象（Data Access Object，DAO）层的方法上，这时首先考虑的是 SQL 会不会有问题？于是找数据库管理员（Database Administrator，DBA）帮忙抓取 SQL 看一下，但 DBA 反映 SQL 执行很快，执行计划也没有问题，那问题出现在哪里呢？找不到原因就看一下线程栈，我们看看系统在执行 DAO 层的方法后做了什么。jstack 线程栈如下：

```
    "DubboServerHandler-10.165.184.51:20881-thread-200" daemon prio=10 tid=0x00007f2fd6208800
nid=0x504b waiting on condition [0x00007f2fc0280000]
    java.lang.Thread.State:TIMED_WAITING (parking)
    at sun.misc.Unsafe.park(Native Method)
    - parking to wait for <0x000000078172f2c0> (a java.util.concurrent.locks.
AbstractQueuedSynchronizer$ConditionObject)
    at java.util.concurrent.locks.LockSupport.parkNanos(LockSupport.java:226)
    atjava.util.concurrent.locks.AbstractQueuedSynchronizer$ConditionObject.awaitNanos
(AbstractQueuedSynchronizer.java:2082)
    at com.alibaba.druid.pool.DruidDataSource.pollLast(DruidDataSource.java:1487)
    at com.alibaba.druid.pool.DruidDataSource.getConnectionInternal(DruidDataSource.java:
1086)
    at com.alibaba.druid.pool.DruidDataSource.getConnectionDirect(DruidDataSource.java:953)
    at com.alibaba.druid.filter.FilterChainImpl.dataSource_connect(FilterChainImpl.java:4544)
    at com.alibaba.druid.filter.logging.LogFilter.dataSource_getConnection(LogFilter.java:827)
    at com.alibaba.druid.filter.FilterChainImpl.dataSource_connect(FilterChainImpl.java:4540)
    at com.alibaba.druid.pool.DruidDataSource.getConnection(DruidDataSource.java:931)
    at com.alibaba.druid.pool.DruidDataSource.getConnection(DruidDataSource.java:923)
    at com.alibaba.druid.pool.DruidDataSource.getConnection(DruidDataSource.java:100)
```

```
    at org.springframework.jdbc.datasource.DataSourceUtils.doGetConnection(DataSourceUtils.java:111)
    at org.springframework.jdbc.datasource.DataSourceUtils.getConnection(DataSourceUtils.java:77)
    at org.mybatis.spring.transaction.SpringManagedTransaction.openConnection
(SpringManagedTransaction.java:81)
    at org.mybatis.spring.transaction.SpringManagedTransaction.getConnection
(SpringManagedTransaction.java:67)
    at org.apache.ibatis.executor.BaseExecutor.getConnection(BaseExecutor.java:279)
    at org.apache.ibatis.executor.SimpleExecutor.prepareStatement(SimpleExecutor.java:72)
    at org.apache.ibatis.executor.SimpleExecutor.doQuery(SimpleExecutor.java:59)
    ...
```

问题分析过程如下。

我们先关注线程状态，发现栈信息里大量的 Dubbo 线程处于 TIMED_WAITING 状态。从 waiting on condition 可以看出系统在等待一个条件发生，这时的线程处于休眠（sleep）状态。一般系统会有超时时间唤醒，这里出现 TIMED_WAITING 状态很正常，一些等待 IO 都会出现这种状态，但是出现大量的 TIMED_WAITING 状态就要找原因了。接下来，我们观察线程栈，发现处于 TIMED_WAITING 状态的线程都在等待 Druid 获取连接池的连接，这种现象很像连接池不够用了。于是增加数据库连接池的连接数，然后 TPS 直接提升了 3 倍。

最后再做一下简要总结分析 CPU 占用和内存性能的方法和手段。

（1）分析 CPU 占用的方法和手段如下。

- top 命令用于查看实时的 CPU 使用情况。
- ps -ef 命令用于查看进程以及进程中线程的当前 CPU 使用情况，以及属于当前状态的采样数据。
- jstack 是 Java 提供的命令，用于查看某个进程的当前线程栈运行情况。根据这个命令的输出可以定位某个进程的所有线程的当前运行状态、运行代码，以及是否死锁等。
- pstack 是 Linux 命令，用于查看某个进程的当前线程栈运行情况。

（2）分析内存性能的方法和手段如下。

- top 命令用于查看实时的内存使用情况。
- 执行 jmap -histo:live [pid]，然后分析具体的对象数目和占用内存大小，从而定位代码。
- 执行 jmap -dump:live,format=b,file=xxx.xxx [pid]，然后利用 MAT 分析是否存在内存泄漏等问题。

另外，典型的影响性能的问题有以下几个。

- 系统对高并发的场景响应不足，如数据库连接池的连接数过低、服务器连接数超过上限、数据库锁控制考虑不足等。
- 内存泄漏，如在长时间运行下内存没有正常释放，发生宕机等。
- 数据库优化不足，如业务日益增长、关联表众多、SQL 不够优化等。

更多日常性能测试遇到的典型问题如表 1-6 所示。

表 1-6 日常性能测试遇到的典型问题

现象类别	典型问题现象描述	问题类别	问题定位过程描述	解决方法或优化建议
内存	压测一定时间后，RabbitMQ 内存占用过高。 涉及接口：充值接口	代码	定位问题：代码问题。 Rabbit MQ 只有生产者队列，没有消费者队列，这导致大量数据堆积，占用内存	增加消费者，对生产者和消费者进行平衡，避免数据堆积
CPU	压测一定时间后，Tomcat 启动 CPU 超负载，最后提示内存溢出。 涉及接口：充值接口	代码	定位问题：代码问题。 Tomcat 启动时默认读取 Redis 中的所有数据，Redis 中有大量压测数据导致 Tomcat 启动失败	修改代码，Tomcat 启动时不加载全部 Redis 中的数据
慢查询	数据库慢查询日志中频繁出现相同的几句 SQL 语句。 涉及接口：充值接口	数据库	定位问题：数据库问题。 做数据插入操作时会同时进行 3 张表的查询，导致较多慢查询出现	将数据缓存到 Redis 中，增加了相关表的索引
磁盘	交换区利用率过高。 涉及接口：充值接口	配置	定位问题：系统配置问题。 系统参数 swapness 为默认，当内存用到一定程度会自动利用交换区	修改了系统参数 swapness=10
其他	10 个并发情况下，响应时间过长。 涉及接口：留存用户趋势情况查询、回访用户趋势情况查询（查询接口）	数据库	定位问题：数据库 SQL 语句问题。 添加数据库慢查询后，发现 SQL 语句耗时并不是很久，但接口总体耗时久，打印日志发现 SQL 语句个数较多	合并 SQL 语句，把多次查询获取数据改成通过一个 SQL 语句来获得数据，减少数据库查询次数
CPU	数据库的 CPU，接近满负荷运行	数据库	查看慢查询结果，发现 SQL 语句花费时间较长，且无索引	数据库添加及优化索引
CPU	MySQL 服务器的多核 CPU 的 iowait 一直大于 20%，并且都集中在 CPU 0 这一个核上，发布不均匀	数据库	经过 DBA 的检查，怀疑是数据库版本问题，在另一台数据库服务器上做测试实验，正常	经过 DBA 的检查，后来重新安装了 MySQL 版本，从原来的 tar 包安装 5.6.22 版本改为二进制安装的 5.6.30 版本
其他	性能业务指标的 TPS 超级小，基本上只有 0.8	配置	应用服务器内存使用到交换区，CPU 满了，FGC 频繁	一开始默认启动该 jar 包时，没加参数。默认的永久代区为 98MB 解决方法：java-XX：PermSize=128M-XX:MaxPermSize=512m-Xms1536M-Xmx1536M-Xmn1024M-jar../release/otacm-service-impl-0.0.1-SNAPSHOT.jar

续表

现象类别	典型问题现象描述	问题类别	问题定位过程描述	解决方法或优化建议
CPU	MySQL 服务器的 CPU 接近满负荷	配置	大部分语句在 SELECT count (*) FROM cardprofile	开启 MySQL 的缓存功能
其他	出现一定量的服务器异常的请求	配置	发现 MySQL 很多连接处理 WAITING 状态，导致 Dubbo 的请求超时	增大 MySQL 的连接数
CPU	测试获取 token 业务时，并发线程数 200，TPS 低于 10，CPU 消耗超过 95%	代码	查看发现 TPS 过低，业务处理时间久，主要消耗在登录加密过程中	解决方法： • 将写操作改为异步； • 减小加密算法的强度，TPS 可达到 300； • 添加用户信息缓存； • 减少存放 Redis 的键值数量
其他	测试获取我的列表业务时，TPS 小于 100，CPU 存在波动，Redis 内存不断消耗完	代码	查看 Redis 内存不断消耗后，定位到 Redis 中操作过多，键值不断增加	减少 Redis 操作，增加缓存，TPS 可达到 500 以上，接着将未读数量、附件数量等放入统一的 Redis 键中，避免循环操作 Redis
慢查询	测试邀请用户业务时，数据库日志中查看到慢查询语句，查询时间超过 1s	数据库	查看慢查询结果，发现 SQL 语句花费时间较长	解决方法： • 优化了邀请单人加入的逻辑； • 异步处理发短信、推送通讯录变更、同步系统群逻辑
其他	压测并发线程数 200 注册业务时，用户信息同步 Openfire，错误显示为主键冲突	代码	在批量同步用户信息至 Open fire 时才发现此现象，单个用户导入并没有问题，进一步查看代码中错误输出，得知为计算机编码问题引起	解决方法：问题主要是由于部署多台服务器时，生成主键的方法需做分布式同步，通过增加计算机编码来解决
其他	压测并发线程数 200 创建某业务，压测 1min 后请求无法发送，服务器返回 500 内部错误	配置	性能测试环境中网关配置为默认配置，默认单个模块的最大并发数量为 10	根据单台性能测试需求修改为 500，修改参数：eureka.yq-mod-corp.semaphore.maxSemaphores= 500

续表

现象类别	典型问题现象描述	问题类别	问题定位过程描述	解决方法或优化建议
慢查询	压测获取某列表业务时，TPS 低，数据库存在慢查	数据库	数据库慢查询日志中输出慢查询语句，查询时间超过 2s	解决方法： • 增加查询缓存； • 优化查询语句，去除统计字段的计算，改为入库时统计
其他	Redis 服务器上 Ping 操作频繁	配置	压测时 Redis 服务器内存消耗不断升高，使用命令 in fo commandstats 查看 cmdstat _ping:calls=263354524，usec=484208487，usec_per_call=1.84 中 ping 操作频繁	修改应用服务器中 Redis 配置项 redis.pro perties，将 redis.pool.testOnBor row= true 和 redis.pool.testOnReturn=true 中的 true 改为 false
CPU	数据上报接口稳定性测试过程中，CPU 利用率会持续升高	配置	定位问题：Storm Spout 没有开启限速机制，导致 CPU 利用率持续升高	开启 Storm Spout 限速机制
其他	证书申请流程，达到一定并发后，3%左右的 p10 上行处理异常，平台日志打印空指针	代码	并发时，上行的 4 条 p10 缓存中可能还没放进去就 GET，导致 GET 不到	当 GET 不到时，添加等待时间
其他	签名认证流程，签名认证响应上行推送失败，报出异常	代码	模拟网关上行响应较快，上行之后缓存会清理掉，而此时平台侧还没处理完流程，依赖缓存数据，所以报错	不主动删除缓存，让缓存 10min 后自动生效
其他	签名认证流程，响应时间平均在 1s 以上，响应时间性能不达标	代码	签名短信发送完成之后等待了 1s，导致响应时间平均在 1s 以上	去掉等待时间
其他	签名认证流程，压测脚本执行几分钟后，错误率 100%，返回 500 错误，应用服务器执行任何命令都不能分配内存，但是服务器内存使用率并不高	代码	签名请求时，每个请求都启动了一个 TimerTask，根据设置的超时时间进行等待响应，使并发请求时间长了之后，进程过多导致分配失败	将 TimerTask 去掉，让业务方去判断超时

续表

现象类别	典型问题现象描述	问题类别	问题定位过程描述	解决方法或优化建议
内存	堆溢出	配置	java.lang.OutOfMemoryError：Java heap space	优化建议：通过-Xmn（最小值）、–Xms（初始值）、-Xmx（最大值）参数手动设置堆的大小
内存	PermGen Space 溢出（永久代区溢出、运行时常量池溢出）	配置	java.lang.OutOfMemoryError：PermGen space	优化建议：通过 MaxPermSize 参数设置 PermGen space 大小
内存	栈溢出（虚拟机栈溢出、本地方法栈溢出）	配置	java.lang.StackOverflowError	优化建议：通过 Xss 参数调整

4. 性能调优建议

性能调优是一个非常大的议题，更多的是由开发人员来进行。测试人员可以了解一些通用的调优方法，并根据性能分析过程中发现的问题，给出一些建议。当然，随着性能测试经验的积累，测试人员也会知道很多开发人员不知道的调优方法。

（1）设计优化。

设计优化处于所有调优手段的上层，它往往需要在软件开发之前进行。在软件开发之初，架构师就应该评估软件可能存在的各种潜在问题，并给出合理的设计方案。由于软件设计和架构对软件整体质量有决定性的影响，因此设计优化对软件性能的影响也是最大的。

从某种程度上说，设计优化直接决定了软件的整体品质。如果在设计层考虑不周，留下太多隐患，那么这些“质”的问题，也许无法通过代码层的优化进行弥补。因此，开发人员必须在软件设计之初，认真仔细考虑软件系统的性能问题。

进行设计优化时，设计人员必须熟悉常用的软件设计方法、设计模式、基本性能组件和常用优化思想，并将这些有机地集成在软件系统中。

注意，一个良好的软件设计可以规避很多潜在的性能问题。因此，尽可能多花些时间在系统设计上是创建高性能程序的关键。

（2）算法优化。

算法非常重要，好的算法会使系统有更好的性能。例如，分而治之和预处理的思路。某程序为了生成月报表，每次都需要计算很长的时间，有时候需要花费将近一整天的时间。于是我们找到了一种方法将这个算法改成增量式的，也就是说我们每天都把当天的数据计算好之后和前一天的报表数据合并，这样就大大节省了计算时间。调整之后，每天的数据计算时间需要大约 20min，但是如果我一次性计算整个月的数据，系统需要 10h 以上（SQL 语句在大数据量面前性能成级数下降）。这种分而治之的思路对大数据应用的性能有很大的帮助。

（3）代码优化。

代码优化是在软件开发过程中或者在软件开发完成后的软件维护过程中进行的，对程序代码的改进和优化。代码优化涉及诸多编码技巧，需要开发人员熟悉相关语言的 API，并在合适的场景中正确使用相关 API 或类库。同时，对算法、数据结构的灵活使用，也是实现代码优化的必备技能。

虽然代码优化是从微观上对性能进行调整，但是一个“好”的实现和一个“坏”的实现对系统影响的差异也是非常大的。例如，同样作为 List 的实现，LinkedList 和 ArrayList 在随机访问上的性能可以相差几个数量级；同样是文件读写的实现，使用 Stream 方式与 Java NIO 方式，其性能可能又会相差一个数量级。

因此，虽然与设计优化相比，这里将代码优化称为在微观层面上的优化，但是它却是对系统性能产生最直接影响的调优方法。

（4）JVM 优化。

由于 Java 程序总是运行在 JVM 之上，因此对 JVM 进行优化也能在一定程度上提升 Java 程序的性能。JVM 优化通常可以在软件开发后期进行，如在软件开发完成时或者在软件开发的某一里程碑阶段。

作为 Java 程序的运行平台，JVM 的各项参数将会直接影响 Java 程序的性能。例如，JVM 的堆大小和 GC 策略等。

要进行 JVM 层面的优化，需要开发人员对 JVM 的运行原理和基本内存结构有一定的了解，如堆的结构和 GC 的种类等。进而，依据应用程序的特点，设置合理的 JVM 启动参数。

（5）参数优化。

- 中间件参数。互联网产品的系统架构总是会涉及各种中间件，常见的有 Nginx、ZooKeeper、Tomcat、Redis、RabbitMQ 等。这些组件和性能息息相关的参数的默认值有时候是不满足业务要求的，因此需要优化。
- 系统参数。Linux 系统本身的一些连接数、网络、读写内存分配大小的参数。

（6）数据库优化。

对绝大部分应用系统而言，数据库是必不可少的一部分。Java 程序可以使用 JDBC 的方式连接数据库。对数据库的优化可以分为 3 个部分：在应用层对 SQL 语句进行优化、对数据库进行优化和对数据库软件进行优化。

数据库优化是一个很大的话题，下面是作者总结的一些经验。

数据库引擎调优。数据库的锁的方式非常的重要，因为在并发情况下，锁是非常影响性能的。它包括各种隔离级别，行锁、表锁、页锁、读写锁、事务锁，以及各种写优先和读优先机制。要想达到最高的性能最好是不要锁，所以，分库分表、冗余数据、减少一致性事务处理，可以有效地提高性能。NoSQL 就是牺牲了一致性事务处理，并冗余数据，从而达到了分布式和高性能。

数据库的存储机制。不但要搞清楚各种类型字段是怎么存储的，更重要的是了解数据库的数据存储方式，即它是怎么分区、怎么管理的。了解清楚这个机制可以减轻很多的 IO 负载。例如，在 MySQL 下使用 show engines，可以看到各种存储引擎的支持。不同的存储引擎有不同的侧重点，针对不同的业务或数据库设计会有不同的性能。

数据库的分布式策略。最简单的就是复制或镜像，需要了解分布式的一致性算法，或是主主同步、主从同步。通过了解这种技术的机理可以做到数据库级别的水平扩展。

SQL 语句优化。关于 SQL 语句的优化，首先是要使用工具，例如 MySQL 的 SQL Query Analyzer 可以用于查看应用中的 SQL 的性能问题，还可以使用 explain 来查看 SQL 语句最终的 Execution Plan 是什么样的。

还有一点很重要，数据库的各种操作需要大量的内存，所以服务器的内存要够，尤其应对那些多表查询的 SQL 语句，是相当耗内存的。

- 全表检索。例如 SELECT * FROM user WHERE lastname = “xxxx”，这样的 SQL 语句基本上是全表查找，线性复杂度 $O(n)$越高、记录数越多，性能也越差（如查找 100 条记录要 50ms，而查找一百万条记录需要 5min）。对于这种情况，我们可以有两种方法来提高性能：一种方法是分表，把记录数降下来；另一种方法是建索引（为 lastname 建索引）。索引就像是键值对的数据结构一样，键就是 WHERE 后面的字段，值就是物理行号，对索引的搜索复杂度基本上是 $O(\log(n))$ ——用 B-Tree 实现索引（如查找 100 条记录要 50ms，而查找一百万条记录需要 100ms）。
- 索引。对于索引字段，最好不要在字段上做计算、类型转换、函数调用、空值判断和字段连接等操作，这些操作都会破坏索引原本的性能。当然，索引一般都出现在 WHERE 或是 ORDER BY 子句中，所以在 WHERE 和 ORDER BY 子句中的字段上最好不要进行计算操作，或是加上 NOT 之类的关键字，或是使用函数。
- 多表查询。对关系型数据库做的最多的操作就是多表查询，多表查询主要有 3 个关键字，EXISTS、IN 和 JOIN。基本上，现代的数据库引擎对 SQL 语句优化得都挺好的，这 3 个关键字的运用在结果上有些不同，但在性能上基本都差不多。有人说，EXISTS 的性能要好于 IN，IN 的性能要好于 JOIN。作者个人觉得，这个还要看数据、模式和 SQL 语句的复杂度的情况。对一般的简单的情况来说性能都差不多，所以千万不要使用过多的嵌套，千万不要让 SQL 语句太复杂。宁可使用几个简单的 SQL 语句也不要使用一个巨大无比的嵌套 N 级的 SQL 语句。还有人说，如果两个表的数据量差不多，EXISTS 的性能可能会高于 IN，IN 可能会高于 JOIN。以作者的经验来看，如果这两个表一大一小，那么子查询中，EXISTS 用于大表，IN 则用于小表。
- JOIN 操作。有人说，JOIN 表的顺序会影响性能。实际上只要 JOIN 的结果集是一样的，性能和 JOIN 表的顺序无关，因为后台的数据库引擎会帮我们优化的。JOIN 有 3 种实现算法，嵌套循环、Hash 式的 JOIN 和排序归并（MySQL 只支持第一种）。嵌套循环与我们常见的多重嵌套循环基本一样。注意，前面的索引部分说过，数据库的索引查找算法用的是 B-Tree。这是 $O(\log(n))$的算法，所以整个算法复杂度应该是 $O(\log(n))$ * $O(\log(m))$。Hash 式的 JOIN，主要解决嵌套循环的 $O(\log(n))$复杂度的问题，使用一个临时的 hash 表来标记。排序归并，意思是两个表按照查询字段排好序，然后再合并。当然，索引字段一般是排好序的。

- 部分结果集。我们知道 MySQL 里的 LIMIT 关键字、Oracle 里的 ROWNUM、SQL Server 里的 TOP 都是在限制前几条的返回结果。这给了我们很多对数据库引擎调优的空间。一般来说，返回前 n 条的记录数据需要我们使用 ORDER BY，注意在这里我们需要为 ORDER BY 的字段建立索引。有了索引后，会让我们的 SELECT 语句的性能不会被记录数所影响。
- 字符串。如前文所述，字符串操作对性能的影响很大，所以，能用数字的情况下就用数字，例如用时间和工号等。
- 全文检索。千万不要用 LIKE 之类的关键字来做全文检索，如果要做全文检索，可以尝试使用 Sphinx。

其他一些建议。

- 不要用 SELECT *，而是要明确指出各个字段；如果有多个表，一定要在字段名前加上表名，不要让数据库引擎去算。
- 不要用 HAVING，因为其要遍历所有的记录，性能差得不能再差。
- 尽可能地使用 UNION ALL 取代 UNION。
- 索引过多，INSERT 和 DELETE 就会变慢。而如果 UPDATE 多数索引，速度也会变慢；但是如果只 UPDATE 一个索引，则只会影响一个索引表。

以上是性能问题的定位分析的所有内容，知识点比较多，大家需要好好消化吸收，并在实战中多应用实践。另外在此引入一个分析问题的方法论，套用 5W2H 方法，可以提出性能分析的几个问题。

Who：发生了什么现象？

What：现象是什么样的？

When：什么时候发生？

Why：为什么会发生？

Where：哪个地方发生的问题？

How much：耗费了多少资源？

How to do：怎么解决问题？

提示

面对流量洪峰的策略如下。

（1）服务降级。服务降级是指在特定情况下，例如“双十一”“双十二”期间，当流量超过系统服务能力时，跳过特定的处理流程。比如在一个买家下单后，我们可能需要进行风险评估、数据校验等一系列流程，当发生服务降级时，就跳过了数据校验逻辑，以避免用户长时间等待，降低对下游链路的冲击，保证服务的稳定性。服务降级是面对流量洪峰保证用户体验和预防系统崩溃的有效手段。

（2）服务限流。服务限流是指根据服务的处理能力提前预估一个阈值，当流量大于该阈值时放弃处理直接返回错误。服务限流是应对流量达到峰值时，系统进行自我保护的重要措施。例如“双十一”零点下单峰值、余额宝九点抢购峰值以及活动结束商品信息编辑峰值，都需要进行相应的限流来保护系统。

（3）故障容灾。单机系统的容灾能力几乎为零，一旦服务崩溃就马上变成不可用。分布式系统通过异地多活，可以不间断地提供服务。同时，借助于 Nginx、Apache 进行负载均衡可以进一步提高可用性。

实际上，即便进行了负载均衡和服务分布式部署，系统仍然面临容灾问题。现在的大型服务，例如淘宝、天猫、微信、京东都进行了异地多活的部署。异地多活部署的主要目的是，通过多机房提供服务来降低单机房故障带来的影响，提高容灾能力。

1.2.10　性能测试的报告总结

经过多轮重复测试和优化，在满足性能需求后，需要编写性能测试报告，及时做好知识沉淀和总结，吸取经验，避免以后二次踩坑。

性能测试报告中至少要包括系统的测试范围、测试目标、测试方法、场景设计说明、测试数据准备、测试计划、测试结果，以及优化过程和建议等。

性能测试报告中，我们需要重点描述多轮测试和优化所做的改动和调整，并把相关的变动及时同步给运维人员和开发人员，避免上线的时候没做调整，出现线上故障，这也就是之前说的闭环的重要性。

1.3　性能测试闭环流

性能测试的终点不是发布上线，上线之后我们应该继续跟踪性能情况，并将收集的数据结果用于下一次性能测试的需求分析，将线下与线上真正关联起来，形成系统的闭环，如图 1-9 所示。

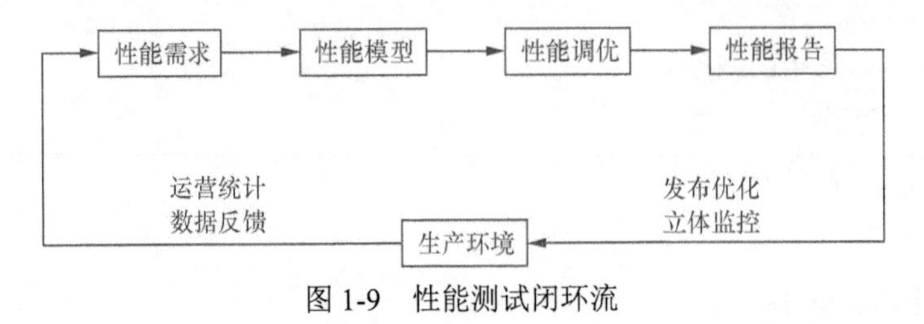

图 1-9　性能测试闭环流

通过建立性能测试闭环流，可以解决如下问题。

（1）线下性能测试调优所做的配置项信息修改，要及时反馈给产品对应的运维人员，指导其做升级发布时的修改。

（2）如果项目组上线后的产品做了后台运营或者用户行为分析，可以收集信息，以进一步指导优化性能测试脚本，使其覆盖更多实际场景。

（3）动态调整量化性能质量，分析对比测试结果和生产运行表现的差异，通过换算系数实现性能预测。

（4）全程性能跟踪，在生产环境中也加入性能监控，更快解决线上性能问题。

另外，根据项目规模的大小，作者摸索了线上和线下联动的性能测试和基线测试的解决方案，具体如图 1-10 和图 1-11 所示，供读者借鉴和扩展。

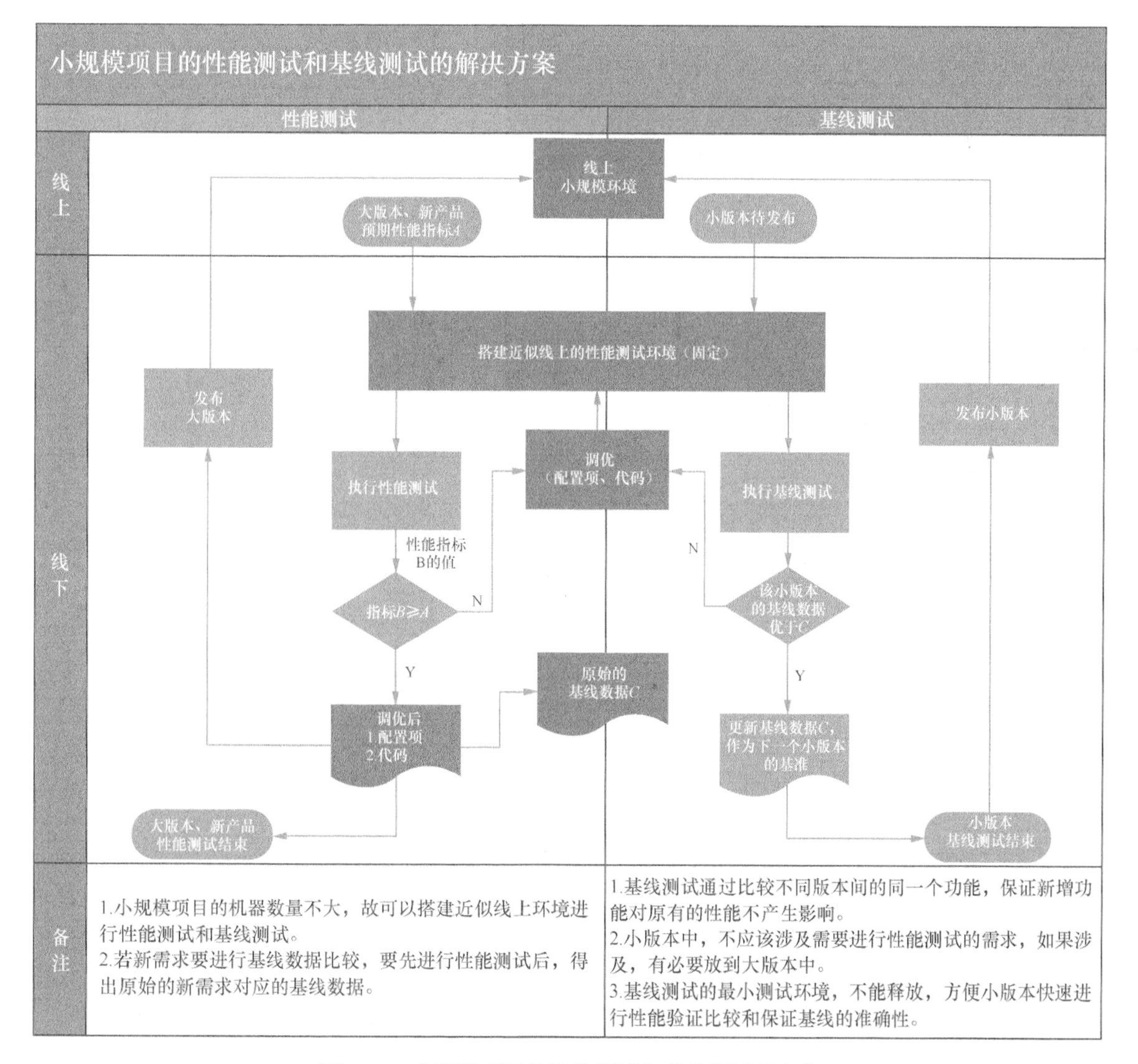

图 1-10　小规模项目的性能测试和基线测试的方案

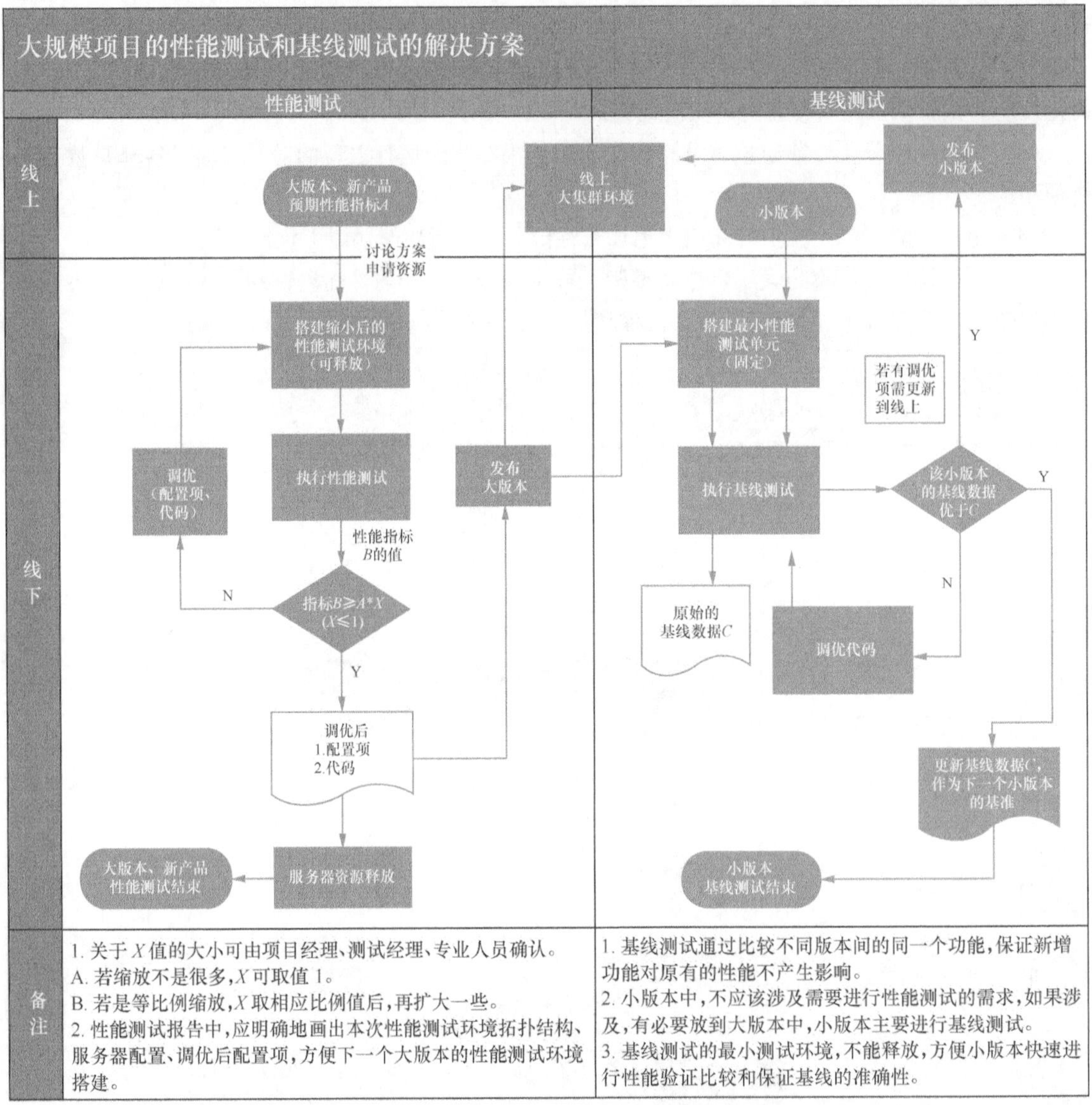

大规模项目的性能测试和基线测试的解决方案

	性能测试	基线测试
线上	大版本、新产品预期性能指标A；线上大集群环境	小版本；发布小版本
线下	讨论方案 申请资源；搭建缩小后的性能测试环境（可释放）；执行性能测试；性能指标B的值；指标B≥A*X（X≤1）；N：调优（配置项、代码）；Y：调优后 1.配置项 2.代码；发布大版本；服务器资源释放；大版本、新产品性能测试结束	搭建最小性能测试单元（固定）；执行基线测试；原始的基线数据C；该小版本的基线数据优于C；N：调优代码；Y：若有调优项需更新到线上；更新基线数据C，作为下一个小版本的基准；小版本基线测试结束
备注	1. 关于X值的大小可由项目经理、测试经理、专业人员确认。 A. 若缩放不是很多，X可取值1。 B. 若是等比例缩放，X取相应比例值后，再扩大一些。 2. 性能测试报告中，应明确地画出本次性能测试环境拓扑结构、服务器配置、调优后配置项，方便下一个大版本的性能测试环境搭建。	1. 基线测试通过比较不同版本间的同一个功能，保证新增功能对原有的性能不产生影响。 2. 小版本中，不应该涉及需要进行性能测试的需求，如果涉及，有必要放到大版本中，小版本主要进行基线测试。 3. 基线测试的最小测试环境，不能释放，方便小版本快速进行性能验证比较和保证基线的准确性。

图 1-11　大规模项目的性能测试和基线测试的方案

1.4　性能测试执行时机

当今的互联网产品市场需要争分夺秒，机会转瞬即逝，产品的版本迭代速度非常快，而性能测试不同于功能测试，性能测试的耗时较久。另外，考虑性能测试的特殊性，没有必要每个版本迭代都做性能测试。所以作者根据版本号结合一些原则制定了性能测试的执行时机，具体如下。

（1）新产品或主版本必须执行性能测试的负载测试和稳定性测试，原则上需覆盖所有业务和接口，必要时，经项目组和测试组综合评估，部分业务和接口可不覆盖。

（2）在两个主版本之间或新产品和主版本之间，必要时，由项目组和测试组综合评估，选择合适的版本（含前一个主版本）完成压力测试、基准测试、可靠性测试和并发测试等各种性能测试，以此来检验项目的综合性能情况。性能测试的通过标准为无致命、严重问题（无内存泄漏、无表死锁、无线程死锁、无日志错误）。

（3）在两个主版本之间或新产品和主版本之间，对于一些关键节点版本、重要运营推广活动节点版本等需要开展负载测试和稳定性测试，原则上需覆盖所有业务和接口，必要时，经项目组和测试组综合评估，部分业务和接口可不覆盖。在两个主版本之间或新产品和主版本之间，至少有一个版本执行上述过程。

1.5 性能测试通用标准

性能测试没有一个绝对的标准，不同的业务形态、不同的用户数量、不同的系统架构等都会有不一样的性能要求。但是在项目日常迭代中，性能测试执行结果还是需要制定一些标准，以便在相同的环境下，更加直观地判断性能测试异常现象。作者从服务器资源指标、业务指标、数据库指标和 JVM 指标这 4 个维度定义了性能测试中需要重点观察的指标项和标准，供读者参考，如表 1-7 所示。其中，业务指标大家可以根据业务形态进一步细分，例如支付类的业务响应时间要求是多少，查询商品类的业务响应时间是多少等。另外，业务的 TPS 处理的波动性其实也是很有必要的，可以考虑新增指标，若波动很大，则明显是有性能问题的。

表 1-7 性能测试中需要重点观察的指标项和标准

指标维度	指标项	指标通过标准
服务器资源指标	CPU 利用率	小于 80%
	内存使用率	小于 80%
	swap in、swap out	长期为 0
	wa%	小于 30%
	磁盘消耗大小	小于 90%
	网络吞吐量	小于 70%带宽
业务指标	吞吐量	满足业务需求
	95%的请求的响应时间	不大于 2s
	成功率	大于 99.99%
数据库指标	SQL 语句	最大响应时间小于 1s
JVM 指标（可选）	FGC 频率	时间间隔大于 0.5h
	FGC 时间	每次 FGC 时间小于 2s
	YGC 频率	时间间隔大于 3s
	YGC 时间	每次 YGC 时间小于 100ms

1.6　小结

通过对本章的学习，相信很多读者不仅从宏观上了解了性能测试的全局技能知识图谱，也从微观上掌握了性能测试的相关基础知识和实操工具。我们重点传授的如使用阿里开源工具 TProfiler 定位代码耗时、使用淘宝的开源工具 OrzDBA 诊断 MySQL 的异常、编写自定义 Shell 脚本监控服务器、通过 Java 代码快速构建千万数据等实战真经，可借鉴性强，实用性高。新手掌握了本章的内容，就基本上可以独立完成一个简单的性能测试项目了。另外，在本章中作者结合日常实际的性能测试工作，沉淀提炼了典型的性能问题和案例分析，供读者学习，希望能给读者带来一些启迪。

第 2 章

JMeter 初级实战真经

JMeter 是 Apache 软件基金会支持的一款基于 Java 的轻量级开源性能测试工具，其功能齐全、灵活性高、扩展性强，是目前性能测试领域不可多得的工具利器。本章主要讲解 JMeter 在实际工作中使用最频繁的组件功能，意在帮助测试新手能够快速掌握 JMeter，从而独立承担起初级的脚本编写和测试工作。

2.1 JMeter 的常用版本功能回溯

在业界，性能测试工具主要分为开源和商用两大类，而各个互联网公司为了节约成本都会选择开源的工具，只有一些传统的行业，如银行之类的企业才会选择商用的。商用的性能测试工具中以 LoadRunner 为主，价格比较贵，安装比较笨重，另外目前也有很多 APM 的解决方案提供商提供云压测服务。而开源的性能测试工具比较多，常见的有 JMeter、wrk、nGrinder 等，据统计现在 JMeter 在性能测试中的使用占比越来越高。

越来越多的测试人员选择 JMeter 进行性能测试主要有以下几点原因：

- JMeter 是基于 Java 的开源工具，扩展性强，可自定义开发插件；
- JMeter 社区活跃，会定期更新、修改 bug、优化功能；
- JMeter 学习成本低，提供了方便的图形界面来编辑和开发测试脚本，上手快；
- JMeter 可以和很多工具兼容，如 Jenkins，方便测试自动化；
- JMeter 具有平台无关性，可以轻易在 Windows、Linux 和 macOS 上运行。

当然 JMeter 也有一些不足的地方，主要是以下两点。

（1）JMeter 的 GUI 模式资源消耗较大，当需要测试高负载时，需要先使用 GUI 工具来生成 XML 测试计划，然后在非 GUI 模式下导入测试计划执行测试，并且要关闭不需要的监听器，因为监听器会消耗掉本用于生成负载的大量资源。测试结束后，需要将原始结果数据导入 GUI 以后才能查看测试结果的曲线图，这在真实的性能测试过程中不是很便捷，需要自己做一些扩展。

（2）JMeter 采用线程并发机制，主要依靠增加线程数来提高并发量。当单机模拟数以千计的并发用户时，JMeter 对于 CPU 和内存的消耗比较大，能支持的并发数目不多。

作者参加工作后，第一次使用 JMeter 的时候，使用的还是 2015 年发布的 2.13 版本。此后 JMeter 官网不断地更新，截止到 2020 年 5 月，已经更新到 5.3 版本。翻看历史，JMeter 从 2012 年到 2020 年，经过工程师们 8 年的打磨，其功能是比较齐全和完善的，所以作者结合自己实际测试工作和使用过的版本，对每个里程碑版本增加的一些比较有用的功能做了简要的回顾汇总，如表 2-1 所示。建议读者养成定期阅读官网的习惯，从官网可以获取第一手的信息，另外作者也建议现在还在使用老版本的读者，可以适当地更新到最近的版本了，毕竟新版本无论在功能上还是在性能上都做了一定的优化。

表 2-1 JMeter 里程碑版本的实用新功能表

里程碑版本	新增核心实用功能
Apache-JMeter-2.13	1．新增了连接时间的指标 2．可以定制化聚合报告中的百分比时间
Apache-JMeter-3.0	丰富了报告的仪表盘内容，提供更多图表
Apache-JMeter-3.2	1．新增 InfluxDB 后端监听器，方便统计业务性能指标 2．新增了函数的显示示例功能
Apache-JMeter-4.0	1．支持 Java 9 2．在响应断言的时候可以对请求数据和请求头进行断言 3．新的精准吞吐量定时器，可以更好控制吞吐量 4．新增了 JSON 的断言组件，方便对 JSON 格式的响应结果断言
Apache-JMeter-5.0	1．新增了 tools 菜单，其中 import from cURL 功能，可以快速方便地从 cURL 命令生成 HTTP 请求 2．JDBC 组件新增了初始化 SQL 语句的功能，并且支持的参数设置 3．在命令行生成报告时，新增-f 强制选项结合-e -o 选项，在报告文件夹不为空的情况下也可以生成报告，而不报错 4．在 HTTP 请求取样器中 multipart/form-data 类型请求新增加 PUT 方法和 DELETE 方法 5．在 HTTP 请求取样器中，可以以附件文件的形式发送 JSON 内容 6．在查看结果树时，请求和响应的信息头、信息体分开显示，更方便查看

提示

一般来说，wrk 比较适合简单的场景基准化测试，是轻量化的 HTTP 性能测试工具，采用“线程+网络异步IO”模型。网络异步IO可以使系统使用很少的线程模拟大量的网络连接以增加并发量、提高压力。

另外作者之前研究过另一款压测工具Locust。Locust是使用Python开发的开源性能测试工具。它基于事件、支持分布式，并且提供Web UI执行测试和展示结果。Locust借助gevent库对协程的支持，以greenlet来实现对用户的模拟。相同配置下Locust能支持的并发用户数相比JMeter可以达到一个数量级的提升，所以它在资源占用方面明显优于JMeter。

Locust使用Python代码定义测试场景，目前支持的Python版本有2.7、3.3、3.4、3.5和3.6。它自带一个Web UI，用于定义用户模型、发起测试、实时测试数据和统计错误等。它还提供QPS（每秒的查询次数）、评价响应时间等几个简单的图表。

2.2 JMeter的安装和使用

由于JMeter是一个纯Java实现的应用，用GUI模式执行压力测试时，对客户端的资源消耗是相当惊人的，因此在进行正式的压测时一定要使用无图形界面模式（Non-GUI mode）执行。如果并发数很高或者客户端的硬件资源比较一般的话，还可以以服务器模式用多个客户端进行分布式测试。

我们一般在本地笔记本计算机或台式计算机上进行jmx脚本的调试。调试成功后，上传到部署了JMeter的服务器上去开始真正的压测，从而尽可能地避免出现客户端资源瓶颈。由此可见，使用JMeter时，Windows、macOS和Linux都会涉及，下面我们一一讲解。

2.2.1 Windows环境

如果读者的笔记本计算机或台式计算机是Windows操作系统的，首先需要安装JDK，然后再部署JMeter。注意，JMeter对JDK的版本是有要求的，一般至少要JDK8，这也是目前开发过程中使用频繁的版本。

1. 安装JDK

从官网下载JDK，各操作系统对应的JDK安装包如图2-1所示，这里选择jdk-8u251-windows-x64.exe。下载后双击进行安装，一步步选择默认项即可。

然后是配置环境变量。通常步骤为：鼠标右键单击我的电脑，选择“属性”，单击“高级系统设置”→“环境变量”，在弹出的环境变量窗口进行配置。

新建系统变量：变量名为JAVA_HOME，变量值为JDK的安装目录。

修改系统变量：变量名为path，添加变量值为%JAVA_HOME%\bin; %JAVA_HOME%\jre\bin。

最后在cmd命令行中，输入java -version，验证JDK是否安装成功，成功后的显示如图2-2所示。

Java SE Development Kit 8u251
This software is licensed under the Oracle Technology Network License Agreement for Oracle Java SE

Product / File Description	File Size	Download
Linux ARM 32 Hard Float ABI	72.87 MB	jdk-8u251-linux-arm32-vfp-hflt.tar.gz
Linux ARM 64 Hard Float ABI	69.77 MB	jdk-8u251-linux-arm64-vfp-hflt.tar.gz
Linux x86 RPM Package	171.71 MB	jdk-8u251-linux-i586.rpm
Linux x86 Compressed Archive	186.6 MB	jdk-8u251-linux-i586.tar.gz
Linux x64 RPM Package	171.16 MB	jdk-8u251-linux-x64.rpm
Linux x64 Compressed Archive	186.09 MB	jdk-8u251-linux-x64.tar.gz
macOS x64	254.78 MB	jdk-8u251-macosx-x64.dmg
Solaris SPARC 64-bit (SVR4 package)	125.19 MB	jdk-8u251-solaris-sparcv9.tar.Z
Solaris SPARC 64-bit	88.16 MB	jdk-8u251-solaris-sparcv9.tar.gz
Solaris x64 (SVR4 package)	133.64 MB	jdk-8u251-solaris-x64.tar.Z
Solaris x64	91.9 MB	jdk-8u251-solaris-x64.tar.gz
Windows x86	201.17 MB	jdk-8u251-windows-i586.exe
Windows x64	211.54 MB	jdk-8u251-windows-x64.exe

图 2-1　各操作系统对应的 JDK 安装包

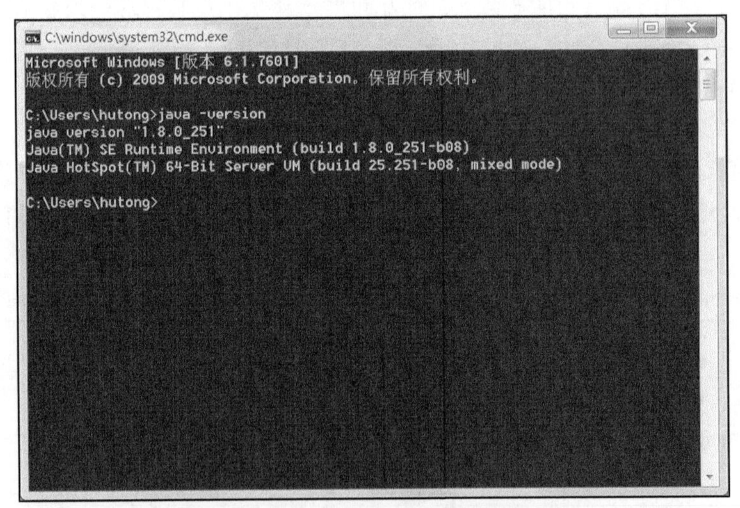

图 2-2　Windows 下的 JDK 安装成功显示

2. 安装 JMeter

从官网下载 JMeter 的 Binaries 版本（可执行的版本），另外一个 Source 版本是源码，需要自己编译，读者需注意区别，别下载错误了。JMeter 官网下载界面如图 2-3 所示，下载 apache-jmeter-5.2.1. zip，然后解压缩，运行/bin 目录下的 jmeter.bat 即可打开 JMeter 的图形化界面进行脚本的编写。

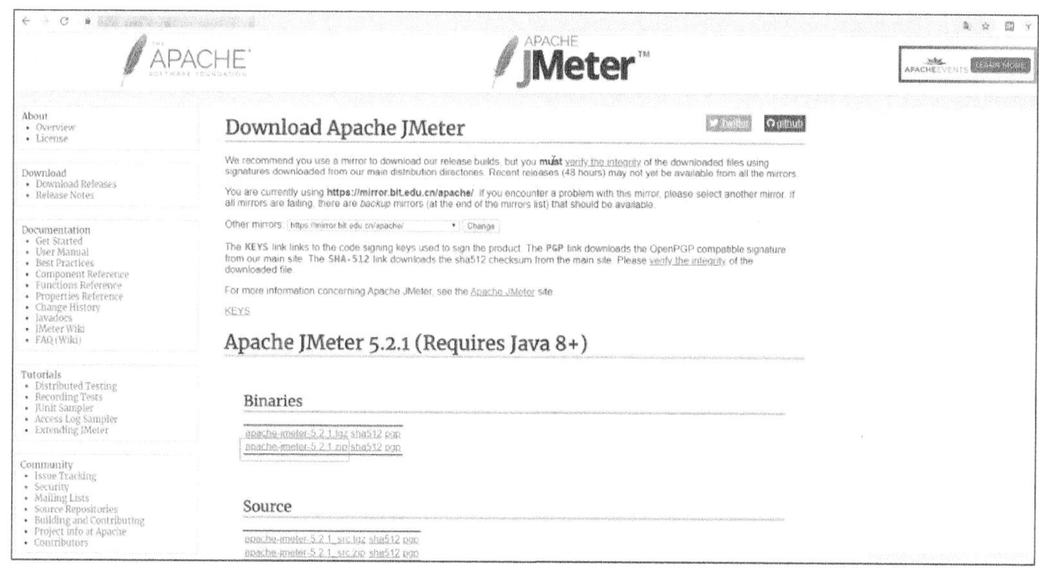

图 2-3 JMeter 官网下载界面

2.2.2 macOS 环境

1. 安装 JDK

安装步骤如下。

（1）下载 JDK8 对应的安装包，macOS 下需要下载 jdk-8u251-macosx-x64.dmg，然后双击即可安装。

（2）一般默认 JDK 安装的真实主目录为/Library/Java/JavaVirtualMachines/jdk1.8.0_251.jdk/Contents/Home。

（3）打开终端，进入当前用户的 home 目录下（执行 cd 命令即可进入）。

（4）打开配置文件，并添加如下语句：

```
vi .bash_profile
export JAVA_HOME=/Library/Java/JavaVirtualMachines/jdk1.8.0_251.jdk/Contents/Home
```

（5）在终端输入 java -version，验证 JDK 8 是否安装成功。正确显示 Java 版本号即为安装成功，如下：

```
MacBook-Pro:~hutong$ java -version
java version "1.8.0_251"
Java(TM) SE Runtime Environment (build 1.8.0_251-b08)
Java HotSpot(TM) 64-Bit Server VM (build 25.251-b08,mixed mode)
```

2. 安装 JMeter

安装 JMeter 十分简单，只需要到官网下载 Binaries 下的 apache-jmeter-5.2.1.zip 压缩包，解压后，打开/bin 目录下的 JMeter 即可使用。

2.2.3 Linux 环境

1. 安装 JDK

（1）安装步骤如下。下载对应的系统的版本，作者的操作系统是 CentOS，所以下载了 jdk-8u251-linux-x64.tar.gz，上传到服务器上后通过命令 tar -zxvf jdk-8u251-linux-x64.tar.gz -C /home/apprun/jdk 解压缩到/home/apprun/jdk 目录下，如图 2-1 所示。

（2）解压缩完成后，配置环境变量。

```
vi/etc/profile
```

在最末尾添加如下参数：

```
export JAVA_HOME=/home/apprun/jdk/jdk1.8.0_251
export JRE_HOME=${JAVA_HOME}/jre
export CLASSPATH=.:${JAVA_HOME}/lib:${JRE_HOME}/lib
export PATH=${JAVA_HOME}/bin:$PATH
```

（3）执行命令，source /etc/profile，使配置生效。

（4）检查新安装的 JDK 是否成功。

执行 java -version 命令，安装成功的显示如图 2-4 所示。

```
[root@vhost07 ~]# java -version
java version "1.8.0_251"
Java(TM) SE Runtime Environment (build 1.8.0_251-b08)
Java HotSpot(TM) 64-Bit Server VM (build 25.251-b08, mixed mode)
```

图 2-4 Linux 下 JDK 安装成功显示

2. 安装 JMeter

（1）将官网下载的 apache-JMeter-5.2.1.zip 压缩包上传复制到 Linux 中的/home/apprun 目录下。

（2）用 unzip 命令解压 JMeter 包。

（3）把 apache-jmeter-5.2.1/bin 目录下的 JMeter 变更为可执行（执行命令为 chmod a+x JMeter），即可在服务器上以命令行方式执行调试成功后的 JMeter 脚本。

2.2.4 命令行的使用

JMeter 在 Windows 或 macOS 下启动的是一个 Swing GUI 界面。一般在 GUI 界面下是进行压测脚本的编写和调试工作，出于系统资源考虑，建议还是将真正的压测任务放到服务器上去执行。而 JMeter 在 Linux/Unix 中是以命令行的方式使用的，下面主要讲解命令行的使用方法。

使用命令行模式单机执行脚本方式如下：

```
./bin/jmeter -n -t 脚本.jmx -l report.jtl -e -o emptydict
```

其中，“脚本.jmx”是要执行的脚本的文件名，执行脚本后将会生成 report.jtl，并输出结果报告到 emptydict 目录下，注意 emptydict 目录必须是空文件夹，否则会报错。不过，在新版本中新增了选项-f，即--forceDeleteResultFile，它支持在执行测试之前强力删除已经存在的测试报告和 Web 报告。

使用命令行模式分布式执行脚本方式如下：

```
./bin/jmeter -n -t 脚本.jmx -R IP1:1099,IP2:1099 -l report.jtl -e -o emptydict
```

主要通过-R 选项进行分布式发布，默认通过 1099 端口。若是有多个计算机参与发起压力，那么就接多个端口为 1099 的 IP 地址，以逗号分割。更加完整的分布式压测配置和使用参看 3.1 节。

JMeter 常用命令行参数和属性含义如表 2-2 所示。

表 2-2 JMeter 常用命令行参数和属性含义

选项参数	属性含义
-n	无图形界面模式
-t	待执行的测试计划（testplan）
-l	输出结果报告文件路径文件名（.jtl/.csv）
-g	输出报告文件（.csv）
-o	输出 HTML 报告（后跟空文件夹）
-f	强制删除原先存在的 HTML 报告文件
-e	生成测试报告
-R	分布式指定计算机 IP
-r	分布式指定 jmeter.properties 文件配置的计算机 IP
-j	指定执行日志路径

提示

在长时间的稳定性压测过程中，由于生成的 jtl 文件比较大，通常会有几 GB，甚至是几十 GB，此时解析生成结果的时间会很久，就算脚本执行完成了也会一直卡着，其实这是后台还没解析完成导致的。

2.3 JMeter 的常用核心组件

JMeter 涉及的组件共有八大类，每一类下面有好多个组件，而日常工作中，我们只需要掌握其八大类下的一两个即可满足测试需求，即最核心的组件。图 2-5 为 jmx 脚本的组成内容和可见域关系图。从图中不难发现，一个 jmx 测试脚本对应的是一个测试计划，JMeter 脚本的根节点，用来包含测试任务；一个测试计划中至少包含一个线程组，多个线程组之间可以并行运行，也可以串行运行，这在测试计划的页面可以选择；而线程组下可以添加取样器、前置处理器、后置处理器、定时器、配置元件、逻辑控制器、监听器、断言等各类组件，其中取样器是核心，其他组件都是为其服务的，这些组件共同构成一个完整的 jmx 脚本。

由于 JMeter 涉及的组件数目很多，据不完全统计至少有 110 个，而其实只需要掌握 20%的组件就可以完成 80%甚至更多的日常工作了，所以接下来我们重点剖析八大类中每类的两三个使用最频繁的核心组件，如图 2-6 所示。读者只需要优先掌握这 20 个左右的组件就能应付日常大部分的性能测试工作。

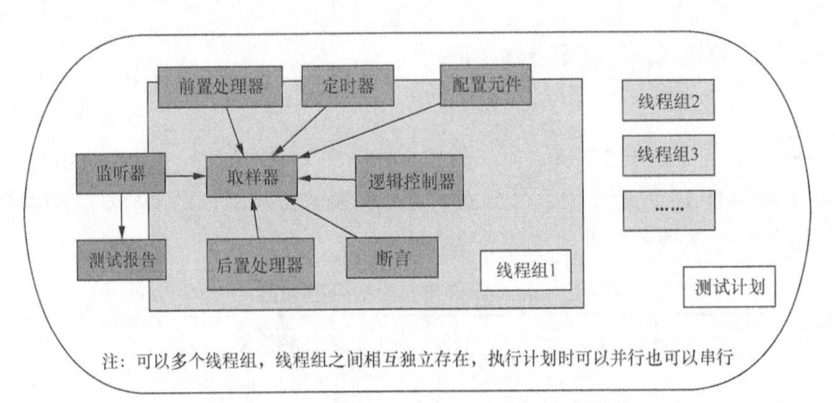

图 2-5　jmx 脚本的组成内容和可见域关系

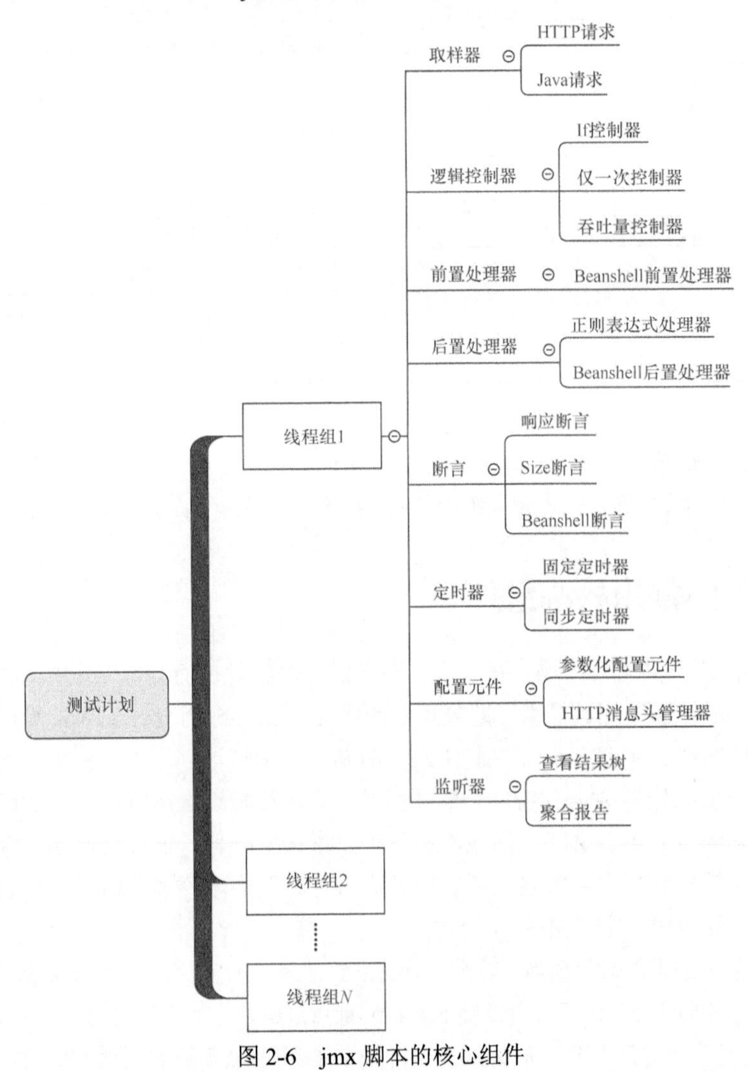

图 2-6　jmx 脚本的核心组件

提示

（1）所有组件的添加都是通过鼠标右键单击上一层组件的方式选择的。

（2）比较好用的功能是使用鼠标右键单击做启用（enable）或禁用（disable）的切换，对于不想测试的请求可以禁用，而不用删除处理。

2.3.1 线程组

一般一个线程组可看作一个虚拟用户组，其中的每个线程模拟为一个虚拟用户。

1. 线程组（Thread Group）

最常用的是 JMeter 自带的线程组组件，如图 2-7 所示。

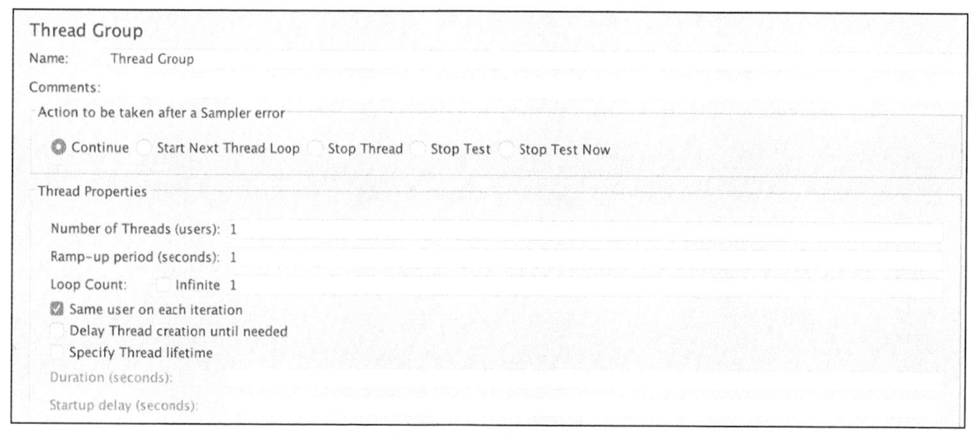

图 2-7 线程组界面

- Number of Threads(users)表示该线程组准备启动的线程数。
- Ramp-up period(in seconds)表示设置的线程数在多少秒内启动完毕，即如果线程数设置为 5，而此项也设置为 5，那么会每隔 5/5=1(s)启动一个线程。
- Loop Count 表示设置的线程数循环的次数，如果选择 Infinite（无限）选项，则会一直循环（注意，如果选择了 Infinite 且调度器配置中设置了持续时间，则会在持续时间到达之后结束循环）。
- Delay Thread creation until needed 选项和 Ramp-up period(in seconds)设置配合使用，如果选择此项，则所有线程会在需要的时候启动，即会在 Ramp-up period(in seconds)时间结束后启动所有线程。此选项作用在于，如果线程运行时间小于我们设置的 Ramp-up period(in seconds)，则会造成在 Ramp-up period(in seconds)结束之前部分线程已经运行完毕，这样就会导致活动线程数小于我们设置的线程数，也就意味着我们设置的 *N* 个并发的场景并未完全起效；但是如果选择了此项，则线程会根据 Ramp-up period(in seconds)设置来创建，但是不会启动，直到最后一个线程创建好后一起启动（这样就会很好地模拟到我们的 *N* 个并发场景了）。当然，如果单个线程的运行时间长于我们设置的 Ramp-up period(in seconds)时间，则此项也不用选择。举例说明,假设设置线程数为 10，Ramp-up period(in seconds)为 100，则如果不选择此项则此次测试会每隔 10s 创建并启动 1 个线程，那么 100s 后会有 1～10 个线程在运行；但是如果选择此项，那么线程组会每隔 10s 创建 1 个线程但并不启动，而是会等待 100s，所有 10 个线程都创建好之后同时启动。

- Specify Thread lifetime 选项用来打开时间调度配置。
- Duration(seconds)表示该线程组测试的持续时间，注意这个时间设置不要比 Ramp-up period(in seconds)小。即使选择了循环次数中的 Infinite，测试一样会在此持续时间到达后结束。
- Startup delay(seconds)表示启动测试后多久开始创建线程组，通常用于定时。

2. 并发线程组（Concurrency Thread Group）

在性能测试中，有时需要模拟一种实际生产中经常出现的阶梯式压力情况，即从某个值开始不断增加压力，直至达到某个指定值，然后持续运行一段时间，这也就是通常所说的阶梯式压力。要模拟这种阶梯式压力，JMeter 自带的线程组就无法满足要求了，因此需要扩展插件。这里推荐并发线程组插件，以前使用的是阶梯线程组（Stepping Thread Group），但是该插件比较旧，目前官网也不推荐。

下面就讲解如何安装这个官网推荐的并发线程组插件。

（1）安装 JMeter 的插件管理工具，其他插件的使用也类似。下载地址为 JMeter 插件官网，找到 Installing Plugins 后，如图 2-8 所示，单击 plugins-manager.jar 链接进行下载。

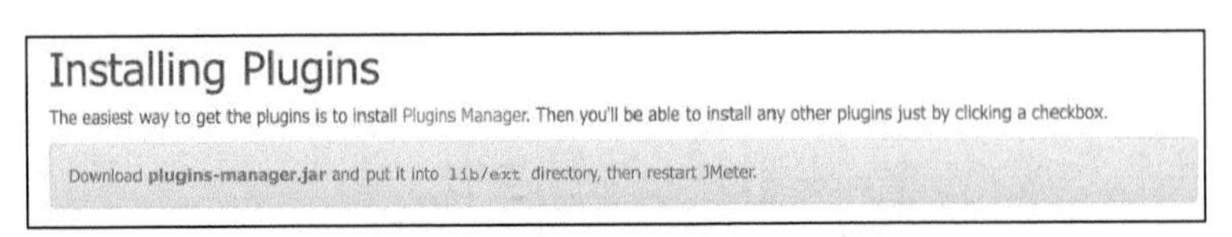

图 2-8 plugins-manager.jar 下载示意图

（2）安装 jar 包。把下载的文件 plugins-manager.jar 放入 JMeter 安装目录下的 lib/ext 目录下，然后重启 JMeter 即可。

（3）安装验证。启动 JMeter，单击 Options，如图 2-9 所示，弹出的下拉菜单最下方出现 Plugins Manager，则说明安装成功。

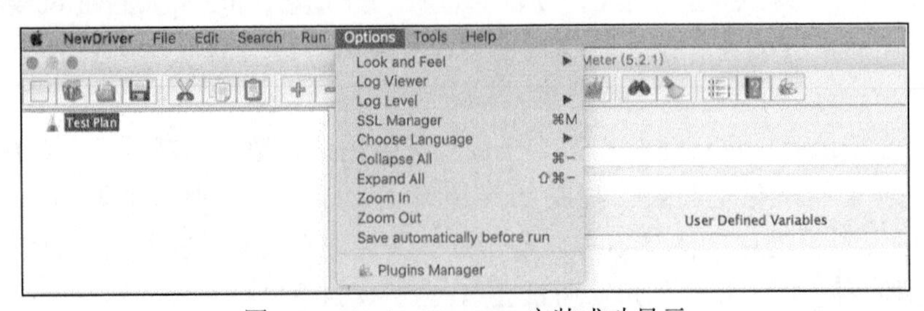

图 2-9 Plugins Manager 安装成功显示

（4）下载需要的插件。打开 Plugins Manager 后，出现图 2-10 所示界面。

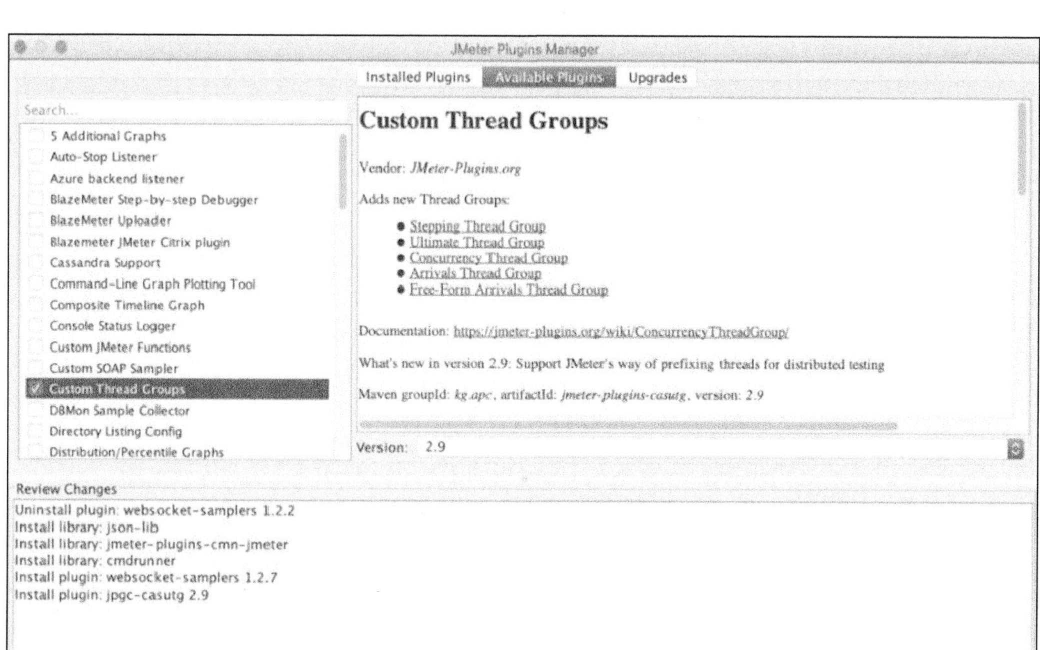

图 2-10　下载插件界面

其中的 3 个选项卡说明如下。

- Installed Plugins（已安装的插件），即插件 jar 包中已经包含的插件，通过选择对应复选框来使用这些插件。
- Available Plugins（可下载的插件），即该插件扩展的一些插件，通过选择对应复选框来下载需要的插件。
- Upgrades（可更新的插件），即可以更新到最新版本的一些插件，一般显示为加粗斜体，通过单击图 2-10 右下角的 Apply Changes and Restart JMeter 按钮来下载更新。

找到并选择 Custom Thread Groups，下载成功后打开 JMeter，如图 2-11 所示，用鼠标右键单击 Test Plan，在弹出的菜单项中选择 Add→Threads(Users)→bzm-Concurrency Thread Group，添加此第三方插件。

通过并发线程组插件 bzm - Concurrency Thread Group，我们可以方便地构造阶梯式加压等性能测试场景，如图 2-12 所示。

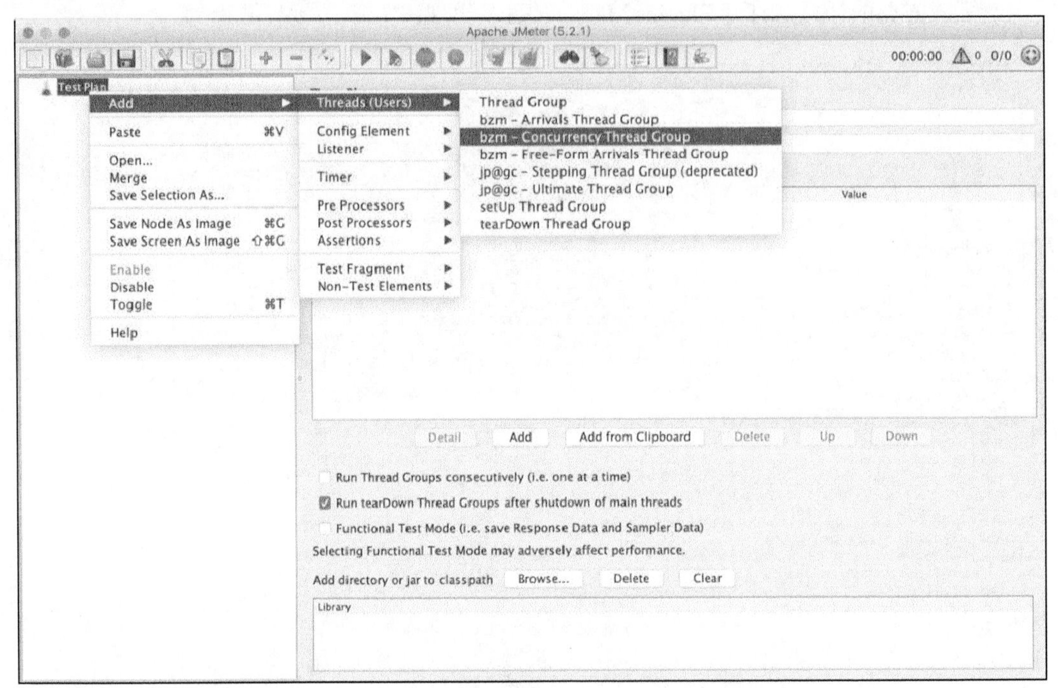

图 2-11　添加 bzm-Concurrency Thread Group 第三插件

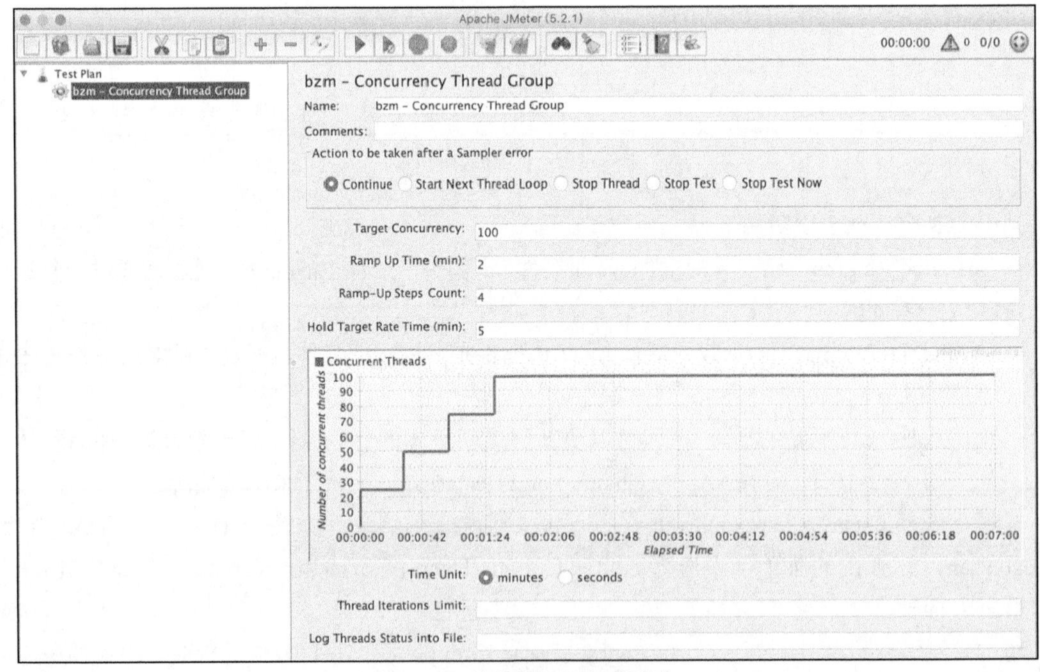

图 2-12　并发线程组插件内容

其中的选项说明如下。

- Target Concurrency：目标并发（线程数）。
- Ramp Up Time：加速时间，即启动线程的时间。
- Ramp-Up Steps Count：加速步骤计数。
- Hold Target Rate Time：保持目标速率的时间。
- Time Unit：时间单位（分或秒）。
- Thread Iterations Limit：线程迭代次数限制（循环次数）。
- Log Threads Status into File：将线程状态记录到文件中（将线程启动和线程停止事件保存为日志文件）。

2.3.2 配置元件

配置元件用来设置一些 JMeter 脚本公用的信息，配置元件会影响其作用范围内的所有元件。JMeter 提供了丰富的配置元件，常用的包括 HTTP 请求默认值、HTTP 消息头管理器、参数化配置元件等，这些配置元件用于设置默认值和变量，提供给后面的取样器（sampler）使用。

1. HTTP 请求默认值（HTTP Request Defaults）

一般用作全局的配置，即有多个请求的时候，如果 IP 地址和端口都是一样的，那么在添加该组件后填写 IP 地址和端口，后续的 HTTP 请求就不用填写 IP 地址和端口了，统一管理即可，如图 2-13 所示。

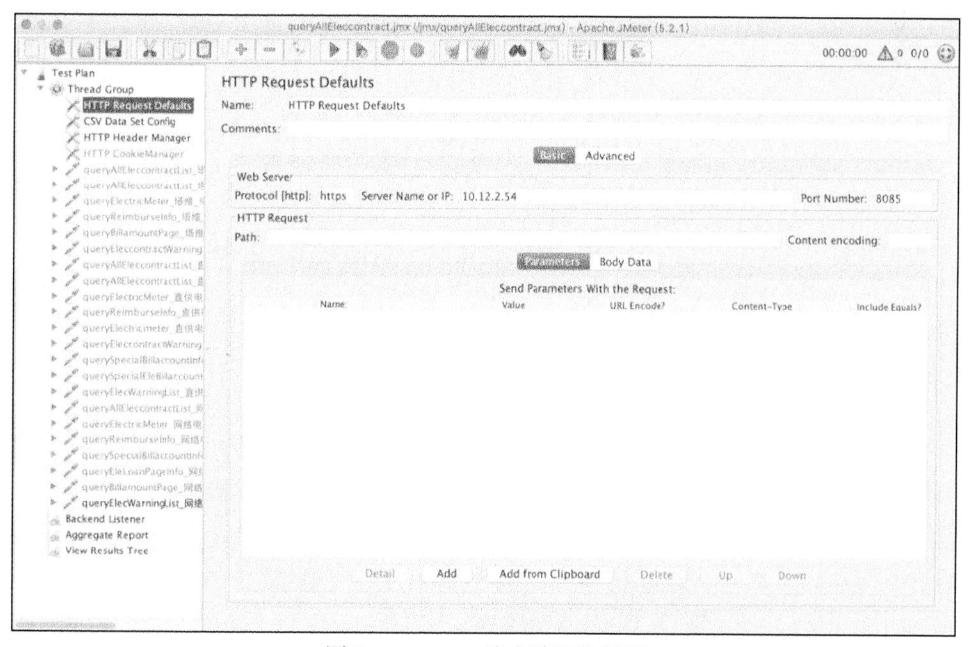

图 2-13 HTTP 请求默认值界面

HTTP 请求默认值界面很简单，此处不过多赘述。HTTP 请求默认值可以极大地增强请求的复用性，简化脚本编写。

2. HTTP 消息头管理器（HTTP Header Manager）

我们在通过 JMeter 向服务器发送 HTTP 请求（GET 或者 POST）的时候，往往后端需要一些验证信息，例如 Web 服务器需要给后端服务器验证 cookie/token 之类的信息，一般就是将这些信息放在消息头中。因此对于此类请求，在 JMeter 中我们可以通过在添加 HTTP 请求之前，添加一个 HTTP 消息头管理器，把请求头中的数据以键值对的形式放到 HTTP 消息头管理器中，如图 2-14 所示。这样在向后端发送请求的时候就可以模拟 Web 携带消息头信息了。

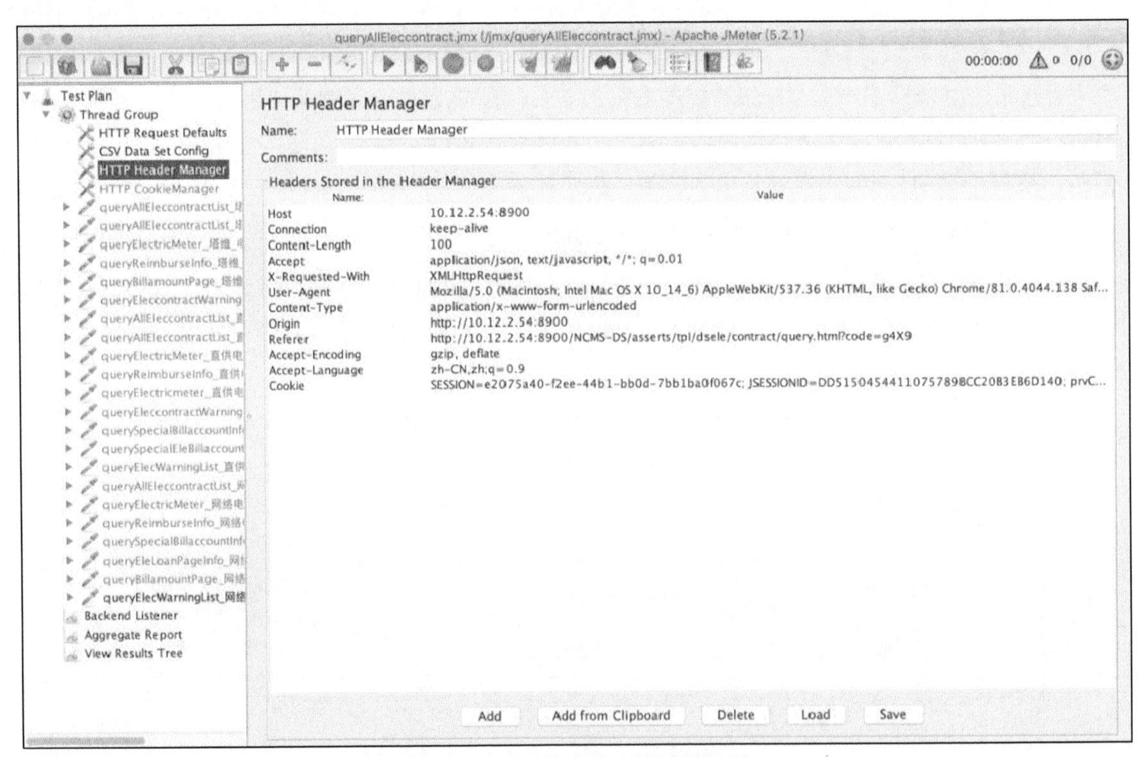

图 2-14　HTTP 消息头管理器界面

添加消息头条目很简单，在图 2-14 中只需要单击 Add 按钮即可添加一条空行，输入 Name 值和 Value 值或从剪贴板复制，方便快捷。HTTP 消息头是在客户端请求或服务器响应时传递的，通常位于请求或响应的第一行，HTTP 消息体（请求或响应的内容）在其后传输。HTTP 消息头以明文的字符串格式传送，是以冒号分隔的键值对，例如 Accept-Charset：utf-8。每一个消息头最后以回车符（CR）和换行符（LF）结尾。常见 HTTP 消息头字段如表 2-3 所示。

表 2-3 常见 HTTP 消息头字段

消息头	说明	示例
Accept	可接受的响应内容类型（Content-Type）	Accept：text/plain
Accept-Charset	可接受的字符集	Accept-Charset：utf-8
Accept-Encoding	可接受的响应内容的编码方式	Accept-Encoding：gzip，deflate
Accept-Language	可接受的响应内容的语言列表	Accept-Language：en-US
Authorization	HTTP 中需要认证资源的认证信息	Authorization：Basic OSdjJGRpbjpvc GVuIANlc2SdDE==
Cache-Control	当前的请求或响应是否使用缓存机制	Cache-Control：no-cache
Connection	客户端（浏览器）需要优先使用的连接类型	Connection：keep-alive Connection：Upgrade
Cookie	由之前服务器通过 Set-Cookie 设置的 HTTP 的 Cookie	Cookie：$Version=1; Skin=new;
Content-Length	以八进制表示的请求体的长度	Content-Length：348
Content-Type	请求体的 MIME（Multipurpose Internet Mail Extensions，多用途互联网邮件扩展）类型（即媒体类型，用于 POST 请求和 PUT 请求中）	Content-Type: application/x-www- fo m-urlencoded
Date	发送该消息的日期和时间	Date：Dec，26 Dec 2019 17：30：00 GMT
Expect	客户端要求服务器做出的特定行为	Expect：100-continue
Host	服务器的域名以及服务器监听的端口号。如果请求的端口是对应的服务的标准端口（80），则端口号可以省略	Host：www.ptpress.com.cn:80 Host：www.ptpress.com.cn
If-Match	仅当客户端提供的实体与服务器对应的实体相匹配时，才进行对应的操作。主要用于像 PUT 这样的方法中，仅当从用户上次更新某个资源后，该资源未被修改的情况下，才更新该资源	If-Match："9jd00cdj34pss9ejqiw39 d82f 20d0ikd"
If-Modified-Since	允许在对应的资源未被修改的情况下返回 304 未修改（304 Not Modified）	If-Modified-Since：Dec，26 Dec 2019 17：30：00 GMT
If-None-Match	允许在对应的内容未被修改的情况下返回 304 未修改	If-None-Match ："9jd00cdj34pss9ejqiw39 d82f20d0ikd"
If-Range	如果该实体未被修改过，则返回实体缺少的那一个或多个部分；否则，返回整个新的实体	If-Range ："9jd00cdj34pss9ejqiw39 d82f20d0ikd"

续表

消息头	说明	示例
If-Unmodified-Since	仅当该实体自某个特定时间以来未被修改的情况下，才发送回应	If-Unmodified-Since：Dec，26 Dec 2015 17：30：00 GMT
Max-Forwards	限制该消息可被代理及网关转发的次数。	Max-Forwards：10
Origin	发起一个针对跨域资源共享的请求（该请求要求服务器在响应中加入一个 Access-Control-Allow-Origin 的消息头，表示访问控制允许的来源）	Origin：https://www. ptpress.com.cn
Referer	浏览器访问的前一个页面，可以认为是之前访问页面的链接将浏览器带到了当前页面	Referer：https:// www.ptpress.com.cn
User-Agent	浏览器的身份标识字符串	User-Agent：Mozilla/…
Upgrade	要求服务器将协议升级到一个高版本	Upgrade：HTTP/2.0，SHTTP/1.3，IRC/6.9，RTA/x11

在 HTTP 消息头中，使用 Content-Type 表示具体请求中的媒体类型信息。这里重点讲解一下 Content-Type，它决定了如何展示返回的消息体内容。它的用法一般是 Content-Type: text/html; charset:utf-8;，根据实际请求情况选择对应的媒体类型格式，其中常见媒体类型格式如表 2-4 所示。

表 2-4　常见媒体类型格式

媒体类型格式	具体含义
text/html	HTML 格式
text/plain	纯文本格式
text/xml	XML 格式
image/gif	GIF 图片格式
image/jpg	JPG 图片格式
image/png	PNG 图片格式
application/xml	以 application 开头的 XML 数据格式
application/json	JSON 数据格式
application/pdf	PDF 格式
application/msword	Word 文档格式

续表

媒体类型格式	具体含义
application/octet-stream	二进制流数据（如常见的文件下载）
application/x-www-form-urlencoded	form 表单数据被编码为键值对格式发送到服务器，表单默认的提交数据的格式
multipart/form-data	需要在表单中进行文件上传时，使用该格式

注意

（1）JMeter 支持添加多个消息头管理器。此时多个消息头条目合并成一个消息头列表，跟随 HTTP 请求一并提交到服务器端。经过实测，当有多个消息头管理器，且不同的管理器内有名称相同的消息头条目存在时，顺序靠前的管理器的消息头条目会覆盖后面的。

（2）Web 程序中用来跟踪用户的整个会话的常用技术是 Cookie 与 Session。Cookie 通过在客户端记录信息确定用户身份，Session 通过在服务器端记录信息确定用户身份。JMeter 中有 cookie manager 和 cache manager，如果需要模拟客户端的无缓存场景，需要添加组件并选择“每次反复清除 Cookies”选项和 clear cache each iteration 选项。有关 Cookie 和 Session 的详细内容参看附录 F。

3. 参数化配置元件（CSV Data Set Config）

性能测试中我们为了模拟大量用户操作，往往需要做参数化，JMeter 的参数化可以通过配置元件来完成，即参数化配置元件，它可以帮助我们从文件中读取测试数据，如图 2-15 所示。

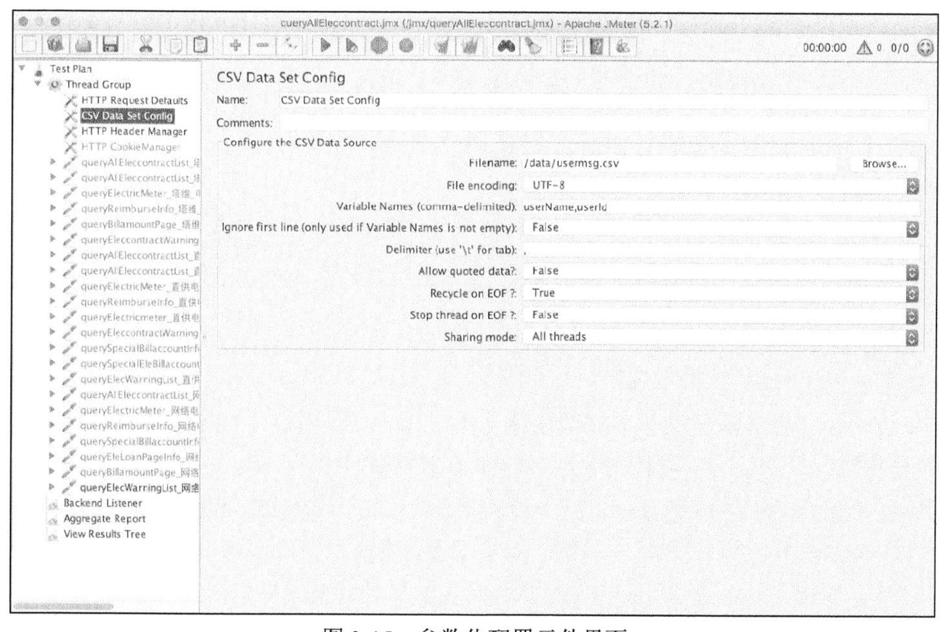

图 2-15 参数化配置元件界面

界面中的配置项说明如下。

- Filename：文件名，包含参数文件路径。
- File encoding：文件编码，是项目接收文件编码，一般是 UTF-8，可与开发确认。
- Variable Names(comma-delimited)：变量名称（使用逗号间隔）即文件中每列参数名称，如果有多个则使用逗号分隔。
- Ignore first line(only used if Variable Name is not empty)：忽略首行（只在变量名称不为空时才生效）。如果文件中第一行为参数名称，选择 True；如果文件第一行为参数值，则选择 False。此项只在设置了变量名称后才生效。
- Delimiter(use'\t'for tab)：分隔符（用'\t'代替制表符）。文件中每个参数值之间使用什么间隔，这里就填什么。
- Allow quoted data?：是否允许带引号。如果选择 True，csv 文件中有引号，则变量引用后也带引号；如果选择 False，csv 文件中有引号，但是变量实际引用后会自动去掉引号。
- Recycle on EOF?：遇到文件结束符是否再次循环。如果选择 True，文件结束后继续从头开始循环取用数据。一般选择 True。
- Stop thread on EOF?：遇到文件结束符是否停止线程。如果选择 False，则第一次取文件结束后不停止线程。一般选择 False。
- Sharing mode：线程共享模式。“所有线程”表示作用于全局；“当前线程组”表示只作用于该线程组；“当前线程”表示只作用于该线程。

提示

后续引用的格式为${变量名}。注意，如果是分布式压测，该 csv 文件也要上传并放置到从机上；另外文件名中填写的路径也要注意修改，否则会报错，找不到文件。

2.3.3 监听器

JMeter 中的监听器有很多种，这里主要介绍常用的聚合报告和查看结果树。另外通过插件的方式可以引入很多曲线式的监听器，不过使用须谨慎，它们会占用资源，因而影响客户端本身的性能。

1. 聚合报告（Aggregate Report）

聚合报告记录了性能测试的总请求数、错误率、用户响应时间（50%、90%、最少、最大等时间值）、吞吐量等，以帮助分析被测试系统的性能，界面如图 2-16 所示。在聚合报告中，各个请求响应时间不超过用户的要求就是合格，例如用户要求的 90%的响应时间不能超过 2s，大于 2s 就是不合格的。

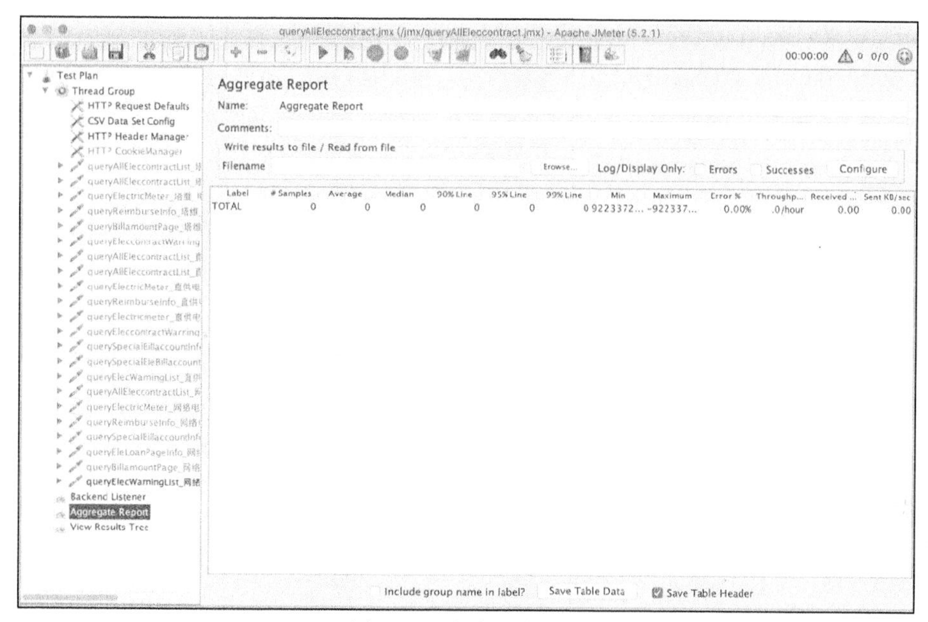

图 2-16 聚合报告界面

界面中各列的含义说明如下。

- Label：请求类型，如 HTTP、FTP 等请求。每个 JMeter 的元件（例如 HTTP 请求）都有一个 Name 属性，这里显示的就是 Name 属性的值。
- Samples：图形报表中的请求数目，即总共发送到服务器的请求数目。
- Average：图形报表中的平均值。计算方法是总运行时间除以发送到服务器的请求数，默认情况下是单个请求的平均响应时间，当使用了事务控制器（Transaction Controller）时，可以事务为单位显示平均响应时间。
- Median：图形报表中的中间值。该列的值是代表时间的数字，有一半的服务器响应时间低于该值而另一半高于该值。
- 90%Line：90%的请求的响应时间小于所得数值。
- Min：服务器响应的最短时间。该列的值是代表时间的数字。
- Maximum：服务器响应的最长时间。该列的值是代表时间的数字。
- Error%：请求的错误百分比。
- Throughput：图形报表中的吞吐量。这里是服务器单位时间处理的请求数，注意查看单位是秒还是分。
- KB/sec：每秒请求的字节数。
- Received KB/sec：每秒从服务器端接收到的数据量，相当于 LoadRunner 中的 Throughput/Sec。
- Sent KB/sec：每秒发送的数据量。

在测试过程中，平均响应时间是性能测试结果的一个重要衡量指标。但是在测试中，特别是在聚合报告中得出的 90%Line 数值对我们分析性能测试结果很有参考价值。90%Line 是指在发送的请求中，90%的用户响应时间比 90%Line 的数值要短，也就是说，一个系统在应用时，90%的用户响应时间都能达到这个数值，因此这个数值对系统性能分析有很好的参考价值。当然我们也可以选择 95%Line，只是测试结果会更加严苛。

2. 查看结果树（View Results Tree）

查看结果树通常用来在调试脚本的时候观察请求和响应正确与否，包括请求头、请求内容、响应头和响应内容，界面如图 2-17 所示。在新版本的 JMeter 中，请求消息中的请求头和请求内容分开显示，响应消息也是一样，响应头和响应内容分开显示，这样更加清晰明了。建议在真正压测的时候禁用或删除该组件，否则会影响客户端的性能。

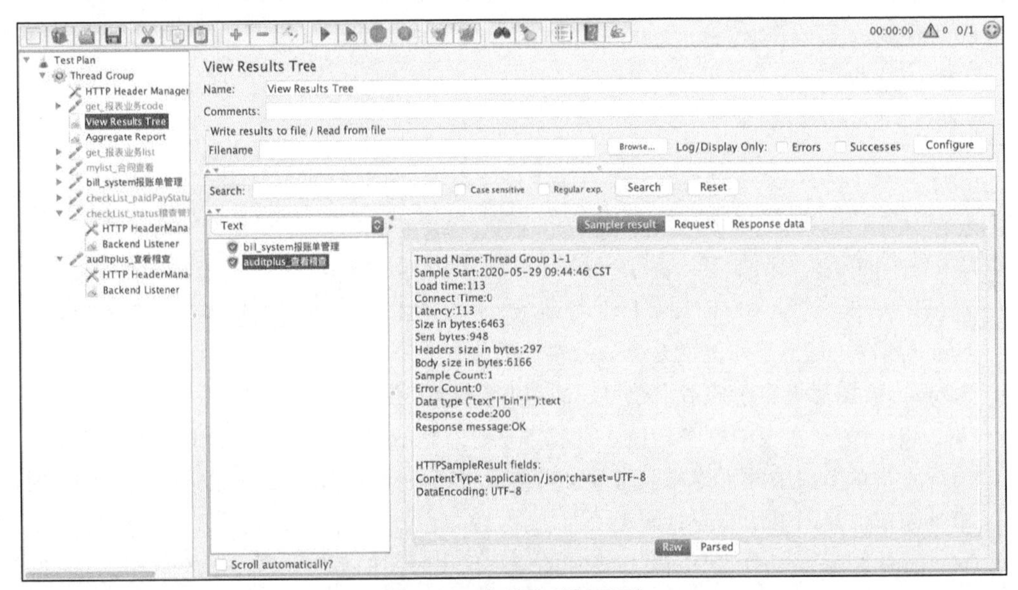

图 2-17　查看结果树界面

关于监听器，对于自己扩展引入的一些图形化的第三方插件，如图 2-18 所示，不建议在真正压测的时候使用，以免影响客户端压力机的性能。性能测试第一原则是不能让瓶颈出现在发起压力的客户端。

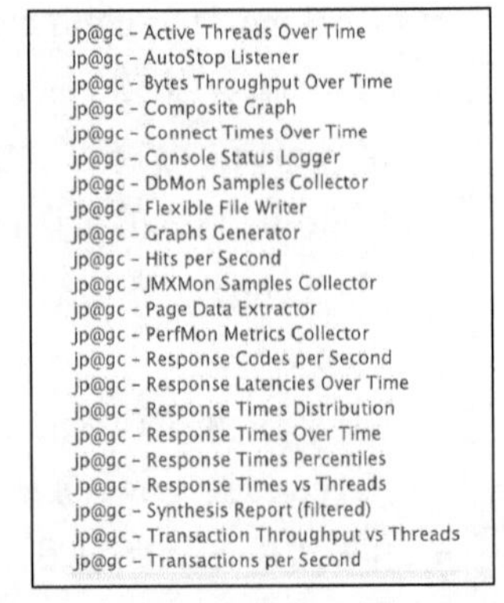

图 2-18　第三方常用曲线式监听器

2.3.4　逻辑控制器

用户通过逻辑控制器来控制脚本的执行顺序，以便更加真实地模拟按照用户期望的顺序和逻辑执行脚本。

目前 JMeter 中包含两类共 17 种逻辑控制器，一类是控制测试计划（Test Plan）中节点发送请求的逻辑顺序控制器，常用的有

If 控制器（If Controller）、Switch 控制器（Switch Controller）、循环控制器（Loop Controller）和随机控制器（Random Controller）等；另一类是用来组织和控制节点的，如事务控制器（Transaction Controller）和吞吐量控制器（Throughput Controller）等。本节主要讲解 If 控制器、仅一次控制器（Once Only Controller）和吞吐量控制器。

1. If 控制器

If 控制器允许用户控制其下的测试请求是否执行（条件为 True 时执行，否则不执行）。默认情况下，条件在初始输入时仅判断一次，但是可以选择对控制器中包含的每个可执行请求进行判断。If 控制器界面如图 2-19 所示。

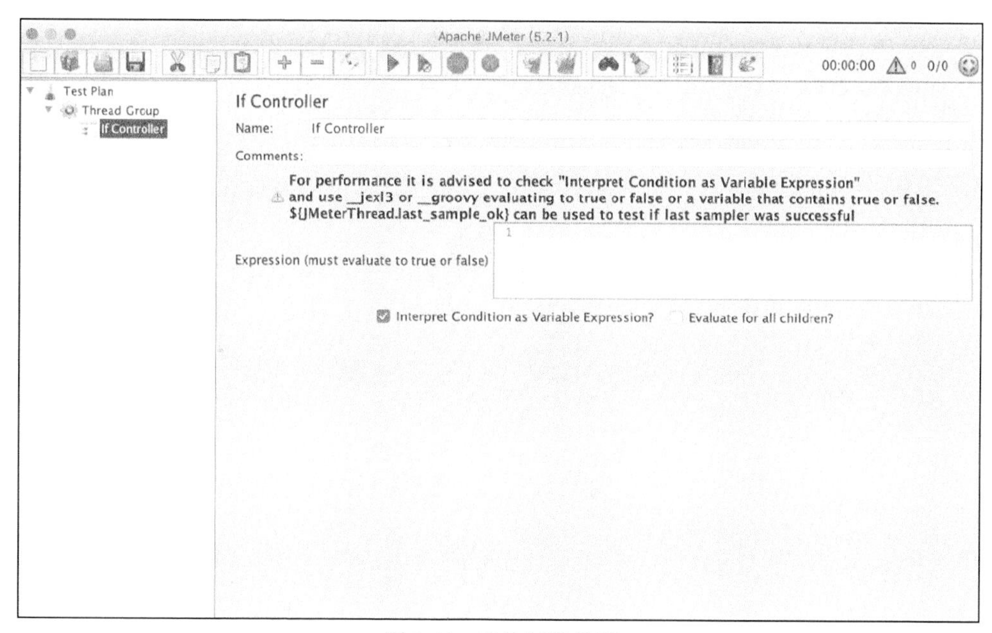

图 2-19 If 控制器界面

使用时，建议选择“Interpret Condition as Variable Expression?”选项，即将条件解释为变量表达式。通常如果有无法使用变量表达式解释器执行的复杂条件，则最好使用 Groovy 和 JEXL 解释器。例如，${__groovy(“${result}” ==” completed”)} 。

2. 仅一次控制器

在循环执行中执行一次仅一次控制器下的请求，然后在接下来的循环执行中将会跳过该控制器下的所有请求。通常在进行登录的测试时，考虑将登录请求放在仅一次控制器下，这样只执行一次登录请求。在并发查询时可能会使用到仅一次控制器，因为在并发查询时，我们只需要执行一次登录请求即可。JMeter 中的仅一次控制器相当于 LoadRunner 中 init 的初始化事务。

3. 吞吐量控制器（Throughput Controller）

吞吐量控制器用于控制其下的子节点的执行次数与负载比例分配。吞吐量控制器有两种控制方式，界面如图 2-20 所示，其中部分选项说明如下。

- Total Executions：设置执行次数。
- Percent Executions：设置执行比例（1～100）。
- Per User：当选择 Total Executions 时，它表示线程数；当选择 Percent Executions 时，它表示线程数×循环次数。

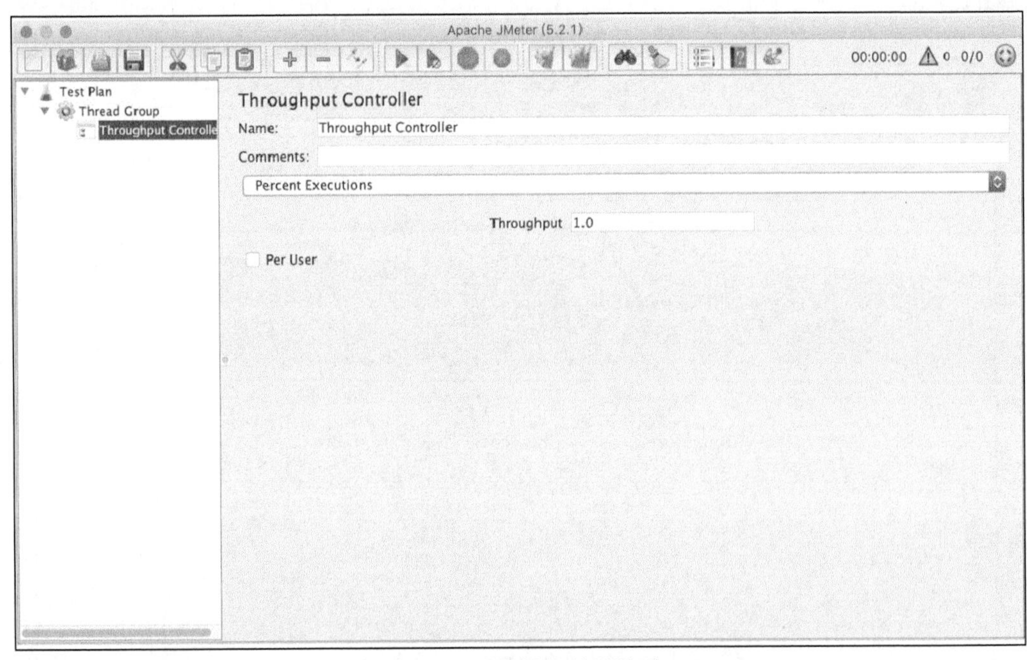

图 2-20　吞吐量控制器界面

2.3.5　取样器

JMeter 原生支持不同类型的取样器，如 HTTP 请求（HTTP Request）、FTP 请求（FTP Request）、TCP 请求（TCP Request）、JDBC 请求（JDBC Request）等。不同类型的取样器可以通过设置参数向服务器发出不同类型的请求。取样器是用来模拟用户操作的，它可以向服务器发送请求以及接收服务器的响应数据。这里只详细讲解最常用的 HTTP 请求和 Java 请求。

1. HTTP 请求

该取样器用于模拟各类的 HTTP 各种方法的请求，常见的有 GET、POST。

HTTP 请求取样器主要有 2 个标签页，Basic 页面中是一些常用的功能，在 Advanced 页面中可以进行高级应用测试，如图 2-21 所示。

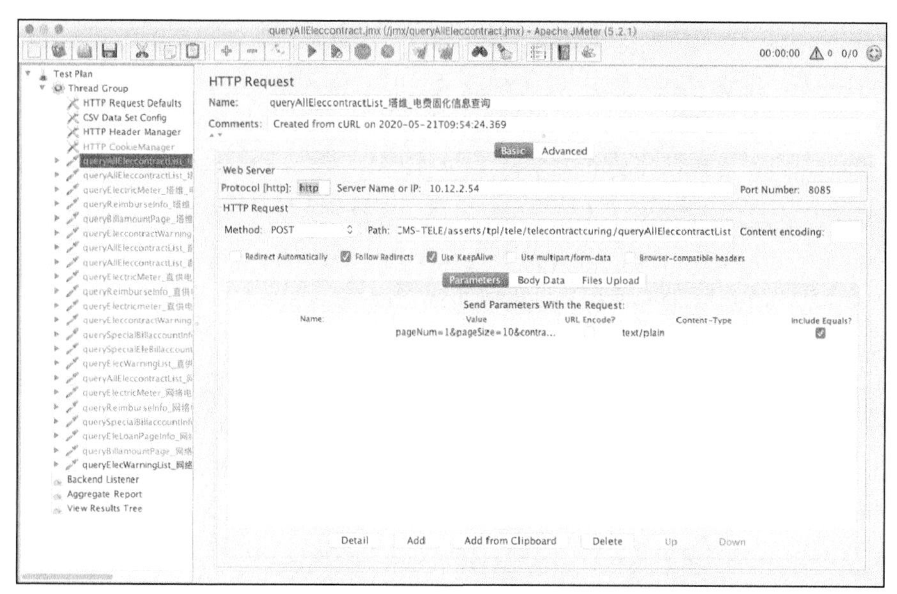

图 2-21　HTTP 请求取样器的 Basic 标签页

我们具体看一下 Basic 页面。其中，各输入框含义如下。

- Name：取样器名称，建议写成请求接口的地址，例如/login。这样在有多个取样器的时候，在左侧列表中就可以看到该取样器是针对哪个接口的。
- Protocol［http］：默认为 HTTP 协议，还可以写 HTTPS，根据实际情况来定。
- Server Name or IP：服务器的域名或者 IP 地址。
- Port Number：端口号。
- Method：接口请求方式（GET、POST、PUT 等）。
- Path：请求接口地址。
- Content encoding：一般配置为 UTF-8。
- Parameters：请求参数，当请求中需要参数时，选择 Parameters 后单击下方的 Add 按钮添加一个键值对输入栏，输入相应的键和值（也就是 Name 和 Value），如果参数值存在中文，则需要选择 URL Encode（编码）。
- Body Data：请求参数，Body Data 指的是实体数据，就是请求报文里面的主体实体的内容，一般我们向服务器发送请求，可以将携带的主体实体参数写入这里，常见的格式为 JSON 格式。
- Files Upload：从 HTML 文件获取所有内含的资源。此项被选中时，发出 HTTP 请求并获得响应的 HTML 文件内容后还对该 HTML 文件进行解析，并获取 HTML 中包含的所有资源。
- Redirect Automatically：自动重定向。将基础的 HTTP 请求设置为自动重定向，选择此选项后 JMeter 将无法看到它们，只能观察到重定向后的最终结果。选择此选项表示，当发送 HTTP 请求后，若响应为 301 或 302，JMeter 会自动重定向到对应的新页面，但不会记录重定向的请求和响应内容。此选项应用于 GET 和 HEAD 请求，不能应用于 POST 或 PUT 请求。

- Follow Redirect：跟随重定向。仅当未启用“自动重定向”时，此选项才有效。与自动重定向不同的是，设置了跟随重定向，JMeter 将可以观察到整个重定向过程中的所有请求，无论重定向进行了多少次。
- Use KeepAlive：设置 Connection：keep-alive 头信息。当该选项被选择时，JMeter 和目标服务器之间使用 KeepAlive 方式进行 HTTP 通信，默认选择此选项。在默认 HTTP 实现下它不起作用，因为连接重用不在用户控制之下。但在 Apache HttpComponents HttpClient 下它是起作用的。
- Use multipart/from-data：使用 multipart/from-data 或 application/x-www-form-urlencoded 方法发送 HTTP。此选项应用于 POST 请求，默认不选。
- Browser-compatible headers：与浏览器兼容的头。使用 multipart/form-data 时，设置的 Content-Type 和 Content-Transfer-Encoding 消息头将无效，仅发送 Content-Disposition 消息头。
- URL Encode：URL 编码。HTTP 请求中选择此选项，应用于两种场景。一种是传递的参数中含有特殊字符，如=，？，空格，&。例如，有个参数是 aa=bb=cc，这到底是表达“aa”=“bb=cc”，还是“aa=bb”=“cc”呢？服务器会误解。选择 URL Encode 选项后，表达式被编码成 aa=bb%xxcc，其中一个“=”被转换，这样就不会误解了。另一种是中文，对应到 Java 中的方法是 urlencoding。

Advanced 页面的具体内容如图 2-22 所示。

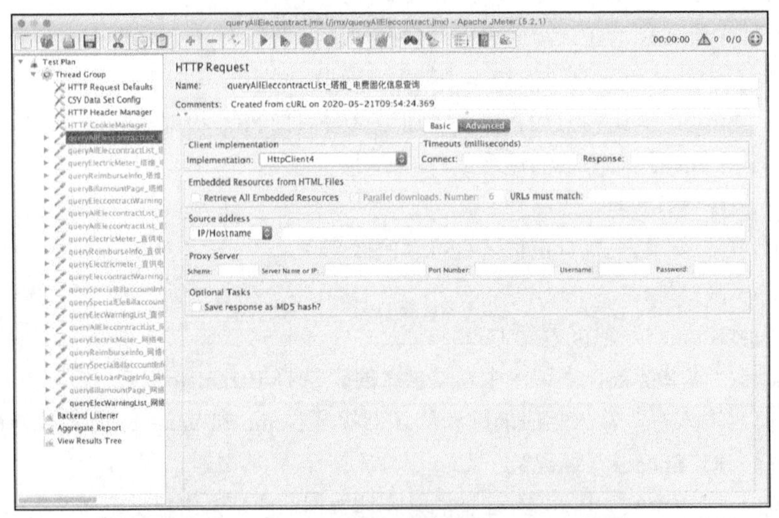

图 2-22　HTTP 请求取样器的 Advanced 标签页

标签页中各输入框的含义如下。

- Implementation：可选项为 Java 或 HttpClient4，默认是 HttpClient4。另外我们可以通过在 jmeter.properties 配置文件中修改 jmeter.httpsampler 的值来调整。
- Timeouts 中的 Connect：连接超时。等待连接成功的毫秒数，如果超过设置的值则断言失败。
- Timeouts 中的 Response：响应超时。等待获取响应的毫秒数，如果超过设置的值则断言失败。
- Source address 中的源地址类型：仅适用于具有 HTTPClient 实现的 HTTP 请求。

若选择 IP/主机名，则在后面的输入框中填入特定的 IP 地址或（本地）主机名。

若选择设备，则在后面的输入框中填入该设备的第一个可用地址，该地址可以是 IPv4 或 IPv6。

若选择设备 IPv4，则在后面的输入框中填入设备名称的 IPv4 地址（例如 eth0、lo、em0 等）。

若选择设备 IPv6，则在后面的输入框中填入设备名称的 IPv6 地址（例如 eth0、lo、em0 等）。

- Source address 中的源地址字段：仅适用于具有 HTTPClient 实现的 HTTP 请求。此属性用于启用 IP 欺骗，它会覆盖此示例的本地 IP 地址。JMeter 主机必须具有多个 IP 地址（即 IP 别名、网络接口、设备）。该值可以是主机名、IP 地址或网络接口设备，例如“eth0”或“lo”或“wlan0”。
- Proxy Server：代理服务器。若请求需要通过代理访问，在此处设置代理信息。
- Save response as MD5 hash?：保存响应为 MD5。如果选择此选项，则响应不会存储在样本结果中。否则，将计算并存储数据的 32 个字符的 MD5 哈希编码。

提示

常见的重定向有下面两种。

- 301 Moved Permanently：永久性重定向，表示请求的资源已经永久性分配了新的 URI，以后应该使用新的 URI。使用 Location 首部字段表示新的 URI 地址，浏览器会重新请求一次该 URI。
- 302 Found：临时重定向，表示希望用户本次使用新分配的 URI。和 301 非常类似，浏览器也会根据 Location 字段重新进行请求。在实际开发中该重定向常用于页面跳转。

2. Java 请求

JMeter 有自己的 Java 请求取样器供我们使用。如果 JMeter 自带的取样器不能满足需求，例如需要在 Java 请求取样器引用自己的类，那么定制自己的 Java 请求取样器是一个不错的选择。Java 请求取样器界面如图 2-23 所示，具体的扩展方法可以参考 4.3 节的内容。

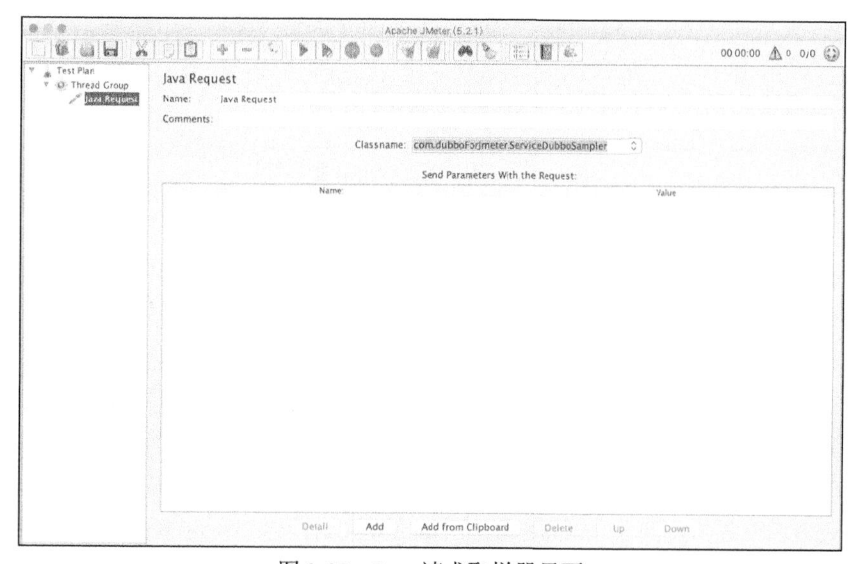

图 2-23 Java 请求取样器界面

2.3.6　定时器

默认情况下，JMeter 线程在发送请求之间是没有间歇的，为了更加真实地模拟显示用户请求情况，定时器用于在用户操作之间设置等待时间。定时器是在每个取样器之前执行的，无论定时器位置在取样器之前还是之后，执行一个取样器之前，所有当前作用范围内的定时器都会被执行。如果需要定时器只对其中一个取样器生效，则需要将定时器作为子节点加入。JMeter 定义了 9 种定时器，这里重点讲解固定吞吐量定时器（Constant Throughput Timer）和固定定时器（Constant Timer）这两种。

1. 固定吞吐量定时器

固定吞吐量定时器主要用来设置 QPS 限制。该定时器可以方便地控制给定的取样器发送请求的吞吐量，常用来在混合压测过程中同时压测多个接口，这种场景下我们需要对每个接口的吞吐量设置一个上限。固定吞吐量定时器界面如图 2-24 所示。

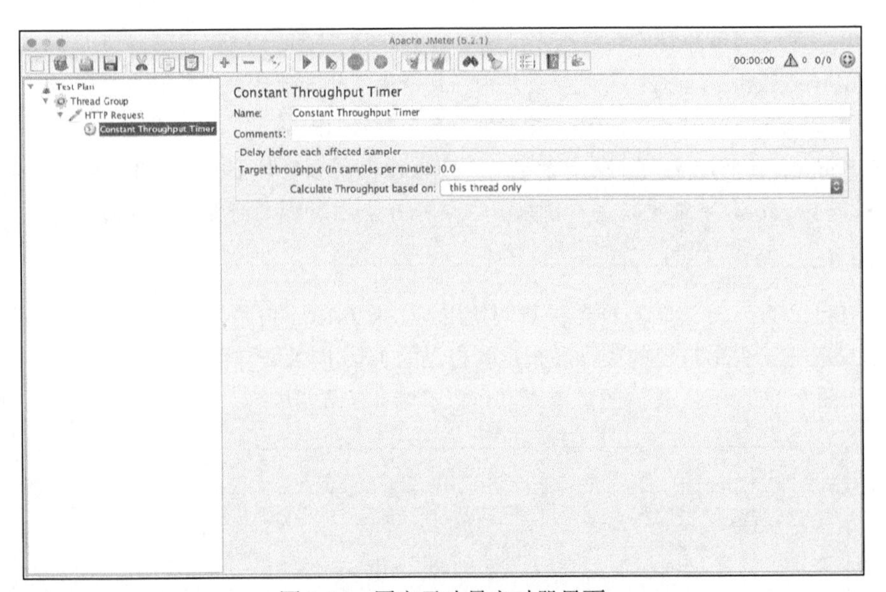

图 2-24　固定吞吐量定时器界面

固定吞吐量定时器的主要属性说明如下。

- Name：定时器的名称。
- Target throughput(in samples per minute)：目标吞吐量。注意，这里是每分钟发送的请求数。
- Calculate Throughput based on：有 5 个选项。其中，this thread only 表示控制每个线程的吞吐量，选择这种模式时，总的吞吐量为设置的目标吞吐量乘以线程的数量。all active threads 表示设置的目标吞吐量将分配在每个活跃线程上。每个活跃线程在上一次运行结束后等待合理的时间后再次运行。活跃线程指某一时刻同时运行的线程。all active threads in current thread group 表示设置的目标吞吐量将分配在当前线程组的每一个活跃线程上，当测试计划中只有一个线程组时，该选项和 all active threads 选项的效果完全相同。all active threads(shared)与

all active threads 选项基本相同，唯一的区别是，每个活跃线程都会在所有活跃线程上一次运行结束后等待合理的时间后再次运行。all active threads in current thread group (shared)与 all active threads in current thread group 选项基本相同，唯一的区别是，每个活跃线程都会在所有活跃线程的上一次运行结束后等待合理的时间后再次运行。

注意

固定吞吐量定时器只有在线程组中的线程产生足够多请求的情况下才有意义。因此，即使设置了固定吞吐量定时器的值，也可能由于线程组中的线程数量不够，或是定时器设置不合理等原因导致总体的 QPS 不能达到预期目标。

在定时器作用范围内，定时器在取样器之前处理，范围内每个取样器执行前都将执行一次定时器。

如果同一范围内有多个定时器，则将在每个取样器之前处理所有定时器。定时器仅与取样器一起处理。与取样器不在同一范围内的定时器将不会被处理。

如果要将定时器应用于单个取样器，则要将定时器添加为取样器的子元素。在执行取样器之前将应用定时器。如果要在取样器之后应用定时器，则要将定时器添加到下一个取样器。

2. 固定定时器

如果希望每个线程在两次请求之间暂停相同的时间，可以使用此定时器。当放置固定定时器于两个 HTTP 请求之间时，它代表的含义是在上一个请求发出至完成后，开始固定定时器指定的时间，最后再发出第二个请求，它并不是代表两个请求之间的发送间隔时间。固定定时器界面很简单，如图 2-25 所示，我们只需要根据需求填写 Thread Delay 即可。

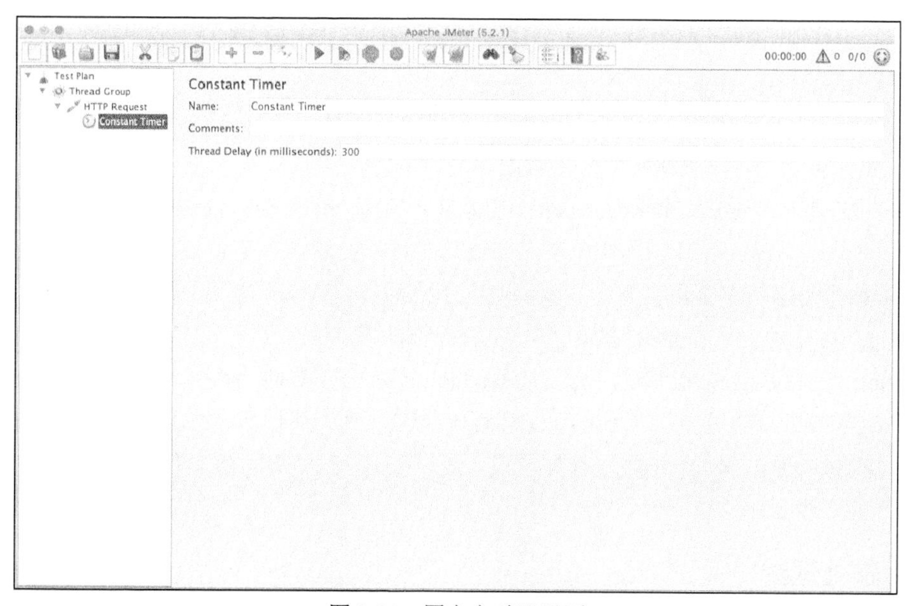

图 2-25 固定定时器界面

2.3.7　前置处理器

前置处理器用于在实际请求发出之前对即将发出的请求进行特殊处理，取样器发起请求前可以用前置处理器做一些工作，例如参数化、加密请求和替换请求字段等。而用得最多的就是 BeanShell 前置处理器（BeanShell PreProcessor），界面如图 2-26 所示。BeanShell 前置处理器，语法使用与 BeanShell 取样器几乎是一样的，具体可以参考 3.2 节。

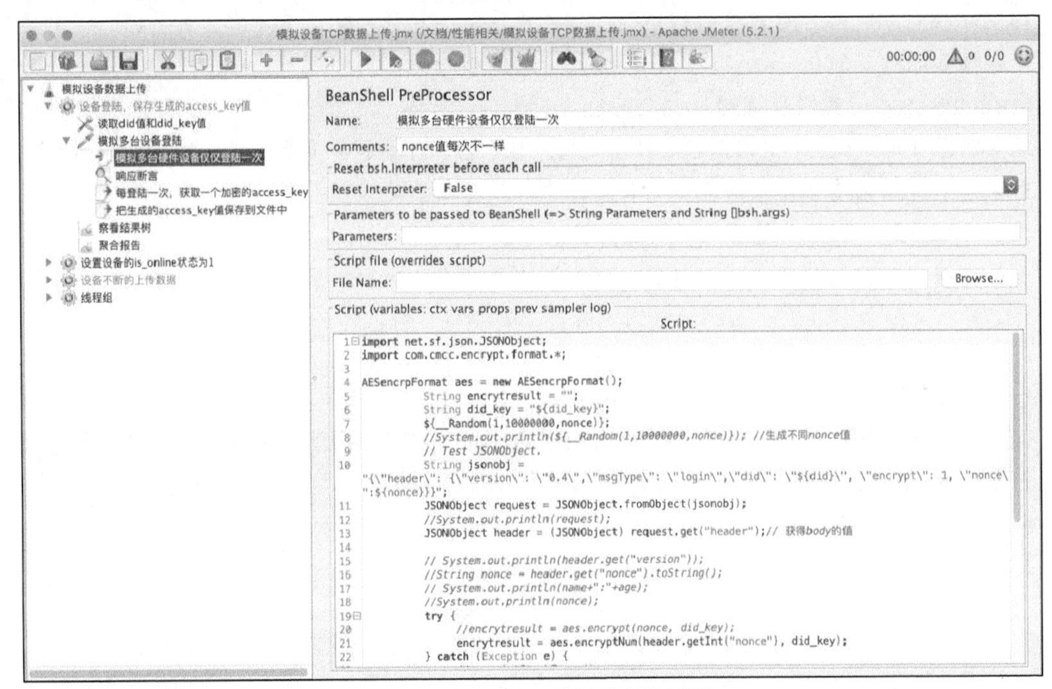

图 2-26　BeanShell 前置处理器界面

参数配置含义如下，一般情况下，不需要填写。

- Reset bsh.Interpreter before each call：是否重新构造 Interpreter，即是否重新初始化。
- Parameters：BeanShell 脚本中的变量初始化时可以在这里指定值，这里接受变量和字符串数组，如果是字符串数组有两个元素，则元素之间用空格隔开。
- Script file 中的 File Name：指定执行的 BeanShell 脚本。
- Script：编写 BeanShell 脚本，通过 BeanShell 脚本可以访问 ctx、vars、props、prev、sampler 和 log。其中，通过 ctx 访问 JMeter 运行时状态，例如线程数和线程状态；通过 vars 访问定义的变量；通过 props 访问运行时设置；通过 prev 访问前一个取样器结果；通过 sampler 访问当前取样器；通过 log 写日志。

2.3.8　后置处理器

后置处理器用于对取样器发出请求后得到的服务器响应进行处理，例如提取响应中的特定数据。

JMeter 的后置处理器有 12 个，这里重点讲解正则表达式提取器（Regular Expression Extractor）和 BeanShell 后置处理器（BeanShell PostProcessor）。

1. 正则表达式提取器

在测试过程中，许多接口的入参不是事先预知的，而是前一个接口的响应结果的某个字段（接口之间的依赖关系）。这就需要用户能够动态地提取前一个接口的响应参数并进行传递，这时候就用到了正则表达式提取器，其界面如图 2-27 所示。

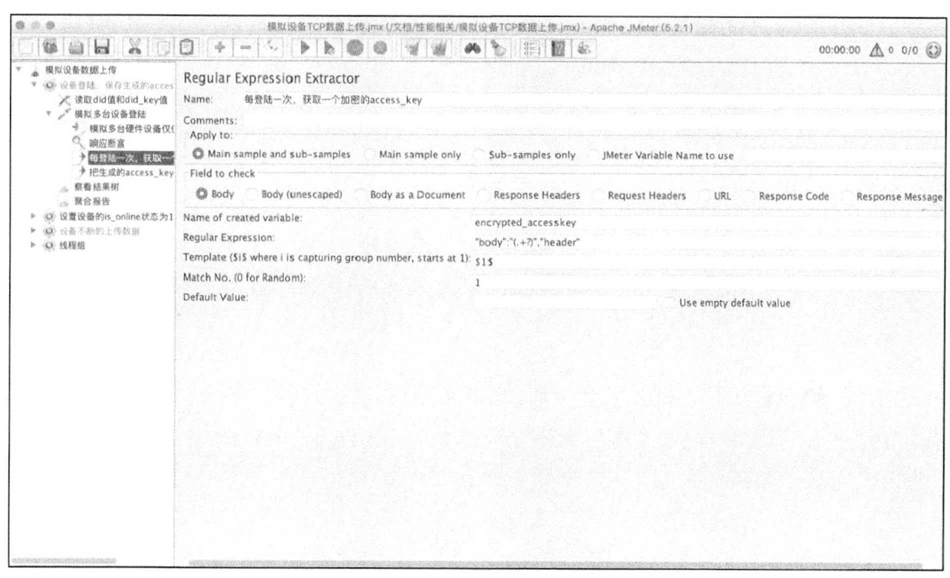

图 2-27 正则表达式提取器界面

正则表达式提取器的各配置项使用说明如下。

- Name：名称。我们可以写成名称+注释，方便识别目的。
- Name of created variable：引用名称。其他地方引用提取值的变量名称。
- Regular Expression：正则表达式。它是描述字符串排列的一套规则，用于将需要的数据提取出来（字符串的匹配）。
- Template：模板。它表示使用提取到的第几个值。如果前面的正则表达式提取了不止一个参数（多个括号括起来），那么这里需要指定参数的组别，格式为n，可以是1、2等，表示解析到的第几个值给引用名称变量。正则表达式的提取模式，值是从 1 开始的，值为 0 则对应的是整个匹配的表达式。
- Match No.(0 for Random)：匹配数字（0 代表随机）。0 代表随机取值，-1 代表全部取值，其余正整数代表在已提取的内容中，匹配第几个的内容。
- Default Value：默认值。如果正则表达式没有查找到值，则使用此默认值。

常用正则表达式字符含义如表 2-5 所示，这几个字符必须掌握。

表 2-5　常用正则表达式字符含义

正则表达式字符	具体含义
()	封装了待返回的字符串
.	除换行符以外的任意字符
+	限定符，1 次或多次前面的原子
?	限定符，0 次、1 次前面的原子，在找到第一个匹配项后停止
*	限定符，0 次、1 次或多次前面的原子
^	边界限定，字符串的开始位置
$	边界限定，字符串的结束位置
|	模式选择符，从中任选一个匹配

注意

和?是不一样的，用于正则<title>(.*?)</title>（懒惰模式）或者正则<title>(.*)</title>（贪婪模式）。

- 懒惰模式：也就是非贪婪模式，采用的是就近匹配原则，一旦找到匹配的结尾字符，就停止搜索。
- 贪婪模式：找到一个匹配的结尾字符后，不会停止，会接着搜索下一个，直到搜索到文本的结尾才会停止。

另外，如果需要跨线程组之间引用变量值，那么在正则表达式提取后，还需要添加一个 BeanShell 后置处理器，通过设置属性的方式，${__setProperty(globalToken,${token},)}，如图 2-28 所示，使得在另一个线程组中可以引用属性值 globalToken。

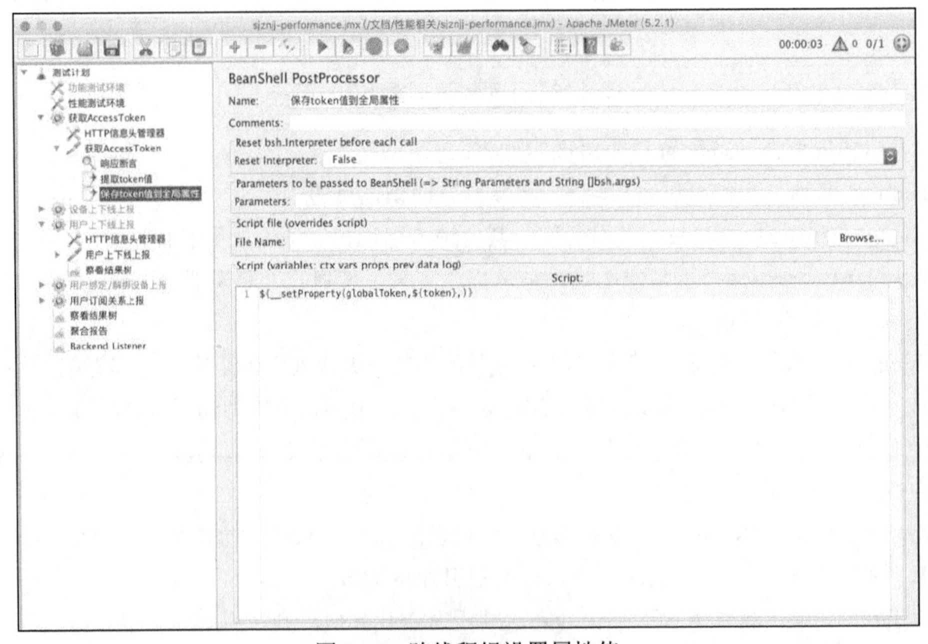

图 2-28　跨线程组设置属性值

2. BeanShell 后置处理器

BeanShell 后置处理器使用轻量级的面向 Java 的脚本语言，其借用了 JMeter 支持 BeanShell 的特性，允许使用标准的 Java 语法来处理 JSON 数据。BeanShell 后置处理器可以使用 Java 进行逻辑判断提取更多复杂的值，界面如图 2-29 所示，具体的语法可以参考 3.2 节。

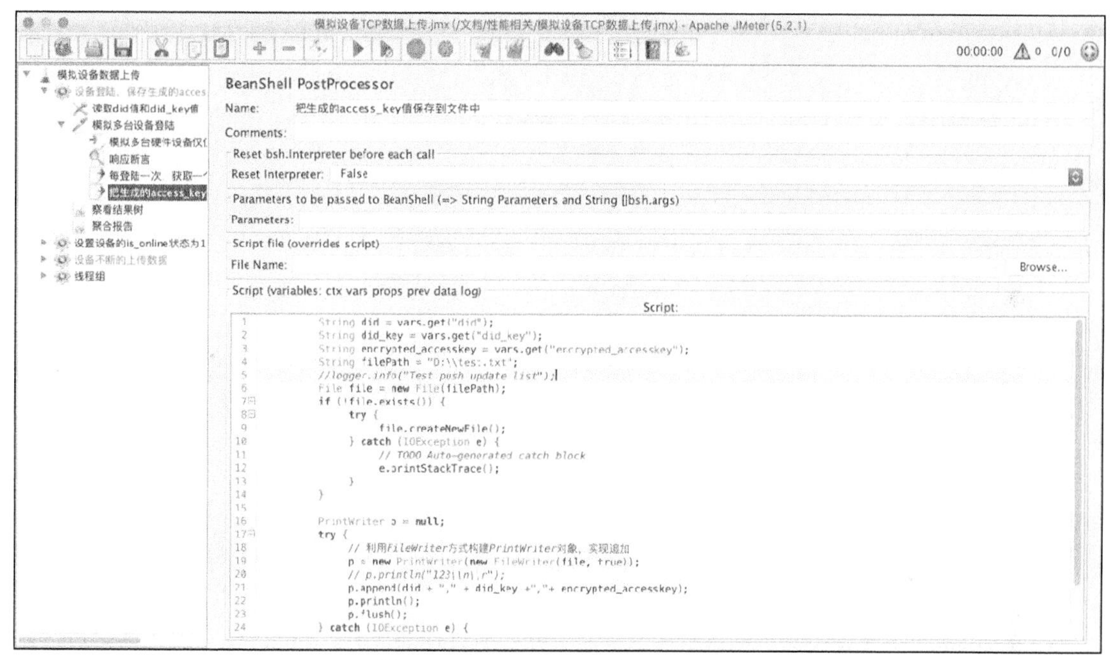

图 2-29 BeanShell 后置处理器界面

如果数据量小，建议大家还是使用正则表达式，方便快捷。但如果数据量大或者对取值有特殊要求，则可以考虑使用 BeanShell 后置处理器。针对数据比较大且返回有多个列表，需人工去判断需要取的值是否存在并且在什么位置，导致效率降低并且容易出错的情况，我们可以使用 JMeter 自带的 BeanShell 后置处理器，分别提取每个列表的值。

2.3.9 断言

断言是自动化验证取样器请求，或对应的响应数据是否返回了期望的结果时必不可少的手段。另外断言既可以针对响应进行，也可以针对请求进行，但大部分是对响应做断言。大家只需要掌握 JMeter 常见的响应断言（Response Assertion）、Size 断言（Size Assertion）和 BeanShell 断言（BeanShell Assertion）等。

1. 响应断言

响应断言提供对取样器的响应文本、响应代码、响应消息、响应头、请求头、URL 样本、文档、请求数据等内容进行包括、匹配、相等、否和或的判断，可以将多个断言附加到任何控制器以提高灵活性。

响应断言界面如图 2-30 所示，相关配置和说明如下。

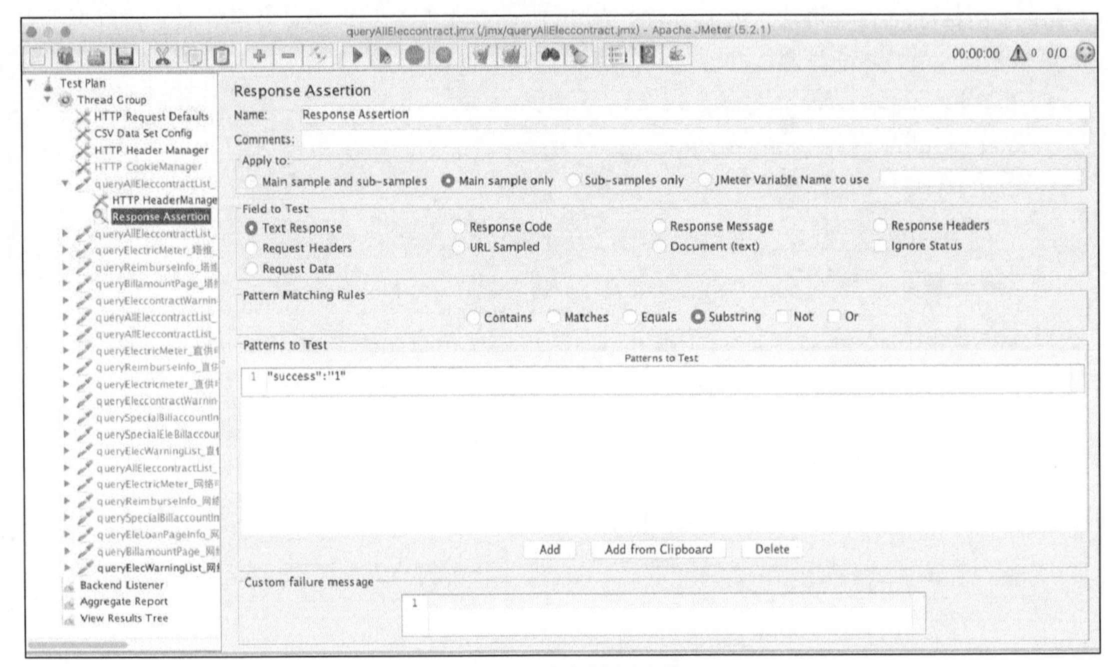

图 2-30 响应断言界面

- Apply to：通常发出一个请求只触发一个请求，所以选择 Main sample only 选项就可以。若发一个请求可以触发多个服务器请求，就有 Main sample 和 Sub-samples 之分。
- Field to Test：要测试的响应字段。一般的 HTTP 响应，都选择 Text Response（响应文本）。URL Sampled（URL 样本）是对 sample 的 URL 进行断言，如果请求没有重定向，就请求 URL；如果有重定向，就请求 URL 和重定向 URL。Response Code（响应代码）是指 HTTP 响应代码，如 101、200、302、404、501 等。当我们要验证 404、501 等 HTTP 响应代码时，需要选择 Ignore Status 选项，因为当 HTTP 响应代码为 400、500 时，JMeter 默认这个请求是失败的。Response Message（响应信息），即响应代码对应的响应信息，例如“OK”。最后较新版本的 JMeter 还可以对 Request Headers（请求头）和 Request Data（请求内容）做断言。
- Pattern Matching Rules：模式匹配。其中，Contains 表示包括，返回结果包括指定的内容，支持正则匹配。Matches 表示匹配，相当于相等（Equals）。当返回值固定时，可以返回值做断言，效果和 Equals 相同；正则匹配，用正则表达式匹配返回结果，但必须全部匹配，即正则表达式必须能匹配整个返回值，而不是返回值的一部分。SubString 与“包括”差不多，都是指返回结果包括指定的内容，但是 SubString 不支持正则字符串。Not 表示否，就相当于取反。

如果断言结果为 True，选择 Not 后，最终断言结果为 False；如果断言结果为 False，选择 Not 后，则最终断言结果为 True。Or 表示或者，即或模式。选择 Or，若测试模式中有一个成功，则整个断言成功。

- Patterns to Test：要测试的模式。在这里输入结果期望值，注意空格要去掉。我们可以设置多个期望值，如果其中一个执行失败，则不再继续检查。
- Custom failure message：自定义失败消息。它是自定义断言失败时，JMeter 打印的消息。

注意

如果返回报文是这种情况{resultcode:200,message:XXXXX123456,}，很多人习惯配置检查点 resultcode:200。事实上这可能存在漏判的可能，如果返回报文为{resultcode:200, message: null,}，则检查点是成功的，但事务却是失败的（例如后端调用某个服务超时或者失败了，通信层面是成功的，但消息并没有成功返回），因此需要额外找返回报文的某个关键字段作为检查点。

2. Size 断言

Size 断言用来判断返回内容字节大小，以及响应结果是否包含正确数量的字节，界面如图 2-31 所示。它可以对全部响应、响应头、响应体和响应消息进行大小判断。

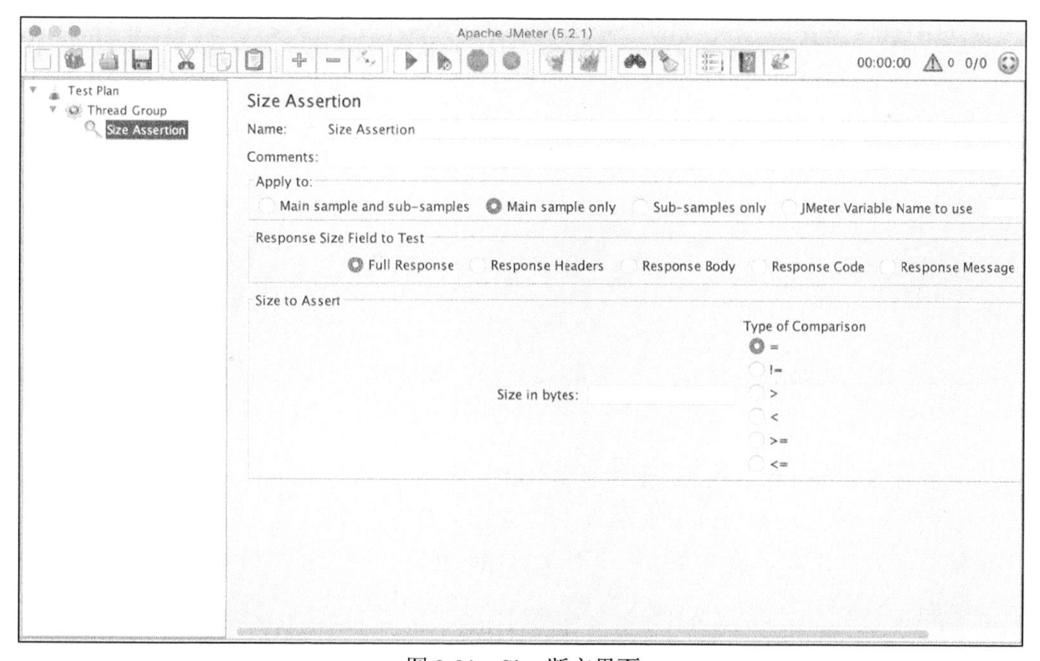

图 2-31 Size 断言界面

一般使用的场景，如大报文返回场景：

```
{resultcode:200,list:[..........12345.........................................],}
```

设置断言为12345做内容检查就会出现问题。假设list返回10条，而事实上只返回了1条，虽然检查点通过，但实际上事务失败。所以建议使用Size Assertion再做额外判断。

3. BeanShell断言

有时候断言不能直接进行判断，需要进行一定的转换处理，此时就需要用到BeanShell断言。BeanShell断言可以通过BeanShell脚本来执行断言检查，可以用于更复杂的个性化需求，使用更灵活，功能更强大，但是使用它的前提是能够熟练使用BeanShell脚本。

我们可以使用BeanShell的内置变量BeanShell断言，主要通过Failure和FailureMessage来设置断言结果，如图2-32所示。

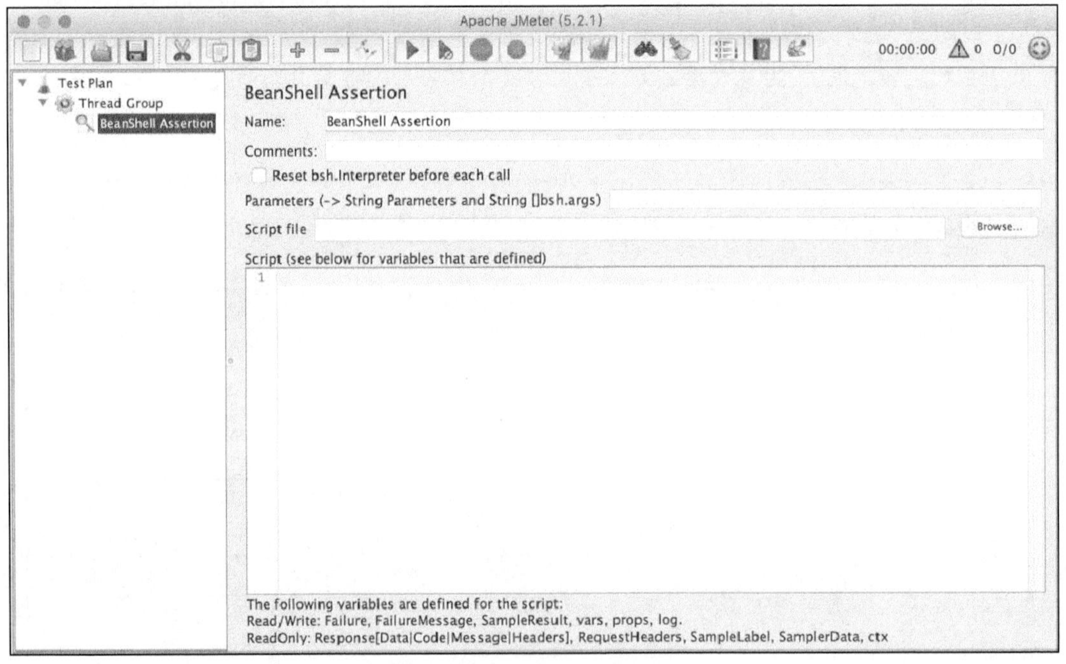

图2-32　BeanShell断言界面

Failure值为false表示断言成功，通过设置FailureMessage可以自定义成功的信息；Failure值为true表示断言失败，通过设置FailureMessage可以自定义失败的信息。

变量储存好后，在需要断言的接口后面添加BeanShell断言，使用Failure表示断言结果，FailureMessage表示产生断言结果的原因，代码示例见代码清单2-1，大家只需要依葫芦画瓢改造即可。

代码清单2-1　beanshellDemo.java

```
import org.json.*;
//获取上一个请求的返回值
```

```
String response = prev.getResponseDataAsString();
//将返回值转换为 JSON 格式
JSONObject responseJson = new JSONObject(response);
//获取 responseMessage
String message = responseJson.getString("responseMessage");
log.info("message 的值:" + message);

if(!message.equals("success")){
    Failure = true;
    FailureMessage = "规则解析失败,message 不等于 success";
    return;
}

//获取 titleLink
Object titleLink = responseJson.getJSONObject("data").get("titleLink");
log.info("titleLink 的值:" + titleLink.toString());

if(titleLink.toString().equals("null") || "".equals(titleLink)){
    Failure = true;
    FailureMessage = "规则解析失败,titleLink 为空";
}else if(!titleLink.toString().startsWith("http") && !titleLink.toString().startsWith("https")){
    Failure = true;
    FailureMessage = "规则解析失败,titleLink 不为空,但是不是以 http 或者 https 开头的";
}
```

2.4 JMeter 的参数化方法

参数化，即将脚本中的某些输入使用参数来代替，在脚本执行时指定参数的取值范围和规则，使脚本修改更加灵活和请求模拟更加真实。例如，测试登录这个业务需要用到手机号，每次请求就要模拟不同的手机号进行登录，这时候手机号就需要参数化。通常 JMeter 使用最多的参数化方法有如下几种。

（1）用户定义的变量。通过添加配置元件中用户定义的变量进行参数化。该方法常应用于设置一些全局变量，通常适用于测试计划中不需要随迭代发生改变的参数（只取一次值的参数），例如 URL、host 和 port 等。

（2）函数助手。JMeter 自带的函数助手提供了丰富的函数，可供做参数化处理。常见的函数如随机函数，每次请求产生不同的数字或字符串，如${__Random(0，100，)}或${__RandomString(10，qwerfghhjjjjjjkbbbbb，)}。

（3）从文件中读取。通过单击鼠标右键选择配置元件中的参数化配置元件添加后进行编辑，这个方法适用于数据量较大的情况，具有灵活性。一般在一次请求中，多个参数有一定的逻辑对应关系，此时就可以提前利用代码构造好参数化的数据存入 txt 文件中，以逗号分割。JMeter 每次请求就取一行的多个字段，下一次请求就取下一行的多个字段，这样就保证了数据的有效性。

2.5　JMeter 的关联方法

关联就是说两个或多个请求之间是有先后顺序、有联系的，例如在很多性能测试场景中，会涉及下一个请求的内容是上一个请求的响应结果中的某一些内容，此时就需要利用正则表达式进行提取，通过这种方式关联上一个请求的响应和下一个请求的内容。前面的章节已经详细讲解了具体方法，此处不做过多重复阐述。

2.6　JMeter 的断言方法

在使用 JMeter 进行性能测试或者接口自动化测试工作时，一定会用到的一个功能就是断言。断言相当于检查点，它是用来判断系统返回的响应结果是否正确，以此帮我们自动判断测试是否通过。

2.3 节讲述了常用的断言方法有响应断言、Size 断言，BeanShell 断言。其中，最灵活的还是 BeanShell 断言，其可以利用 Java 代码自由发挥。例如，当断言失败时提示预期结果、实际结果，或者失败时把结果输出到日志中。实际工作中经常遇到服务器端返回的响应内容是经过特殊加密的，无法直接判断是否正确，此时最灵活的方式就是添加 BeanShell 断言，先进行解密，然后再判断。

2.7　JMeter 的集合点设置

假设我们想做秒杀的压测场景，我们设置了线程组里的线程数，启动时间设为 0，之后线程其实不可能马上启动，因为线程真正启动是需要时间的，尤其是线程数比较大的时候。那么如何实现绝对并发呢？

JMeter 提供了一个同步定时器（Synchronizing Timer）可以实现绝对并发，也就是同一个时刻达到了某一集合点数目的线程后才统一去发出请求。

用鼠标右键单击取样器，选择“定时器”→Synchronizing Timer，界面如图 2-33 所示，将 Synchronizing Timer 放在对应的 sampler 下。

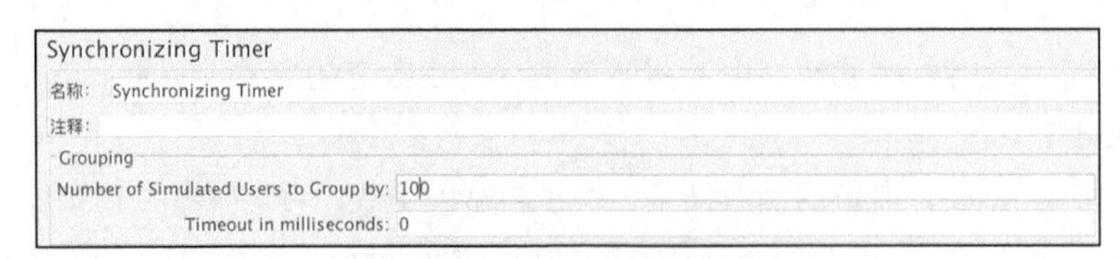

图 2-33　同步定时器界面

其中，部分设置项说明如下。

- Number of Simulated Users to Group by：集合点数，集合到对应的用户量才发送请求，要求设置的值不能大于线程数。
- Timeout in milliseconds：等待超时时间，在指定的时间（单位为毫秒）内没达到集合点数将停止等待（并非终止运行）。默认值为 0 表示无超时时间，一般超时时间大于请求集合数量×1000 /（线程数/启动时间）。

2.8　JMeter 的 IP 欺骗

IP 欺骗是什么？IP 欺骗就是模拟 IP，通常情况下一个电脑就只有一个 IP 地址，当然如果有多块网卡的话，会有多个 IP 地址。做压测的时候有的系统为了防止恶意发送请求，服务器端会判断每个请求过来的是不是同一个 IP 地址。如果同一个 IP 地址在一段时间内频繁发送请求的话，系统就把这个 IP 地址给封掉。这种情况就会影响做压测了。

为什么会用到 IP 欺骗？

（1）当某个 IP 地址的访问过于频繁或者访问量过大时，服务器会拒绝访问请求，这时候通过 IP 欺骗可以增加访问频率和访问量，以达到压力测试的效果。

（2）某些服务器配置了负载均衡，使用同一个 IP 地址不能测出系统的实际性能。

（3）很多网站会限制 IP 登录，一个 IP 地址只能登录一个用户，为了更加真实地模拟实际情况，这时候需要使用 IP 欺骗来达到不同 IP 地址登录多个用户的效果。

首先构造或获取一些可以用的 IP 地址，把这些地址存入一个 csv 文件，在 JMeter 里添加参数化配置元件，以便后续引用。然后在 HTTP 请求的取样器中选择“高级”标签页，在客户端实现部分选择 HttpClient4，在源地址中引用变量 IP 即可，如图 2-34 所示。

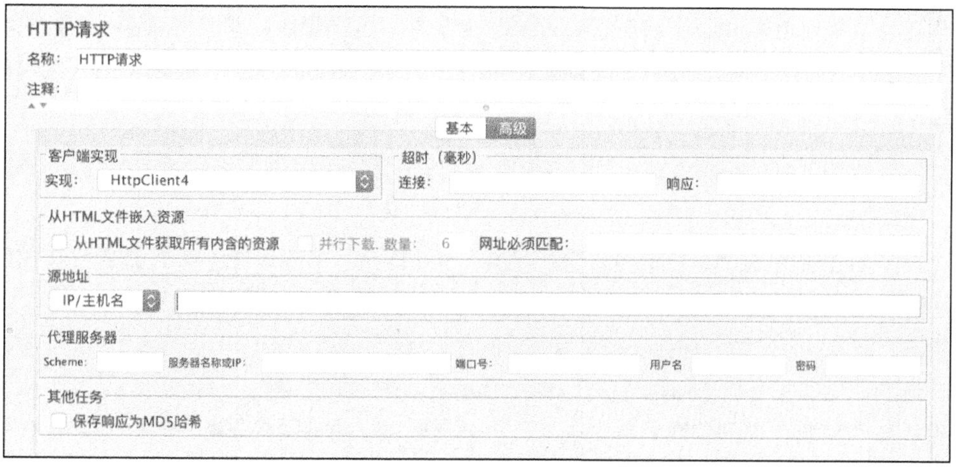

HTTP请求
名称：HTTP请求
注释：
基本　高级
客户端实现
实现：HttpClient4
超时（毫秒）
连接：　响应：
从HTML文件嵌入资源
从HTML文件获取所有内含的资源　并行下载. 数量：6　网址必须匹配：
源地址
IP/主机名
代理服务器
Scheme：　服务器名称或IP：　端口号：　用户名　密码
其他任务
保存响应为MD5哈希

图 2-34　IP 欺骗设置界面

不过在真正测试的时候需要注意以下两点。

（1）对于内网压测，IP 欺骗是有用的。IP 欺骗是在局域网中收集一些没有被使用过的 IP 地址，然后以这些 IP 地址发送请求。因此，服务器端接收到的 IP 地址，都是局域网里面的 IP 地址，它的确模拟了其他 IP 地址。

（2）对于外网压测，IP 欺骗是没用的。因为外网压测就是把系统部署到外网上，所有的人都可以访问。而 IP 欺骗模拟的 IP 地址还是局域网中的那些 IP 地址，公司整个网络的出口是一样的。假设公司使用的是移动网络，那么整个公司的人发出的请求都是从一个网线出口出去的，对应的就只有一个外网的 IP 地址了。那么，这种 IP 欺骗就是自己欺骗自己了。

2.9　JMeter 的混合场景方法

真实的业务都是混合的业务，在性能测试混合场景中，我们需要组合多个业务同时操作来模拟。比如一个论坛的业务分布，开新帖与回帖的业务量比例为 2∶3，那么我们在 JMeter 测试计划中如何控制其比例呢？常用的有两种方式。

（1）多线程组方式。

我们知道 JMeter 是用线程来模拟虚拟用户的，JMeter 还可以支持一个计划中添加多个线程组。利用这个特性我们可以把开新帖业务放在一个线程组中，回帖业务放在另外一个线程组中。为了模拟业务量的比例关系，我们通过控制线程数来达到效果。比如开新帖线程组，添加 60 个线程，回帖线程组，添加 90 个线程，刚好比例是 2∶3。但是这个是理想的状态，预期前提是这两个业务的响应时间一样。如果这两个业务的响应时间不一样，最终完成的业务数比例就会不一样。由此可以看出，这种控制方式并不准确。

（2）控制器控制。

我们还可以采用 If 控制器，将数学比例来作为条件，这样我们以获取当前迭代次数来决定此次请求是回帖还是开新帖。另外 JMeter 函数助手提供了一个__counter 函数，可以用来获取当前的请求迭代次数。

那么，如何保持 2∶3 的比例呢？这其实是一个数学问题。

```
${__counter(true,)}%2==1||${__counter(true,)}%3==0
```

其中，__counter(true，)是获取当前迭代次数，%是取余，即除以 2 余 1 时或者被 3 整除时执行开新帖。以 10 次迭代为例，回帖 9 次，1、3、5、6、7、9 次迭代时为回帖，而 2、4、8、10 次迭代时为开新帖，即 4∶6=2∶3，保持了业务量 2∶3 的比例。

假设遇到如图 2-35 所示的稍微复杂些的混合场景，表达式应该怎么写呢？

图中有 3 的倍数和 5 的倍数，首先取其最小公倍数 15，按照 15 分割。然后使用 If 控制器，在各自发送 a、b、c、d 请求前加上表达式如下。

- 发送 a 请求前加上${__counter(false,)}%15 <=5。
- 发送 b 请求前加上${__counter(false,)}%15 >5。
- 发送 c 请求前加上${__counter(false,)}%15==1。
- 发送 d 请求前加上${__counter(false,)}%15>1&& ${__counter(false,)}%15<=5。

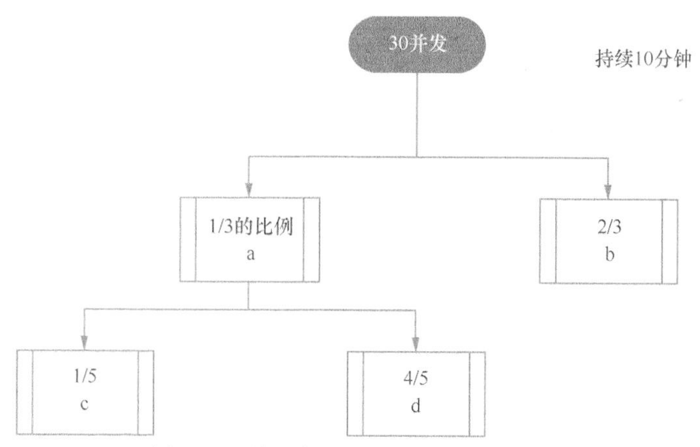

图 2-35 按业务量比例分配的混合场景

总结规律就是按照最小公倍数分割，每个控制器取它们应占的份数。该方法是一个通用的方法，上述实现 2∶3 分割，其实就是一个控制器占 2/5，另一个控制器占 3/5，我们可以不需要通过那么复杂的数学表达式计算。

2.10 JMeter 的常见错误和常用小技巧

我们在使用 JMeter 的过程中难免会遇到一些问题和犯一些错误。经过大大小小的性能测试项目后，作者摸索出一些实际工作中的技巧。通过本节的内容分享给大家，以供参考，并避免二次犯错。

1. JMeter 常见错误

（1）在 Linux 上执行测试计划时报错如下：

```
    Error in NonGUIDriver java.lang.IllegalArgumentException:Problem loading XML from:'/root/
Jmeter201808/test.jmx',missing class com.thoughtworks.xstream.converters.ConversionException:
    ---- Debugging information ----
    cause-exception:com.thoughtworks.xstream.converters.ConversionException
    cause-message:
    first-Jmeter-class:org.apache.jmeter.save.converters.HashTreeConverter.unmarshal(Hash
TreeConverter.java:67)
    class:org.apache.jmeter.save.ScriptWrapper
    required-type:org.apache.jorphan.collections.ListedHashTree
    converter-type:org.apache.jmeter.save.ScriptWrapperConverter
    path: /JmeterTestPlan/hashTree/hashTree/hashTree/kg.apc.Jmeter.vizualizers.CorrectedResultCollector
    line number:170
```

一般产生该错误的原因，可能是使用第三方插件生成的测试计划，执行在没有该第三方插件的 JMeter 上。解决方法是在 JMeter 上安装该第三方插件或重新生成不包含插件的测试计划。例如，使用第三方插件（TPS 监听器）了，则把第三方插件删除，再在 Linux 上生成即可执行正常，或者把 Windows 上的第三方插件包安装到 Linux 上，测试计划也可以正常执行。

（2）JMeter 报错如下：

```
2019-11-21 10:45:14,233 ERROR o.a.j.Jmeter:Error in NonGUIDriver
    java.lang.ClassCastException:org.apache.jmeter.visualizers.backend.BackendListener
cannot be cast to org.apache.jmeter.save.ScriptWrapper
    at org.apache.jmeter.save.SaveService.readTree(SaveService.java:452) ~[ApacheJmeter_
core.jar:5.0 r1840935]
    at org.apache.jmeter.save.SaveService.loadTree(SaveService.java:435) ~[ApacheJmeter_
core.jar:5.0 r1840935]
    at org.apache.jmeter.jmeter.runNonGui(Jmeter.java:986) [ApacheJmeter_core.jar:5.0 r1840935]
    at org.apache.jmeter.jmeter.startNonGui(Jmeter.java:973) [ApacheJmeter_core.jar:5.0 r1840935]
    at org.apache.jmeter.jmeter.start(Jmeter.java:555) [ApacheJmeter_core.jar:5.0 r1840935]
    at sun.reflect.NativeMethodAccessorImpl.invoke0(Native Method) ~[?:1.8.0_152]
    at sun.reflect.NativeMethodAccessorImpl.invoke(NativeMethodAccessorImpl.java:62) ~[?:1.8.0_152]
    at sun.reflect.DelegatingMethodAccessorImpl.invoke(DelegatingMethodAccessorImpl.java:43) ~
[?:1.8.0_152]
    at java.lang.reflect.Method.invoke(Method.java:498) ~[?:1.8.0_152]
    at org.apache.jmeter.NewDriver.main(NewDriver.java:245) [ApacheJmeter.jar:5.0 r1840935]
    mpleEvent:List of sample_variables:[]
```

该错误产生的原因一般是在保存 jmx 的时候，没有完整保存整个测试计划。因此在第一次保存的时候最好先单击测试计划后再去单击“保存”按钮，而不是在某一个组件界面的时候单击“保存”按钮。另外低版本的 JMeter 执行高版本的测试计划（测试计划是在高版本的 JMeter 上编制的）也可能报上述错误，解决方法是通过使用相同或更高版本 JMeter 执行该计划。

（3）失败事务报错信息如下：

```
Socket closed
Non HTTP response code:org.apache.http.NoHttpResponseException (the target server
failed to respond)
```

该错误产生的原因是，在 JMeter 下发送 HTTP 请求时，一般都是默认选择了 Use KeepAlive，这是连接模式（JMeter 的默认选项）。但其配置文件 jmeter.properties 中的时间设置默认是注销的，也就是说，服务器不会等待，一旦连接空闲，则立即断开，这就导致我们压测中出现事务失败的情形。

解决方法是将 httpclient4.idletimeout=<time in ms> 设置成自己觉得合理的时间（一般可设置成 10～60s，表示连接空闲 10～60s 后才会断开），注意这里单位是毫秒，需要进行换算。修改完成后再次压测，就不再报错了。

（4）响应数据出现错误提示如下：

```
Content-type 'application/x-www-form-urlencoded;charset=UTF-8' not supported
```

解决方法是在脚本的 HTTP 消息头管理器中添加 Content-Type=application/json。

（5）中文出现乱码问题。

解决方法如下。

- 修改本地配置文件。当响应数据或响应页面没有设置编码时，JMeter 会按照 jmeter.properties 文件中 sampleresult.default.encoding 设置的格式解析。通常是没有配置的，默认为 ISO-8859-1，这时解析中文肯定出错。修改 jmeter.properties 的配置项 sampleresult.default.encoding=utf-8，然后重启 JMeter。

- 修改消息头和请求体编码。同时把消息头和请求体的编码 content encoding 修改为 utf-8。

在 HTTP 消息头管理器中添加"Content-Type":"application/json;charset=utf-8"或者"Content-Type":"application/x-www-form-urlencoded;charset=utf-8"来修改编码。

另外，如果 SQL 语句中的中文字符出现乱码，在配置元件 JDBC Connection Configuration，Database URL 中的数据库连接字符串后面加上“characterEncoding=UTF-8”即可。

（6）提取的值为数字时，JMeter 会默认将其识别成 int 类型的数据，这说明 JMeter 并不是默认以 String 类型对数据进行读取的。JMeter 控制台则会抛出异常 Jmeter.util.BeanShell Interpreter: Error invoking bsh method: eval。

解决方法是在 BeanShell 中引用外部参数。需要以 String 类型的方式引用，例如"${user}"，需要加上双引号。

（7）报错内容：

```
ERROR - Jmeter.util.BeanShellInterpreter: Error invoking bsh method: eval In file:
inline evaluation of: ''import openapiTest.Openapi2sign; import java.util.List; import
java.util.ArrayLi ... '' Encountered "," at line 8, column 19.
```

解决方法是在 BeanShell 中使用 Map 定义变量的时候，在 Map 方法中不能指定数据类型。这和在 Java 中有一定区别，List 类型也是同理。

（8）错误内容：

```
Connection reset message from JMeter
```

最可能的原因是服务不能很好地处理负载了，处理速度变慢，此时需要监控并检查系统。另外，系统也可能耗尽了端口，需要检查系统本身的端口范围。

2. JMeter 小技巧

JMeter 在使用过程中，总是有一些配置需要优化，或者有一些脚本编写的注意点等，下面就是作者提炼的 JMeter 在日常使用过程中的技巧。

（1）在命令行下执行压测时，如果想查看每个请求返回的结果，默认配置下是看不到的。

我们需要修改 jmeter.properties 配置文件，找到相关的 saveservice 部分内容如下：

```
#Jmeter.save.saveservice.assertion_results=none
#Jmeter.save.saveservice.data_type=true
#Jmeter.save.saveservice.label=true
#Jmeter.save.saveservice.response_code=true
# response_data is not currently supported for CSV output
#Jmeter.save.saveservice.response_data=false
# Save ResponseData for failed samples
#Jmeter.save.saveservice.response_data.on_error=false
```

```
#Jmeter.save.saveservice.response_message=true
#Jmeter.save.saveservice.successful=true
#Jmeter.save.saveservice.thread_name=true
#Jmeter.save.saveservice.time=true
#Jmeter.save.saveservice.subresults=true
#Jmeter.save.saveservice.assertions=true
#Jmeter.save.saveservice.latency=true
#Jmeter.save.saveservice.samplerData=false
#Jmeter.save.saveservice.responseHeaders=false
#Jmeter.save.saveservice.requestHeaders=false
#Jmeter.save.saveservice.encoding=false
#Jmeter.save.saveservice.bytes=true
#Jmeter.save.saveservice.url=false
#Jmeter.save.saveservice.filename=false
#Jmeter.save.saveservice.hostname=false
#Jmeter.save.saveservice.thread_counts=false
```

将注释符号删除，并且值修改成 true，就会打开对应的记录，JMeter 就会将记录信息输出到我们指定的 jtl 文件中。不过要注意，这样做压测过程中会产生大量的这样的记录，因此真正压测时，最好不要开太多的日志记录。

（2）JMeter 日志调整。

在性能测试过程中，若是 JMeter 日志级别比较低，长时间压测会输出很大的日志文件，影响性能。

JMeter 的日志输出控制（jmeter.log）：

```
log_level.Jmeter=ERROR
log_level.Jmeter.junit=DEBUG
```

在 jmeter.properties 中，我们需要修改 JMeter 的日志级别为 ERROR，否则会输出巨大的日志文件 jmeter.log。如果需要查看详细的调试信息，可以将 log_level.Jmeter 设置为 DEBUG。

（3）JMeter 本身 JVM 性能优化。

JMeter 是一个基于 Java 编写的开源工具，其运行的性能和 JVM 的参数是息息相关的。

JMeter3.3 版本默认的堆大小是 512MB（JMeter5.2.1 默认的是 1GB），如图 2-36 和图 2-37 所示。若是单台服务器需要启动较多的线程数，那最好调大这里的堆值，否则很容易报错。

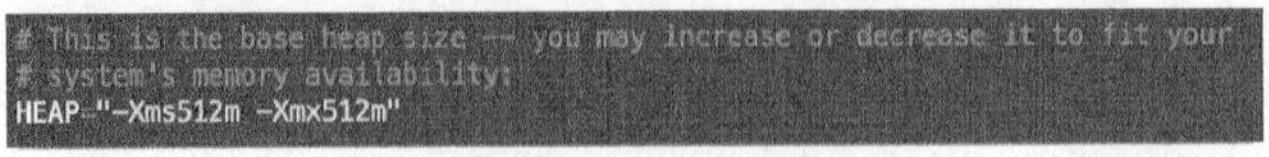

```
# This is the base heap size -- you may increase or decrease it to fit your
# system's memory availability:
HEAP="-Xms512m -Xmx512m"
```

图 2-36　JMeter3.3 堆大小

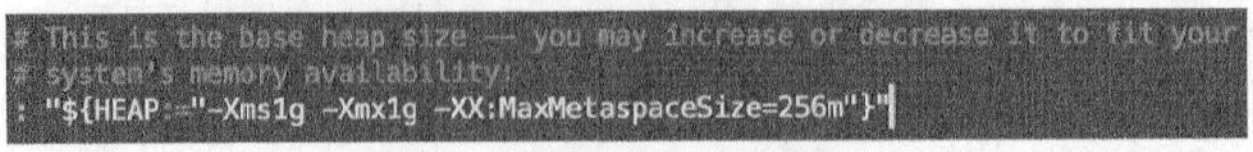

```
# This is the base heap size -- you may increase or decrease it to fit your
# system's memory availability:
: "${HEAP:="-Xms1g -Xmx1g -XX:MaxMetaspaceSize=256m"}"
```

图 2-37　JMeter5.2.1 堆大小

另外，为了支撑更多的线程数，我们可以调整每个线程的栈空间大小，Java 8 中默认每个线程会分配 1MB 的栈空间，通过 JVM_ARGS="-XX：ThreadStackSize=400k"可以进行调整。

（4）HTTP 镜像服务（HTTP Mirror Server）快速调试。

有时候我们需要查看发送的请求内容是否正确，可以利用在工作台中添加一个 HTTP 镜像服务组件，快速验证。顾名思义，该组件会自动回复我们发送的内容，十分方便调试。新版本中该组件已经不放置到工作台，在测试计划上用鼠标右键单击选择 Add→Non-Test Elements→HTTP Mirror Server 选项，界面如图 2-38 所示。我们只需要填写端口，单击 Start 按钮即可实现一个简单的模拟数据平台。

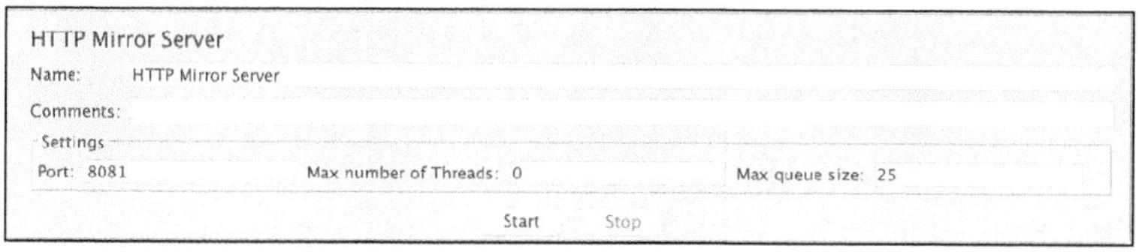

图 2-38 HTTP 镜像服务界面

（5）JMeter 脚本的优化。

JMeter 脚本在执行过程中应该避免循环执行大量计算的工作。例如，测试脚本中每个虚拟用户循环使用了 BeanShell 对数据进行处理。如果真的有此需求的话，建议使用扩展功能。BeanShell 是 JMeter 内置的功能，但是因为它是脚本语言，是动态加载执行的，所以效率不是很高，不太适合经常执行的场景，例如将 BeanShell 放在循环内部，不断地被执行。比较适合的应用场景是执行一次，或者少数几次的地方，例如在循环外部读取配置文件内容等。

（6）JMeter 动态修改属性。

性能测试自动化是以非 GUI 方式运行的，如果要修改测试计划就比较麻烦了，例如需要动态地调整运行的线程数。根据 JMeter 测试计划在运行取样器之前先加载运行属性（jmeter.properties、system.properties 等）的特点，我们可以借助属性来完成这个操作。JMeter 提供了可以动态修改属性的方法，在命令行使用-J 来指定 JMeter Properties，然后使用__P()函数来获取命令中指定的属性值。示例如下：

```
./jmeter -JthreadCount=2 -Jcycle=2 -n -t baidu.jmx -l baidu.jtl
```

其中，-JthreadCount=2 为 baidu.jmx 测试计划要指定的线程数；-Jcycle=2 为 baidu.jmx 测试计划要指定的每个线程的迭代次数。

而在 baidu.jmx 测试计划中用${__P(threadCount，)}来获取线程数；${__P(cycle，)}来获取迭代次数。所以日常结合使用-J -D 在运行前动态设置属性，可以用来控制测试计划的执行，这种方法在以非 GUI 方式运行时还是比较方便的。

（7）通过 BeanShell 巧妙记录接口错误响应结果。

临时使用 JMeter 的日志功能，在 HTTP 请求中增加 BeanShell 后置处理器组件，写入脚本即可在 jmeter.log 文件中记录错误的响应内容。

```
prev.setDataEncoding("UTF-8");
```

```
String response_data = prev.getResponseDataAsString();
log.error("response_data----------------:"+response_data);   //记录错误响应内容
```

提示

（1）HTTP 是一个无状态的面向连接的协议，无状态不代表 HTTP 不能保持 TCP 连接，更不能代表 HTTP 使用的是 UDP（无连接）。

（2）从 HTTP/1.1 起，浏览器都默认开启了 Keep-Alive，保持连接特性。简单地说，当一个网页打开完成后，客户端和服务器之间用于传输 HTTP 数据的 TCP 连接不会关闭，如果客户端再次访问这个服务器上的网页，会继续使用这一条已经建立的连接。

（3）Keep-Alive 不会永久保持连接，它有一个保持时间，可以在不同的服务器软件（如 Apache、Nginx）中设定这个时间。

2.11　实战脚本解析

在日常性能测试中，最常遇到的测试需求是 HTTPS 的请求，当然有时候也会遇到 SOAP、UDP 之类的压测任务。另外，JMeter 也支持直接对 SQL 语句的压测，本节重点讲解 4 种脚本的编写过程中遇到的一些注意事项和小技巧。

2.11.1　HTTP(S)请求

HTTP 请求是最普遍的，常用的就是 GET 和 POST 请求，参数一般为 JSON 字符串。具体添加方式很简单，只需要添加 HTTP 请求取样器，填写对应的 IP、端口、请求方法、路径和参数即可，界面如图 2-39 所示。平时可能会遇到编码的问题，可以在 Content encoding 添加编码要求，或在请求头添加 charset=UTF-8。

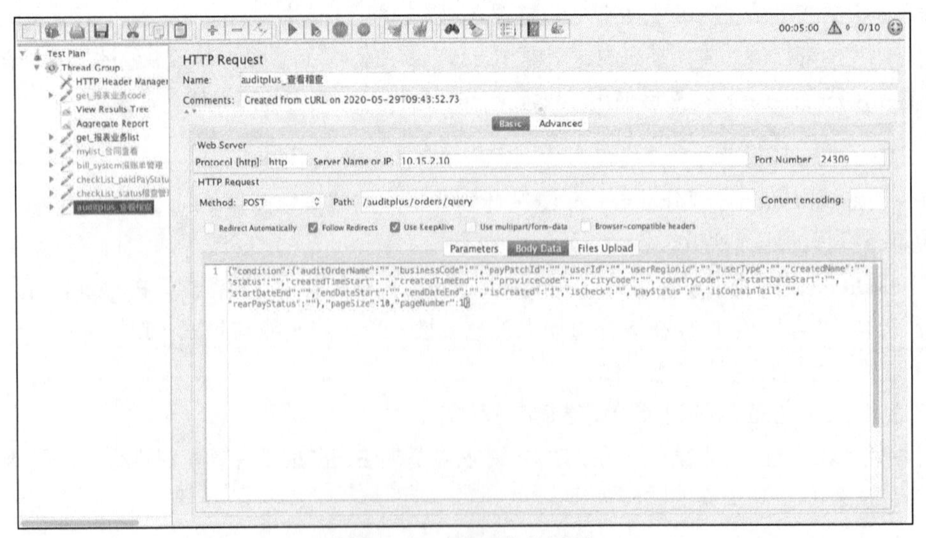

图 2-39　HTTP 请求界面

另外，作者在编写文件上传类脚本时，遇到过 missing initial multi part boundary 的错误。通过抓包分析，发现请求体里的 boundary 值是动态变化的，而脚本里是固定的，把请求头中的 Content-Type 里的 boundary 去掉后上传便成功了。

在 HTTP 请求过程中上传文件，字段 Content-Type 的值是根据文件的类型而不一样的。如果文件是图片，则值为 image/jpeg；如果文件是 APP 包，则值为 application/octet-stream；如果文件是纯文本的，则值为 text/plain，等等。

小技巧

对于 HTTP 请求，JMeter 新版本有个实用的功能可以快速生成 jmx 脚本，即通过 import from cURL 导入。首先打开 Chrome 浏览器的开发者工具，如图 2-40 所示。用鼠标右键单击对应的请求，选择 Copy→Copy as cURL 选项，然后打开 JMeter 中 tools 里的 import from cURL 导入即可自动生成脚本，如图 2-41 所示，这免去了手工录入各个消息头和请求体内容的操作，高效地提升了编写脚本的速度。

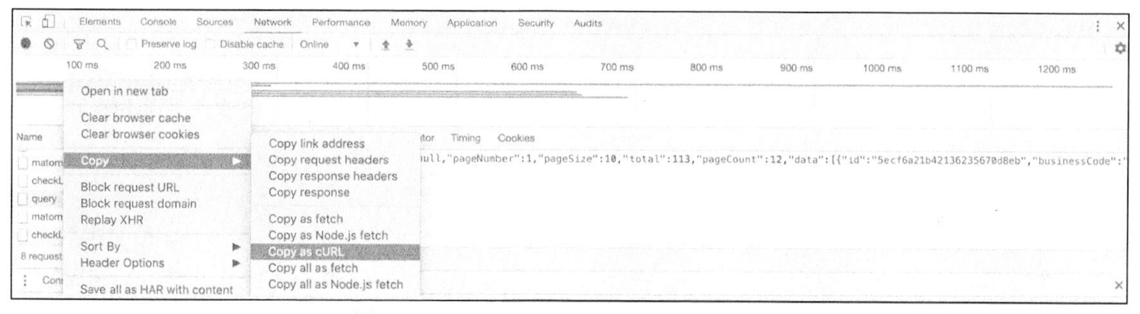

图 2-40 Chrome 浏览器的开发者工具界面

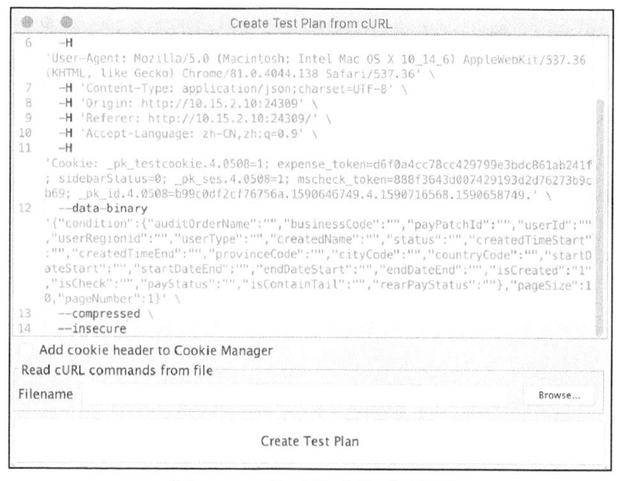

图 2-41 自动生成脚本界面

提示

Keep-Alive 模式。我们知道 HTTP 采用“请求-应答”模式，当使用普通模式即非 Keep-Alive 模式时，对于每个请求或应答，客户端到服务器端都要新建一个连接，完成之后立即断开连接；当使用 Keep-Alive 模式时，客户端到服务器端的连接持续有效，当出现对服务器的后继请求时，Keep-Alive 模式的功能避免了建立或者重新建立连接。

HTTP 1.0 中 Keep-Alive 模式默认是关闭的，需要在 HTTP 消息头加入 Connection: Keep-Alive，才能启用 Keep-Alive；HTTP 1.1 中默认启用 Keep-Alive，需要在 HTTP 头加入 Connection: close 才关闭。目前大部分浏览器都是用 HTTP 1.1 的，也就是说默认都会发起 Keep-Alive 模式的连接请求了，所以是否能完成一个完整的 Keep-Alive 连接就看服务器设置的情况。

开启 Keep-Alive 的优缺点如下。

- 优点：Keep-Alive 模式更加高效，因为避免了连接建立和释放的开销。
- 缺点：长时间的 TCP 连接容易导致系统资源的无效占用，浪费系统资源。

当保持长连接时，如何判断一次请求已经完成？

Content-Length 表示实体内容的长度。浏览器通过这个字段来判断当前请求的数据是否已经全部接收。所以，当浏览器请求的是一个静态资源时，即服务器能明确知道返回内容的长度时，可以通过设置 Content-Length 来控制请求的结束。但当服务器并不知道请求结果的长度时，如一个动态的页面或者数据，Content-Length 就无法解决上面的问题，这个时候就需要用到 Transfer-Encoding 字段。

Transfer-Encoding 是指传输编码。在上面的问题中，当服务器端无法知道实体内容的长度时，就可以通过指定 Transfer-Encoding: chunked 来告知浏览器当前的编码是将数据分块传递的。当然，还可以指定 Transfer-Encoding: gzip,chunked 表明实体内容不仅是 gzip 压缩的，还是分块传递的。最后，当浏览器接收到一个长度为 0 的 chunked 时，就知道当前请求内容已全部接收。

2.11.2 SOAP 请求

JMeter 可以支持测试 Web Service 接口，一般就是用 SOAP 协议通过 HTTP 来调用 Web Service。其实它就是一个 WSDL 文档，客户端可以通过阅读 WSDL 文档来使用 Web Service。

简单地理解，SOAP 就是一个开放协议，SOAP=RPC+HTTP+XML。它采用 HTTP 作为底层通信协议，RPC 作为一致性的调用途径，XML 作为数据传送的格式，并且允许服务提供者和服务客户在 Internet 进行通信交互。

在 JMeter 3.2 或之前的版本中默认带有 SOAP/XML-RPC 请求（SOAP/XML-RPC Request）插件，可以直接用来进行测试，界面如图 2-42 所示。

但是在新版本中已经没有该插件，不过我们根据 WebSocket 的底层原理，可以利用 JMeter 中的 HTTP 请求来测试 Web Service，官网手册也说明了这种操作是可行的。我们只需要借助 HTTP 消息头管理器添加 Content-Type 和 SOAPAction 两个参数，SOAP 请求的内容主要写在 Soap/XML-RPC Data 中，其中 SOAPAction 一般可以通过 SoapUI 工具获取。如果通过 SoapUI 查看 Content-Type= text/

xml;charset=UTF-8，则需要 SOAPAction 值。如果值为 Content-Type: application/soap+xml;charset=UTF-8，则不需要 SoapAction，但是需要在 Soap/XML-RPC Data 的 Header 中加<wsa:Action>，具体如下：

```
<soapenv:Header xmlns:wsa="https://exl.ptpress.cn:8442/ex/l/1df06f29">
<wsa;Action>https://exl.ptpress.cn:8442/ex/l/329ec9a4</wsa:Action></soapenv;Header>
```

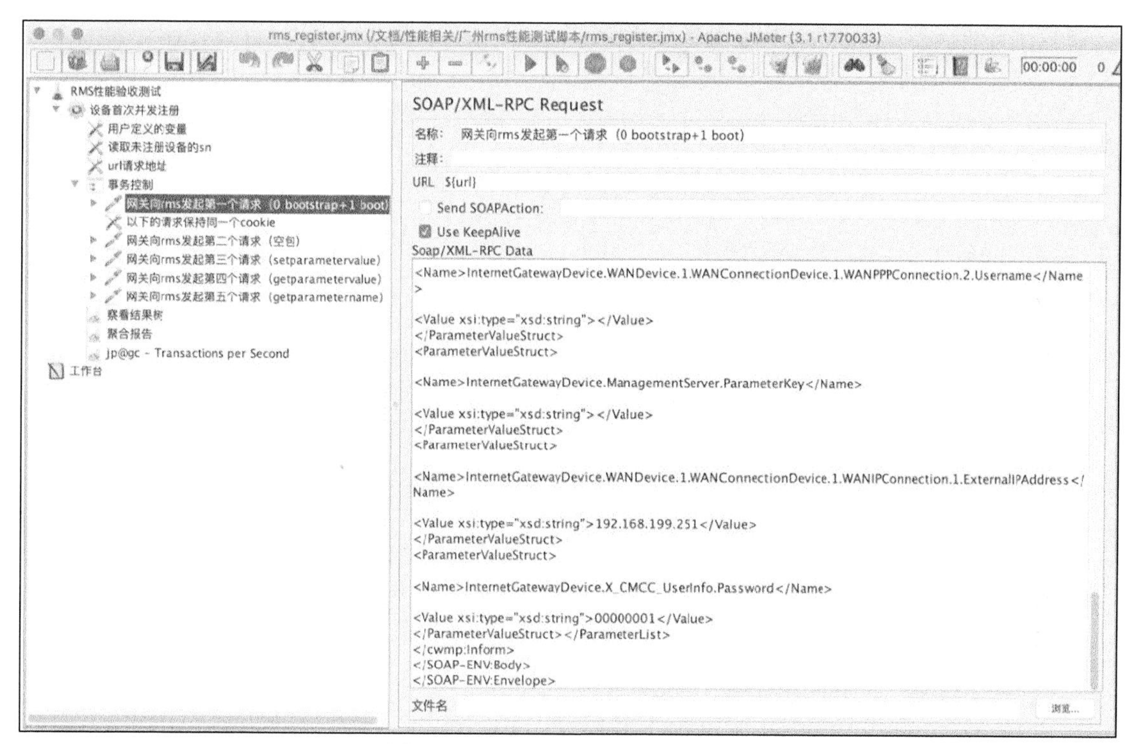

图 2-42 SOAP/XML-RPC 请求界面

提示

SoapUI 是一个开源测试工具，它通过 SOAP/HTTP 来检查、调用、实现 Web Service 的功能和负载测试。我们可以通过该工具查看具体的 SOAPAction 值和 Soap/XML-RPC Data。

2.11.3 UDP 请求

在一次项目中我们需要定位 DNS 服务是否出现性能问题，并且为了进一步保证应用业务层的网络质量，确认底层的网络是否存在延迟和丢包的问题，我们选择直接对二层的网络进行压测。于是我们研究发现 JMeter 可以用于测试 UDP，而 DNS 服务刚好利用的是 53 端口的 UDP 服务器。JMeter 默认是没有测试 UDP 的取样器的，需要额外下载插件 JmeterPlugins-Extras 并添加（把相应的 jar 包放到/lib/ext 目录下即可）。添加成功后，界面如图 2-43 所示，在 JMeter 中出现了 UDP 请求（UDP Request）插件。

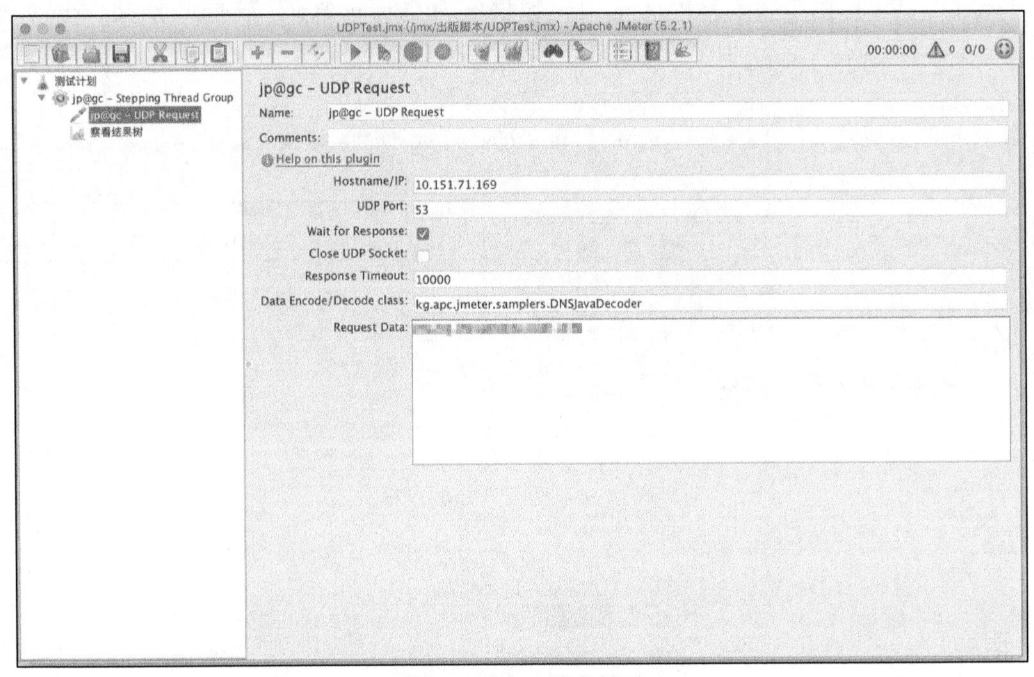

图 2-43 UDP 请求界面

需要填写的参数主要如下。

（1）Hostname/IP：填写服务器的 IP 地址。

（2）UDP Port：填写服务器的端口。

（3）Wait for Response：是否等待响应。

（4）Close UDP Socket：是否关闭 UDP Socket。

（5）Response Timeout：响应超时设置。

（6）Data Encode/Decode class：数据编码/解码类型。说明如下。

- kg.apc.jmeter.samplers.HexStringUDPDecoder：直接发送十六进制数据，HEX-encoded。
- kg.apc.jmeter.samplers.UDPSampler：填写字符串。
- kg.apc.jmeter.samplers.DNSjavaDecoder：填写 DNS 解析。
- kg.apc.jmeter.samplers.UDPTrafficDecoder：接口可以自定义编码/解码。

UDP 请求读取响应缓存长度默认为 4KB，但是可以在 jmeter.properties 中修改，具体的参数为 kg.apc.jmeter.samplers.ReceiveBufferSize，值的默认单位为字节。

脚本的内容很简单，在启动图 2-43 所示的脚本后，再找另一台空闲的服务器，用 ping 命令向被压测的 DNS 服务器发送请求，观察网络延迟和丢包情况。正常情况下，网络的延迟都在 2ms 以内，丢包率为 0%。

测试结果显示网络延迟比较高，波动较大，平均延迟达到 42ms，另外还出现了 84%的丢包率，如图 2-44 所示，从而证实了该网络存在一定的问题。

```
[root@device-tomcat7 ~]# ping 10.151.71.169
PING 10.151.71.169 (10.151.71.169) 56(84) bytes of data.
64 bytes from 10.151.71.169: icmp_seq=3 ttl=64 time=45.1 ms
64 bytes from 10.151.71.169: icmp_seq=9 ttl=64 time=39.6 ms
64 bytes from 10.151.71.169: icmp_seq=11 ttl=64 time=31.9 ms
64 bytes from 10.151.71.169: icmp_seq=13 ttl=64 time=56.7 ms
64 bytes from 10.151.71.169: icmp_seq=19 ttl=64 time=80.3 ms
64 bytes from 10.151.71.169: icmp_seq=26 ttl=64 time=47.5 ms
64 bytes from 10.151.71.169: icmp_seq=36 ttl=64 time=42.5 ms
64 bytes from 10.151.71.169: icmp_seq=37 ttl=64 time=6.28 ms
64 bytes from 10.151.71.169: icmp_seq=41 ttl=64 time=16.2 ms
64 bytes from 10.151.71.169: icmp_seq=42 ttl=64 time=44.4 ms
64 bytes from 10.151.71.169: icmp_seq=47 ttl=64 time=37.2 ms
64 bytes from 10.151.71.169: icmp_seq=55 ttl=64 time=28.5 ms
64 bytes from 10.151.71.169: icmp_seq=61 ttl=64 time=74.8 ms
64 bytes from 10.151.71.169: icmp_seq=68 ttl=64 time=33.7 ms
^C
--- 10.151.71.169 ping statistics ---
90 packets transmitted, 14 received, 84% packet loss, time 89430ms
rtt min/avg/max/mdev = 6.287/41.799/80.395/19.159 ms
```

图 2-44 测试结果

2.11.4 SQL 语句

有时候，我们需要直接对 SQL 语句进行压测以验证 SQL 语句本身是否影响性能，或者通过 SQL 语句进一步验证数据有没有正确入库更新。JMeter 默认是没有 JDBC Driver class 数据库驱动 jar 包的，需要手动先下载好 jar 包，然后导入到/lib/ext 目录下才可引用。如果是 MySQL，则下载 mysql-connector-java-5.1.25-bin.jar；如果是启动数据库类型，则下载对应的驱动即可。另外，注意下载的 jar 包版本不能低于真实要连接的数据库版本，否则可能连不上。jar 包可以从 mvnrepository 仓库中下载。

首先，我们需要添加 JDBC 连接配置（JDBC Connection Configuration），界面如图 2-45 所示。

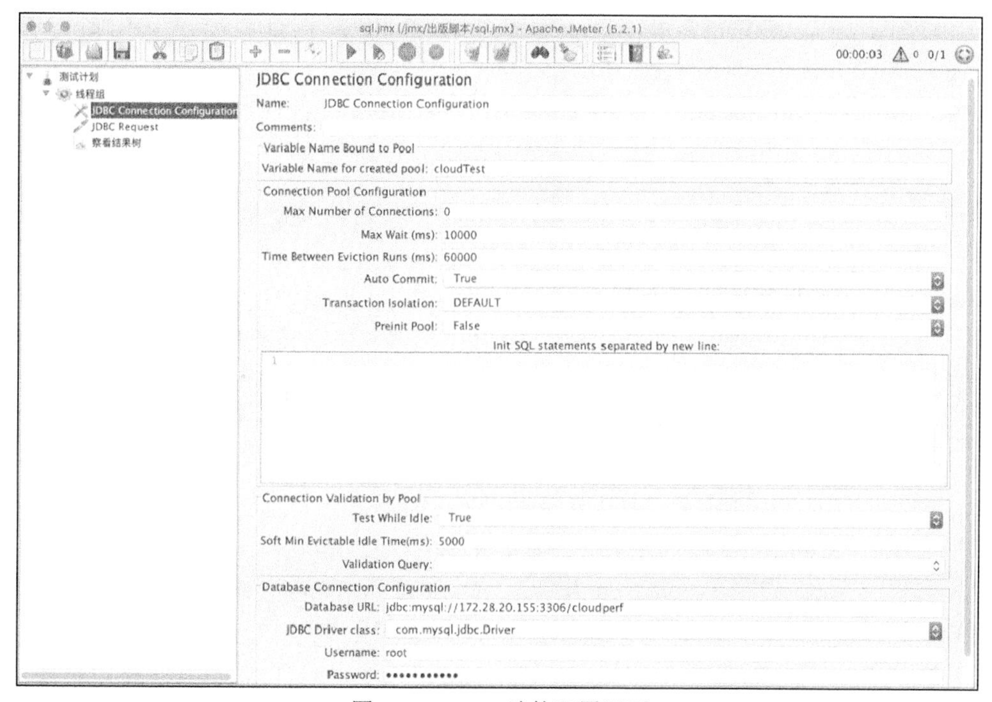

图 2-45 JDBC 连接配置界面

核心的配置说明如下。

- Variable Name Bound to Pool：该值在整个测试计划中应该是唯一的，以便 JDBC 取样器区别不同的连接配置。测试人员可以在测试计划中添加多个 JDBC 连接配置，但是它们必须有不同的名字。另外多个 JDBC 请求（JDBC Request）可以引用同一个连接池。
- Max Number of Connections：连接池最大允许连接数。默认设置为 0，代表每个线程获得自己的连接池。如果使用共享连接池，将其设置成与线程数相同即可。
- Max Wait (ms)：超时时间。如果尝试连接的过程超过了这个时间，则抛出异常并停止连接。
- Time Between Eviction Runs (ms)：运行状态下，空闲对象回收线程休眠时间。如果设为负数，空闲对象回收线程将不会运行。
- Auto Commit：自动提交开关。True 代表开启，一般对 UPDATE、INSERT、DELETE 操作有效。
- Transaction Isolation：事务隔离，一般使用默认即可。
- Test While Idle；当连接空闲时是否进行测试。
- Soft Min Evictable Idle Time(ms)：连接可以在连接池中处于空闲状态的最短时间。超过这个时间的空闲连接才会被回收。
- Validation Query；用于确定数据库是否仍在响应的简单查询。
- Database URL：数据库 URL 格式，例如 jdbc:mysql://localhost:3306/sys。其他常用数据库和驱动的 URL 格式可以参考表 2-6。

其中，Username 和 Password 分别为数据库的用户名和密码。其他输入域保持默认值即可。

表 2-6　常用数据库和驱动的 URL 格式

数据库（Database）	驱动类(Driver class)	数据库 URL(Database URL)
MySQL	com.mysql.jdbc.Driver	jdbc:mysql://host:port/{dbname}
Oracle	oracle.jdbc.OracleDriver	jdbc:oracle:thin:user/pass@//host:port/service
MicrosoftSQL Server	com.microsoft.sqlserver.jdbc.SQLServerDriver	jdbc:sqlserver://IP:1433;database Name= DB name
PostgreSQL	org.postgresql.Driver	jdbc:postgresql:{dbname}

然后，添加 JDBC 请求配置，界面如图 2-46 所示。

重要的配置参数解释如下。

（1）Variable Name of Pool declared in JDBC Connection Configuration：数据库连接池的名字，需要与 JDBC 的 Variable Name Bound to Pool 中填写的名字保持一致。

（2）Query Type 常用的选项如下。

- Select StateMent 表示执行的 SQL 语句是 SELECT。

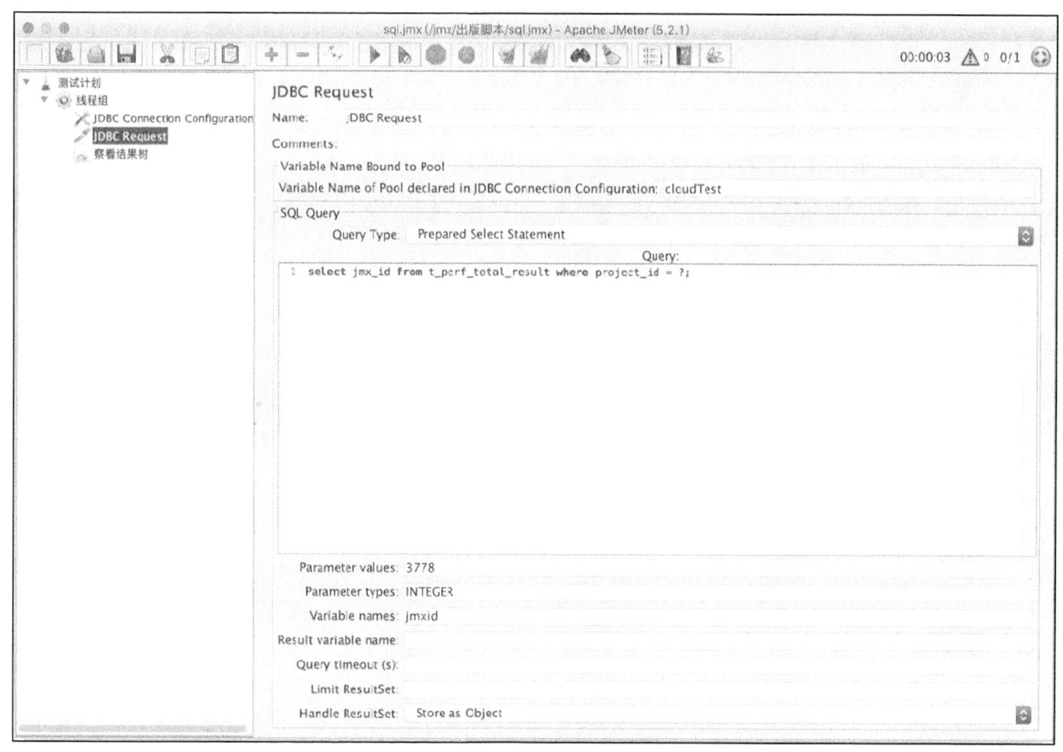

图 2-46 JDBC 请求界面

- Update StateMent 表示执行的 SQL 操作是增删改类的。关键字为 UPDATE、INSERT、DELETE、CREATE 和 DROP 等。
- PrePared Select StateMent 表示执行的 SQL 语句是 SELECT，但是允许在 SQL 语句中通过“？”来实现传参（SQL 层面的传参，不是 JMeter 传参）。
- PrePared Update StateMent 类似于 Update StateMent，表示执行的 SQL 操作是增删改类的。但是允许在 SQL 语句中通过“？”来实现传参（SQL 层面的传参，不是 JMeter 传参）。

（3）PrePared 类型的专属选项如下。

- Parameter values 处填写的就是需要传递给带“？”的 SQL 的参数值。参数值的数量、顺序和 SQL 语句中的问号保持一致，参数值之间使用逗号分隔，如 35，male。
- Parameter types 处填写的是参数的类型。参数类型数量、顺序和 Parameter values 保持一致，且要求大写，参数类型之间使用逗号分隔，如 INTEGER，VARCHAR。

（4）其他参数如下。

- Query，此处填写具体的 SQL 语句。
- Variable names，此处可以填写由用户自定义的变量名称，用来存储 SELECT 语句查询的结果。变量名称可以有多个，使用逗号分隔。变量是按照顺序去存储查询结果，一个变量存储一列值，即第 N 个变量存储结果中的第 N 列值。存储方式采用的是数组方式，下标是从 1

开始，即下标 1 表示当列的第一个值，下标 *N* 表示第 *N* 个值。并且每一个变量都会有一个隐藏的参数 Vname_#=N，用来存储值的个数。

- Result variable name 表示创建一个对象变量，保存所有返回的结果。
- Query timeout 表示查询超时时间。
- Handle ResultSet 定义如何处理由 callable statements 语句返回的结果。

注意

（1）在使用 select 进行数据库查询的时候，如果 JDBC 请求里面的 SQL 语句包含了中文，JMeter 会识别不了，需要对它进行编码才可以查询成功，也就是在 JDBC 的连接中增加 useUnicode=true&characterEncoding=utf8。

（2）如果出现类似 Response message：java.sql.SQLException：Cannot load JDBC driver class 'com.mysql.jdbc.Driver'的错误，下载 MySQL JDBC 驱动包导入/lib/ext 目录下即可。另外，驱动包的版本一定要与使用的数据库的版本匹配，驱动版本低于 MySQL 版本有可能会导致连接失败报错。

2.12　小结

本章中，我们首先回溯了 JMeter 各个里程碑版本的核心升级功能，然后逐一剖析日常性能测试工作中最常用的 17 个组件，接下来提炼了参数化、关联、断言、集合点、IP 欺骗、混合场景等新手入门实战技巧，最后讲解了 HTTP 请求、SOAP 请求、UDP 请求、SQL 语句的压测脚本编写，分享了一些注意事项。通过对本章的学习，新手基本上可以进行日常的 JMeter 性能测试脚本编写工作，并且熟知常见的 JMeter 错误和技巧。

第3章

JMeter中级实战真经

在掌握了一些基础的 JMeter 使用方法后，我将带领大家进入 JMeter 的中级技能提升阶段。本章首先讲解分布式压测的方法，然后是提炼 BeanShell 的 10 个实战应用示例，接着介绍 JMeter 的自定义扩展方法和好用的 WebSocket 组件，最后提供自动化的方案，结合代码和业界常用开源工具搭建可视化的，可以在小型互联网公司快速应用的性能测试平台。

3.1 JMeter 的分布式压测

JMeter 是基于 Java 的应用，其模拟用户是采用线程的方式，而每个线程占有的内存大小一般是 8KB，这对于 CPU 和内存的消耗比较大。因此，当需要模拟数以千计的并发用户时，使用单台计算机模拟所有的并发用户就有些力不从心了，甚至会引起 Java 内存溢出错误。为了提供更大的负载能力，JMeter 有了使用多台计算机同时产生负载的机制。

通过远程运行 JMeter，测试人员可以跨越多台低端计算机复制测试，这样就可以模拟比较大的服务器压力。一个 JMeter 客户端实例，理论上可以控制任意多的远程 JMeter 实例，并通过它们收集测试数据。

3.1.1 分布式压测原理

分布式压测大致的原理是，由主机（Master）分发任务给各个从机（Slave）。从机收到命令后开始执行脚本。脚本执行完成后，从机将数据回传给主机。主机收集所有从机的信息并汇总，如图 3-1 所示。

为了减少出错的可能性，读者最好按照如下 JMeter 分布式的要求进行相应的部署。

（1）各个计算机在相同目录下安装相同版本的 JDK。

（2）各个计算机在相同目录下安装相同版本的 JMeter。

（3）配置/etc/hosts 的 IP 地址和主机名的映射。

（4）修改各个计算机的 JMeter 的默认内存参数，从 512MB 或 1GB 调整为合适大小。

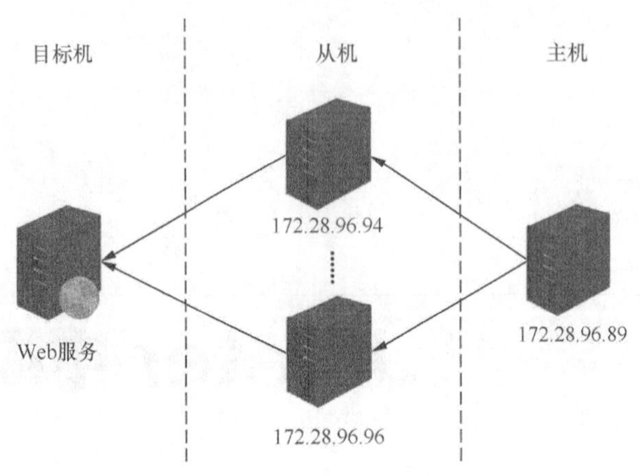

图 3-1 分布式压测原理

3.1.2 使用方法详解

通常情况下在服务器上进行分布式压测，因此本书将重点讲解如何在 Linux 下分布式测试。

在 Linux 下分布式测试的前置要求如下：

（1）必须在 Linux（CentOS 7）服务器下安装 JDK，参考 2.2.3 节 Linux 环境中的 JDK 安装；

（2）Linux 服务器都在同一个局域网内或能互相访问。

我们需要准备 3 台服务器，其中 2 台作为从机，1 台作为主机。一般来说，主机只做统计收集和下发脚本的工作，而不作为施压机，这主要是出于性能考虑，3 台服务器 IP 地址如下。

从机：172.28.96.94，172.28.96.96。

主机：172.28.96.89。

实现步骤如下。

（1）安装部署 JMeter。本次示例的服务器操作系统为 CentOS Linux release 7.4.1708 (Core) ，3 台服务器都安装了 JDK，并在/apprun 目录下上传了 JMeter 5.2.1，然后将/bin 目录下的 jmeter 和 jmeter-server 更改为可执行。

（2）修改配置文件。修改 jmeter.properties 文件，禁用 SSL，否则会报错，即 jmeter.properties 里面 server.rmi.ssl.disable 改为 true，表示禁用。

（3）启动服务。在 IP 地址为 172.28.96.94 和 172.28.96.96 的 2 台从机上，进入/bin 目录，执行./jmeter-server 启动服务。正常启动后，如图 3-2 所示。

```
[root@tomcat8 bin]# pwd
/apprun/apache-jmeter-5.2/bin
[root@tomcat8 bin]# ./jmeter-server
Created remote object: UnicastServerRef2 [liveRef: [endpoint:[172.28.96.96:17342](local),objID:[-68c74239:1726e16d5a4:-7fff,
-7666972625886637911]]]
```

图 3-2 从机启动 jmeter-server

（4）上传脚本并压测。在 IP 地址为 172.28.96.89 这台主机上，上传 jmx 脚本，注意只需要在主机上传脚本即可，从机不需要上传，主机会自动分发。但是如果 jmx 脚本依赖外部的 csv 文件进行参数化，那么这个参数化文件是需要手动上传到各个从机上的，并要注意 jmx 脚本中的路径，以免找不到。

在本示例中我们编写了一个简单脚本，设置了 2 个并发线程数，如图 3-3 所示。

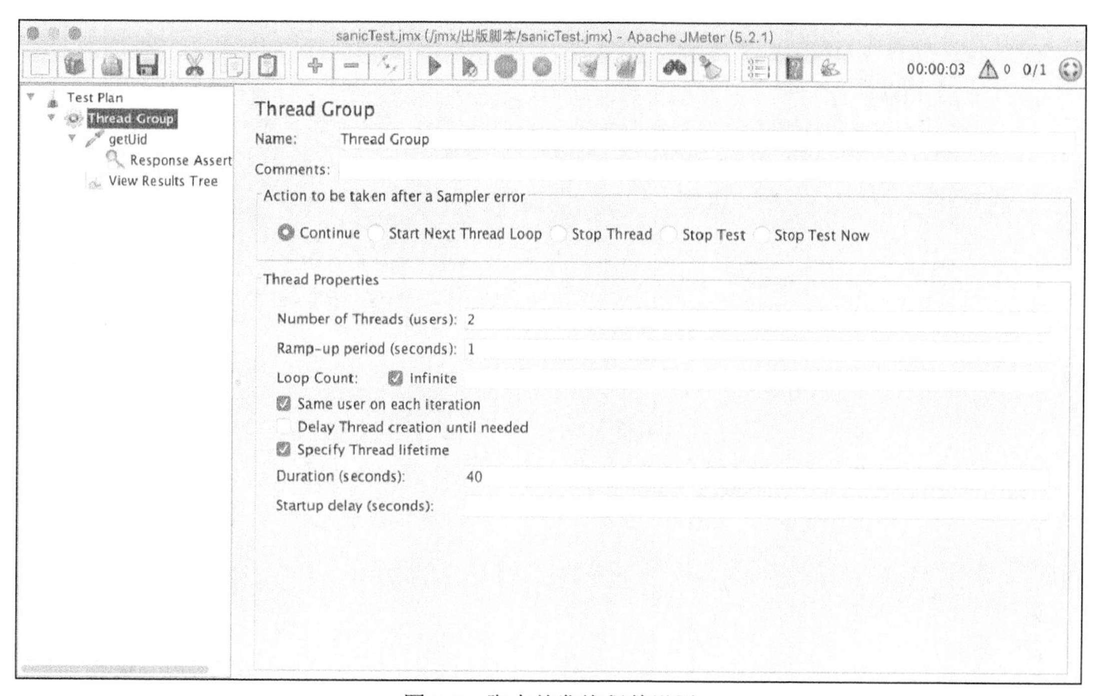

图 3-3 脚本并发线程数设置

执行./jmeter -n -t /apprun/sanicTest.jmx -R 172.28.96.96:1099,172.28.96.94:1099 -l sanicTest.jtl，从图 3-4 可以看出，一共启动了 4 个线程，因为这里启动了 2 台从机，每台从机各启动 2 个线程。

```
[root@tomcat7 bin]# ./jmeter -n -t /apprun/sanicTest.jmx  -R 172.28.96.96:1099,172.28.96.94:1099 -l sanicTest.jtl
Creating summariser <summary>
Created the tree successfully using /apprun/sanicTest.jmx
Configuring remote engine: 172.28.96.96:1099
Configuring remote engine: 172.28.96.94:1099
Starting remote engines
Starting the test @ Mon Jun 01 12:30:51 CST 2020 (1590985851956)
Remote engines have been started
Waiting for possible Shutdown/StopTestNow/Heapdump message on port 4445
summary +  16703 in 00:00:07 = 2329.6/s Avg:     1 Min:     0 Max:    14 Err:     0 (0.00%) Active: 4 Started: 4 Finished: 0
summary +  85600 in 00:00:30 = 2855.2/s Avg:     1 Min:     0 Max:    53 Err:     0 (0.00%) Active: 4 Started: 4 Finished: 0
summary = 102303 in 00:00:37 = 2753.8/s Avg:     1 Min:     0 Max:    53 Err:     0 (0.00%)
summary +   8952 in 00:00:03 = 3036.6/s Avg:     1 Min:     0 Max:     6 Err:     0 (0.00%) Active: 0 Started: 4 Finished: 4
summary = 111255 in 00:00:40 = 2774.4/s Avg:     1 Min:     0 Max:    53 Err:     0 (0.00%)
Tidying up remote @ Mon Jun 01 12:31:32 CST 2020 (1590985892952)
... end of run
```

图 3-4 分布式压测示例

而此时，各个从机会显示如下的信息，代表启动或结束测试。

```
Starting the test on host 172.28.96.94:1099 @ Mon Jun 01 12:29:44 CST 2020 (1590985784651)
Finished the test on host 172.28.96.94:1099 @ Mon Jun 01 12:29:46 CST 2020 (1590985786241)
```

此处是采用命令行-R 选项显示的指明各台从机的 IP 地址和端口号，并以逗号分割的方式启动分布式压测。另外我们也可以通过修改配置文件 jmeter.properties 的方式，添加各个从机的 IP 地址和端口。默认通信端口是 1099，我们也可以更改为其他端口，如图 3-5 所示。

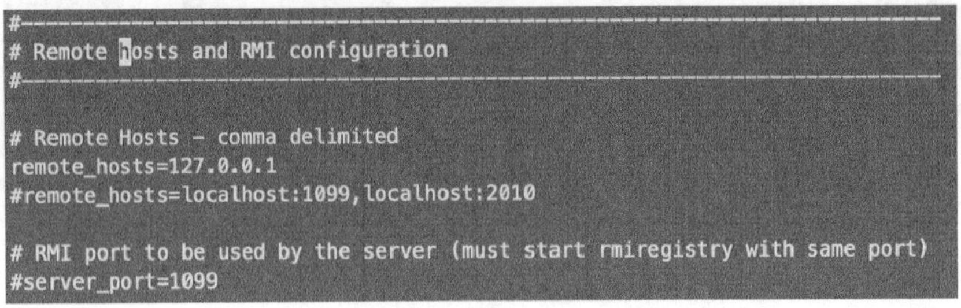

```
#---------------------------------------------------------------------------
# Remote hosts and RMI configuration
#---------------------------------------------------------------------------

# Remote Hosts - comma delimited
remote_hosts=127.0.0.1
#remote_hosts=localhost:1099,localhost:2010

# RMI port to be used by the server (must start rmiregistry with same port)
#server_port=1099
```

图 3-5　修改配置文件

再次强调一下，根据实践经验，主机和从机最好分开，因为主机需要发送信息给从机并且会接收从机回传的测试数据，所以主机自身会有消耗。因此作者建议单独用一台计算机作为主机。另外如果要用到 csv 文件作为数据源，那么强烈建议将 csv 文件放到 bin 目录下，这样可以在从机上能通过相对路径读取。

提示

假设需要部署十几台分布式压测计算机，如果通过人工一台台去部署，一方面效率低下，另一方面容易出错，那么我们可以通过写 Python 脚本或者 Shell 脚本进行自动化部署，自动化地启动各个节点计算机，读者可自己做扩展和小工具。

3.1.3　常见错误说明

在部署 JMeter 分布式压测的时候，作者遇到过一些错误，有些是配置问题，有些是版本的问题。作者将错误整理总结如下，供读者借鉴。

（1）在 CentOS 下启动 jmeter-server 时提示 Server failed to start:java.rmi.RemoteException: Cannot start.localhost.localdomain is a loopback address.。

解决方法是在 Linux 服务器下设置 hosts。进入/etc/hosts 目录下，添加 IP 地址和主机名的映射，例如 172.28.96.96 tomcat8.00024u.quality，或者在运行时，加入下面的参数：

```
./jmeter-server -Djava.rmi.server.hostname=tomcat8.00024u.quality
```

（2）在 Linux 下进行分布式测试，查看控制端 JMeter 中 view result tree 的 response data 时，没有响应数据。

解决方法是打开 jmeter.properties 文件，在 Remote batching configuration 模块中将 mode=Standard 前

面的#去掉或者修改为 mode=Batch；如果不修改 mode 前面的#，可能无法收集到从机并发的数据。

（3）报错如下：

```
    Server failed to start: java.rmi.server.ExportException: Listen failed on port: 0;
nested exception is:
    java.io.FileNotFoundException: rmi_keystore.jks (No such file or directory)
    An error occurred: Listen failed on port: 0; nested exception is:
    java.io.FileNotFoundException: rmi_keystore.jks (No such file or directory)
```

解决方法是从 JMeter4.0 开始，如果要做分布式测试，默认要求 RMI 传输必须是 SSL 加密的，否则 jmeter-server 就启动不了。我们可以用简单的配置来回避这个问题，即在服务器端和客户端的 JMeter 中统一做如下配置：

- 用编辑器打开 bin/user.properties 文件；
- 找到 server.rmi.ssl.disable，将#注释符去掉，改成 server.rmi.ssl.disable=true。

（4）报错如下：

```
    Java HotSpot(TM) 64-Bit Server VM warning: INFO: os::commit_memory(0x00000000c0000000,
 1073741824, 0) failed; error='Cannot allocate memory' (errno=12)
    #There is insufficient memory for the Java Runtime Environment to continue.
    #Native memory allocation (mmap) failed to map 1073741824 bytes for committing reserved
 memory.
    #An error report file with more information is saved as:
     /usr/local/Jmeter/apache-Jmeter-4.0/bin/hs_err_pid5855.log
```

解决方法是编辑/bin/jmeter，搜索"${HEAP:="-Xms1g -Xmx1g -XX:MaxMetaspaceSize=256m"}"，改变初始堆大小和最大堆大小的值。

注意

我们应选择和被测目标服务同网段的计算机作为压测机，很多人都是直接在办公环境的个人计算机上压测。这种压测结果很不稳定。如果没有做流量隔离，说不定会把办公环境压垮！

3.2 JMeter 的 BeanShell 实战

BeanShell 是 JMeter 内嵌的一个小型的 Java 解释器，大约 175KB，比较小，可直接运行源代码，不需要编译，支持对象式的脚本语言特性。其执行标准 Java 语句和表达式，但是拥有自己的一些语法和方法。我们可以在 BeanShell 中执行自己的脚本，JMeter 中的前置处理器、后置处理器、定时器、取样器、断言、监听器都有 BeanShell 元件。我们通过在命令行执行 java -jar /apache-JMeter-5.2.1/lib/bsh-2.0b6.jar，即可打开图 3-6 所示的 BeanShell 解释器界面。

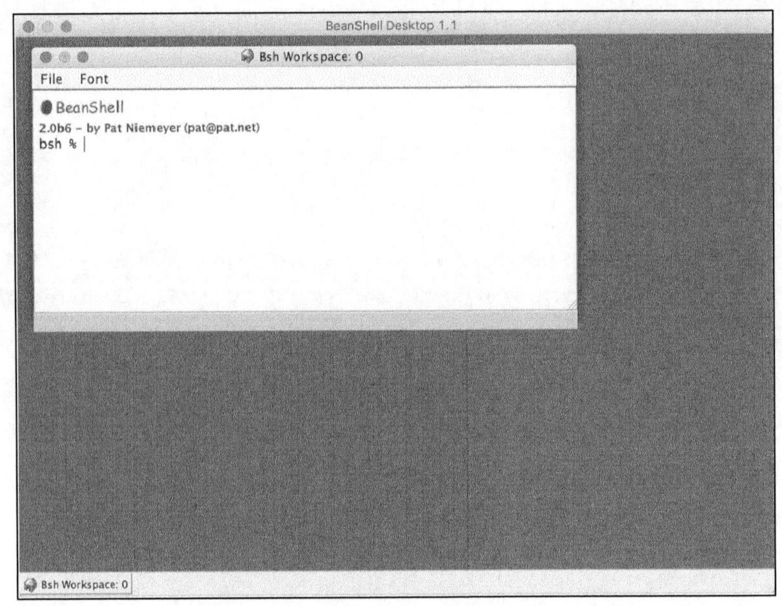

图3-6 BeanShell解释器界面

3.2.1 常用语法说明

JMeter在BeanShell中内置了变量，用户可以通过这些变量与JMeter进行交互，包括SampleResult、ResponseCode、ResponseMessage、IsSuccess、Label、FileName、ctx、vars、props、log等。其中，主要的变量及其使用方法如下。

（1）vars对应org.apache.jmeter.threads.JmeterVariables.java类，只能在当前线程内使用（局部变量），可以保存String类型或Object类型。这个变量实际引用了JMeter线程中的局部变量容器（本质上是Map），因此我们可以通过put和get方法访问JMeter中的变量。这个变量是所有内置变量中最有用的，它是测试用例与BeanShell交互的桥梁。常用vars变量方法及含义如表3-1所示。

表3-1 常用vars变量方法及含义

变量方法	具体含义
vars.get(String key)	从JMeter中获得变量值，取出的值为String类型
vars.getObject(String key)	从JMeter中获得变量值，取出的值为Object类型
vars.put(String key，String value)	将字符串类型的数据存到JMeter变量中
vars.putObject(String key，Object value)	将对象类型的数据存到JMeter变量中
vars.remove(String key)	删除某个变量

举例如下：

```
List list = new ArrayList();             //新建一个List类型的变量
list.add("aaa");                         //添加字符串元素到list中
```

```
list.add("bbb");                            //添加字符串元素到 list 中
vars.putObject("list",list);                //将 list 对象的值赋值给 list
Object Value = vars.getObject("list");      //获取 list 中的对象
log.info(Value.toString());                 //log.info 只能输出 String 类型变量
```

（2）props 对应 java.util.Properties 类，可以跨线程组使用（全局变量），只能保存 String 类型的值。该变量引用了 JMeter 的配置信息，它的使用方法与 vars 变量类似，但是只能保存 String 类型的值，而不能是一个 Object 类型的值。props 变量继承了 Hashtable 类，所以拥有与 vars 变量类似的 get 和 put 方法。另外 props 变量还继承了 Hashtable 的其他方法。常用 props 变量方法及含义如表 3-2 所示。

表 3-2　常用 props 变量方法及含义

变量方法	具体含义
props.get("属性名")	获取在文件 jmeter.properties 中定义的属性名，或者获取已设置的全局变量值
props.put("msg"，"aaa")	将字符串 aaa 赋值给变量 msg，只能保存 String 类型的值
props.containsKey("PROPERTY_NAME")	判断某项属性是否存在，返回布尔值
props.contains("PROPERTY_VALUE")	判断某项值是否存在，返回布尔值
props.remove("PROPERTY_NAME")	删除某个变量

举例如下：

```
String str = "aaaa";
props.put("str",str); //将 list 对象的值赋值给 list 变量
log.info("打印线程组 1 中的变量 str:"+props.get("str"));
```

（3）prev 对应 org.apache.jmeter.samplers.SampleResult 类，用于获取前面的 sample 返回的信息。常用 prev 变量方法及含义如表 3-3 所示。

表 3-3　常用 prev 变量方法及含义

变量方法	具体含义
Prev.getResponseDataAsString()	获取 String 类型的响应信息
Prev.getResponseCode()	获取 String 类型的响应码

举例如下：

```
String response = prev.getResponseDataAsString();
log.info("**********");
log.info(response);
```

（4）log 用于将需要的文件写到 Jmeter 日志文件中，即 Jmeter.log。如果是使用命令行运行 JMeter，则写入对应的日志文件中。常用 log 变量方法及含义如表 3-4 所示。

表 3-4 常用 log 变量方法及含义

变量方法	具体含义
log.info(String)	info 级别日志，只能是 String 类型
log.error(String)	error 级别日志，只能是 String 类型

在 BeanShell 中还可以使用函数 print()来打印日志，输出字符串等信息。print()是在控制台中输出信息，log()默认是在 jmeter.log 中输出信息。

（5）ctx 用于获取当前线程的上下文信息，常用 ctx 变量方法及含义如表 3-5 所示。

表 3-5 常用 ctx 变量方法及含义

变量方法	具体含义
ctx.getCurrentSampler()	获取当前取样器请求
ctx.getPreviousSampler()	获取前一个取样器请求
ctx.getThreadNum()	获取当前线程的序号，从 0 开始计数
ctx.getThread()	获取当前线程
ctx.getThreadGroup()	获取当前线程组

（6）sampler 用于获取当前的请求信息，常用 sampler 变量方法及含义如表 3-6 所示。

表 3-6 常用 sampler 变量方法及含义

变量方法	具体含义
sampler.getRequestHeaders()	获取当前取样器请求头信息
sampler.getResponseData()	获取当前取样器请求响应信息体
sampler.getResponseDataAsString()	获取当前取样器请求响应信息体，返回 String 类型的值
sampler.getResponseHeaders()	获取当前取样器请求响应信息头
sampler.getSampleLabel()	获取当前取样器的标签

另外，如果 BeanShell 中需要引用外部方法或 jar 包，一般采用如下两种方法。

（1）引用外部 Java 文件。在 BeanShell 通过 source(“路径+文件名”)方法引入 Java 文件时，我们可以使用相对路径也可以使用绝对路径，调用方法同 Java 语法一样。

（2）引用外部 jar 包。一般把 jar 包放到 JMeter 的 lib\ext 目录下，重启 JMeter 后，用 import 导入“包.类名”即可。

注意，JMeter 中可能包含了程序中使用的扩展 jar 包，大家要注意版本的兼容性！

3.2.2 10 个应用示例讲解

下面讲解日常编写 JMeter 脚本时，应用 BeanShell 解决一些特殊需求的示例。这些示例基本上覆盖了大部分的需求，读者稍加修改即可使用。

（1）进行中文参数的编码转换。我们可以通过代码的方式进行内容的编码：

```
try {
  vars.put("desc_utf8",URLEncoder.encode("${desc}","utf-8"));
} catch (UnsupportedEncodingException e) {
  // TODO Auto-generated catch block
  e.printStackTrace();
}
```

（2）产生唯一数字。说起唯一的随机数，大家可能很容易想到 java.util.UUID，如 String str = UUID.randomUUID().toString().replaceAll("-","")；可以产生 32 位长度的字符串。但是这样并不是一定没问题的，单机多线程的情况下可能出现重复的情况。为确保产生的字符串唯一，可在 uuid 后加一个随机数，如果能再加唯一用户名和电话号码就更加万无一失了。

```
String str = UUID.randomUUID().toString().replaceAll("-", "") + new Random().nextLong();
//产生的字符串太长，浪费存储，需要进行 MD5 运算
//可以使用 Apache 的 org.apache.commons.codec.digest.DigestUtils
//也可以使用 java.security.MessageDigest 进行加密
//注意，这里返回的是长度为 16 的 byte 数组，使用 Hex 格式转换成 32 的 char 数组，再转成字符串
String uuid = new String(Hex.encodeHex(DigestUtils.md5(str)));
```

（3）手机号码特殊处理。为了避免手机号码后 8 位出现重复，我们可以采用“时间戳+随机数”的方式：

```
phone=${__time(/100000,)} + ${__Random(1,100000,)};
String a = String.valueOf(phone); //将 phone 转为字符串，因为要求手机号的类型为 char
vars.put("phone",a);              //将字符串 a 设置为变量
vars.get("phone");                //在调试中查看 phone 的取值
```

（4）处理特殊的响应消息。例如，需要获取响应中 data 这个 JSON 数组的大小，那么可以参考如下示例：

```
import com.alibaba.fastjson.JSONObject;
import com.alibaba.fastjson.JSONArray;

String responseData = prev.getResponseDataAsString();
log.info(responseData);
JSONArray jsonArr = JSONObject.parseObject(responseData).getJSONArray("data");
int size = jsonArr.size();
vars.putObject("size",size + "");
```

如果需要在截获请求后，修改其中的内容再发向服务器端，那么可以参考如下示例：

```
import org.apache.commons.codec.digest.DigestUtils;
import java.util.Date;
import org.apache.jmeter.config.*;
import com.alibaba.fastjson.JSON; //需要把阿里开源的 fastjson.jar 包导入到/lib/ext 目录下
import com.alibaba.fastjson.JSONObject;
```

```
Arguments args = sampler.getArguments(); //截获请求，请求包含 URL、headers 和 body 这 3 个部分
Argument arg_body = args.getArgument(0); //获取请求的 body
String body = arg_body.getValue();          //获取 body 的值并保存成字符串
log.info(body); //调试脚本的时候开启打印，而执行自动化或性能测试时建议把 log 注释掉
JSONObject jso = JSON.parseObject(body); //把 body 转成 JSON 对象，注意，这里因为 body 本身就是
//JSON 字符串，所以用 JSON 类处理，XML 或其他格式的字符串不能这样处理！
String AppKey = jso.getString("AppKey"); //获取 body 中的 AppKey，下面签名会用到
log.info(AppKey);
String Data = jso.getString("Data");        //获取 Data，下面签名会用到
log.info("登录的 Data: " + Data);
Date date = new Date();
//将时间戳精确到秒（长度为 10 位）
String timestamp = String.valueOf(date.getTime()/1000);
String key = "a323f9b6-1f04-420e-adb9-b06ty67b0e63";
String bsign = AppKey + timestamp + Data + key;
String sign = DigestUtils.md5Hex(bsign);
//替换 timestamp 和 sign 字段的值到 jsonObject
jso.put("TimeStamp",Integer.parseInt(timestamp));
jso.put("Sign",sign);
body = jso.toString();
log.info(body);
arg_body.setValue(body); //将新 body 替换到的参数中，实现了"截获 → 修改 → 发送修改后的内容"。
```

（5）对数据进行特殊处理，例如，加密、拼接等。现在的 REST API 大多会传递 sign（签名）字段，各接口对 sign 的内容、使用方式可能不一样，但一般模式都是从接口的入参中选择部分内容组成一个字符串，然后再拼接一个 secretKey 或 appKey，最后对这个拼接的字符串进行 MD5 运算，并将结果赋值给 sign，代码示例如下：

```
import org.apache.commons.codec.digest.DigestUtils;
import java.util.Date;

Date date = new Date();
//将时间戳精确到秒（长度为 10 位）
String timestamp = String.valueOf(date.getTime()/1000);
//将时间戳赋值给 ts 变量，方便以${ts}的方式引用
vars.put("ts",timestamp);
//此处的 SPhone 的值可以用 csv 参数化
String data = "{\"SPhone\":\"18662255783\",\"EType\":0}";
String key = "a323f9b6-1f04-420e-adb9-b06ty67b0e63";
String bsign = "z417App" + timestamp + data + key;
// cMD5 加密后的结果赋值给 sign 变量
vars.put("sign",DigestUtils.md5Hex(bsign));
```

（6）跨线程组传递数据。假设我们需要从线程组-1 的一个接口请求返回的 JSON 数据中取出 id 的值，然后给线程组-2 的一个 GET 请求用。我们可以在线程组-1 中需要取返回值数据的请求下加后

置处理器 BeanShell PostProcessor，代码示例如下：

```
import net.sf.json.JSONObject;
String transfer = prev.getResponseDataAsString();  //取请求的响应
JSONObject json = JSONObject.fromString(transfer); //将响应转成 JSON
String transfer_id = json.getString("id");         //取 id 的值
props.put("transfer_id",transfer_id);              //操作 JMeter 属性，这里不能用 vars
// log.info(transfer_id);
```

在线程组-2 中需要用到 id 的 Get 请求下加 BeanShell 前置处理器，代码示例如下：

```
String transfer_id = props.get("transfer_id");
log.info(transfer_id);
vars.put("transfer_id",transfer_id);
```

另外，如果是简单的变量传递，我们也可通过${__setProperty(newtoken，${oldtoken}，)}在线程组 1 中设置变量属性，然后在另一个线程组中通过${__P(newtoken，)}的方式引用。

（7）时间参数处理。例如，业务单据参数化时要生成一组未来的时间，即多个时间，如订单日期、发货日期等。这种情况下，运用 JMeter 提供的时间函数不能很好地完成，我们可以通过 BeanShell 脚本的方式来完成，代码示例如下：

```
import java.text.SimpleDateFormat;
import java.util.Calendar;
import java.util.Date;

Date date = new Date();
SimpleDateFormat sf = new SimpleDateFormat("yyyy-MM-dd");
String nowDate = sf.format(date);
Calendar cal = Calendar.getInstance();
cal.setTime(sf.parse(nowDate));
cal.add(Calendar.DAY_OF_YEAR, +3);
String chanceDate = sf.format(cal.getTime());
cal.add(Calendar.DAY_OF_YEAR, +7);
String planFinishDate = sf.format(cal.getTime());
vars.put("orderDate",chanceDate);
vars.put("delivery",planFinishDate);
```

（8）特殊断言处理。添加一个 BeanShell Assertion，代码示例如下：

```
import org.apache.log4j.Logger;
if (increment==5 && vars.getObject("filterID").equals("NOT FOUND"))
{
   Failure=true;
   FailureMessage="Create filter for task 5 times in a row,all failed!";
   log.error("user-defined error,FailureMessage: " + FailureMessage);
}
else
{
```

```
    System.out.println("filterID="+vars.getObject("filterID"));
    log.info("user-defined success,filterID=" + vars.getObject("filterID"));
}
```

（9）JMeter Dubbo取样器传递、接收字节数据入参。传入字节数据步骤如下。

首先，在取样器前新增一个BeanShell脚本，对入参数据做一下处理：

```
jsonstr = vars.getObject("str").toString();
log.info("[INFO] jsonstr : " + jsonstr);
byteArr = jsonstr.getBytes();
byteArrStr = Arrays.toString(byteArr);
log.info("[INFO] byteArrStr : " + byteArrStr);
vars.putObject("byteArrStr", byteArrStr);
```

然后，后置处理：

```
import org.json.JSONArray;
import org.json.JSONException;
import org.json.JSONObject;

log.info("Response: ---------------------------------------------");
try{
  //get response
  String jsonContent = prev.getResponseDataAsString();
  log.info("jsonContent:" + jsonContent);
  jsonContent = jsonContent.substring(1,jsonContent.length()-1);
  log.info("jsonContent:" + jsonContent);
  String[] byteStrArr = jsonContent.split(",");
  byte[] byteArr = new byte[byteStrArr.length];
  for (int i = 0; i < byteArr.length; i++) {
    byteArr[i] = (byte) Integer.parseInt(byteStrArr[i]);
  }
  jsonContent = new String(byteArr, "UTF-8");
  log.info("Response:" + jsonContent);

  JSONObject response_object = new JSONObject(jsonContent);
  log.info("Dubbo 调用结果为 : "+response_object);

}catch(e){
  log.error("caught exception: "+e);
}
```

（10）提取接口返回多个列表且每个列表有多个同一字段的值。

```
import com.alibaba.fastjson.JSON;
import com.alibaba.fastjson.JSONArray;
import com.alibaba.fastjson.JSONObject;

String json=prev.getResponseDataAsString();
```

```
JSONObject jso = JSON.parseObject(json);
JSONObject responseBody = jso.getJSONObject("responseBody");

JSONArray List = responseBody.getJSONArray("PcrList");
vars.put("AcctNo",List.getJSONObject(0).getString("AcNo"));
JSONArray List2 = responseBody.getJSONArray("AcctDtlsLst");
vars.put("AcctNo2",List2.getJSONObject(0).getString("AcNo"));
JSONArray List3 = responseBody.getJSONArray("TdAcctNbrLst");
vars.put("AcctNo3",List2.getJSONObject(2).getString("AcNo"));
```

以上讲解的 10 种 BeanShell 脚本编写的实践案例，覆盖了日常很多比较复杂的脚本编写需求，读者需要好好消化吸收。

3.2.3 注意事项说明

我们用过 BeanShell 脚本编写之后，会有个心得体会，那就是调试起来十分不方便，只能通过打印的方式调试。所以不建议在 BeanShell 脚本中编写很多代码，做过多处理，否则也会影响性能。虽然其和 Java 代码基本上兼容，但是在使用中发现 Map 和 List 还是有不一样的地方。

报错如下。

```
    ERROR o.a.j.u.BeanShellInterpreter:Error invoking bsh method:eval In file:inline
evaluation of:"import java.util.*; import cn...DataserverTool; String ... "
Encountered "," at line 13,column 19.
```

解决方法是，设置原来的 Map 类型变量声明方式为无参数的形式。

```
//Map<String,String> params = new HashMap<String,String>();
Map params = new HashMap();
```

在 JMeter 的 BeanShell 中不要使用类似 Map<String,Object> map = new HashMap<>()；的语句，包括引用 Java 文件和 List 类型的数据时，Java 文件也不能这样使用，否则 JMeter 会报错。

3.3 JMeter 的函数式插件扩展

本节将开启 JMeter 的函数式插件开发之旅，掌握它的理由不仅仅是在开发方面函数式插件是极简的，而且是在实际运用 JMeter 执行测试时，使用函数式插件会为测试带来极大的便利，对于有些应用它甚至是必不可少的。JMeter 作为 Apache 的项目允许使用者对其进行扩展，例如用户可以扩展自定义的函数式插件。函数式插件是可以让用户在编辑测试脚本的时候插入到任何取样器或者测试元素中的，并可以执行一些任务，例如取得 Agent 所在计算机的名字、IP 地址，或者得到一个随机的字符串等。

3.3.1 扩展方法说明

JMeter 5.2.1 中，打开函数式插件的入口在顶部菜单栏中的 Tools 菜单下，选择 Function Helper Dialog 选项打开界面，函数助手（Function Helper）界面如图 3-7 所示。之前 JMeter 老版本中该插件的入口在 Options 菜单下，注意多找一找就能发现。

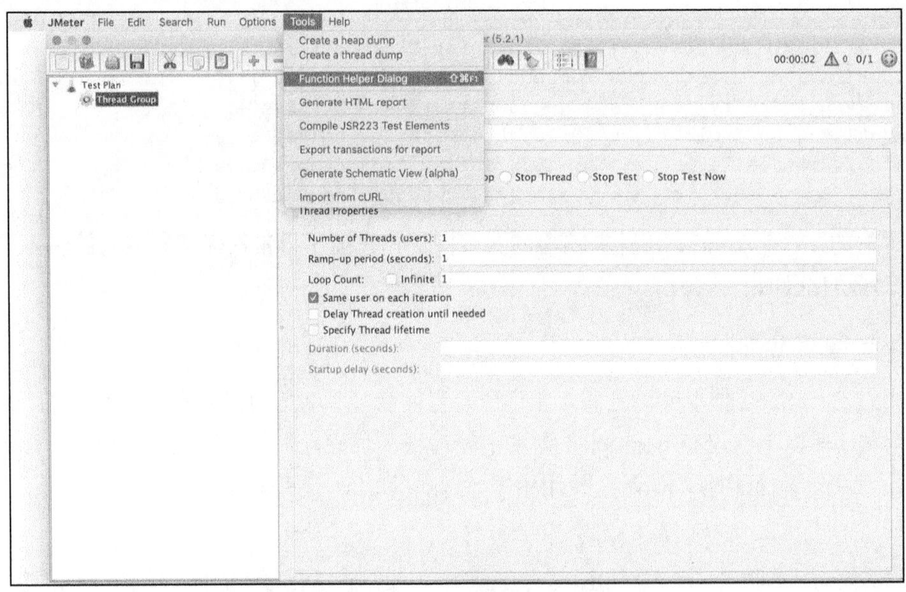

图 3-7　函数助手入口

打开函数助手，我们可以通过下拉菜单，查看 JMeter 默认提供的一系列实用的函数功能。使用函数非常简单，例如“__UUID”函数，功能是生成一个 uuid，只需在 Function syntax 后面的输入框中输入${__UUID}便可以引入调用该函数方法所返回的 uuid 值，所有的组件都可以对函数式插件进行引入，如图 3-8 所示。

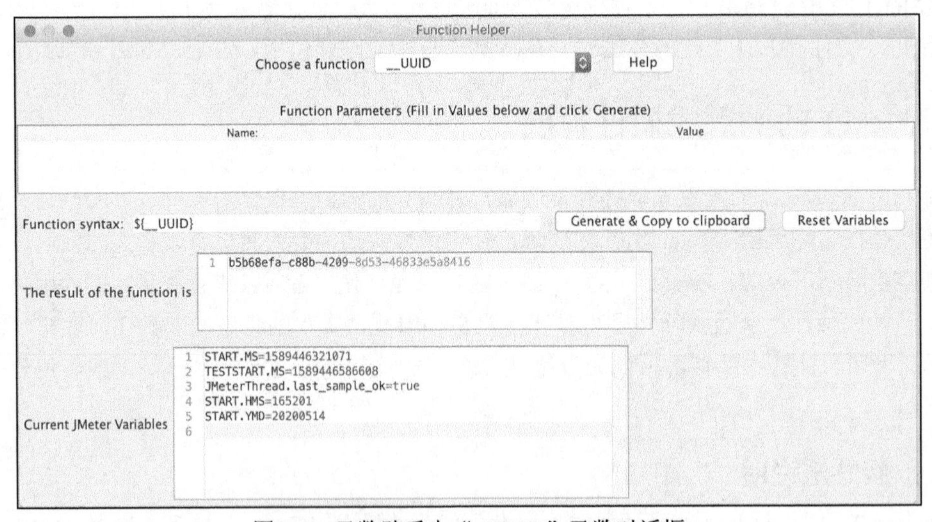

图 3-8　函数助手中“_UUID”函数对话框

自定义编写函数式插件的核心原理是继承 AbstractFunction 抽象类，重写 getArgumentDesc 方法实现对函数参数的描述，重写 setParameters 方法来对函数的参数进行检查和设置，重写 getReferenceKey 方法告诉 JMeter 该函数在框架中的引用名称，重写 execute 方法实现对该函数的运行并返回结果。通过上述代码我们完成了对 Factorial 函数插件的编写。将插件打包插入 JMeter 的/lib/ext 目录下，我们便可以在函数助手界面中查看该函数插件的内容。

3.3.2 示例讲解

下面我们就以扩展一个返回随机偶数函数的示例来详细地阐述整个过程。总体来说，扩展 JMeter 的函数可以分成下面几个步骤。

（1）在 Eclipse 中新建 Maven 项目，引入扩展 JMeter 函数所需的依赖。

（2）编写实现自定义函数的代码，并对其编译打包。

（3）将编译好的包复制到 JMeter 的扩展目录下，编辑测试脚本，使用自定义函数。

（4）运行查看自定义的函数是否正确。

在 Eclipse 中新建一个 Maven 项目，依次选择 File→New→Project，选择 Maven Project；在向导的第二页里，选择 Create a simple project (skip archetype selection)复选框，并单击 Next 按钮，如图 3-9 所示。

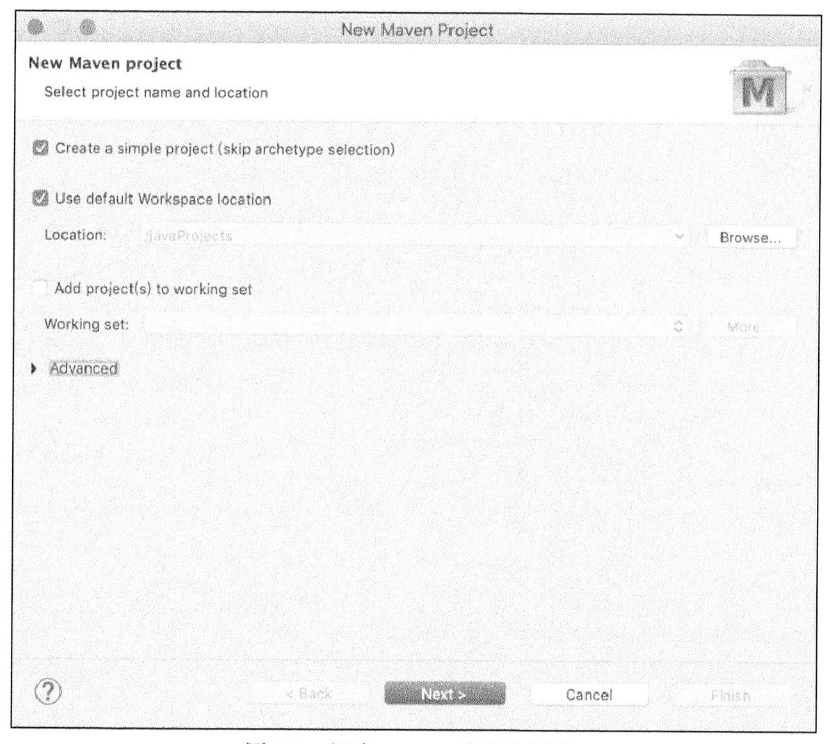

图 3-9 新建 Maven 项目示意图 1

在向导的第三页，输入 Group Id 和 Artifact Id，然后单击 Finish 按钮，完成向导，如图 3-10 所示。

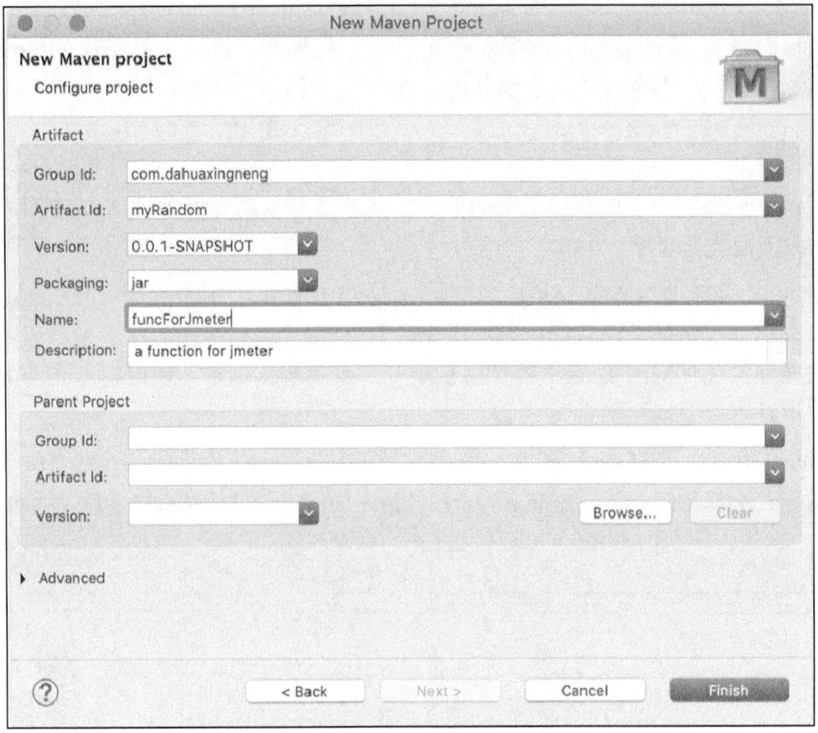

图 3-10　新建 Maven 项目示意图 2

通过 Maven 引入相应的 JMeter 库后，打开 pom.xml，我们加入 JMeter 的 ApacheJmeter_core 和 ApacheJmeter_functions 库依赖。此处采用了本地引入依赖的方式，这样做的主要目的是保持版本一致，之后生成的 jar 包也引入该版本的 JMeter 使用，代码如下：

```
<dependency>
    <groupId>Jmeter</groupId>
    <artifactId>Jmeter-core</artifactId>
    <version>5.2.1</version>
    <scope>system</scope>
    <systemPath>/apache-Jmeter-5.2.1/lib/ext/ApacheJmeter_core.jar</systemPath>
</dependency>
<dependency>
    <groupId>Jmeter</groupId>
    <artifactId>Jmeter-functions</artifactId>
    <version>5.2.1</version>
    <scope>system</scope>
    <systemPath>/apache-Jmeter-5.2.1/lib/ext/ApacheJmeter_functions.jar</systemPath>
</dependency>
```

要实现扩展 JMeter 函数，需要有实现函数的类的 package 声明，且必须包含“.functions”，需要继承 org.apache.jmeter.functions.AbstractFunction，实现相应的方法。

Jmeter 设计让一些核心的类（非 UI 相关的，例如 ApacheJmeter_core 等）可以在非 UI 方式下运行的时候被加载进来，这些类会被优先加载。加载这些类是通过命名规则来实现的。所有实现函数的类必须包含“.functions”，所以我们自定义实现的类的名字必须包含“.functions”，例如“com.hutong.functions”，如图 3-11 所示。

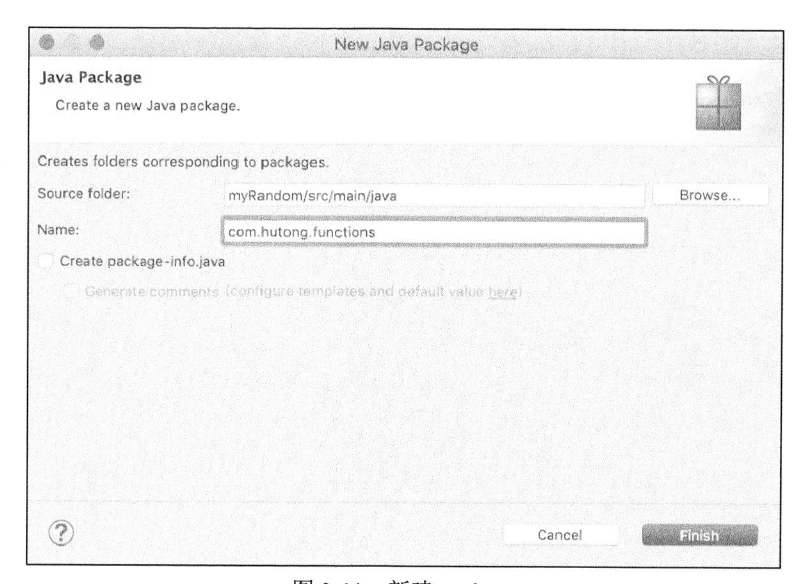

图 3-11 新建 package

接下来是扩展 AbstractFunction 类，AbstractFunction 类提供了 4 个抽象方法，在扩展的时候需要实现他们。

```
    public String execute(SampleResult previousResult,Sampler currentSampler) throws
InvalidVariableException
```

JMeter 会将上次运行的 SampleResult 和当前的取样器作为参数传入 execute 方法。该方法如果操作了非线程安全的对象（例如文件），则需要对该方法进行线程同步保护。

```
    public void setParameters(Collection<CompoundVariable> parameters) throws
InvalidVariableException;
```

setParameters 方法用于传递用户传入的实际参数值。该方法在没有参数的情况下也会被调用，一般该方法传入的参数会被保存在类内全局变量里。

```
    public String getReferenceKey();
```

getReferenceKey 方法用于获取我们扩展的函数式插件的名字。JMeter 的命名规则一般是在自定义的名字前面加入双下划线“__”，例如“__GetEven”。函数的名字跟实现该类的类名应该一致，而且该名字应该以 static final 的方式在实现类中定义，避免在运行的时候更改它。

```
public List<String> getArgumentDesc();
```

最后在实现类中还需要提供一个方法来告诉 JMeter 关于我们实现的函数的描述。具体代码如代码清单 3-1 所示。

代码清单 3-1 RandomFunc.java

```java
package com.hutong.functions;

/**
 * @author hutong
 * @datetime  May 19, 2020
 * @other 微信公众号:大话性能
 */

import java.util.Collection;
import java.util.LinkedList;
import java.util.List;
import java.util.Random;

import org.apache.jmeter.engine.util.CompoundVariable;
import org.apache.jmeter.functions.AbstractFunction;
import org.apache.jmeter.functions.InvalidVariableException;
import org.apache.jmeter.samplers.SampleResult;
import org.apache.jmeter.samplers.Sampler;

public class RandomFunc extends AbstractFunction {
    // 自定义函数的描述
    private static final List<String> desc = new LinkedList<String>();
    static {
        desc.add("Get a random int within specified parameter value.");
    }

    // 函数名字
    private static final String KEY = "__MyRandomFunc";

    private static final int MAX_PARA_COUNT = 1;
    private static final int MIN_PARA_COUNT = 1;

    // 传入参数的值
    private Object[] values;

    private Random r = new Random();

    @Override
    public List<String> getArgumentDesc() {
        return desc;
    }
```

```
        @Override
        public String execute(SampleResult previousResult, Sampler currentSampler) throws
 InvalidVariableException {
            try {
                int max = new Integer(((CompoundVariable) values[0]).execute().trim());
                int val = r.nextInt(max);
                return String.valueOf(val);
            } catch (Exception ex) {
                throw new InvalidVariableException(ex);
            }
        }

        @Override
        public String getReferenceKey() {
            return KEY;
        }

        @Override
        public void setParameters(Collection<CompoundVariable> parameters) throws
InvalidVariableException {
            checkParameterCount(parameters, MIN_PARA_COUNT, MAX_PARA_COUNT);
            // 检查参数的个数是否正确
            values = parameters.toArray(); // 将值存入类变量中
        }
    }
```

然后，我们可以把项目打成 jar 包。作者习惯用 Maven 的命令行方式打包，如图 3-12 所示。

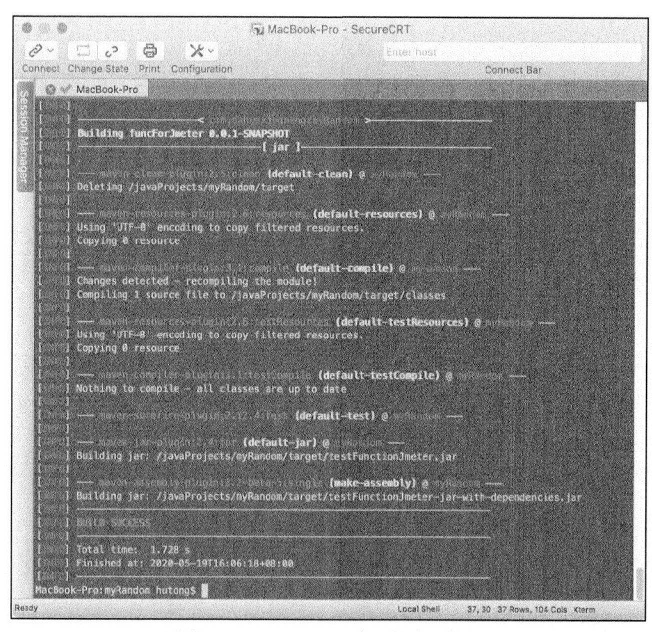

图 3-12 Maven 项目打包过程

在编译打包完成后，在项目的 target 目录下，如图 3-13 所示，我们会发现新生成了 testFunctionJmeter-jar-with-dependencies.jar，把这个 jar 包复制到$Jmeter_HOME/lib/ext 目录下，重新启动 JMeter 即可使用。

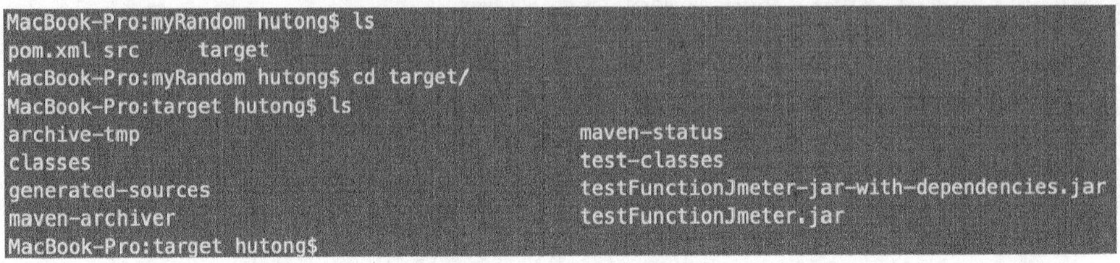

```
MacBook-Pro:myRandom hutong$ ls
pom.xml src     target
MacBook-Pro:myRandom hutong$ cd target/
MacBook-Pro:target hutong$ ls
archive-tmp                     maven-status
classes                         test-classes
generated-sources               testFunctionJmeter-jar-with-dependencies.jar
maven-archiver                  testFunctionJmeter.jar
MacBook-Pro:target hutong$
```

图 3-13 target 目录内容

接下来，验证该函数是否正确。打开 JMeter 后依次选择 Options→Function Help Dialog。如果配置正确，可选函数中能出现自己定义的函数，如图 3-14 所示，单击 Generate & Copy to clipboard 按钮，会生成调用该函数的字符串。

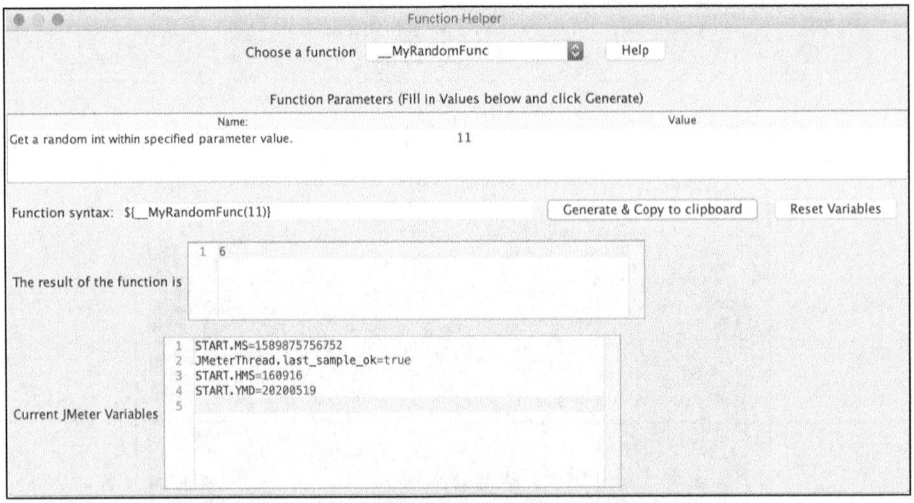

Function Helper
Choose a function __MyRandomFunc Help
Function Parameters (Fill in Values below and click Generate)
Name: Value
Get a random int within specified parameter value. 11
Function syntax: ${__MyRandomFunc(11)} Generate & Copy to clipboard Reset Variables
The result of the function is 1 6
Current JMeter Variables
1 START.MS=1589875756752
2 JMeterThread.last_sample_ok=true
3 START.HMS=160916
4 START.YMD=20200519
5

图 3-14 自定义函数

最后我们创建一个测试，来验证该函数工作是否正常，如图 3-15 所示。

下面以一个 HTTP 请求为例，将自定义函数生成的随机数传入 HTTP 请求中，验证结果如图 3-16 所示。因为参数传入了 100，所以返回的值应该都是小于 100 的整数。

此处利用了一个小技巧，可以快速地调试脚本变量值是否正确。除了采用 Debug Sampler 打印，也可如图 3-17 所示，添加一个 HTTP 镜像服务。顾名思义，就是一个发送什么返回什么的 Web 服务，我们只需要填写端口号即可启动，如图 3-18 所示。

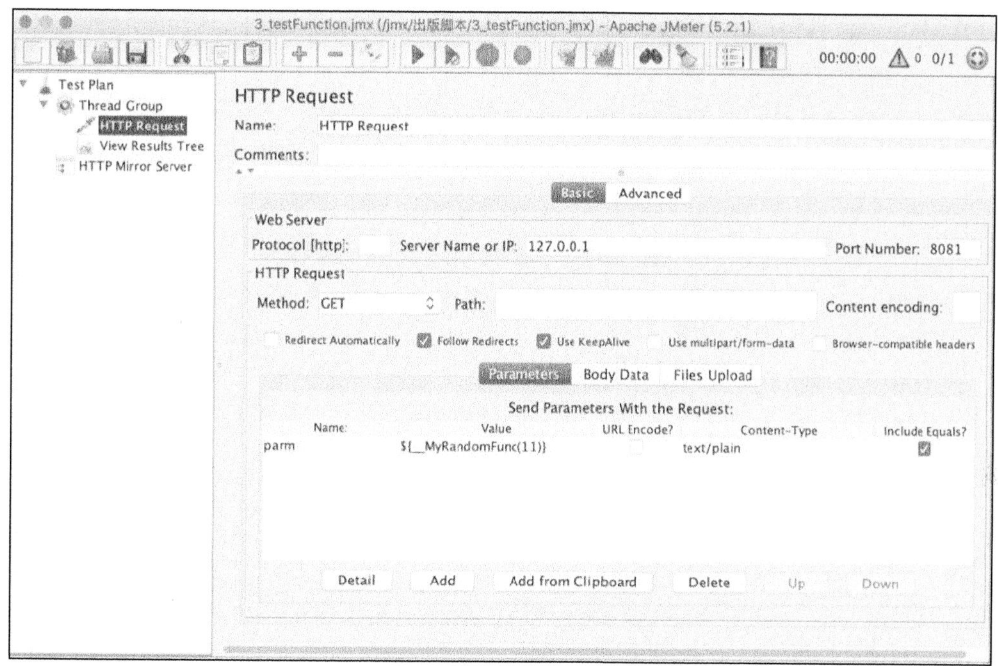

图 3-15　引用自定义的函数

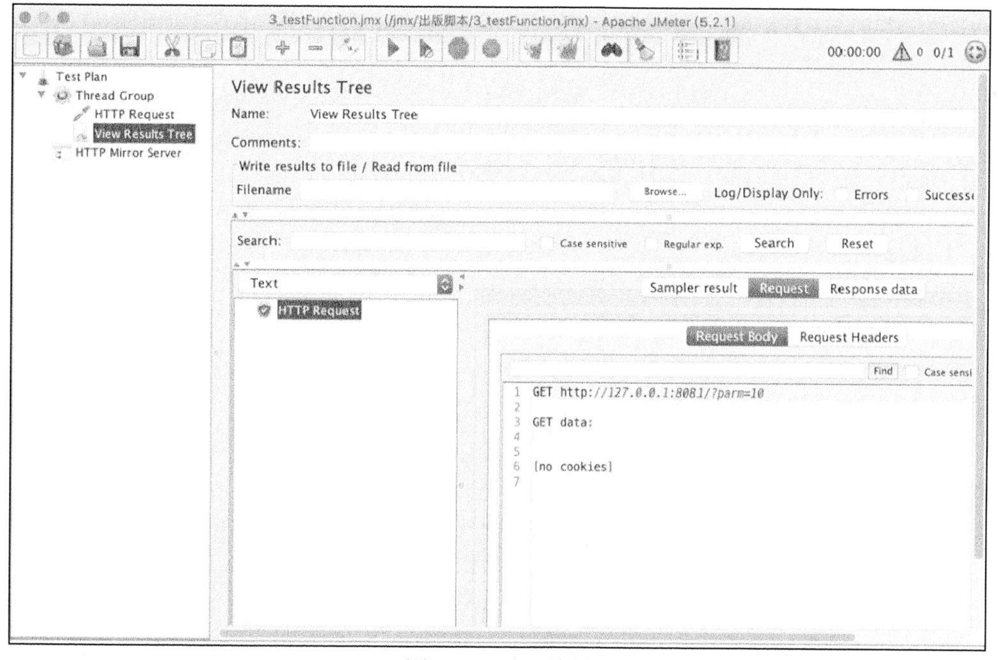

图 3-16　验证结果

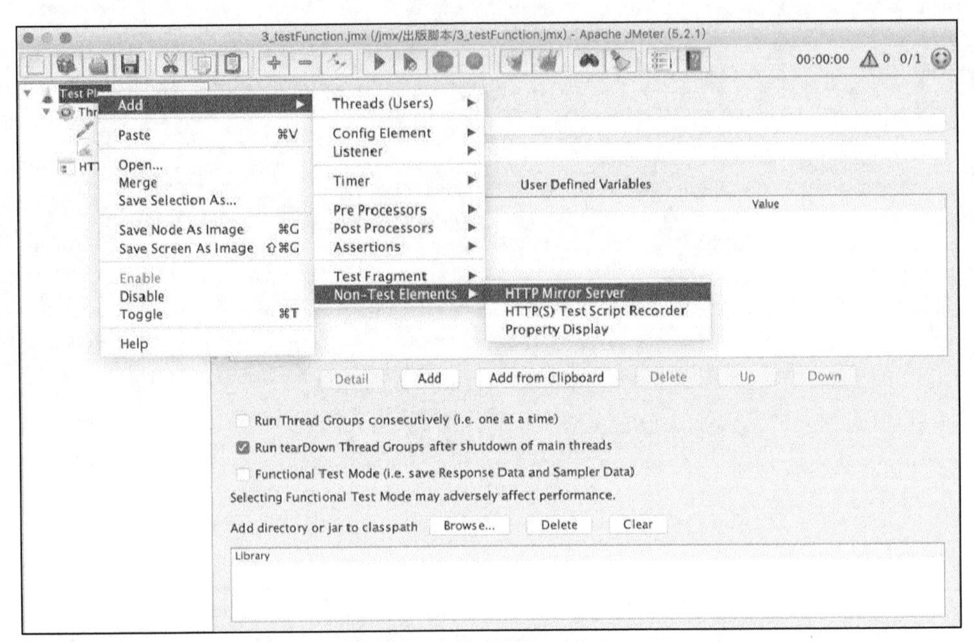

图 3-17　HTTP 镜像服务入口

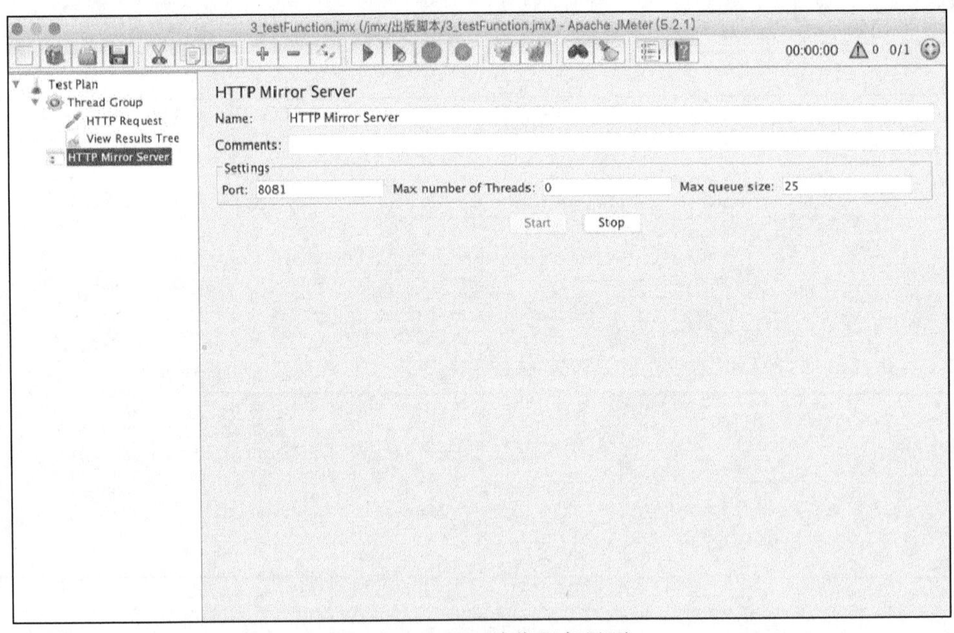

图 3-18　HTTP 镜像服务界面

上文详细介绍了如何利用 JMeter 的扩展性来实现自定义的函数。JMeter 通过这种方式，让使用者犹如拿着功能强大的瑞士军刀，随心所欲扩展出性能测试过程中所需要的功能。只要是 JMeter 本身不具备的功能，都可以通过该方式进行扩展，该方式灵活性极大。

3.4 JMeter 的 WebSocket 实战

对于实时要求高、海量并发的应用，我们常常显得捉襟见肘，尤其在当前移动互联网蓬勃发展的趋势下，高并发与用户实时响应是我们开发 Web 应用时经常面临的需求，例如金融证券的实时信息获取、Web 导航应用中的地理位置获取、社交网络的实时消息推送、多人游戏等场景的实现。WebSocket 协议就比较擅长应用于此类场景。

WebSocket 协议是 Web 客户端和服务器端之间新的通信方式，它依然架构在 HTTP 之上。使用 WebSocket 连接而不是以前的 poll 方式，Web 应用程序可以执行实时的交互，如图 3-19 所示。一个 WebSocket 协议是通过一个独立的 TCP 连接实现的、异步的、双向的和全双工的消息传递实现机制。一个全双工的系统允许同时进行双向的通信。

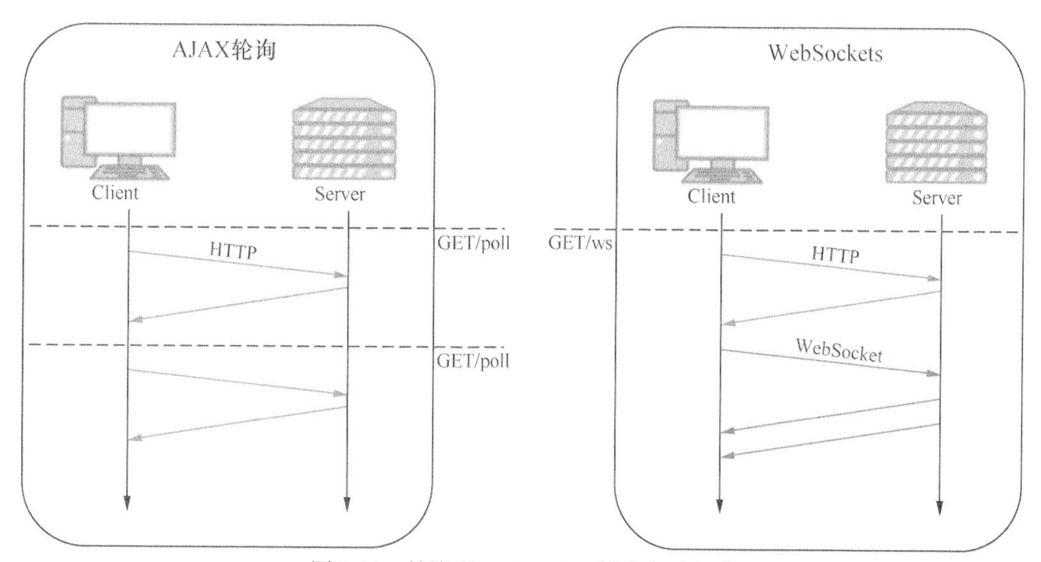

图 3-19 轮询和 WebSocket 请求交互方式

WebSocket 协议利用 HTTP 升级头信息把一个 HTTP 连接升级为一个 WebSocket 连接。HTML5 的 WebSocket 协议解决了许多导致 HTTP 不适合实时应用的问题，并且它通过避免复杂的工作方式使得应用结构很简单。虽然 WebSocket 协议与 HTTP 一样通过已建立的 TCP 连接来传输数据，但是它和 HTTP 相比最大优势如下。

（1）WebSocket 协议真正实现了全双工方式。建立连接后客户端与服务器端是完全平等的，可以互相主动请求，即服务器端也能主动地推送消息和发起请求。

（2）HTTP 是传统的客户端对服务器端发起请求的模式。在 HTTP 长连接中，每次数据交换除了真正的数据部分，服务器端和客户端还要大量交换 HTTP 消息头，信息交换效率很低。WebSocket 协议通过第一个请求建立了 TCP 连接后，不需要发送 HTTP 消息头就能交换数据，这显然和原有的 HTTP 有区别，所以需要对服务器端和客户端都进行升级才能实现它（主流浏览器都已支持 HTML5）。

在海量并发及客户端与服务器端交互负载流量大的情况下，WebSocket 协议极大地节省了网络带宽资源的消耗，有明显的性能优势，且客户端发送和接受消息是在同一个持久连接上发起，实时性优势明显。

3.4.1 组件知识讲解

性能测试针对不同协议，关注的指标会有所不同。对于基于 WebSocket 协议开发的系统，性能测试关注点侧重于连接数（可以建立多少个并发连接）和连接处理能力（模拟 WebSocket 并发地发消息）。因此，通常有以下 3 个场景。

场景 1：大量连接的创建和关闭，即不断模拟大量用户对 WebSocket 连接的创建和关闭过程。

场景 2：长时间保持大量连接，即创建大量连接，并保持连接较长时间。

场景 3：大量推送消息，即可以让少量连接保持较长时间，不断触发消息推送。

默认情况下，JMeter 是没有 WebSocket 的请求取样器的，需要自己去扩展。之前用 JMeter 测试 WebSocket 性能的时候，采用的是 JmeterWebSocketSamplers-1.0.2-SNAPSHOT.jar 这个插件，但是我们发现其有两个缺点。

（1）该 jar 更新于 2017 年，即 Jmeter - WebSocket Sampler，之后未有更新。

（2）依赖的相关 jar 包是 14 年的，比较陈旧。

鉴于以上原因，我们学习另外一个更好用的 JmeterWebSocketSamplers-1.2.2.jar，这个最新版本更新于 2019 年 7 月，官网下载界面如图 3-20 所示，读者可以在官网根据需要下载。

Downloads

- Downloads
- Tags
- Branches

Name	Size	Uploaded by	Downloads	Date
Download repository	4.9 MB			
JMeterWebSocketSamplers-1.2.2.jar	155.7 KB	Peter Doornbosch	6080	2019-07-12
JMeterWebSocketSamplers-1.2.1.jar	155.1 KB	Peter Doornbosch	6707	2018-08-16
JMeterWebSocketSamplers-1.2.jar	153.9 KB	Peter Doornbosch	1603	2018-06-02
JMeterWebSocketSamplers-1.1.1.jar	147.9 KB	Peter Doornbosch	1095	2018-02-17
JMeterWebSocketSamplers-1.1.jar	147.9 KB	Peter Doornbosch	360	2018-01-24
JMeterWebSocketSamplers-1.0.jar	143.0 KB	Peter Doornbosch	596	2017-11-17
JMeterWebSocketSamplers-0.12.jar	141.7 KB	Peter Doornbosch	164	2017-11-04

图 3-20 官网下载界面

将下载的 jar 包放入 apache-jmeter5.2.1/bin/lib/ext 目录下，然后重启 JMeter 即可。

在测试计划中用鼠标右键单击 Thread Group，在弹出的菜单栏中选择 Add→Sampler 选项添加取样器时就能看到 WebSocket 的模板，如图 3-21 所示，出现了 6 个相关的组件，说明添加成功。

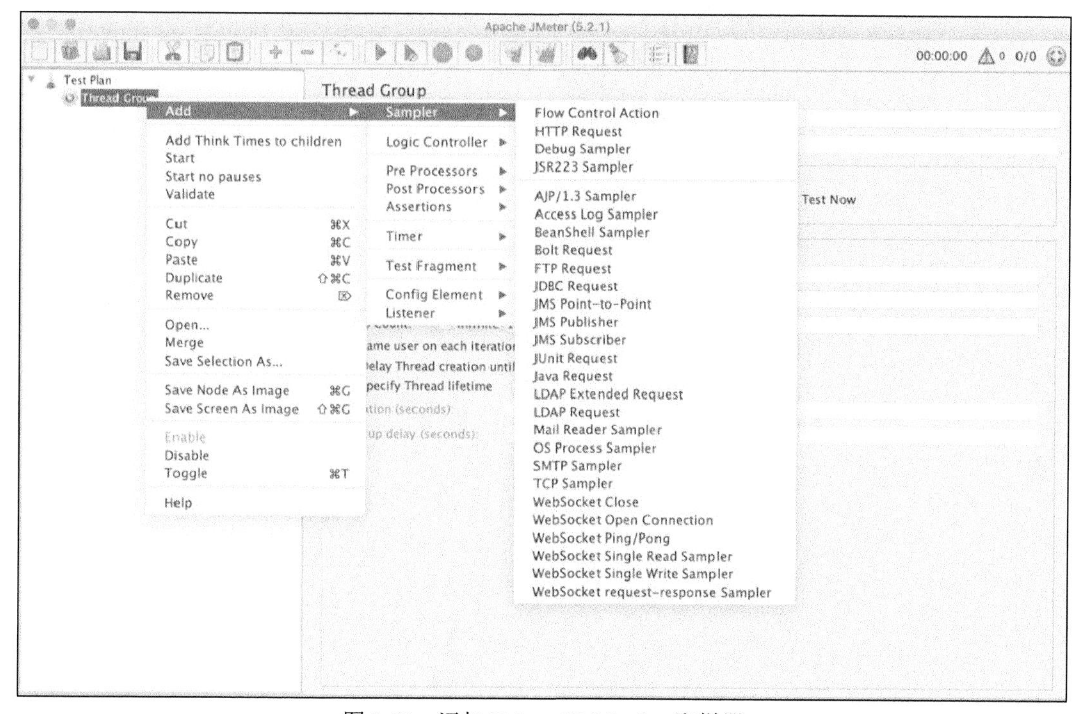

图 3-21 添加 JMeter WebSocket 取样器

这 6 个组件的简单说明如下。

- WebSocket request-response Sampler，用于执行基本的请求/响应交换。
- WebSocket Ping/Pong，用于发送 Ping/Pong 请求和接收 Ping/Pong 请求。
- WebSocket Close，客户端正确关闭 WebSocket 连接。
- WebSocket Single Read Sampler，用于接收一个（文本或二进制）WebSocket 帧。
- WebSocket Single Write Sampler，用于发送一个（文本或二进制）WebSocket 帧。
- WebSocket Open Connection，用于打开 WebSocket 连接。

WebSocket 请求-响应取样器（WebSocket request-response Sampler）是最常用的取样器。使用这个取样器，我们可以测试请求-响应交换，它很像普通的 HTTP 请求/响应，如图 3-22 所示。与此插件中的所有其他取样器一样，它本身不创建任何线程，而是在 JMeter 线程组上执行所有通信。这意味着它的伸缩性非常好，可以与标准的 JMeter 的 HTTP 取样器媲美。

此处重点说明 WebSocket 请求-响应取样器相关的设置。

- Connection：有两项，第一项是使用已有连接，就是上一个 WebSocket 请求所建立的连接通道，选择后 Server URL 全置灰，只读不可操作；第二项是新建连接通道。
- Server URL：可以发送 WS 协议和 WSS 协议（加密的 WebSocket 协议），连接超时默认为 20s。

- Data：支持文本（包括 JSON 格式）和 Binary 二进制数据的发送。待发送的数据填入 Request data 文本框即可。默认请求响应的超时时间为 6s，超过这个时间就会报错。

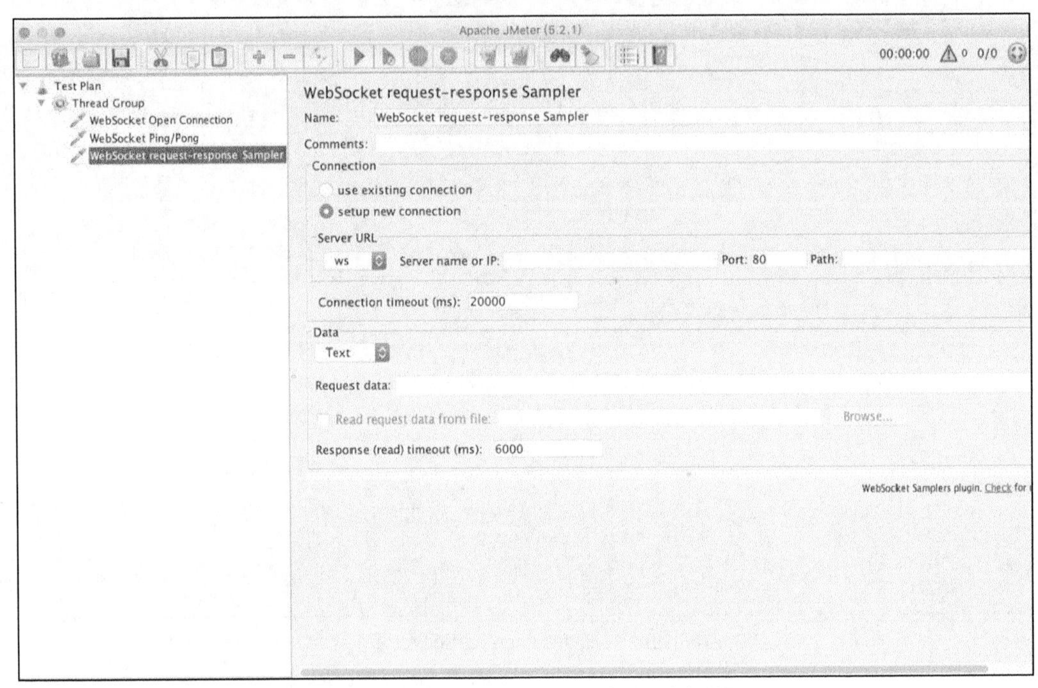

图 3-22 WebSocket 请求-响应取样器

提示

（1）keep-alive timeout。

HTTP 的守护进程一般都提供了 keep-alive timeout 时间设置参数。例如，Nginx 的 keepalive_timeout。这个 keepalive_timeout 时间值意味着，一个 HTTP 产生的 TCP 连接在传送完最后一个响应后，还需要保持住 keepalive_timeout 秒后（即在这个等待的时间里，一直没有收到浏览器发过来 HTTP 请求），才关闭这个连接。

（2）HTTP keep-alive 与 TCP keep-alive 的区别。

HTTP keep-alive 与 TCP keep-alive 不是同一回事，意图不一样。HTTP keep-alive 是为了让 TCP 连接活得更久一点，以便在同一个连接上传送多个 HTTP，提高套接字的效率；而 TCP keep-alive 是 TCP 的一种检测 TCP 连接状况的保活机制。

TCP 连接建立之后，如果客户端一直不发送数据或者隔很长时间才发送一次数据（连接很久没有数据报文传输），如何去确定对方还在线？到底是掉线了还是确实没有数据传输？连接还需不需要保持？这种情况在 TCP 设计中是需要考虑到的。

TCP 通过一种巧妙的方式去解决这个问题，当超过一段时间之后，TCP 自动发送一个数据为空的报文（心跳包）给对方。如果对方回应了这个报文，说明对方还在线，连接可以继续保持；如果重试多次之后对方一直没有报文返回，则认为连接丢失，没有必要保持连接。

TCP keep-alive 定时器，支持 3 个系统内核配置参数，配置如下：

```
echo 1800 > /proc/sys/net/ipv4/tcp_keepalive_time
echo 15 > /proc/sys/net/ipv4/tcp_keepalive_intvl
echo 5 > /proc/sys/net/ipv4/tcp_keepalive_probes
```

当网络两端建立了 TCP 连接之后，闲置（双方没有任何数据流发送往来）了 tcp_keepalive_time 秒后，服务器内核就会尝试向客户端发送心跳包，来判断 TCP 连接状况（有可能客户端崩溃、强制关闭了应用、主机不可达，等等）。如果没有收到对方的回答（ack 包），则会在 tcp_keepalive_intvl 秒后再次尝试发送心跳包，一共会尝试 tcp_keepalive_probes 次，每次的间隔时间在这里分别是 15s、30s、45s、60s、75s，直到收到对方的 ack 包为止。如果尝试了 tcp_keepalive_probes 次依然没有收到对方的 ack 包，则会丢弃该 TCP 连接。TCP 连接默认闲置时间是 2h，一般设置为 30min 就足够。

也就是说，仅当 Nginx 的 keepalive_timeout 值高于 tcp_keepalive_time 值，并且距此 TCP 连接传输的最后一个 HTTP 响应，经过了 tcp_keepalive_time 秒之后，操作系统才会发送心跳包来决定是否要丢弃这个 TCP 连接。一般不会出现这种情况，除非需要这样做。

3.4.2 应用示例分析

首先编写一个 WebSocket 的示例，然后基于 JMeter 编写 WebSocket 的客户端进行验证。

1. 基于 Spring Boot 的 WebSocket 服务器

服务器采用 Spring Boot 写了一个 WebSocket 的示例，功能是根据 clientId 来唯一表示客户端，统计目前 WebSocket 的客户端在线连接数目。另外，如果客户端发送的消息里面包含 hutong 字样，则返回 welcome to dahuaxingneng，如果发送的消息里面包含 ping，则返回 pong。

首先我们通过 Maven 导入核心依赖包。

```
<dependency>
    <groupId>org.springframework.boot</groupId>
    <artifactId>spring-boot-starter-websocket</artifactId>
</dependency>
<dependency>
    <groupId>org.springframework.boot</groupId>
    <artifactId>spring-boot-starter-web</artifactId>
</dependency>
```

然后通过一个配置类，声明 WebSocket Endpoint，如代码清单 3-2 所示。

代码清单 3-2 WebSocketServerConfig.java

```
package com.hutong.server.demo;

import org.springframework.context.annotation.Bean;
import org.springframework.context.annotation.Configuration;
```

```
import org.springframework.web.socket.server.standard.ServerEndpointExporter;

/**
 * @author hutong
 * @datetime  May 21,2020
 * @other 微信公众号：大话性能
 */

@Configuration
public class WebSocketServerConfig {

   /**
    * ServerEndpointExporter 作用
    *
    * 这个 Bean 会自动注册使用@ServerEndpoint 注解声明的 WebSocket Endpoint
    *
    * @return
    */
   @Bean
   public ServerEndpointExporter serverEndpointExporter() {
     return new ServerEndpointExporter();
   }
}
```

接着，最核心的代码如代码清单 3-3 所示。

代码清单 3-3　WebSocketServerDemo.java

```
package com.hutong.server.demo;

import java.io.IOException;
import java.util.Map;
import java.util.Set;
import java.util.concurrent.ConcurrentHashMap;
import java.util.concurrent.atomic.AtomicInteger;
import javax.websocket.Session;
import javax.websocket.server.PathParam;
import javax.websocket.server.ServerEndpoint;
import javax.websocket.OnClose;
import javax.websocket.OnError;
import javax.websocket.OnMessage;
import javax.websocket.OnOpen;
import javax.websocket.Session;
import org.slf4j.Logger;
import org.slf4j.LoggerFactory;
import org.springframework.stereotype.Component;
import org.springframework.util.ObjectUtils;

/**
```

```
 * @author hutong
 * @datetime  May 21,2020
 * @other 微信公众号：大话性能
 */

/**
 *
 * @ServerEndpoint 这个注解有什么作用？
 * 这个注解用于标识，作用在类上，它的主要功能是把当前类标识成一个 WebSocket 的服务器端
 * 注解的值是客户端连接访问的 URL
 */

@Component
@ServerEndpoint("/websocket/{clientId}")
public class WebSocketServerDemo {
    private Logger logger = LoggerFactory.getLogger(WebSocketServerDemo.class);
    /**
    * 在线数
    */
    // 静态变量，用来记录当前在线连接数。我们应该把它设计成线程安全的。
    private static AtomicInteger onlineCount = new AtomicInteger();
    /**
     * 与某个客户端的连接对话，需要通过它来给客户端发送消息
     */
    private Session session;
    /**
     * 标识当前连接客户端的用户名
     */
    private Long clientId;
    /**
     * 用于存所有的连接服务的客户端，这个对象存储是安全的
     */
    private static ConcurrentHashMap<Long,WebSocketServerDemo> webSocketClientSet =
new ConcurrentHashMap<>(12);

    @OnOpen
    public void OnOpen(Session session, @PathParam(value = "clientId") Long clientId) {
        this.session = session;
        this.clientId = clientId;
        // clientId 是用来唯一表示客户端，如果需要指定发送，则通过 clientId 来区分
        webSocketClientSet.put(clientId,this);
        addOnlineCount();
        logger.info("[WebSocket]连接成功，clientId:" + clientId + ",session:" +
session + ",当前连接人数为：= " + onlineCount);
    }

    @OnClose
    public void OnClose() {
```

```
            webSocketClientSet.remove(clientId);
            subOnlineCount();
            logger.info("[WebSocket]退出成功，clientId:" + clientId + ",当前连接人数为:
=" + onlineCount);
        }

        @OnMessage
        public void OnMessage(String message) throws Exception {
            logger.info("[WebSocket]收到消息，clientId:" + clientId + ",session:" + session +
", 消息为: " + message);
            // 判断是否需要指定发送，具体规则自定义
            if (message.contains("hutong")) {
                // logger.info("1111111," + clientId);
                // sendMessageByClientId("welcome to dahuaxingneng",clientId); }
                sendMessage(clientId, "welcome to dahuaxingneng");
            } else if (message.contains("ping")) {
                // logger.info("222222," + clientId);
                // sendMessageByClientId("pong",clientId);
                sendMessage(clientId, "pong");
            } else
            {
                // logger.info("message is not to deal");
            }
        }

        @OnError
        public void onError(Session session,Throwable error) {
             logger.info("[WebSocket]错误 error,[clientId: " + clientId + " ,error:" +
error.getMessage()+ error.getStackTrace() + "]");
        }
        /**
         * 指定端末发送消息
         *
         * @param message
         * @param clientId
         * @throws IOException
         */
        public void sendMessageByClientId(String message,Long clientId) throws IOException {
            for (WebSocketServerDemo item:webSocketClientSet.values()) {
                if (item.clientId.equals(clientId)) {
                    // item.session.getAsyncRemote().sendText(message);
                    synchronized (session) {
                        item.session.getBasicRemote().sendText(message);
                    }
                    // item.session.getAsyncRemote().sendText(message);}
                }
            }
        }
```

```
/**
 * 所有端末发送消息
 *
 * @param message
 * @throws IOException
 */
public void sendMessageAll(String message) throws IOException {
    for (WebSocketServerDemo item:webSocketClientSet.values()) {
        // item.session.getAsyncRemote().sendText(message);
        synchronized (session) {
            item.session.getBasicRemote().sendText(message);
        }
        // item.session.getAsyncRemote().sendText(message);}
    }
}

/**
 * 发送消息到指定客户端
 *
 * @param id
 * @param message
 */
public void sendMessage(long id,String message) throws Exception {
    // 根据 id,从 map 中获取存储的 WebSocket 对象
    WebSocketServerDemo webSocketProcess = webSocketClientSet.get(id);
    if (!ObjectUtils.isEmpty(webSocketProcess)) {
        // 当客户端是 Open 状态时，才能发送消息
        if (webSocketProcess.session.isOpen()) {
           webSocketProcess.session.getBasicRemote().sendText(message);
        } else {
           logger.error("websocket session={} is closed ",id);
        }
    } else {
        logger.error("websocket session={} is not exit ",id);
    }
}

/**
 * 发送消息到所有客户端
 *
 */
public void sendAllMessage(String msg) throws Exception {
    logger.info("online client count={}",webSocketClientSet.size());
    Set<Map.Entry<Long,WebSocketServerDemo>> entries = webSocketClientSet.entrySet();
    for (Map.Entry<Long,WebSocketServerDemo> entry:entries) {
        Long cid = entry.getKey();
```

```
            WebSocketServerDemo webSocketProcess = entry.getValue();
            boolean sessionOpen = webSocketProcess.session.isOpen();
            if (sessionOpen) {
                webSocketProcess.session.getBasicRemote().sendText(msg);
            } else {
                logger.info("cid={} is closed,ignore send text",cid);
            }
        }
    }
    public static void addOnlineCount() {
        onlineCount.incrementAndGet();
    }

    public static void subOnlineCount() {
        onlineCount.decrementAndGet();
    }

    public static synchronized ConcurrentHashMap<Long,WebSocketServerDemo> getClients() {
        return webSocketClientSet;
    }

}
```

用@ServerEndpoint(value = "/websocket/{clientId}")注解，声明并创建了 WebSocket 端点，并且指明了请求路径为"/websocket/{clientId}"。其中，clientId 为客户端请求时携带的参数，用于服务器端区分客户端。然后依次重写 WebSocket 的 4 个事件，如表 3-7 所示。

表 3-7　WebSocket 事件

事件	事件处理接口	描述
open	Socket.onopen	连接建立时触发
message	Socket.onmessage	客户端接收服务端数据时触发
error	Socket.onerror	通信发生错误时触发
close	Socket.onclose	连接关闭时触发

接下来，新建 onlineCount 来保存在线的用户数，采用 AtomicInteger 声明保证在多线程下的线程安全，即调用 incrementAndGet 和 decrementAndGet 作加减运算。新建一个 ConcurrentHashMap<Long，WebSocketServerDemo> webSocketClientSet 用于接收当前 clientId 的 WebSocket，对 clientId 推送消息，采用 ConcurrentHashMap 也是为了保证线程安全。

我们在代码中实现@OnOpen 开启连接，@OnClose 关闭连接，@OnMessage 接收消息等方法。该服务主要功能是在进来一个 WebSocket 客户端的时候打印连接成功，并显示目前连接用户数，如果发送的消息包含 hutong 字符串，则返回消息为 welcome to dahuaxingneng，如果发送的消息包含 ping 字符串，则返回消息为 pong。

最后是程序的启动入口，如代码清单 3-4 所示，正常启动成功后，出现如图 3-23 所示的我们熟悉的 Spring Boot 启动界面。

代码清单 3-4 WebsocketServerApplication.java

```
package com.hutong.server.demo;

import org.springframework.boot.SpringApplication;
import org.springframework.boot.autoconfigure.SpringBootApplication;

/**
 * @author hutong
 * @datetime  May 21, 2020
 * @other 微信公众号：大话性能
 */

@SpringBootApplication
public class WebsocketServerApplication {
    public static void main(String[] args){
      SpringApplication.run(WebsocketServerApplication.class, args);
    }
}
```

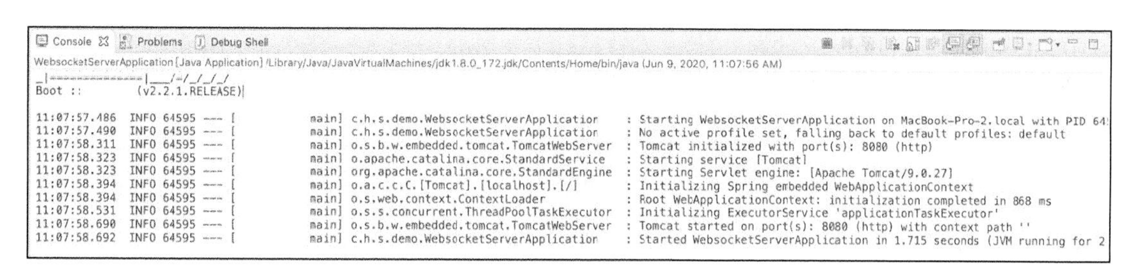

图 3-23 WebSocket 服务器端启动成功

2. 基于 JMeter 的 WebSocket 客户端

编写测试脚本，首先添加 2 个 WebSocket 请求-响应取样器，IP 地址都是本机，端口是 8080，路径是/websocket/${_counter(False,)}，即 clientId 利用了 JMeter 函数助手中的 counter 函数，来唯一表示客户端。其中 WebSocket request-response Sampler2 是复用 WebSocket request-response Sampler1 的连接，WebSocket request-response Sampler1 发送消息“hutong,this is a demo”字符串，包含了 hutong，WebSocket request-response Sampler2 发送消息“ping,this is heart。”字符串，如图 3-24 和图 3-25 所示。

建立 4 个连接，每个连接先发送消息“hutong,this is a demo”，然后复用该连接，继续发送消息“ping,this is heart。”。我们可以从服务器端收到的消息得到验证，2 次发送的消息的 clientId 和 sessionId 是相同的，如图 3-26 所示，共 4 个不同的 clientId 和 sessionId。

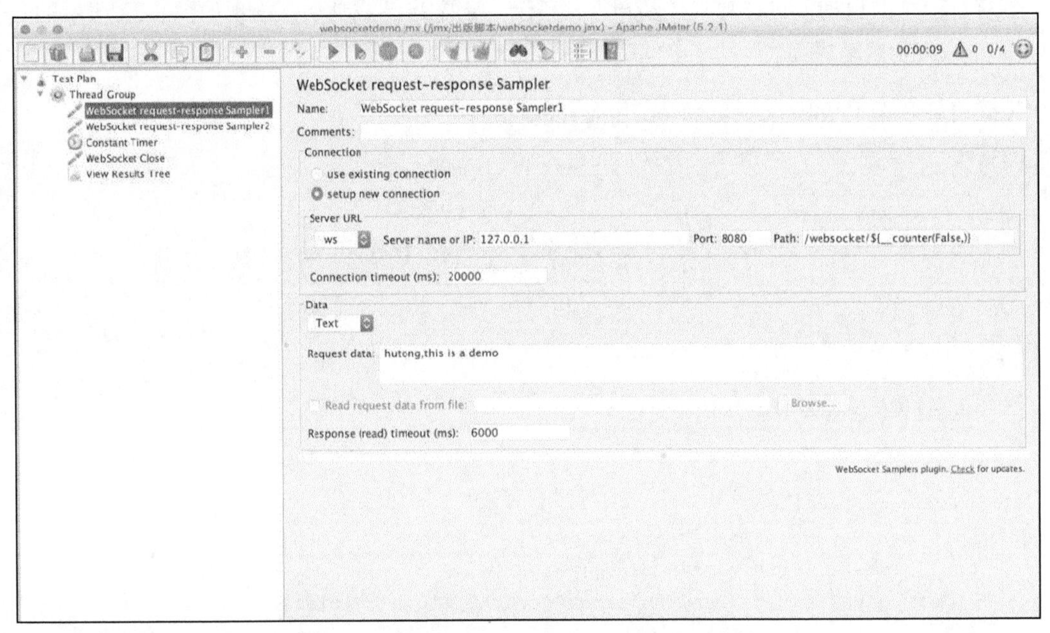

图 3-24 WebSocket request-response Sampler1

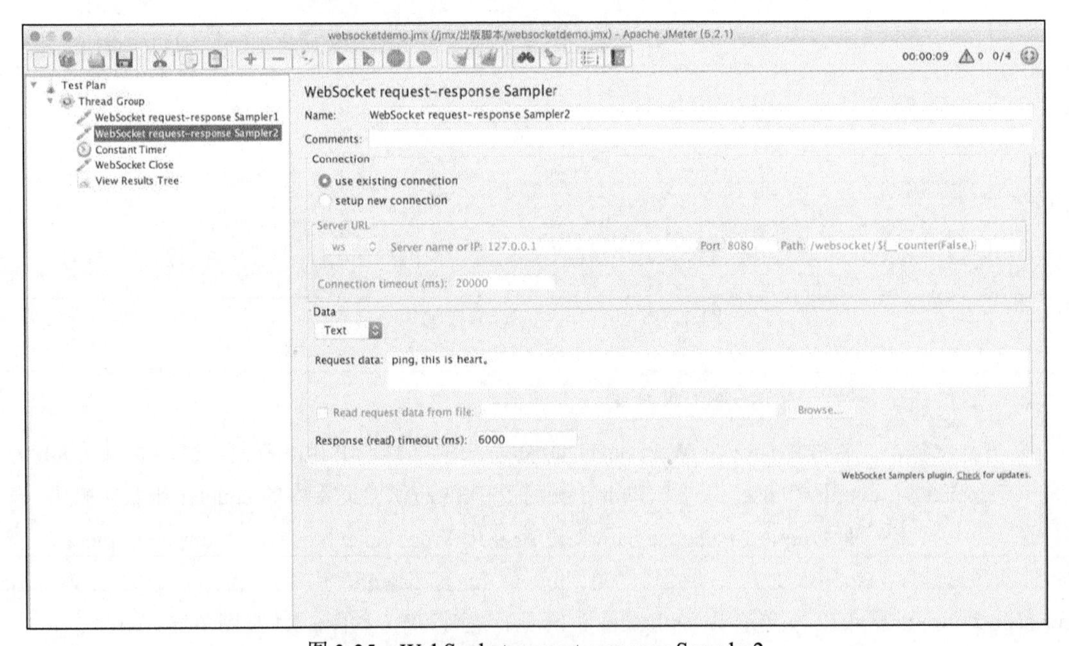

图 3-25 WebSocket request-response Sampler2

另外，从 JMeter 客户端的测试结果也可以验证，如图 3-27 和图 3-28 所示。

```
[WebSocket] 连接成功,clientId:1,session:org.apache.tomcat.websocket.WsSession@5876f0dd,当前连接人数为: = 1
[WebSocket] 收到消息,clientId:1,session:org.apache.tomcat.websocket.WsSession@5876f0dd, 消息为: hutong,this is a demo
[WebSocket] 连接成功,clientId:2,session:org.apache.tomcat.websocket.WsSession@2118ad1c,当前连接人数为: = 2
[WebSocket] 收到消息,clientId:2,session:org.apache.tomcat.websocket.WsSession@2118ad1c, 消息为: hutong,this is a demo
[WebSocket] 连接成功,clientId:3,session:org.apache.tomcat.websocket.WsSession@5625428f,当前连接人数为: = 3
[WebSocket] 收到消息,clientId:3,session:org.apache.tomcat.websocket.WsSession@5625428f, 消息为: hutong,this is a demo
[WebSocket] 连接成功,clientId:4,session:org.apache.tomcat.websocket.WsSession@542e5cdb,当前连接人数为: = 4
[WebSocket] 收到消息,clientId:4,session:org.apache.tomcat.websocket.WsSession@542e5cdb, 消息为: hutong,this is a demo
[WebSocket] 收到消息,clientId:1,session:org.apache.tomcat.websocket.WsSession@5876f0dd, 消息为: ping, this is heart。
[WebSocket] 收到消息,clientId:2,session:org.apache.tomcat.websocket.WsSession@2118ad1c, 消息为: ping, this is heart。
[WebSocket] 收到消息,clientId:3,session:org.apache.tomcat.websocket.WsSession@5625428f, 消息为: ping, this is heart。
[WebSocket] 收到消息,clientId:4,session:org.apache.tomcat.websocket.WsSession@542e5cdb, 消息为: ping, this is heart。
[WebSocket] 退出成功,clientId:1,当前连接人数为: =3
[WebSocket] 退出成功,clientId:2,当前连接人数为: =2
[WebSocket] 退出成功,clientId:3,当前连接人数为: =1
[WebSocket] 退出成功,clientId:4,当前连接人数为: =0
```

图 3-26　WebSocket 服务器处理信息

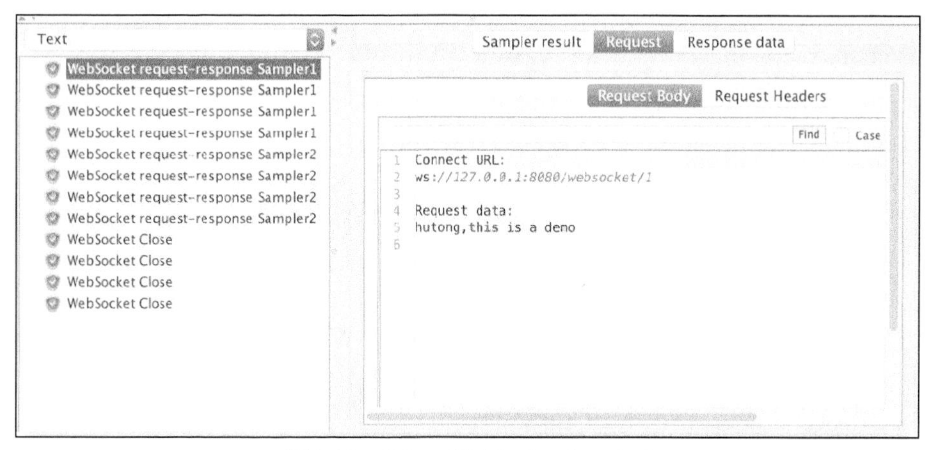

图 3-27　JMeter WebSocket Sampler1

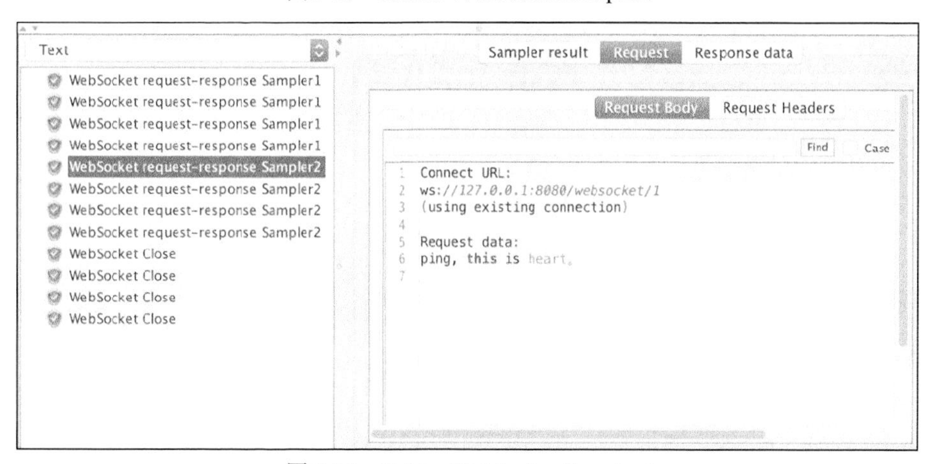

图 3-28　JMeter WebSocket Sampler2

以上讲解了基于 JMeter 的 WebSocket 的示例，后续大家可以使用 JmeterWebSocketSamplers-1.2.2.jar 进行 WebSocket 协议的性能测试，希望本节的讲解能给大家带来一定的启迪和入门学习的帮助。

3.4.3　注意事项强调

在实践的过程中，我们可能会遇到如下 3 个错误。

（1）Path 和 Request data 编码格式问题。

WebSocket 发送数据到后端，与 HTTP 请求的原理是相通的，如果发送的数据含有非常字符，如“/”、“+”、“%”、引号等，就会引起解析错误，所以需要特别注意。

例如，某个字符串 token 的格式可能是这样的——Ivj6eZRx40+MTx2Zv/G8nA，可以发现其中含有“+”“/”字符，而我们需要把这个字符串作为 WebSocket 的 Path 的一部分来发送，那么我们需要借助 JMeter 中的函数__urlencode()，对${token}变量进行 URL 转码，如果直接引用肯定会报错。

（2）添加 Spring Boot 依赖时出现编译错误“Project build error: 'dependencies. dependency.version' for org.springframewo”。

该提示的含义是添加该依赖没有 version，只要添加 Spring Boot 的 parent 配置就行了。

```
<parent>
    <groupId>org.springframework.boot</groupId>
    <artifactId>spring-boot-starter-parent</artifactId>
    <version>2.2.1.RELEASE</version>
    <relativePath /> <!-- lookup parent from repository -->
</parent>
```

（3）遇到错误“error:The remote endpoint was in state [TEXT_FULL_WRITING] which is an invalid state for called method”。

其实 WebSocket 推送数据的方法有下面两种：

```
session.getBasicRemote().sendText(message); //同步发送
session.getAsyncRemote().sendText(message); //异步发送
```

经过测试，在高并发的情况下，两种发送方法都会抛出上面的异常。定位后发现是多个线程同时使用同一会话发送造成的。加入如下的 synchronized 方法后，经测试，异步发送还是会抛出上述异常，同步发送就不会出现上述异常了。

```
synchronized(session){
  session.getAsyncRemote().sendText(message);
}
```

我们猜想异步应该是新建一个线程去发送，即使使用 synchronized 同样会出现两个会话同时被不同的线程操作的情况。

所以，作者在这里建议，在并发量非常高的情况下，尽量单个会话创建线程去发送。因为在循环会话群发的时候，一个会话网络不好，会出现超时异常，当前线程会因此中断，所以导致后面的会话没有进行发送操作。使用单个线程，单个会话可以避免会话之间的相互影响。

3.5　JMeter+Shell 的自动化性能测试

相信读者对于接口测试的自动化是再熟悉不过了，那么性能测试能否自动化呢？实际工作项目迭代中，为保证之前性能测试的结果不变差，能否有方法自动化地执行一遍之前的脚本，并给出结果呢？

3.5.1 JMeter+Shell 实例讲解

现在的互联网产品，为了更快地占领市场，更好地满足客户的需求，功能迭代的速度非常快，常常一到两周就会发布新版本。而作为质量保障的最后一步，我们也需要快速地进行功能和性能的测试。本节讲述的内容就是利用 JMeter 和 Shell 脚本搭建自动化性能测试平台，实现性能测试的自动化。

自动化性能测试主要解决如下 3 个问题，从而提升工作效率和质量：

- 每个小版本的快速性能测试回归；
- 各个版本的纵向性能基线比较；
- 性能测试前移，在版本提测前就可以进行性能验证。

本节主要讲解的性能测试自动化方案的系统流程图如图 3-29 所示。此方案主要利用 Shell 脚本自动化调用 JMeter 进行压测，并根据预期输入自动判断结果。

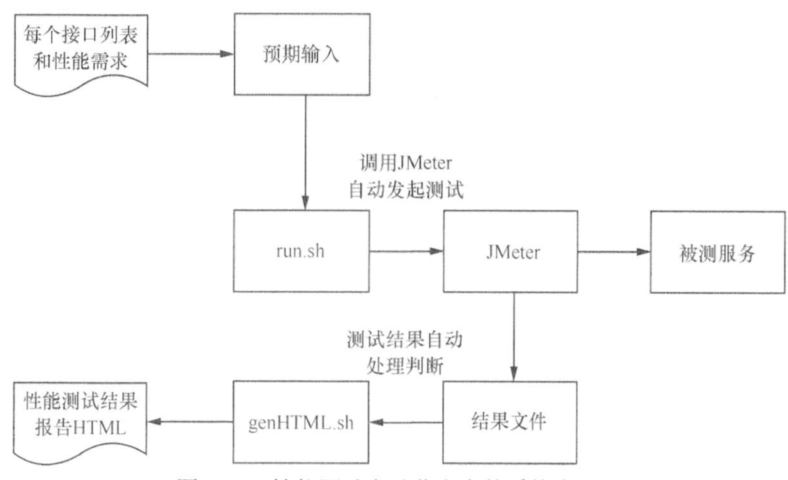

图 3-29 性能测试自动化方案的系统流程图

自动化方案的核心就是 Shell 脚本，主要是 run.sh 和 genHTML.sh 这两个 Shell 脚本。其中，run.sh 代码如代码清单 3-5 所示，它主要根据 input.txt 文件中的测试接口列表逐一调用 JMeter 进行压测，然后把测试结果保存起来，并调用 genHTML.sh 自动生成测试报告，genHTML.sh 代码如代码清单 3-6 所示。

代码清单 3-5 run.sh

```
#!/bin/bash
##author:hutong
##system:centos/mac

source /etc/profile
Jmeter_Home='/apache-Jmeter-5.2.1'
```

```
TestReport='/jmx/autoFile/report'
JmxDir='/jmx/autoFile/jmx'
LogDIR='/jmx/autoFile/log'
Date='date +"%F"'
#文件存储格式为：脚本名，预期 TPS，该文本就是性能基线需求
expect_input='/jmx/autoFile/jmx/input.txt'

>${TestReport}/summary.txt
#清理上次执行结果
run_test()
{
   #存储脚本个数
   jmx_num=0
   #获取测试用例
   for i in 'cat ${expect_input}'
       do
       #casename='echo "$i"|awk -F '/' '{print $4}''
       #脚本名
       #jmx=${i##*/}
       casename='echo "$i"|awk -F ',' '{print $1}''
       expect_tps='echo "$i"|awk -F ',' '{print $2}''
       jmx_num=$[jmx_num+1]

   >${LogDIR}/${casename}.txt
   #-n 不换行
   echo -e "$casename \c">>${TestReport}/summary.txt
   #发起监控
   #./monitor.sh >/dev/null 2>&1 &
   #开始执行测试
   sh ${Jmeter_Home}/bin/Jmeter -n -t ${JmxDir}/${casename}.jmx >>${LogDIR}/${casename}.txt &
   sleep 30
   #如果执行 30s 还未结束，强制终止执行
   pid='ps -ef | grep Jmeter |grep -v grep'
   if [ "$pid" != "" ]; then
      ps -ef | grep Jmeter |grep -v grep | awk '{print $2}' |xargs kill -9
   fi
   sleep 3
   #提取结果，并判断是否通过
   grep 'summary =' ${LogDIR}/${casename}.txt| tail -1 \
   |awk -F '[\t /(%]+' -v exp_tps="${expect_tps}" '{if($7>exp_tps && $17<0.01){printf("%s
 %d %d %d %.2f%% pass ",$7,$10,$3,$16,100-$17)}else{printf("%s %d %d %d %.2f%% fail ",
$7,$10,$3,$16,100-$17)}}'>>${TestReport}/summary.txt
   #cat monitor.txt >>summary.txt
   echo '' >> ${TestReport}/summary.txt
   echo " ${casename} jmx test done."
   #获取关键日志
   #ssh 10.1.30.54 'tail -n 300 /data/logs/fcuh-user/catalina.out'>${LogDIR}${i}.log
   done
```

```
        #每个脚本都执行完成
        echo " all ${jmx_num} jmxs test done."
}
run_test
sleep 3
#生成 HTML 报告
sh genHTML.sh
sleep 2
#sleep 1#发送邮件
#python sendmail.py
```

代码清单 3-6 genHTML.sh

```
#!/bin/bash
##author:hutong
##system:centos/mac

TestReport='/jmx/autoFile/report'

>${TestReport}/testResult.html
echo "<html><head><META http-equiv=\"Content-Type\" content=\"text/html; charset=utf-8\"/><title>Jmeter 自动化性能测试报告</title>">>${TestReport}/testResult.html
echo 'cat style.css'>>${TestReport}/testResult.html
(
   cat <<EOF
   <script language="JavaScript">
       function show_detail(detail){
          if(detail.style.display=="none"){
              detail.style.display="";
          }
          else{
              detail.style.display="none";
          }
       }
   </script>
   EOF
)>>${TestReport}/testResult.html
echo "</head><body><h1>Jmeter 自动化性能测试</h1><hr size="1">">>${TestReport}/testResult.html
sum='cat ${TestReport}/summary.txt | wc -l'
sucess='cat ${TestReport}/summary.txt|grep pass |grep -v grep|wc -l'
fail='expr $sum - $sucess'
rate='echo "$sucess $sum"|awk '{printf("%.2f%%",$1/$2*100)}''
date='date "+%Y-%m-%d %H:%M:%S"'
(
   cat <<EOF
   <table><tr><td><h2>测试时间</h2><table width="60%" cellspacing="2" cellpadding="5" border="0" class="details" align="left"><tr><th>本次开始测试时间</th></tr><tr align="center"><td>$date</td></tr></tr></table></td></tr>
   EOF
```

```
)>>${TestReport}/testResult.html
(
   cat <<EOF
   <table><tr><td><h2>结果汇总</h2><table width="60%" cellspacing="2" cellpadding="5" border=
"0" class="details" align="left"><tr><th>总的性能测试接口数</th><th>成功接口数</th><th>失败接口数
</th><th>测试通过率</th></tr><tr align="center"><td>$sum</td><td>$sucess</td><td>$fail</td><td>
$rate</td></tr></tr></table></td></tr>
   EOF
)>>${TestReport}/testResult.html
(
   cat <<EOF
   <tr><td><h2>概要结果</h2><table width="95%" cellspacing="2" cellpadding="5" border="0" class=
"details" align="left"><tr valign="top"><th>测试接口</th><th>每秒请求数(tps)</th><th>平均响应时间
(ms)</th><th>总事务数</th><th>失败事务数</th><th>事务成功率</th><th>测试结果
</th></tr><tr valign="top" class="">
   EOF
)>>${TestReport}/testResult.html
cat ${TestReport}/summary.txt |while read line
do
   echo $line | awk '{if($7=="pass"){print "<tr><td>"$1"</td><td>"$2"</td><td>"$3"</td>
<td>"$4"</td><td>"$5"</td><td>"$6"</td><td class=\"Pass\">"$7"</td></tr>"}else{print
"<tr><td>"$1"</td><td>"$2"</td><td>"$3"</td><td>"$4"</td><td>"$5"</td><td>"$6"</td><td class=\
"Failure\">"$7"</td></tr>"}}'>>${TestReport}/testResult.html
done
echo "</tr></table></td></tr>">>${TestReport}/testResult.html
echo "<table><tr><td><font color="red"><b>测试结果pass标准：tps>预期的tps且事务成功率
>99%</b></font><td></tr></table>">>${TestReport}/testResult.html

#echo "<table><tr><td><font color="red"><b>测试结果pass标准：tps>1000且事务成功率
>99%</b></font><td></tr><tr><td><h2><a href=\"javascript:show_detail(detail)\">详细结果查看附
件</a></h2></td></tr></table>">>${TestReport}/testResult.html
#echo "<div class=\"page_details_expanded\" id=\"detail\" style=\"display:none;\"
width=\"95%\">">>${TestReport}/testResult.html
#(
#cat <<EOF
#<table width="95%" cellspacing="2" cellpadding="5" border="0" class="details"
align="left" id="detail" style="display:none"><tr valign="top"><th>测试接口</th><th>每秒
请求数tps </th><th>平均响应时间(ms)</th><th>总事务数</th><th>失败事务数</th><th>成功率</th><th>
测试结果</th> <th>nginx服务器cpu</th><th>nginx服务器io</th><th>web服务器cpu</th><th>web服务
器io</th><th> service服务器cpu</th><th>service服务器io</th><th>主数据库服务器cpu</th><th>主
数据库服务器io</th> <th>从数据库服务器cpu</th><th>从数据库服务器io</th></tr><tr valign="top"
class="">
#EOF
#)>>${TestReport}/testResult.html
j=1
```

```
for i in 'cat ${TestReport}/summary.txt'
do
  if [ 'expr $j % 17 ' != 0 ]; then
     echo '<td align="left">'$i'</td>'>>${TestReport}/testResult.html
  else
     echo '<td align="left">'$i'</td></tr>'>>${TestReport}/testResult.html
  fi
  j='expr $j + 1'
done
echo "</tr></table></td></tr></table></body></html>">>${TestReport}/testResult.html
```

在开始执行 run.sh 脚本的时候，需要先新建 3 个目录。其中，jmx 目录用于存放脚本文件和预期值，report 目录用于存放结果和 HTML 报告，log 目录用于存放每个脚本执行的记录。项目运行目录结构如图 3-30 所示。

通过 chmod a+x 命令修改两个脚本为可执行，然后执行./run.sh 脚本即可自动进行性能测试，每次测试只需要调整输入清单的内容即可。注意，如果是用 sh run.sh 的方式执行，会输出-e 到 summary.txt 文件中，导致解析失败。最后生成的性能测试结果报告如图 3-31 所示，结果清晰明了，并且报告是 HTML 文件格式，比较便于汇报。

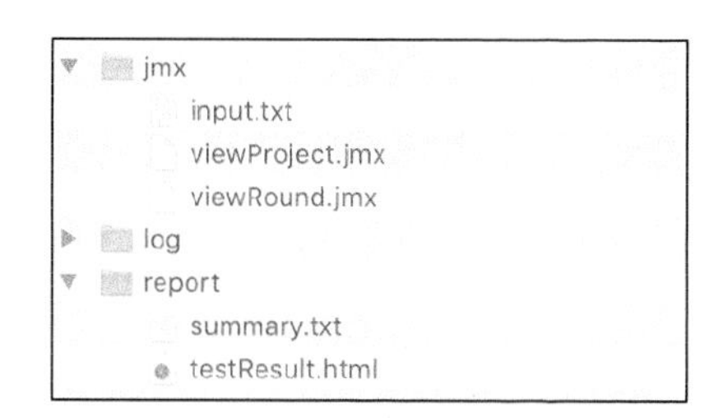

图 3-30　项目运行目录结构

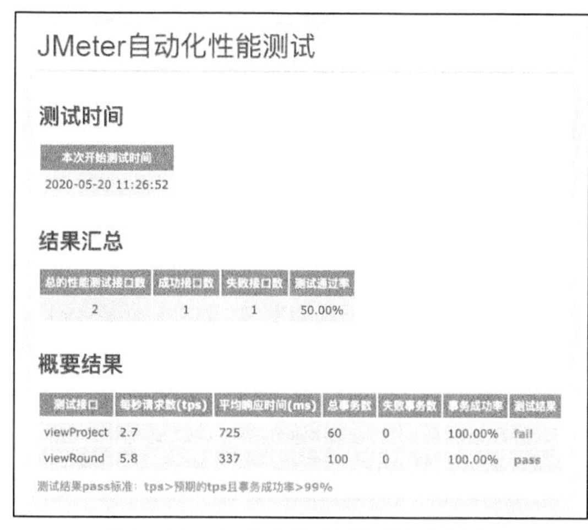

JMeter自动化性能测试

测试时间

本次开始测试时间
2020-05-20 11:26:52

结果汇总

总的性能测试接口数	成功接口数	失败接口数	测试通过率
2	1	1	50.00%

概要结果

测试接口	每秒请求数(tps)	平均响应时间(ms)	总事务数	失败事务数	事务成功率	测试结果
viewProject	2.7	725	60	0	100.00%	fail
viewRound	5.8	337	100	0	100.00%	pass

测试结果pass标准：tps>预期的tps且事务成功率>99%

图 3-31　自动化性能测试结果报告

3.5.2 高级技巧应用

3.5.1 节介绍的自动化性能测试结果报告其实还有不完善的地方。例如，可以增加服务器的监控预期指标，又如出现错误时，可以把错误内容展示出来。读者可以对其进一步优化。

另外，JMeter 可以很方便地结合 Jenkins 基础工具进行自动化。

在 Jenkins 的 build with parameter 中我们可以简便地动态更改 jmx 脚本的启动线程数、持续时间和控制的吞吐量，分布式运行 JMeter 的从机。通过在 Jenkins 中修改并发送就可以，不用每次都修改脚本内容（jmx 脚本中填写的不是具体的线程数字，而是变量 threadCount）了。另外我们还可以在

build with parameter 中定义其他一些变量，方便统一修改。

3.6 JMeter 的实时可视化平台搭建

JMeter 本身自带的图表化监控，一方面不是很美观，而且是采用离线的方式生成 HTML 的报告，压测过程中不能及时地观察曲线；另一方面，直接在 JMeter 的脚本中加入曲线的相关插件会比较影响压测客户端本身的性能。本节提供了一种简便而有效的实时可视化平台搭建方案，以解决实际工作中性能测试的不便利问题。

3.6.1 可视化方案展示

为解决上述实际工作中的问题，作者采用了开源工具 Grafana+InfluxDB+Shell 脚本的方案。在压测过程中，我们可以直接在 Web 页面中实时查看业务性能指标和服务器端的监控指标，简单明了。首先，我们通过 sar、free、ifconfig、ss 等常用 Shell 命令获取服务器 CPU、内存、网络、连接数几个性能指标数据。与此同时，业务的性能指标数据通过 JMeter 的后端监听器插件中的 org.apache.Jmeter.visualizers.backend.influxdb.HttpMetricsSender 采集，把收集数据存入 InfluxDB 的时序数据库的不同 measurement 中，每行数据都带有时间标签。然后可以和 Grafana 可视化工具无缝结合，实时地展示性能测试过程中的性能曲线和服务器指标曲线。另外，在压测过程中出现的 JMeter 日志和应用日志，将被统一收集到 ELK 中，方便问题定位，性能测试可视化方案如图 3-32 所示。

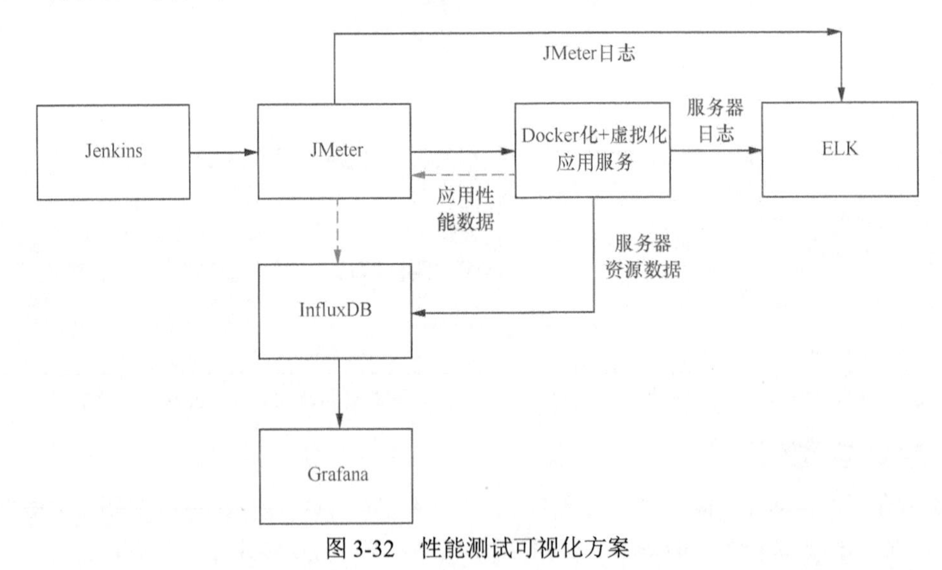

图 3-32 性能测试可视化方案

3.6.2 InfluxDB 知识精华

InfluxDB 是一个开源分布式时序、时间和指标数据库，使用 Go 语言编写，无需外部依赖。其设计目标是实现分布式和水平伸缩扩展，是 InfluxData 的核心产品，主要应用于性能监控、应用程序指标、物联网传感器数据和实时分析等的后端存储。

1. 基本概念

和传统数据库相比，InfluxDB 在相关概念上有一定不同，具体对比见表 3-8。

表 3-8 InfluxDB 与传统数据库概念对比

InfluxDB 中的概念	传统数据库中的概念
database	数据库
measurement	数据库中的表
point	表中的一行数据

measurement 相当于关系数据库中的 table，是时间戳（time）、标签（tags）、数据（fields）的容器。对于 InfluxDB 的 measurement，fields 是必须的，并且不能根据 fields 来排序。

point 的数据结构由 tags、fields、times 共三部分组成，具体含义如下。

- time 是数据记录的时间。它是主索引，可以自动生成。
- tags 是各种有索引的属性。tag 是可选的，它可以用来做索引，以字符串的形式存放。tag 字段一般用于 WHERE 语句中的限制条件。
- fields 是各种值，即没有索引的属性。

注意，InfluxDB 不需要像传统数据库一样创建各种表，其表的创建主要是通过第一次数据插入时自动创建，具体如下：

```
insert mytest,server=serverA count=1,name=5
//自动创建表"mytest""server"是 tags,"count""name"是 fields,fields 中的值基本不用于索引
```

其中，我们需要注意逗号和空格的使用。

2. 保留策略（Retention Policy）

保留策略用于决定要保留多久的数据、保存几个备份，以及集群的策略等。

每个数据库刚开始会自动创建一个默认的存储策略 autogen，数据保留时间为永久，在集群中的副本个数为 1，之后用户可以自己设置（查看、新建、修改或删除），例如保留最近 2h 的数据。插入和查询数据时如果不指定存储策略，则使用默认存储策略，但默认存储策略可以修改。InfluxDB 会定期清除过期的数据，每个数据库可以有多个过期策略，可以通过命令 show retention policies on "db_name"查看。建议大家在数据库建立的时候设置存储策略，不建议设置过多且随意切换，通过命令 create database testdb2 with duration 30d 可以建立存储策略。执行命令的结果包含如下内容。

- "retentionPolicy"："7d"，表示数据被保存的时间（最少保存时间）。
- "shardDuration"："1d"，表示多长时间做一次清理。

3. 常用命令

在装有 InfluxDB 的服务器上，输入 influx 即可进入命令行界面，常规的操作如下。

（1）创建数据库的命令为 create database db_name。

（2）显示所有数据库的命令为 show databases。

（3）删除数据库的命令为 drop database db_name。

（4）使用数据库的命令为 use db_name。

（5）显示该数据库中的表的命令为 show measurements。

（6）删除表的命令为 drop measurement "measurementName" 。

（7）增加数据的命令如下：

```
use testDB
insert weather,altitude=1000,area=北 temperature=11,humidity=-4
```

HTTP 接口方式如下：

```
curl -i -XPOST 'http://localhost:8086/write?db=testDB'
        --data-binary 'weather,altitude=1000,area=北 temperature=11,humidity=-4'
```

插入数据的格式似乎比较奇怪，这是因为 InfluxDB 存储数据采用的是 Line Protocol 格式。

在上面两个插入数据的方法中，有一样的部分：

```
weather,altitude=1000,area=北 temperature=11,humidity=-4
```

其中，weather 是表名。altitude=1000,area=北是 tag。temperature=11,humidity=-4 是 field。

（8）在 InfluxDB 中并没有提供数据的删除与修改方法。我们可以通过数据保存策略（Retention Policies）来实现删除。

（9）查数据的命令如下：

```
use testDB
# 查询最新的 3 条数据
SELECT * FROM weather ORDER BY time DESC LIMIT 3
```

HTTP 接口方式如下：

```
curl -G 'http://localhost:8086/query?pretty=true'
    --data-urlencode "db=testDB"
    --data-urlencode "q=SELECT * FROM weather ORDER BY time DESC LIMIT 3"
```

InfluxDB 是支持类 SQL 语句的，具体的查询语法都差不多。

（10）用户管理相关命令如下。

- 显示用户的命令为 show users。
- 创建用户的命令为 create user "username" with password 'password' 。
- 创建管理员权限的用户的命令为 create user "username" with password 'password' with all privileges。
- 删除用户的命令为 drop user "username" 。

提示

InfluxDB 提供了类似 SQL 的查询语言，常用的示例如下：

```
select value from response_times
where time > '2013-08-12 23:32:01.232' and time < '2013-08-13';
delete from response_times where time > now() - 1h
select * from events where state == 'NY';
select * from log_lines where line =~ /error/i;
select * from events where customer_id == 23 and type == 'click';
select * from response_times where value > 500;
select * from events where email ! ~ /.*gmail.*/;
select * from nagios_checks where status != 0;
select * from eventswhere (email = ~ /.*gmail.* or email = ~ /.*yahoo.*/) and state == 'ny';
```

3.6.3 InfluxDB 安装部署

在本节中，我们搭建的系统环境为 CentOS Linux release 7.4.1708 (Core)，在不同的服务器系统上，一些命令略有差别，大家注意根据实际修改。

（1）下载软件。在服务器上输入 wget 命令，从 InfluxDB 官网下载 InfluxDB，这里下载的 InfluxDB 的版本为 1.7.6。

（2）安装软件。采用 rpm 的方式进行安装，命令为 rpm -ivh influxdb-1.7.6.x86_64.rpm，执行命令后显示如图 3-33 所示。

```
[root@tomcat8 ~]# rpm -ivh influxdb-1.7.6.x86_64.rpm
Preparing...                          ################################# [100%]
Updating / installing...
   1:influxdb-1.7.6-1                 ################################# [100%]
Created symlink from /etc/systemd/system/influxd.service to /usr/lib/systemd/system/influxdb.service.
Created symlink from /etc/systemd/system/multi-user.target.wants/influxdb.service to /usr/lib/systemd/system/influxdb.service.
```

图 3-33 安装 InfluxDB

（3）文件解释。安装完成后，一般需要去了解配置文件位置目录、需要修改的参数和命令等。InfluxDB 常用的目录和文件如表 3-9 所示。

表 3-9 InfluxDB 常用的目录和文件

目录	文件	作用
/usr/bin	influxd	InfluxDB 服务
	influx	InfluxDB 命令行客户端
	influx_inspect	查看工具
	influx_stress	压力测试工具
	influx_tsm	数据库转换工具（将数据库从 b1 或 bz1 格式转换为 tsm1 格式）

续表

目录	文件	作用
/var/lib/influxdb/	data	存放最终存储的数据，文件以.tsm 结尾
	meta	存放数据库元数据
	wal	存放预写日志文件
/var/log/influxdb	influxd.log	日志文件
/etc/influxdb	influxdb.conf	配置文件
/var/run/influxdb/	influxd.pid	PID 文件

（4）修改配置。新建一个存放文件的目录，并修改目录权限为 777，命令如下：

```
mkdir -p /data/influxdb
chmod -R 777 /data
```

更改默认的存储路径为新建的目录：

```
[meta]
 # Where the metadata/raft database is stored
 dir = "/var/lib/influxdb/meta"
 # Automatically create a default retention policy when creating a database.
 # retention-autocreate = true
 # If log messages are printed for the meta service
 # logging-enabled = true

[data]
 # The directory where the TSM storage engine stores TSM files.
 dir = "/var/lib/influxdb/data"

 # The directory where the TSM storage engine stores WAL files.
 wal-dir = "/var/lib/influxdb/wal"
```

（5）启动软件。

启动的命令为 sudo systemctl start influxdb。

查看状态的命令为 sudo systemctl status influxdb。

停止 InfluxDB 的命令为 sudo systemctl stop influxdb。

启动后，我们可以利用命令 ps aux | grep influxd 验证进程是否正常启动了，如图 3-34 所示。

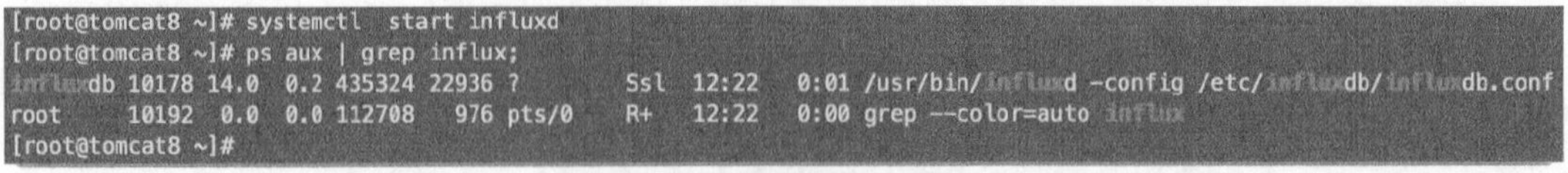

```
[root@tomcat8 ~]# systemctl  start influxd
[root@tomcat8 ~]# ps aux | grep influx;
influxdb 10178 14.0  0.2 435324 22936 ?        Ssl  12:22   0:01 /usr/bin/influxd -config /etc/influxdb/influxdb.conf
root     10192  0.0  0.0 112708   976 pts/0    R+   12:22   0:00 grep --color=auto influx
[root@tomcat8 ~]#
```

图 3-34　InfluxDB 启动成功

（6）验证软件。在装好 InfluxDB 的计算机上输入 influx，如果出现图 3-35 所示界面，表示安装正常。

```
[root@tomcat8 ~]# influx
Connected to http://localhost:8086 version 1.7.6
InfluxDB shell version: 1.7.6
Enter an InfluxQL query
>
```

图 3-35 InfluxDB 命令行界面

提示

InfluxDB 命令行在默认情况下，显示的时间格式为类似于 1590031619000000000，我们可以输入设置时间显示模式的命令 precision rfc3339，将其调整为易读的时间格式 2020-05-21T03：46：51.491Z。

另外，time 这一列的时区问题也要注意，它和北京时间相差 8h。因为这里的显示采用的时区为 UTC（零时区），与中国所在时区差了 8h，所以查询 InfluxDB 数据的时候，数据查不出来，不一定是没有数据。如果时间查询使用的是时间戳查询，则不存在时区的问题。

因此，我们在查询语句的最后须加 TZ('Asia/Shanghai')。例如，查询语句更改如下：

```
SELECT cpu_used FROM user_day where time >= '2019-10-18T00:00:00Z' and time < '2019-10-23T00:00:00Z' group by time(1d) TZ('Asia/Shanghai')。
```

3.6.4 Grafana 知识精华

Grafana 是一款用 Go 语言开发的开源数据可视化工具，可以做数据监控和数据统计，并带有告警功能。其不仅仅适用于展示 Zabbix 下的监控数据，也同样适用于一些其他的数据可视化需求。目前使用 Grafana 的公司有很多，如 PayPal、ebay、Intel 等。

在开始使用 Grafana 之前，我们首先需要明确一些 Grafana 中的基本概念，帮助大家快速理解 Grafana。

（1）数据源（Data Source）。

数据的存储源，它定义了将用什么方式来查询数据并展示在 Grafana 上，不同的数据源拥有不同的查询语法。Grafana 支持多种数据源，官方支持的数据源有 Graphite、InfluxDB、OpenTSDB，Prometheus、Elasticsearch、CloudWatch。

每个数据源的查询语言和能力不同，我们可以将来自多个数据源的数据组合到一个仪表盘中，但是每个面板都绑定属于特定组织的特定数据源。

（2）仪表盘（Dashboard）。

通过数据源定义可视化的数据来源之后，对用户而言最重要的事情就是实现数据的可视化。在 Grafana 中，我们通过 Dashboard 来组织和管理我们的数据可视化图表。

在 Dashboard 中，一个最基本的可视化单元为一个 Panel（面板）。Panel 通过趋势图、热力图等形式展示可视化数据。并且在 Dashboard 中每个 Panel 是一个完全独立的部分，通过 Panel 的 Query Editor（查询编辑器），我们可以为每个 Panel 设置自己查询的数据源以及数据查询方式。由于每个 Panel 是完全独立的，因此在一个 Dashboard 中，可能会包含来自多个数据源的数据。

（3）面板（Panel）。

Grafana 通过插件的形式提供了多种 Panel 的实现，常用的有 Graph Panel、Heatmap Panel、

SingleStat Panel，以及 Table Panel 等。我们还可通过插件安装更多类型的 Panel。

除了 Panel，在 Dashboard 页面中，我们还可以定义一个 Row（行），来组织和管理一组相关的 Panel。

Grafana 还允许用户为 Dashboard 定义 Templating variables（模板参数），从而实现可以与用户动态交互的 Dashboard 页面。同时 Grafana 通过 JSON 格式管理了整个 Dashboard 的定义，因此共享这些 Dashboard 也是非常方便的。Grafana 还专门为 Dashboard 提供了一个共享服务。通过该服务我们可以轻松实现 Dashboard 的共享，同时也能快速从中找到我们希望的 Dashboard 实现，并导入到自己的 Grafana 中。大家在后面的章节可以更加清晰地了解，在这里了解概念即可。

3.6.5 安装部署 Grafana

安装部署 Grafana 比较简单，具体步骤如下。

（1）下载 rpm 包。读者可在 Grafana 官网下载对应版本的 rpm 安装包。

（2）安装 rpm。通过 yum 的方式，安装相关的依赖包，而不用自己一个个地下载安装，安装界面如图 3-36 所示，命令如下：

```
sudo yum localinstall grafana-4.6.0-1.x86_64.rpm
```

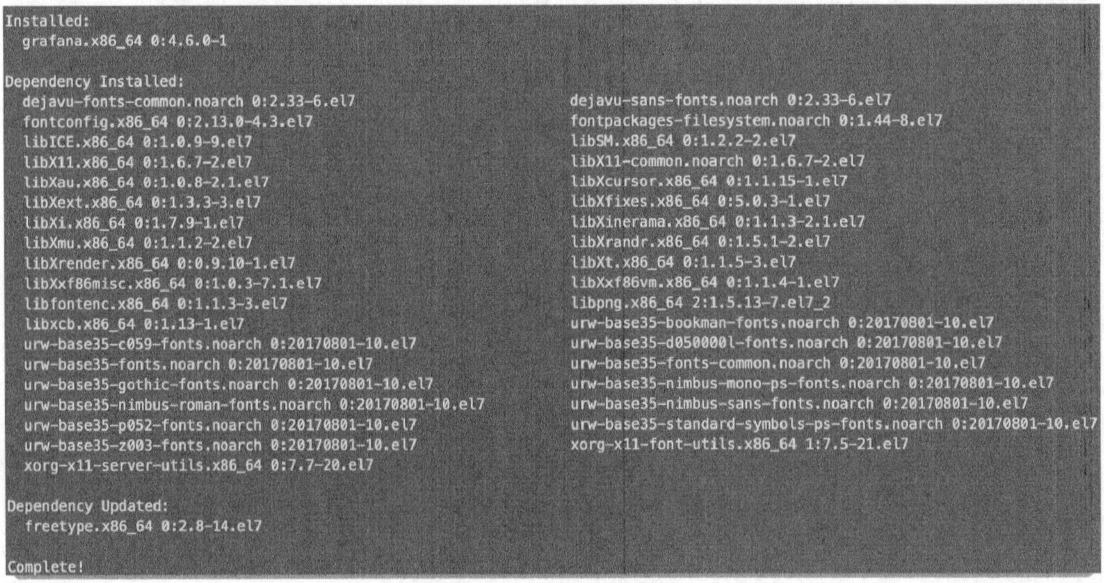

```
Installed:
  grafana.x86_64 0:4.6.0-1

Dependency Installed:
  dejavu-fonts-common.noarch 0:2.33-6.el7                  dejavu-sans-fonts.noarch 0:2.33-6.el7
  fontconfig.x86_64 0:2.13.0-4.3.el7                       fontpackages-filesystem.noarch 0:1.44-8.el7
  libICE.x86_64 0:1.0.9-9.el7                              libSM.x86_64 0:1.2.2-2.el7
  libX11.x86_64 0:1.6.7-2.el7                              libX11-common.noarch 0:1.6.7-2.el7
  libXau.x86_64 0:1.0.8-2.1.el7                            libXcursor.x86_64 0:1.1.15-1.el7
  libXext.x86_64 0:1.3.3-3.el7                             libXfixes.x86_64 0:5.0.3-1.el7
  libXi.x86_64 0:1.7.9-1.el7                               libXinerama.x86_64 0:1.1.3-2.1.el7
  libXmu.x86_64 0:1.1.2-2.el7                              libXrandr.x86_64 0:1.5.1-2.el7
  libXrender.x86_64 0:0.9.10-1.el7                         libXt.x86_64 0:1.1.5-3.el7
  libXxf86misc.x86_64 0:1.0.3-7.1.el7                      libXxf86vm.x86_64 0:1.1.4-1.el7
  libfontenc.x86_64 0:1.1.3-3.el7                          libpng.x86_64 2:1.5.13-7.el7_2
  libxcb.x86_64 0:1.13-1.el7                               urw-base35-bookman-fonts.noarch 0:20170801-10.el7
  urw-base35-c059-fonts.noarch 0:20170801-10.el7           urw-base35-d050000l-fonts.noarch 0:20170801-10.el7
  urw-base35-fonts.noarch 0:20170801-10.el7                urw-base35-fonts-common.noarch 0:20170801-10.el7
  urw-base35-gothic-fonts.noarch 0:20170801-10.el7         urw-base35-nimbus-mono-ps-fonts.noarch 0:20170801-10.el7
  urw-base35-nimbus-roman-fonts.noarch 0:20170801-10.el7   urw-base35-nimbus-sans-fonts.noarch 0:20170801-10.el7
  urw-base35-p052-fonts.noarch 0:20170801-10.el7           urw-base35-standard-symbols-ps-fonts.noarch 0:20170801-10.el7
  urw-base35-z003-fonts.noarch 0:20170801-10.el7           xorg-x11-font-utils.x86_64 1:7.5-21.el7
  xorg-x11-server-utils.x86_64 0:7.7-20.el7

Dependency Updated:
  freetype.x86_64 0:2.8-14.el7

Complete!
```

图 3-36 Grafana 安装界面

（3）启动进程。通过命令 service grafana-server start 启动进程，然后查看进程，如图 3-37 所示。

（4）验证软件。通过在浏览器输入 IP 地址和端口号 3000 即可访问，默认用户名和密码均为 admin，如图 3-38 所示。

```
[root@tomcat8 ~]# service grafana-server start
Starting grafana-server (via systemctl):                   [  OK  ]
[root@tomcat8 ~]# ps -ef | grep grafana
grafana  10394     1  1 12:38 ?        00:00:00 /usr/sbin/grafana-server --config=/etc/grafana/grafana.ini --pidfile=/var/run/grafana
/grafana-server.pid cfg:default.paths.logs=/var/log/grafana cfg:default.paths.data=/var/lib/grafana cfg:default.paths.plugins=/var/li
b/grafana/plugins
root     10406 10152  0 12:38 pts/1    00:00:00 grep --color=auto grafana
```

图 3-37　Grafana 安装成功后的进程

图 3-38　Grafana Web 界面

3.6.6　平台搭建过程详解

安装完成 InfluxDB 和 Grafana 后，我们进入真正的搭建可视化性能测试平台的配置过程。

1. 收集 JMeter 的压测指标数据

JMeter 3.3 版本中新增了一个特别好用的功能——InfluxDB 后端监听器（InfluxDB Backend Listener），在调试完成的 jmx 脚本中增加后端监听器就可以收集业务端的性能数据。在后端监听器中的 influxdbUrl 这一项填写上面新安装 InfluxDB 的地址，并加上数据库的名字，这样就可以把 JMeter 的业务性能数据存入 InfluxDB 了，简单方便，配置 influxdbUrl 如图 3-39 所示。

调试执行该 jmx 脚本，在 InfluxDB 的 autoPerf 库中，应该新建了表 jmeter，如图 3-40 所示。通过查询，表中已经存入了刚刚执行脚本产生的性能数据，如图 3-41 所示。

2. 收集服务器端监控的性能数据

服务器端监控的性能数据采用 Shell 脚本收集，兼容性好，而且可以根据需求定制化收集指定的数据，扩展性强。

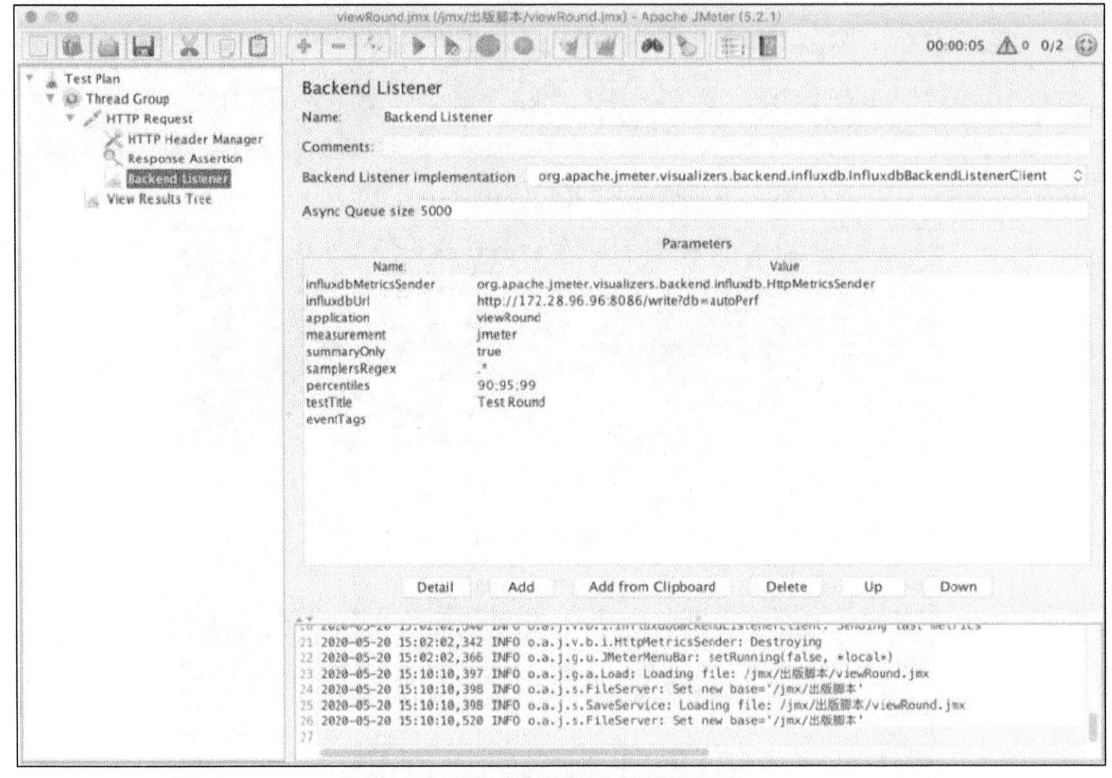

图 3-39　配置 influxdbUrl

```
> show measurements;
name: measurements
name
----
events
jmeter
> 
```

图 3-40　显示数据库中的表

```
> precision rfc3339
> select * from jmeter;
name: jmeter
time                     application avg   count countError endedT hit max maxAT meanAT min minAT pct90.0 pct95.0 pct99.0 rb     sb    startedT statut transaction
----                     ----------- ---   ----- ---------- ------ --- --- ----- ------ --- ----- ------- ------- ------- --     --    -------- ------ -----------
2020-05-20T07:14:32.912Z viewRound                          2                0     0          0                                               2               internal
2020-05-20T07:14:37.916Z viewRound   314.5 28    0                 28  408              195         384.6   408     408     153833 45612          all    all
2020-05-20T07:14:37.917Z viewRound                          0                2     1          1                                               2               internal
2020-05-20T07:14:39.725Z viewRound   310.6 12    0                 12  408              174         405.4   408     408     65947  19548          all    all
2020-05-20T07:14:39.725Z viewRound                          2                2     1          1                                               2               internal
> 
```

图 3-41　显示表中的内容

monitor.sh 脚本主要是基于 CentOS 编写的，该脚本兼容 CentOS 6 和 CentOS 7 这两个版本，主要通过 sar、free、ifconfig、ss 命令统计系统的 CPU 使用情况、内存使用情况、网络使用情况和连接数使用情况，并调用 InfluxDB 提供的 HTTP 方式的接口定期地将数据存入到表 mymonitor 中，具体如代码清单 3-7 所示。

代码清单 3-7 monitor.sh

```
#!/bin/bash
##author:hutong
###usage:./*.sh interval countNum influxdbIp project monitorIp
##system:centos

interval=$1
countNum=$2
influxdbIp=$3
project=$4
monitorIp=$5

#获取网卡名
line=$(expr $(/usr/sbin/ifconfig |grep "$monitorIp" -n|awk -F: '{print $1}') - 1 )
netface='/usr/sbin/ifconfig |sed -n "$line p"|awk '{print $1}'|cut -d: -f 1'
#获取系统版本号
os_version='cat /etc/redhat-release|sed -r 's/.* ([0-9]+)\..*/\1/''

#make sure installed sar
yum install sysstat -y 1>/dev/null 2>&1

#create db with the name of project
curl -i -XPOST -u root:root "http://$influxdbIp:8086/query" --data-urlencode 'q=CREATE
DATABASE '$project'' 1>/dev/null 2>&1
curl -i -XPOST -u root:root "http://$influxdbIp:8086/query" --data-urlencode 'q=create re
tention policy "rp_3d" on "'$project'" duration 5d replication 1 default ' 1>/dev/null 2>&1

#CentOS 7
function monitor7(){
    num=0
    #echo 'date'
    while:;
    do
      if (( $num==$2 ));
      then  break
      else
        sleep $1
        #echo $interval
        #cpu
        cpu='sar -u 1 1| grep Average'
        cpu_io='echo $cpu |awk '{print $6}''
        cpu_idle='echo $cpu |awk '{print $8}''

        #mem
        mem_total='free -m | grep Mem | awk '{print $2}''
        mem_avail='free -m | grep Mem | awk '{print $7}''
        mem_used=$(($mem_total - $mem_avail))
```

```
        #net

        rx_before='ifconfig $netface|sed -n "6p"|awk '{print $5}''
        tx_before='ifconfig $netface|sed -n "8p"|awk '{print $5}''
        sleep 1
        rx_after='ifconfig $netface|sed -n "6p"|awk '{print $5}''
        tx_after='ifconfig $netface|sed -n "8p"|awk '{print $5}''
        rx_result=$[(rx_after-rx_before)/1024] #接收速度，单位为KB/s
        tx_result=$[(tx_after-tx_before)/1024] #发送速度，单位为KB/s

        #tcp state
        tcp_timewait='ss -ant|grep TIME-WAIT |wc -l'
        tcp_estab='ss -ant|grep ESTAB |wc -l'
        tcp_total='ss -ant |wc -l'

        wait

        #insert data to InfluxDB,measurement:mymonitor
        curl -i -XPOST -u root:root "http://$influxdbIp:8086/write?db=$project" --data-
binary 'mymonitor,host='$3' cpu_io='$cpu_io',cpu_idle='$cpu_idle',mem_total='$mem_total',
mem_used='$mem_used',rx_net='$rx_result',tx_net='$tx_result',tcp_wait='$tcp_timewait',
tcp_estab= '$tcp_estab',tcp_total='$tcp_total'' >>/data/monitor.log

        num=$(($num+1))
      fi
    done
    }

    #CentOS6
    function monitor6(){
    num=0
    #echo 'date'
    while:;
    do
      if (( $num==$2 ));
      then  break
      else
        sleep $1
        #echo $interval

        #cpu
        cpu='sar -u 1 1| grep Average'
        cpu_io='echo $cpu |awk '{print $6}''
        cpu_idle='echo $cpu |awk '{print $8}''

        #mem
        mem_total='free -m | grep Mem | awk '{print $2}''
        mem_used='free -m | grep cache: | awk '{print $3}''
```

```
        #net

        rx_before='ifconfig $netface|sed -n "9p"|awk '{print $2}'|cut -c7-'
        tx_before='ifconfig $netface|sed -n "9p"|awk '{print $6}'|cut -c7-'
        sleep 1
        rx_after='ifconfig $netface|sed -n "9p"|awk '{print $2}'|cut -c7-'
        tx_after='ifconfig $netface|sed -n "9p"|awk '{print $6}'|cut -c7-'
        rx_result=$[(rx_after-rx_before)/1024] #receive kbyte/s
        tx_result=$[(tx_after-tx_before)/1024] #transmit kbyte/s

        #tcp state
        tcp_timewait='ss -ant|grep TIME-WAIT |wc -l'
        tcp_estab='ss -ant|grep ESTAB |wc -l'
        tcp_total='ss -ant |wc -l'

        wait

        #往 InfluxDB 中加入数据
        curl -i -XPOST -u root:root "http://$influxdbIp:8086/write?db=$project" --data-
binary 'mymonitor,host='$3' cpu_io='$cpu_io',cpu_idle='$cpu_idle',mem_total='$mem_total',
mem_used='$mem_used',rx_net='$rx_result',tx_net='$tx_result',tcp_wait='$tcp_timewait',
tcp_estab='$tcp_estab',tcp_total='$tcp_total'' 1>/dev/null 2>&1

        num=$(($num+1))
      fi
    done
    }

if (( $os_version==7 ));then
    monitor7 $interval $countNum $monitorIp
else
    monitor6 $interval $countNum $monitorIp
fi
```

把该脚本上传到每一台需要监控的服务器上，使用方法如下：

```
usage:./*.sh interval countNum influxdbIp project monitorIp
```

其中，*.sh 表示该脚本的名称；interval 参数表示收集数据的时间间隔，单位为秒；countNum 参数表示收集数据的次数；influxdbIp 参数表示安装了 InfluxDB 的服务器 IP 地址；project 参数表示项目名称，在 InfluxDB 中会以该名字自动新建一个数据库；monitorIp 参数表示被监控的服务器的 IP 地址。

例如，# ./monitorToInfluxdb_centos.sh 1 1000 172.28.96.96 autoPerf 172.28.20.167，表示每秒收集 1 次 IP 地址为 172.28.20.167 的服务器的性能数据，并存入 IP 地址为 172.28.96.96 并且数据库名为 autoPerf 的 InfluxDB 数据库中，共收集 1000 次。

脚本执行成功后，登录 InfluxDB 的命令行，查看 measurements，我们可以发现多了 mymonitor 表。查询表，我们可以看见表中收集了服务器相关资源数据，如图 3-42 所示。

```
> show measurements;
name: measurements
name
----
events
jmeter
mymonitor
> select * from mymonitor;
name: mymonitor
time                cpu_idle cpu_io host          mem_total mem_used rx_net tcp_estab tcp_total tcp_wait tx_net
----                -------- ------ ----          --------- -------- ------ --------- --------- -------- ------
1589961112902098154 99.5     0      172.28.20.167 7822      6078     1      77        126       11       0
1589961115966069120 99.75    0      172.28.20.167 7822      6076     1      76        126       12       1
1589961528443077695 100      0      172.28.96.96  7822      2074     0      9         20        0        0
1589961531481881900 99.75    0      172.28.96.96  7822      2074     0      9         20        0        1
1589961534523426899 100      0      172.28.96.96  7822      2074     0      9         20        0        0
1589961537564479104 99.75    0      172.28.96.96  7822      2075     0      9         20        0        0
1589961540602700260 100      0      172.28.96.96  7822      2076     0      9         20        0        0
```

图 3-42　InfluxDB 中收集的服务器相关资源数据

3. Grafana 的 Dashboard 配置

最后，通过 Grafana 的开源可视化组件进行性能测试的曲线展示。首先配置数据源，即上述的 InfluxDB 时序数据库，然后编写 Dashboard 的面板。

（1）配置数据源。

在登录 Grafana 的 Web 界面后，选择 Add data source，选择本次使用的时序数据库 InfluxDB，填写数据库名字、用户名和密码，单击 Save & Test 按钮即可验证是否成功，如图 3-43 和图 3-44 所示。

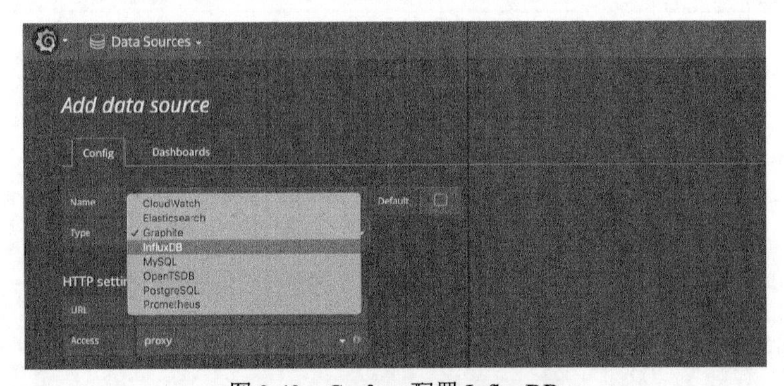

图 3-43　Grafana 配置 InfluxDB

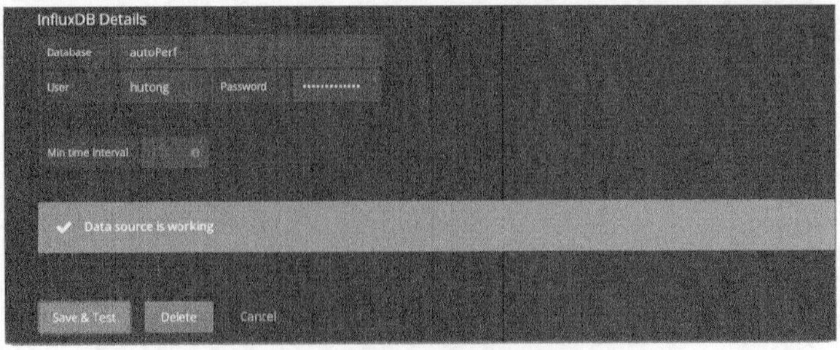

图 3-44　Grafana 配置数据库成功

（2）配置 Dashboard。

Grafana 能配置出非常漂亮的监控仪表盘，就是配置的过程非常烦琐和复杂。

首先我们需要配置一个 Templating 模板变量，当表中出现数据后，需要通过筛选条件进行筛选，Grafana 提供了模板变量用于自定义筛选字段。

Type 用于定义变量类型。Query 这个变量类型允许编写一个数据源查询。interval 为 interval 值，这个变量可以代表时间跨度。Datasource 类型允许快速更改整个仪表盘的数据源。如果在不同环境中有多个数据源实例，这个功能将非常有用。

Grafana 配置 Templating 如图 3-45 所示，配置中定义了 data_source、application、measurement_name、send_interval 共 4 个变量。

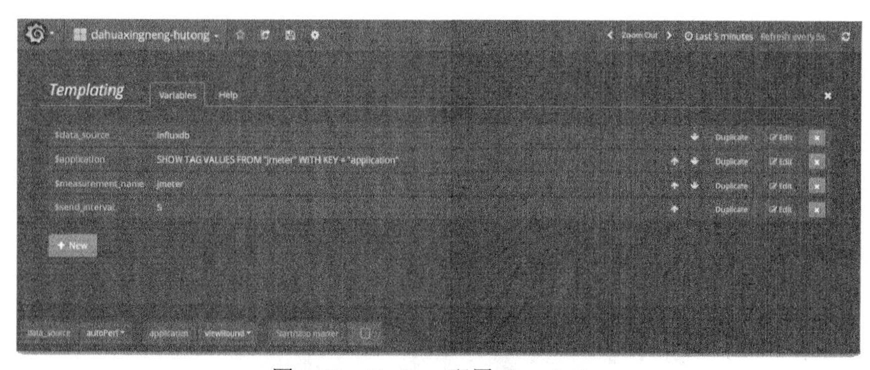

图 3-45 Grafana 配置 Templating

在 Templating 界面，配置内容如下。

- $data_source 变量，相关信息如下。

Name：data_source。

Type：Datasource。

Value：InfluxDB。

- $application 变量，相关信息如下。

Name：application。

Type：Query。

Data source： $data_source。

Refresh：On Dashboard Load。

Value：SHOW TAG VALUES FROM "$measurement_name" WITH KEY = "application"。

- $measurement_name 变量，相关信息如下。

Name：measurement_name。

Label：Measurement name。

Type：Constant。

Hide：Variable。

Value：jmeter（默认）。

- $send_interval 变量，相关信息如下。

Name：send_interval。

Label：Backend send interval。

Type：Constant。

Hide：Variable。

Value：5（默认）。

接着定义了 3 个 Rows，分别是业务指标实时性能、错误请求、服务器性能，Grafana 配置 Rows 如图 3-46 所示。

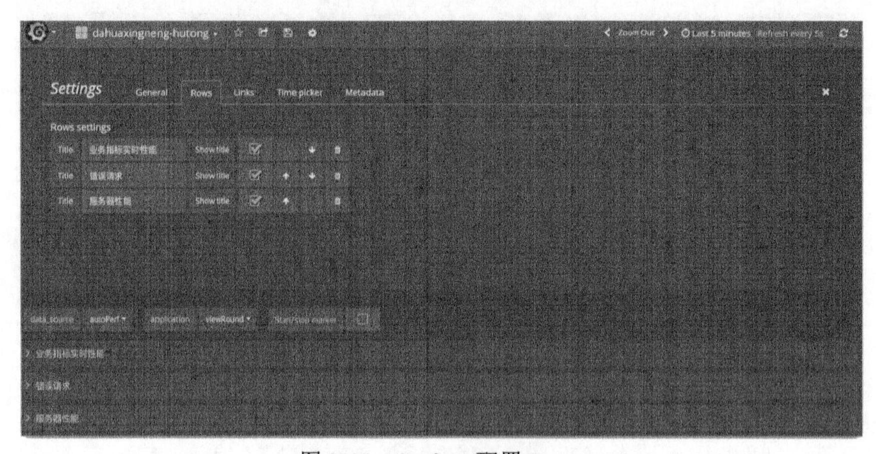

图 3-46　Grafana 配置 Rows

然后，在每一个 Rows 中编写每一个监控图表的 SQL 语句，业务指标实时性能下有 Total Requests、Failed Requests、Error Rate%、Total Throughput(/s)、Transactions Response Times(95th)和 Active Threads 共 6 个图表。其中以 Total Requests 为例，具体 SQL 语句如下，Grafana 配置 SQL 如图 3-47 所示，填入即可。

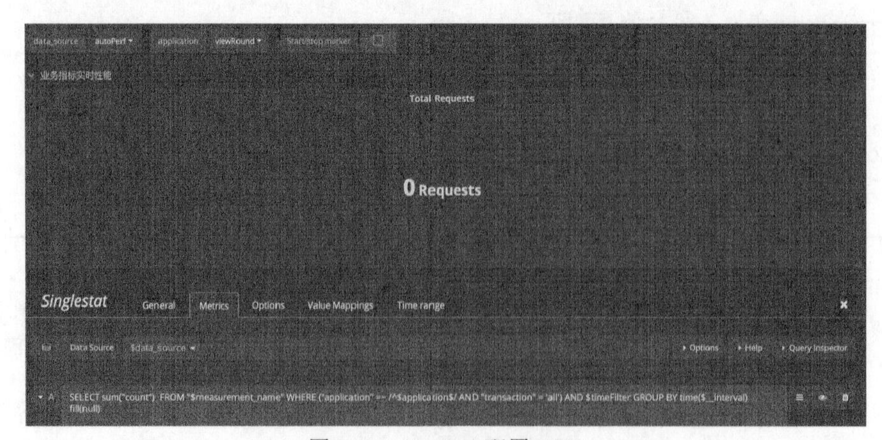

图 3-47　Grafana 配置 SQL

```
SELECT sum("count") FROM "$measurement_name" WHERE ("application" =~ /^$application$/ AND "transaction" = 'all') AND $timeFilter GROUP BY time($__interval) fill(null)
```

服务器性能下有 cpu 使用率 and IOwait(%)、内存 usage(%)、net(KByte/s)和 tcp 连接数共 4 个监控图表，具体的 SQL 配置就不一一展开了，可以通过如下方式导入。

完成上述的所有配置后，我们可以将其保存为一个 Grafana 的 Dashboard 的模板。它本质是一个 JSON 文件，可以通过 Grafana 的 view json 查看，如图 3-48 所示，所以可以把该 JSON 文件保存，文件内容共有 1640 行。

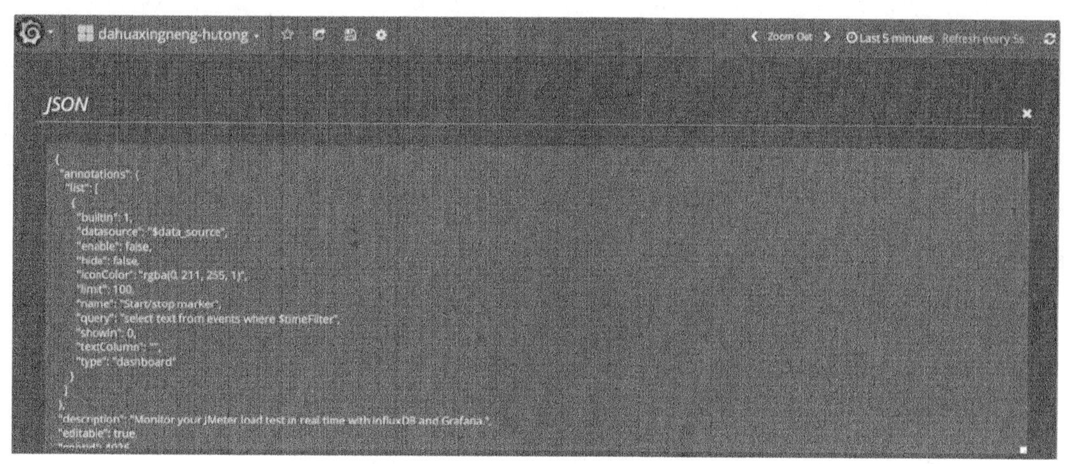

图 3-48　Grafana 中查看 Dashboard 具体内容

通过在 Grafana 中单击菜单栏中的 Dashboard，在弹出的 Dashboard 菜单下选择 Import 选项，弹出图 3-49 所示的对话框，在此可以导入外部的 JSON 模板。通过该方式我们可以省去很多配置的时间，方便快捷。

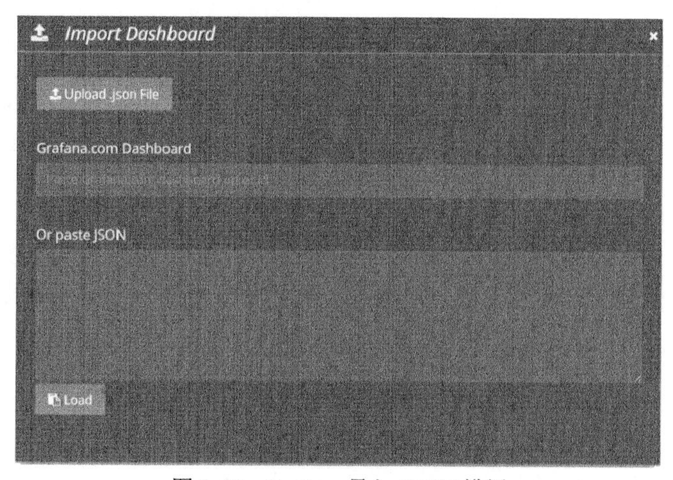

图 3-49　Grafana 导入 JSON 模板

经过上述的步骤，我们可以成功搭建 JMeter 的实时报告展示平台。该解决方案能够解决性能测试过程中需要监控并收集多台服务器的耗时问题，和 JMeter 本身无实时可视化报告的问题。这提升了性能测试效率，并实现了实时查看业务端的性能指标，如图 3-50 和图 3-51 所示。

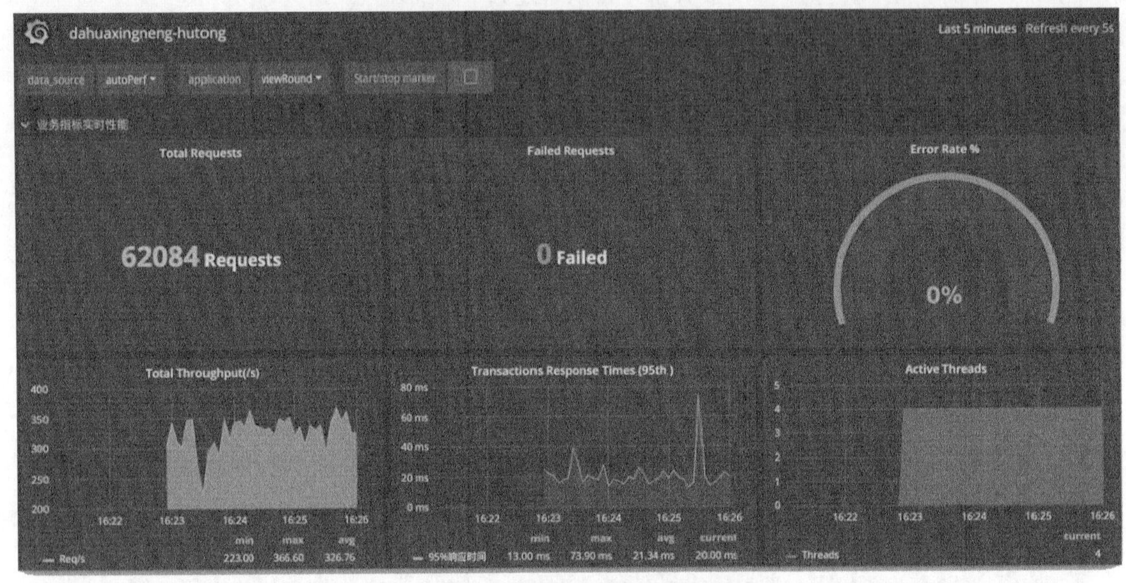

图 3-50　业务指标实时性能图表

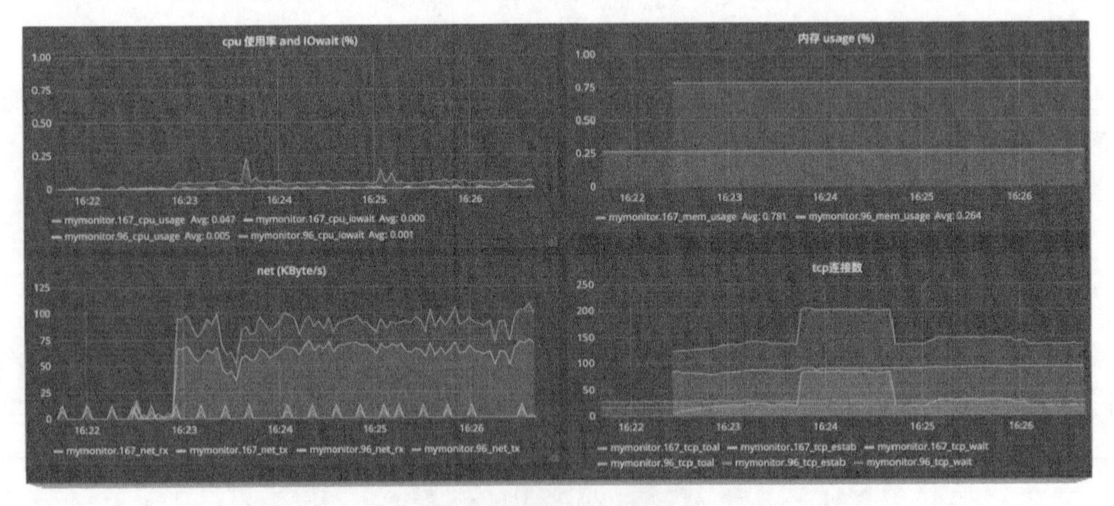

图 3-51　服务器性能图表

该性能测试实时可视化平台主要拥有如下优势：

- 能够定制需要监控的指标，具备较强的可扩展性；
- 能够一张图表展示多台服务器的指标，节省统计时间；

- 能够自动刷新，并查看某一个时间段的信息，方便回溯；
- 支持缩放，放大局部信息，实现细粒度观察。

提示

ELK 平台由 Filebeat、Logstash、ElasticSearch、Kibana 构成，主要提供应用日志数据的采集、转发、存储、查询、告警等功能。

- ElasticSearch 能对大容量的数据进行接近实时的存储、搜索和分析操作。本项目主要通过 ElasticSearch 存储所有获取的日志。
- Logstash 是一个数据收集引擎，它支持动态地从各种数据源获取数据，并对数据进行过滤、分析、丰富、统一格式等操作，然后将数据存储到用户指定的位置。
- Kibana 是一个数据分析与可视化平台，它对 ElasticSearch 存储的数据进行可视化分析，并通过表格的形式展现出来。
- Filebeat 是一个轻量级开源日志文件数据搜集器。它通常安装在需要采集数据的客户端。只要指定目录与日志格式，Filebeat 就能快速收集数据，并发送给 Logstash 进行解析，或是直接发送给 ElasticSearch 存储。

在测试过程中，我们有时候需要查看请求的处理错误信息具体是什么，正常情况下都需要登录对应的服务器进行查看，比较麻烦。另外，若是日志刷新得比较快，则不太方便观察。

所以，搭建 ELK 的好处和目的：

（1）多台服务器上的多个日志可以集中查看；

（2）可以登录浏览器可视化查看日志，并且支持数据过滤、历史回溯等。

3.7 小结

本章讲解的是 JMeter 的实战中级内容，首先介绍了 JMeter 本身的一些高级用法，例如分布式压测、BeanShell 脚本、自定义函数插件、WebSocket 插件实战，然后通过 Shell 脚本和一些开源的工具，如 InfluxDB、Grafana，讲解了如何搭建简便实用的性能测试自动化平台，以弥补 JMeter 本身在做性能测试过程中的一些不足之处。

第 4 章

JMeter 高级实战真经

JMeter 是基于 Java 的一款开源工具，其天然地适合自定义扩展。另外，掌握一些编码技能，对于测试人员进阶到高级也是很有必要的。本章将讲解互联网行业的常用分布式服务框架 Dubbo 的扩展测试实践、百万 TCP 长连接验证测试、消息中间件 ActiveMQ 和缓存中间件 Redis 的基准测试实践，这些都是利用 JMeter 高级测试实战真经实现的。在本章的最后，我们将编译和简要解读 JMeter 源码，供有兴趣的读者深入了解学习。

4.1 JMeter 的 Dubbo 性能测试实践

随着互联网的发展，网站应用的规模不断扩大，系统架构也不断地演化，常规的垂直应用架构已无法应对，我们需要一个治理系统，确保架构有条不紊地演进，因此出现分布式服务架构以及流动计算架构势在必行。

（1）单一应用架构。当网站流量很小时，我们只用一个应用将所有功能都部署在一起，以减少部署节点和成本。此时，用于简化增删改查工作量的数据访问框架是关键。对象关系映射（Object Relational Mapping，ORM）是一种解决面向对象与关系数据库互不匹配问题的技术。简单地说，ORM 通过使用描述对象和数据库之间映射的元数据，将程序中的对象自动持久化到关系数据库中。但这种架构有明显的缺点，一旦出现业务需求的变更，就必须修改持久化层的接口，这增加了软件的维护难度。

（2）垂直应用架构。当访问量逐渐增大，单一应用增加计算机带来的效率加速度越来越小，于是我们将应用拆成互不相干的几个应用，以提升效率。此时，用于加速前端页面开发的 Web 框架是关键。MVC 是模型（model）、视图（view）和控制器（controller）的缩写，是一种软件设计框架。它采用业务逻辑、数据与界面显示分离的方法来组织代码，将众多的业务逻辑聚集到一个部件里面。使用这个框架，我们可以在改进和个性化定制界面及用户交互时，不需要重新编写业务逻辑，从而达到减少编码时间的目的。

（3）分布式服务架构。当垂直应用越来越多，应用之间的交互不可避免，我们需要将核心业务抽取出来，作为独立的服务，逐渐形成稳定的服务中心，使前端应用能更快速地响应多变的市场需求。此时，用于提高业务复用及整合的分布式服务框架是关键。远程过程调用（Remote procedure call，RPC），是在不同主机上实现进程间的通信，而不同主机并不共用物理地址空间，所以我们需要一个框架提供此功能，让我们调用不同主机上的服务就像在调用本地服务一样。RPC 常用框架有 RMI、CORBA、ONC RPC、Dubbo、Hessian 等。

（4）流动计算架构。当服务越来越多，容量的评估、小服务资源的浪费等问题逐渐显现，我们需增加一个调度中心基于访问压力实时管理集群容量，提高集群利用率。此时，用于提高计算机利用率的资源调度和治理中心是关键。SOA 作为一种面向服务的架构，是一种软件架构设计的模型和方法论。从业务角度来看，一切以最大化"服务"的价值为出发点，SOA 利用企业现有的各种软件体系，重新整合并构建起一套新的软件架构。简单地理解，我们可以把 SOA 看作模块化的组件，每个模块都可以实现独立功能，而不同模块之间的结合可以提供不同的服务，模块之间的接口遵循统一标准，这样可以实现低成本的重构和重组。

本节主要讲解阿里的 Dubbo 分布式服务框架是如何进行性能测试的。

4.1.1 Dubbo 核心知识点

Dubbo 是阿里的一个优秀的开源分布式服务框架。它使应用可通过高性能的 RPC 实现服务的输出和输入功能，可以和 Spring 框架无缝集成。它提供了三大常用的核心能力：面向接口的远程方法调用、智能容错和负载均衡，以及服务自动注册和发现。该框架经过了阿里众多项目的验证实践，国内很多互联网公司都在使用此架构，该框架优势如下。

- Dubbo 内部使用了 Netty 和 ZooKeeper，保证了高性能、高可用性。
- 使用 Dubbo 可以将核心业务抽取出来作为独立的服务，并逐渐形成稳定的服务中心，它可用于提高业务复用、灵活扩展，使前端应用能更快速地响应多变的市场需求。
- 分布式框架可以承受更大规模的并发流量。

从图 4-1 可以看出，Dubbo 架构共有下面几种角色。

- 提供者（Provider）：暴露服务的服务提供方。
- 消费者（Consumer）：调用远程服务的服务消费方。
- 注册中心（Registry）：服务注册与发现的注册中心。
- 监控中心（Monitor）：统计服务的调用次数和调用时间的监控中心。
- 容器（Container）：服务运行容器。

Dubbo 框架大致的流程为，服务的提供者先启动，然后注册服务；消费者订阅服务，如果没有订阅到自己想获得的服务，它会不断地尝试订阅；新的服务注册到注册中心以后，注册中心会将这些服务通知消费者；如果有变更，注册中心将基于长连接推送变更数据给消费者，一般注册中心常采用 ZooKeeper 中间件。

"调用"这条实线按照图 4-1 的说明是同步的意思，但是在实际调用过程中，提供者的位置对消费者来说是透明的，上一次调用服务的位置（IP 地址）和下一次调用服务的位置是不确定的。此处就需要使用注册中心来实现软负载，即消费者从提供者地址列表中，基于软负载均衡算法，选一台提供者进行调用，如果调用失败，再选另一台调用。

图 4-1 中虚线表明消费者和提供者通过异步的方式发送消息至监控中心。消费者和提供者会将信息存放在本地磁盘，平均 1min 会发送一次信息。监控中心在整个架构中是可选的，监控中心功能需要单独配置，不配置或者配置以后，监控中心异常并不会影响服务的调用。

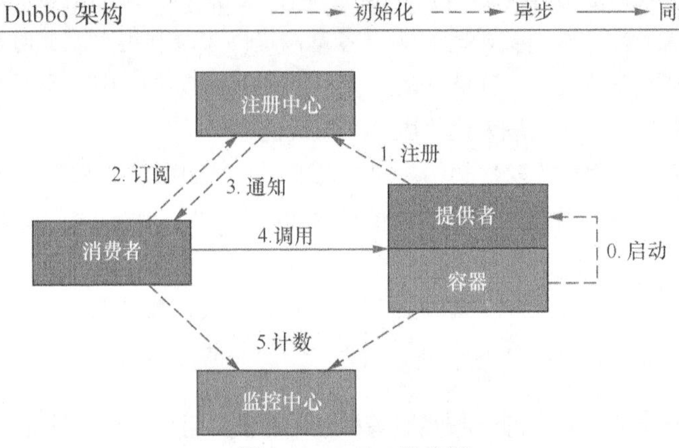

图 4-1　Dubbo 架构图

另外，作为性能测试人员，在使用 Dubbo 的过程中，一方面要注意参数配置的生效优先级，另一方面要掌握常用的和性能关系比较大的参数有哪些，以便定位问题和调优。

工程加载 Dubbo 的配置文件是存在优先级的，所以可能出现做了调优参数修改却没有效果的情况，实际上这是配置未生效或被覆盖导致的问题。参数配置优先级首先是系统参数（-D），如-Dubbo.protocol.port=20881，优先级最高；然后是 Spring Boot 的 dubbo.xml 或 application.properties；最后是 Dubbo 公共属性配置文件如 property 文件。这点大家在写代码的时候务必小心。

从图 4-2 我们可以知晓消费者和提供者的调用模型中涉及的一些执行线程的相关内容，常用调优参数和作用域如表 4-1 所示，这些都是和性能关系密切的调优参数。还有 timeout，方法调用超时；retries，失败重试次数，默认重试 2 次，这些也是实际工作中常用的参数。其他参数还有 active limit，消费者最大并发调用数；accept limit，服务方最大可接受连接数；io thread，io 线程；threadpool，线程池；execute limit，提供者最大可执行的请求数；execute，执行调用。

注意

如果出现 Thread pool exhausted，通常是 min 和 max 大小不一样时，表示当前已创建的连接用完，进行了一次扩充，创建了新线程，但这不影响运行，原因可能是连接池不够用，可以调整 Dubbo.properites 中的 dubbo.service.min.thread.pool.size 和 dubbo.service.max.thread.pool.size，并设成一样大小，减少线程池收缩开销。

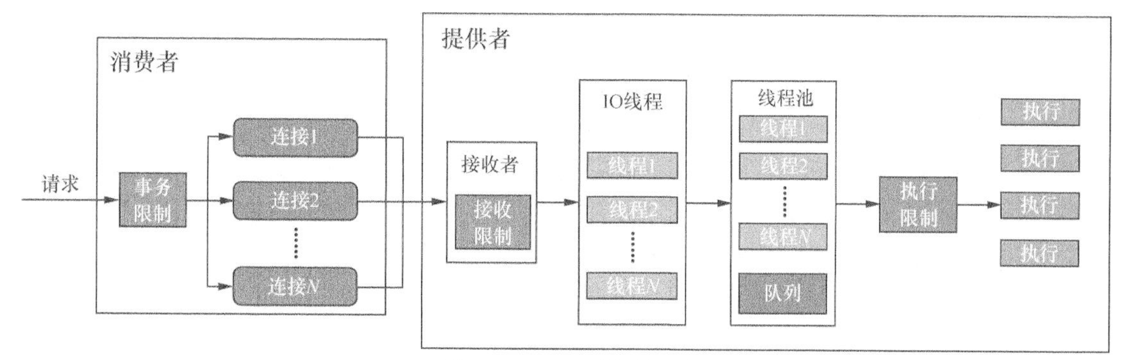

图 4-2　Dubbo 调用模型

表 4-1　常用调优参数和作用域

参数名	作用范围	默认值	说明	备注
actives	consumer	0	每消费者每服务每方法最大并发调用数	0 表示不限制
connections	consumer	—	对每个提供者的最大连接数。RMI、HTTP、Hessian 等短连接协议表示限制连接数，Dubbo 等长连接协议表示建立的长连接个数	Dubbo 协议默认共享一个长连接
accepts	provider	0	提供者最大可接受连接数	0 表示不限制
iothreads	provider	CPU 个数加 1	IO 线程池大小（固定大小）	—
threads	provider	200	业务线程池大小（固定大小）	—
executes	provider	0	每个生产者最大可并行执行请求数	0 表示不限制
tps	provider	—	指定时间内（默认 60s）最大的可执行次数，注意其与 executes 的区别	默认不开启
queues	provider	0	线程池队列大小，即当线程池满时，排队等待执行的队列大小。建议不要设置此参数，当线程池满时应立即失败，重试其他生产者，而不是排队，除非有特殊需求	—

提示

Dubbo 和 Spring Cloud 有什么区别？

- 通信方式不同。Dubbo 使用的是 RPC 通信，而 Spring Cloud 使用的是 HTTP RESTFul 方式。
- 组件不一样。Dubbo 的服务注册中心为 ZooKeeper，服务监控中心为 dubbo-monitor，无消息总线，无服务跟踪、批量任务等功能。Spring Cloud 的服务注册中心为 spring-cloud netflix enruka，服务监控中心为 spring-boot admin，有消息总线，有数据流、服务跟踪、批量任务等功能。

4.1.2 示例代码扩展讲解

微服务就是将一个完整的系统，按照不同的业务功能，拆分成一个个独立的子系统，在微服务结构中，每个子系统被称为“服务”。这些子系统能够独立运行在 Web 容器中，它们之间通过 RPC 方式通信，降低系统间的耦合度，增加代码复用性。例如，开发一个管理系统，按照微服务的思想，我们需要拆分为人事服务、办公事务服务、进销存服务等。目前 RPC 方式调用，通常采用阿里的 Dubbo 框架。

对于 Dubbo 框架的私有协议 dubbo://，JMeter 工具没有提供原生的支持。有一款来自 Dubbo 社区的 JMeter 插件 JMeter-plugins-for-apache-dubbo，我们可以扩展使用。不过本节我们采用自定义编码的方式生产 jar 包，导入 JMeter 进行 Dubbo 的测试。

本例中首先是服务的提供者发布一个服务到 ZooKeeper 上，消费者通过 Dubbo 协议的 RPC 的方式获取服务，其中消费者用 JMeter 去模拟，此处服务接口是 String sayHello(String name)。

本项目的目录结构为，提供者+消费者+公共接口，采用的整体框架为 Spring Boot+Dubbo+ZooKeeper+JMeter。接下来按 ZooKeeper 的搭建使用、服务器端的示例代码编写、客户端的示例代码编写共 3 大部分具体展开讲解。

1. 安装和使用 ZooKeeper

ZooKeeper 是一个分布式服务框架，是 Apache Hadoop 的一个子项目，主要用来解决分布式应用中经常遇到的一些数据管理问题，如统一命名服务、状态同步服务、集群管理、分布式应用配置项的管理等。

（1）创建目录用于存放 ZooKeeper，命令如下。

```
mkdir -p /usr/local/services/zookeeper
cd /usr/local/services/zookeeper
```

（2）下载 ZooKeeper 安装包，命令如下。

通过 wget 命令，从 Apache 官网下载 zookeeper-3.4.14.tar.gz。

（3）解压：tar -zxvf zookeeper-3.4.14.tar.gz。

（4）进入目录：cd zookeepr-3.4.14/conf。

（5）复制配置文件：cp zoo_sample.cfg zoo.cfg。

（6）创建一个目录用于存放 ZooKeeper 数据：

mkdir -p /usr/local/services/zookeeper/zookeeper-3.4.14/data。

（7）编辑配置文件：vi zoo.cfg 。

主要修改如下几个地方（示例）。

```
tickTime=2000
dataDir=/usr/local/services/zookeeper/zookeeper-3.4.14/data
clientPort=2181
```

（8）启动：bin/zkServer.sh start。

启动成功后，如图 4-3 所示，后续的提供者和消费者通过该 ZooKeeper 进行服务的交互传递。

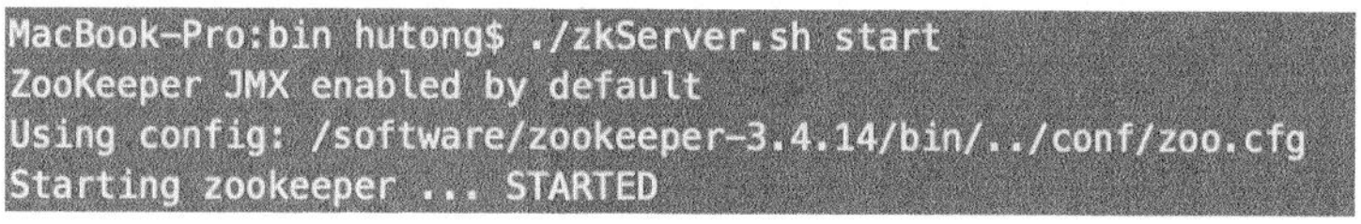

```
MacBook-Pro:bin hutong$ ./zkServer.sh start
ZooKeeper JMX enabled by default
Using config: /software/zookeeper-3.4.14/bin/../conf/zoo.cfg
Starting zookeeper ... STARTED
```

图 4-3　ZooKeeper 启动成功

（9）命令行连接并查看节点信息。

通过 ZooKeeper 的命令行./bin/zkCli.sh -server 127.0.0.1:2181 连接到 ZooKeeper 服务，通过命令 ls / 我们可以看到多了一个 Dubbo 节点信息。输入命令 ls /dubbo 可以看到刚刚发布的服务的完整类名，包括包名。再输入命令 ls /dubbo/com.hutong.dubbo.interfaces.DemoService/providers，从输出可以看到 application 的名称和接口。

2. 服务的提供者

首先新建一个服务的提供者，完整的项目结构目录如图 4-4 所示，其中在 com.hutong.dubbo.interfaces 包下声明待暴露的服务接口，该接口的声明也可以单独另起一个项目。在 com.hutong.dubbo.provider 包下实现该 DemoService.java 接口，ServiceProviderApplication.java 是项目启动的入口，在 src/main/resources 目录下是相关的配置文件 application.yml。

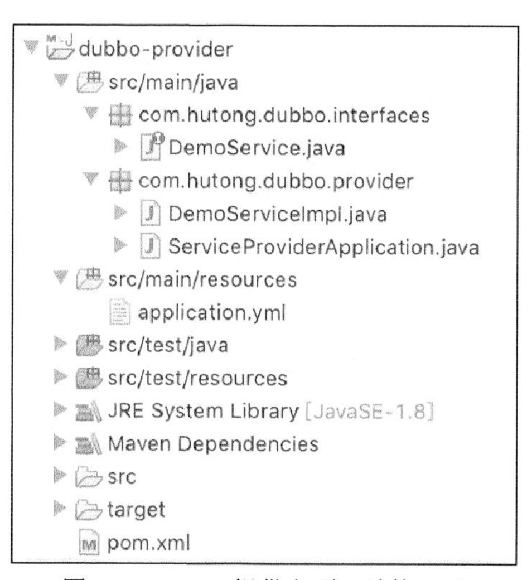

图 4-4　Dubbo 提供者项目结构目录

（1）在 Eclipse 中，单击顶部菜单栏中的 File，选择 New 选项，新建 1 个 Maven 项目，如图 4-5 所示。

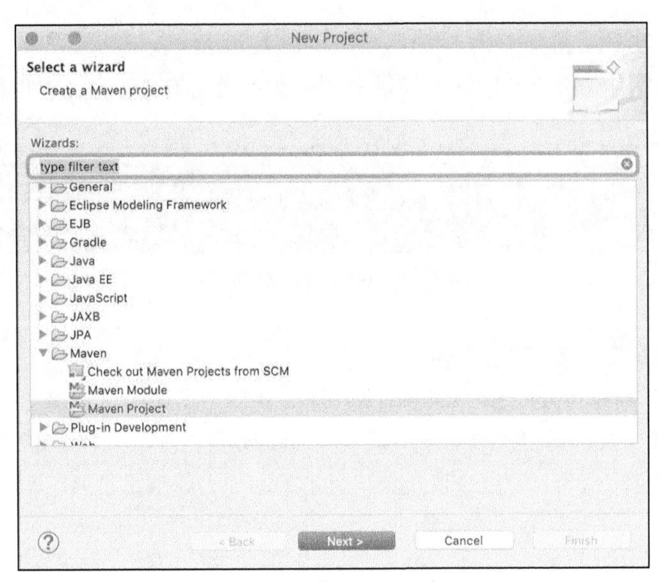

图 4-5　新建 Maven 项目

我们需要填写 Maven 的项目信息 Group Id、Artifact Id 和 Version，如图 4-6 所示。

- Group Id：项目组织唯一的标识符，实际对应 Java 包的结构，也就是 Java 文件所在的目录结构。
- Artifact Id：项目唯一的标识符，实际对应项目的名称，就是项目根目录的名称。
- Version：版本号，选择默认选项即可。

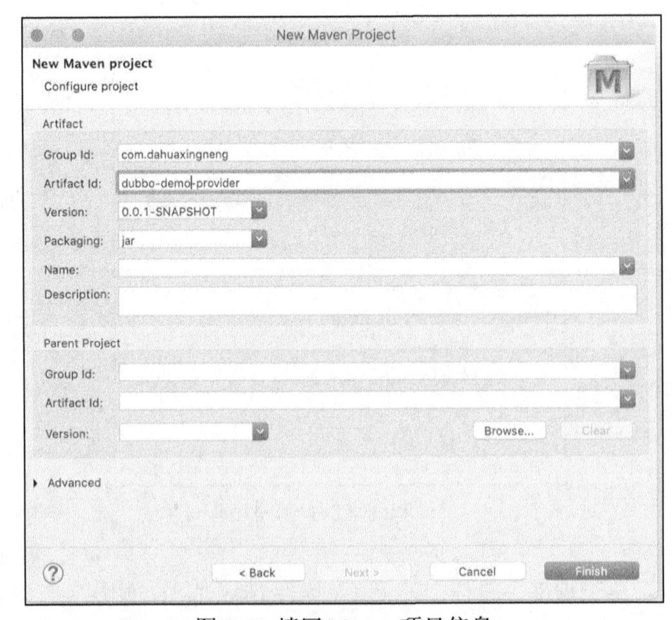

图 4-6　填写 Maven 项目信息

（2）引入项目依赖的 jar 包，主要是引入 Dubbo 和 ZooKeeper 的客户端。本项目采用的 Dubbo 版本是 2.7.5，JDK 版本为 8。注意，如果是单独引入 Spring 和 Dubbo 相关 jar 包的时候，要小心，容易引起包冲突。相关的核心 pom.xml 内容如下。

```
<parent>
   <groupId>org.springframework.boot</groupId>
   <artifactId>spring-boot-starter-parent</artifactId>
   <version>2.2.1.RELEASE</version>
   <relativePath /> <!-- lookup parent from repository -->
</parent>

<properties>
   <java.version>1.8</java.version>
   <spring-boot.version>2.2.1.RELEASE</spring-boot.version>
   <dubbo.version>2.7.5</dubbo.version>
   <curator.version>2.12.0</curator.version>
</properties>

<dependencies>
   <dependency>
      <groupId>org.springframework.boot</groupId>
      <artifactId>spring-boot-starter</artifactId>
   </dependency>
   <dependency>
      <groupId>org.apache.dubbo</groupId>
      <artifactId>dubbo-spring-boot-starter</artifactId>
      <version>${dubbo.version}</version>
   </dependency>

<!-- Zookeeper dependencies -->
   <dependency>
      <groupId>org.apache.dubbo</groupId>
      <artifactId>dubbo-dependencies-zookeeper</artifactId>
      <version>${dubbo.version}</version>
      <type>pom</type>
         <exclusions>
            <exclusion>
               <groupId>org.slf4j</groupId>
               <artifactId>slf4j-log4j12</artifactId>
            </exclusion>
         </exclusions>
   </dependency>

   <dependency>
      <groupId>org.apache.curator</groupId>
      <artifactId>curator-framework</artifactId>
      <version>${curator.version}</version>
```

```
    </dependency>

    <dependency>
        <groupId>org.apache.curator</groupId>
        <artifactId>curator-recipes</artifactId>
        <version>${curator.version}</version>
    </dependency>
</dependencies>
```

（3）添加配置文件，在/src/main/resources 目录下新建 application.yml，内容如下。

```
dubbo:
    application:
        name: user-service
    egistry:
        address: zookeeper://127.0.0.1:2181
    protocol:
        port: 20880
name: dubbo
```

其中，主要修改的是 dubbo.registry.address，修改成我们使用的 ZooKeeper 的地址和端口，该服务就通过该地址发布给消费者使用。

提示

（1）YAML 基本语法注意点如下。

- 采用“key: value”的键值对形式进行设置，注意“:”和“value”之间必须使用空格隔开。
- 使用缩进表示层级关系，缩进使用空格而非 TAB。空格多少无所谓，相同层级需要左对齐。
- 对属性和值的大小写敏感。

其实我们使用 IDEA 的时候，如果没有在 value 前设置空格，关键字就是普通的黑色或者灰色，使用空格之后，关键字就会变成橙色。对于使用缩进表示层级关系，IDEA 会自动缩进，并通过空格设置缩进的大小，通常使用两个空格。我们只需要注意在编写代码的时候避免不小心删除空格就可以了。

（2）当有多个配置文件时，注意加载优先顺序。

yml 配置文件可以在 4 个位置，这里以 application.yml 为例。按照优先级由高到低进行展示如下。也就是说，如果下面的 4 个文件夹中分别有 4 个 application.yml，每个 application.yml 都对一个 bean 的一个变量进行配置，系统会优先使用“项目主目录/config/application.yml”内的数据。

- 项目主目录/config/application.yml。
- 项目主目录/src/application.yml。
- 项目主目录/src/main/resources/config/application.yml。
- 项目主目录/src/main/resources/application.yml。

如果我们需要在同一路径下的多个 YAML 文件中进行配置，那么 YAML 文件的名字必须以

"application"开头，并以"-"进行连接，例如"application-student.yml"。如果这类配置文件与主配置文件 application.yml 产生冲突，以当前文件内容优先。

（4）声明一个待发布的服务接口 sayHello，如代码清单 4-1 所示。

代码清单 4-1 DemoService.java

```
package com.hutong.dubbo.interfaces;
/**
* @author hutong
* @datetime May 10, 2020 7: 52: 39 PM
* @other 微信公众号：大话性能
*/

public interface DemoService {
    String sayHello(String name);
}
```

（5）实现声明的接口。接口 sayHello 的功能是简单打印消费者连接的信息地址和时间，并返回当前时间和提供者给该接口调用者。这里采用注解的形式，需要注意 Component 是 Spring Bean 的注解，Service 是 Dubbo 的注解，不要和 Spring Bean 的 Service 注解弄混。目前有两个包有 Service 注解。org.apache.dubbo.config.annotation.Service 用于标注对外暴露的 Dubbo 接口实现类。org.springframework.stereotype.Service 用于标注根据业务块分离的 Service 的实现类，对应的是业务层（如一个 Dubbo 方法可能调用多个业务块的 Service，这些 Service 的实现类就用 Spring 的注解）。具体代码如代码清单 4-2 所示。

代码清单 4-2 DemoServiceImpl.java

```
package com.hutong.dubbo.provider;
/**
* @author hutong
* @datetime May 10, 2020 12: 15: 46 PM
* @other 微信公众号：大话性能
*/

import org.apache.dubbo.config.annotation.Service;
import org.springframework.stereotype.Component;
import com.hutong.dubbo.interfaces.DemoService;
import java.net.InetAddress;
import java.text.SimpleDateFormat;
import java.util.Date;

// Component 是 Spring Bean 的注解，Service 是 Dubbo 的注解（不要和 Spring Bean 的 Service 注解弄混）
@Component
@Service // 暴露服务
public class DemoServiceImpl implements DemoService {
    @Override
```

```
    public String sayHello(String name) {
      try {
          System.out.println("[" + new SimpleDateFormat("HH:mm:ss").format(new Date()) + "]
      Hello " + name
          + ",  request from consumer:  " + InetAddress.getLocalHost());
          return "Hello " + name + ", time now is " + new SimpleDateFormat("HH:mm:ss").
      format (new Date())
          + " ,  response from provider:  " + InetAddress.getLocalHost();
      } catch (Exception e) {
      return "net error or other error";
      }
    }
}
```

（6）程序启动入口 ServiceProviderApplication。

启动类注解主要有：

@SpringBootApplication = (默认属性)@Configuration + @EnableAutoConfiguration + @ComponentScan。

@EnableDubbo 用于开启注解 Dubbo 功能 ，其中可以加入 scanBasePackages 属性配置包扫描的路径，用于扫描并注册 bean。

具体代码如代码清单 4-3 所示。

代码清单 4-3　ServiceProviderApplication.java

```
package com.hutong.dubbo.provider;

/**
* @author hutong
* @datetime May 10, 2020 12:15:46 PM
* @other 微信公众号：大话性能
*/

import org.apache.dubbo.config.spring.context.annotation.EnableDubbo;
import org.springframework.boot.SpringApplication;
import org.springframework.boot.autoconfigure.EnableAutoConfiguration;
import org.springframework.boot.autoconfigure.SpringBootApplication;


@EnableDubbo(scanBasePackages="com.hutong.dubbo.provider")
@SpringBootApplication
public class ServiceProviderApplication {
  public static void main(String[] args) {
    SpringApplication.run(ServiceProviderApplication.class, args);
  }
}
```

我们运行启动程序 ServiceProviderApplication，正确启动显示如图 4-7 所示，可以看到 state change：CONNECTED。

另外，我们通过 ZooKeeper 的命令行./zkCli.sh -server 127.0.0.1:2181 连接到 ZooKeeper 服务，通过命令 ls / 可以看到多了一个 Dubbo 节点信息。输入命令 ls /dubbo 可以看到刚刚发布的服务的完整类名，包括包名。再输入命令 ls /dubbo/com.hutong.dubbo.interfaces.DemoService/providers 查看服务注册信息，从输出可以看到 application 名为 user-service，即在 application.yml 中自定义声明的内容，并且方法名 sayHello 已经注册成功，如图 4-8 所示，这时 Dubbo 服务已经成功发布。

```
Console ⊠  Problems  Debug Shell
ServiceProviderApplication [Java Application] /Library/Java/JavaVirtualMachines/jdk1.8.0_172.jdk/Contents/Home/bin/java (Jun 4, 2020, 12:26:25 PM)
2020-06-04 12:26:27.233  INFO 26041 --- [           main] com.alibaba.spring.util.BeanRegistrar    : The Infrastructure bean definition [Root bean: class [org.apache.dut
2020-06-04 12:26:27.237  INFO 26041 --- [           main] com.alibaba.spring.util.BeanRegistrar    : The Infrastructure bean definition [Root bean: class [org.apache.dut
2020-06-04 12:26:27.255  INFO 26041 --- [           main] .b.f.a.ConfigurationBeanBindingRegistrar : The configuration bean definition [name : org.apache.dubbo.config.Ap
2020-06-04 12:26:27.255  INFO 26041 --- [           main] com.alibaba.spring.util.BeanRegistrar    : The Infrastructure bean definition [Root bean: class [com.alibaba.sp
2020-06-04 12:26:27.255  INFO 26041 --- [           main] .b.f.a.ConfigurationBeanBindingRegistrar : The configuration bean definition [name : org.apache.dubbo.config.Re
2020-06-04 12:26:27.255  INFO 26041 --- [           main] .b.f.a.ConfigurationBeanBindingRegistrar : The configuration bean definition [name : org.apache.dubbo.config.Pr
2020-06-04 12:26:27.498  INFO 26041 --- [           main] .a.ConfigurationBeanBindingPostProcessor : The configuration bean [<dubbo:application name="user-service" valic
2020-06-04 12:26:27.508  INFO 26041 --- [           main] .a.ConfigurationBeanBindingPostProcessor : The configuration bean [<dubbo:registry address="zookeeper://127.0.€
2020-06-04 12:26:27.516  INFO 26041 --- [           main] .a.ConfigurationBeanBindingPostProcessor : The configuration bean [<dubbo:protocol name="dubbo" port="20880" va
2020-06-04 12:26:27.910  INFO 26041 --- [           main] o.a.c.f.imps.CuratorFrameworkImpl        : Starting
2020-06-04 12:26:27.921  INFO 26041 --- [           main] org.apache.zookeeper.ZooKeeper           : Client environment:zookeeper.version=3.4.13-2d71af4dbe22557fda74f9a9
2020-06-04 12:26:27.921  INFO 26041 --- [           main] org.apache.zookeeper.ZooKeeper           : Client environment:host.name=172.30.6.216
2020-06-04 12:26:27.921  INFO 26041 --- [           main] org.apache.zookeeper.ZooKeeper           : Client environment:java.version=1.8.0_172
2020-06-04 12:26:27.921  INFO 26041 --- [           main] org.apache.zookeeper.ZooKeeper           : Client environment:java.vendor=Oracle Corporation
2020-06-04 12:26:27.922  INFO 26041 --- [           main] org.apache.zookeeper.ZooKeeper           : Client environment:java.home=/Library/Java/JavaVirtualMachines/jdk1.
2020-06-04 12:26:27.922  INFO 26041 --- [           main] org.apache.zookeeper.ZooKeeper           : Client environment:java.class.path=/javaProjects/dubbo-provider/tarc
2020-06-04 12:26:27.922  INFO 26041 --- [           main] org.apache.zookeeper.ZooKeeper           : Client environment:java.library.path=/Users/hutong/Library/Java/Exte
2020-06-04 12:26:27.922  INFO 26041 --- [           main] org.apache.zookeeper.ZooKeeper           : Client environment:java.io.tmpdir=/var/folders/p1/s7mj8qdx4dl675dz9c
2020-06-04 12:26:27.922  INFO 26041 --- [           main] org.apache.zookeeper.ZooKeeper           : Client environment:java.compiler=<NA>
2020-06-04 12:26:27.922  INFO 26041 --- [           main] org.apache.zookeeper.ZooKeeper           : Client environment:os.name=Mac OS X
2020-06-04 12:26:27.922  INFO 26041 --- [           main] org.apache.zookeeper.ZooKeeper           : Client environment:os.arch=x86_64
2020-06-04 12:26:27.922  INFO 26041 --- [           main] org.apache.zookeeper.ZooKeeper           : Client environment:os.version=10.14.6
2020-06-04 12:26:27.922  INFO 26041 --- [           main] org.apache.zookeeper.ZooKeeper           : Client environment:user.name=hutong
2020-06-04 12:26:27.922  INFO 26041 --- [           main] org.apache.zookeeper.ZooKeeper           : Client environment:user.home=/Users/hutong
2020-06-04 12:26:27.922  INFO 26041 --- [           main] org.apache.zookeeper.ZooKeeper           : Client environment:user.dir=/javaProjects/dubbo-provider
2020-06-04 12:26:27.922  INFO 26041 --- [           main] org.apache.zookeeper.ZooKeeper           : Initiating client connection, connectString=127.0.0.1:2181 sessionTi
2020-06-04 12:26:27.938  INFO 26041 --- [localhost:2181)] org.apache.zookeeper.ClientCnxn          : Opening socket connection to server localhost/127.0.0.1:2181. Will r
2020-06-04 12:26:27.956  INFO 26041 --- [localhost:2181)] org.apache.zookeeper.ClientCnxn          : Socket connection established to localhost/127.0.0.1:2181, initiatir
2020-06-04 12:26:27.988  INFO 26041 --- [localhost:2181)] org.apache.zookeeper.ClientCnxn          : Session establishment complete on server localhost/127.0.0.1:2181, s
2020-06-04 12:26:27.991  INFO 26041 --- [ain-EventThread] o.a.c.f.state.ConnectionStateManager     : State change: CONNECTED
2020-06-04 12:26:28.433  INFO 26041 --- [           main] c.h.d.p.ServiceProviderApplication       : Started ServiceProviderApplication in 2.128 seconds (JVM running for
2020-06-04 12:26:28.436  INFO 26041 --- [pool-1-thread-1] .b.c.e.AwaitingNonWebApplicationListener :  [Dubbo] Current Spring Boot Application is await...
```

图 4-7 Dubbo 提供者正确启动

```
[zk: 127.0.0.1:2181(CONNECTED) 5] ls /
[zookeeper]
[zk: 127.0.0.1:2181(CONNECTED) 6] ls /
[dubbo, zookeeper]
[zk: 127.0.0.1:2181(CONNECTED) 7] ls /dubbo
[com.hutong.dubbo.interfaces.DemoService, config]
[zk: 127.0.0.1:2181(CONNECTED) 8] ls /dubbo/com.hutong.dubbo.interfaces.DemoService
[configurators, providers]
[zk: 127.0.0.1:2181(CONNECTED) 9] ls /dubbo/com.hutong.dubbo.interfaces.DemoService/providers
[dubbo%3A%2F%2F172.30.6.216%3A20880%2Fcom.hutong.dubbo.interfaces.DemoService%3Fanyhost%3Dtrue%26application%3Duser-service%2
6deprecated%3Dfalse%26dubbo%3D2.0.2%26dynamic%3Dtrue%26generic%3Dfalse%26interface%3Dcom.hutong.dubbo.interfaces.DemoService%
26methods%3DsayHello%26pid%3D27730%26release%3D2.7.5%26side%3Dprovider%26timestamp%3D1591253113760]
```

图 4-8 ZooKeeper 客户端查看服务注册信息

3. 服务的消费者

接下来，我们开始编写基于 JMeter 的消费者端。因为 JMeter 支持 Java 请求，所以我们可以将生产者打包部署到服务器上运行，将消费者打成 jar 包放在 JMeter 的/lib/ext 目录下，这样就能实现 JMeter 模拟消费者去请求服务器端，进行性能测试。

现在我们来讲解如何将上面的消费者端的代码编写成可以打成 jar 包放到 JMeter 中的代码。

（1）新建一个 Maven 工程，与提供者类似。

（2）导入 pom.xml 依赖文件，主要需要引入 4 个核心部分内容 Dubbo、ZooKeeper 客户端 Curator

Framework、JMeter 自带的扩展包和需要测试的服务接口包。

首先我们需要 Dubbo 和 ZooKeeper 相关的依赖，注意和提供者中引用的 Dubbo 版本保持一致，此处使用的都是 2.7.5 版本。

```
<dependency>
    <groupId>org.apache.dubbo</groupId>
    <artifactId>dubbo</artifactId>
    <version>2.7.5</version>
        <exclusions>
            <exclusion>
                <groupId>org.slf4j</groupId>
                <artifactId>slf4j-log4j12</artifactId>
            </exclusion>
        </exclusions>
</dependency>
<dependency>
    <groupId>org.slf4j</groupId>
    <artifactId>slf4j-api</artifactId>
    <version>1.7.30</version>
</dependency>

<dependency>
    <groupId>org.apache.curator</groupId>
    <artifactId>curator-framework</artifactId>
    <version>2.8.0</version>
</dependency>
<dependency>
    <groupId>org.apache.curator</groupId>
    <artifactId>curator-recipes</artifactId>
    <version>2.8.0</version>
</dependency>
```

其次需要 JMeter 自带的一些扩展包，我们采用本地导入的方式，也是需要保持版本一致，此处使用的 JMeter 版本是 5.2.1。重点引入本地下载的 JMeter 项目的依赖 ApacheJmeter_core.jar 和 ApacheJmeter_java.jar。这种引入方式，可以避免因为项目依赖和 JMeter 依赖的冲突问题，导致后面 JMeter 启动失败 。

```
<dependency>
    <groupId>Jmeter</groupId>
    <artifactId>Jmeter-core</artifactId>
    <version>5.2.1</version>
    <scope>system</scope>
    <systemPath>/apache-Jmeter-5.2.1/lib/ext/ApacheJmeter_core.jar</systemPath>
</dependency>

<dependency>
```

```
        <groupId>Jmeter</groupId>
        <artifactId>Jmeter-java</artifactId>
        <version>5.2.1</version>
        <scope>system</scope>
        <systemPath>/apache-Jmeter-5.2.1/lib/ext/ApacheJmeter_java.jar</systemPath>
    </dependency>

    <dependency>
        <groupId>Jmeter</groupId>
        <artifactId>Jmeter-jorphan</artifactId>
        <version>5.2.1</version>
        <scope>system</scope>
        <systemPath>/apache-Jmeter-5.2.1/lib/jorphan.jar</systemPath>
    </dependency>

    <dependency>
        <groupId>Jmeter</groupId>
        <artifactId>Jmeter-oro</artifactId>
        <version>2.0.8</version>
        <scope>system</scope>
        <systemPath>/apache-Jmeter-5.2.1/lib/oro-2.0.8.jar</systemPath>
    </dependency>
```

最后我们需要待测试的接口包，即需要把待测试的 Dubbo 接口导入工程，否则在后续代码中引用会找不到的。

```
<!-- 新增测试接口 -->
<dependency>
    <groupId>com.dahuaxingneng</groupId>
    <artifactId>dubbo-api</artifactId>
    <version>2.0</version>
</dependency>
```

所以，我们需要把上述提供者提供的服务接口打包并发布到 Maven 仓库中，具体的步骤方法如下。

首先，打包配置。这里打包只需要把我们编写的接口声明代码放进去即可，所以只需在 dubbo-provider 的 pom 文件中的 build 处配置如下内容，这样就不会把其他 jar 包放进去，避免冲突的可能，另外包的大小也会小很多。

```
<!-- 直接打包，不打包依赖包，仅打包项目中的代码到 jar 包 -->
<plugin>
    <groupId>org.apache.maven.plugins</groupId>
    <artifactId>maven-compiler-plugin</artifactId>
    <configuration>
        <source>1.8</source>
        <target>1.8</target>
    </configuration>
</plugin>
```

然后，命令行打包。我们进入到需要打包的项目工程的目录下，执行命令 mvn clean package，成功后在 target 目录下会自动产生 jar 文件，具体信息如下。

```
MacBook-Pro: dubbo-provider hutong$ mvn clean package
[INFO] Scanning for projects...
[INFO]
[INFO] --------------------< com.hutong: dubbo-provider >---------------------
[INFO] Building dubbo-provider 0.0.1-SNAPSHOT
[INFO] --------------------------------[ jar ]---------------------------------
[INFO]
[INFO] --- maven-clean-plugin: 3.1.0: clean (default-clean) @ dubbo-provider ---
[INFO] Deleting /Users/hutong/eclipse-workspace/dubbo-provider/target
[INFO]
[INFO] --- maven-resources-plugin: 3.1.0: resources (default-resources) @ dubbo-
provider ---
[INFO] Using 'UTF-8' encoding to copy filtered resources.
[INFO] Copying 0 resource
[INFO]
[INFO] --- maven-compiler-plugin: 3.8.1: compile (default-compile) @ dubbo- provider ---
[INFO] Changes detected - recompiling the module!
[INFO] Compiling 3 source files to /Users/hutong/eclipse-workspace/dubbo-provider/target/
classes
[INFO]
[INFO] --- maven-resources-plugin: 3.1.0: testResources (default-
testResources) @ dubbo-provider ---
[INFO] Using 'UTF-8' encoding to copy filtered resources.
[INFO] Copying 0 resource
[INFO]
[INFO] --- maven-compiler-plugin: 3.8.1: testCompile (default-testCompile) @ dubbo-
provider ---
[INFO] Changes detected - recompiling the module!
[INFO]
[INFO] --- maven-surefire-plugin: 2.22.2: test (default-test) @ dubbo-provider ---
[INFO]
[INFO] --- maven-jar-plugin: 3.1.2: jar (default-jar) @ dubbo-provider ---
[INFO] Building jar:  /Users/hutong/eclipse-workspace/dubbo-provider/target/dubbo-provider-
0.0.1-SNAPSHOT.jar
[INFO] ------------------------------------------------------------------------
[INFO] BUILD SUCCESS
[INFO] ------------------------------------------------------------------------
[INFO] Total time:  1.326 s
[INFO] Finished at:  2020-05-12T10: 23: 30+08: 00
[INFO] ------------------------------------------------------------------------
```

最后，将 jar 包发布到本地仓库。添加该本地 jar 包到本地 Maven 仓库，方便其他项目的引用。

进入到本地 jar 包所在的目录，然后执行如下命令：

```
mvn install: install-file-Dfile=dubbo-provider.jar-DgroupId=com.dahuaxingneng-DartifactId=
dubbo- api-Dversion=2.0-Dpackaging=jar
```

最后成功发布后的输出信息如下：

```
MacBook-Pro: Downloads hutong$ mvn install: install-file  -Dfile=dubbo-provider.jar -
DgroupId=com.dahuaxingneng -DartifactId=dubbo-api -Dversion=2.0 -Dpackaging=jar
[INFO] Scanning for projects...
[INFO]
[INFO] ------------------< org.apache.maven: standalone-pom >-------------------
[INFO] Building Maven Stub Project (No POM) 1
[INFO] --------------------------------[ pom ]---------------------------------
[INFO]
[INFO] --- maven-install-plugin: 2.4: install-file (default-cli) @ standalone-pom ---
[INFO] Installing /Users/hutong/Downloads/dubbo-provider.jar to /Users/hutong/.m2/repository/
com/dahuaxingneng/dubbo-api/1.0/dubbo-api-2.0.jar
[INFO] Installing /var/folders/p1/s7mj8qdx4dl675dz9c0gj2mm0000gn/T/mvninstall296025971290
598553.pom to /Users/hutong/.m2/repository/com/dahuaxingneng/dubbo-api/2.0/dubbo-api-2.0.pom
[INFO] ------------------------------------------------------------------------
[INFO] BUILD SUCCESS
[INFO] ------------------------------------------------------------------------
[INFO] Total time:  0.318 s
[INFO] Finished at:  2020-05-12T10: 04: 05+08: 00
[INFO] ------------------------------------------------------------------------
```

dubboForJmeter 成功导入 Maven 依赖包后，然后用鼠标右键单击执行 maven-update project。在 Maven Depencies 工程目录下，显示如图 4-9 所示。其中，重点需要观察一下 dubbo-api-2.0.jar 包里的内容，如果之前正确打包的话，该 jar 包展开后的结构应该如图 4-10 所示，如果不是，后续工程会报找不到对应接口的错误。

提示

Maven 仓库默认地址的下载速度十分慢，我们可以修改 Maven 软件安装目录中的 config/setting.xml 文件，重设 mirror 内容，利用阿里云的 Maven 仓库来提升下载依赖包的速度，即更改为如下内容：

```
<mirror>
    <id>aliyun</id>
    <name>aliyun Maven</name>
    <mirrorOf>*</mirrorOf>
    <url>aliyun 的 Maven 仓库地址</url>
 </mirror>
```

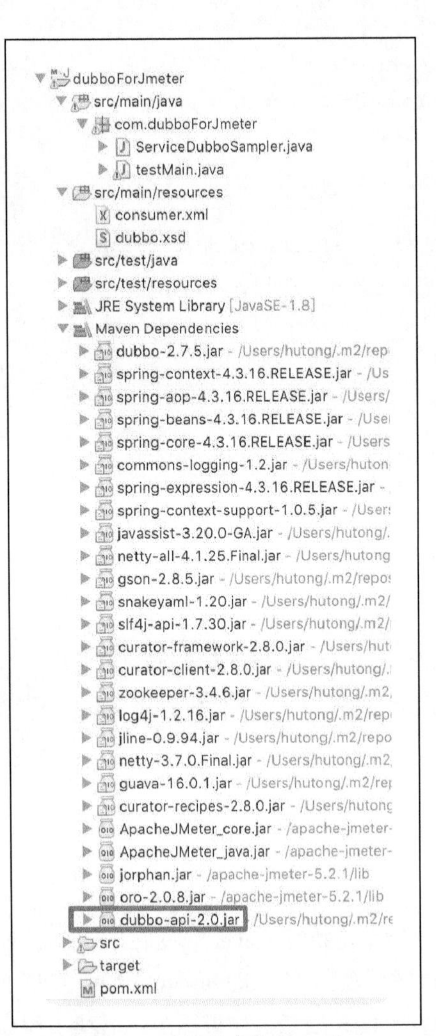

图 4-9　工程成功导入 jar 包

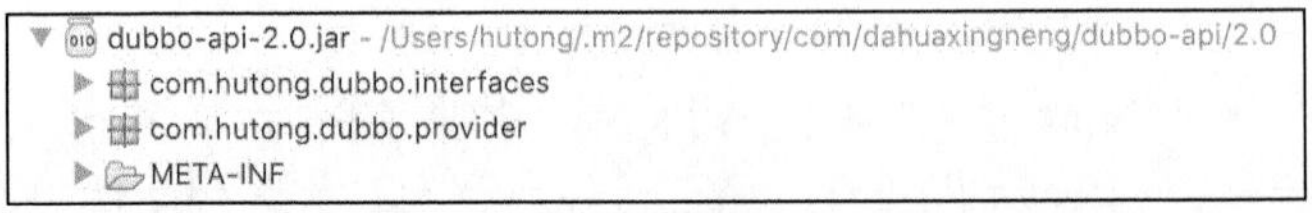

dubbo-api-2.0.jar - /Users/hutong/.m2/repository/com/dahuaxingneng/dubbo-api/2.0
com.hutong.dubbo.interfaces
com.hutong.dubbo.provider
META-INF

图 4-10　待测的接口 jar 包结构

（3）添加配置文件，主要有 2 个配置文件。注意，配置文件放在 src/main/resources 目录下。其中，consumer.xml 文件通过 XML 的方式引用需要调用的服务的接口类名和 ZooKeeper 地址信息，具体内容如下。

```
<?xml version="1.0" encoding="UTF-8"?>
…
<!--  消费者应用名，用于计算依赖关系，不是匹配条件，不要与生产者一样 -->
<dubbo:application name="hello-consumer"/>
<!--  使用 ZooKeeper 注册中心发现服务地址 -->
<dubbo:registry address="zookeeper://127.0.0.1:2181"/>
<!--  生成远程服务代理，可以和本地 bean 一样使用 demoService -->
<dubbo:reference id="helloService"
interface="com.hutong.dubbo.interfaces.DemoService"/>
```

```
</beans>
```

提示

Dubbo 的常用配置标签含义具体说明如下。

（1）<dubbo:service/>配置标签用于暴露一个服务，定义服务的元信息，一个服务可以用多个协议暴露，一个服务也可以注册到多个注册中心。服务暴露后，可被订阅的服务调用。下面为重要参数的说明。

- interface：必填，服务接口名，实际就是一个 Java 类的完整路径，例如，com.hutong.dubbo.interfaces.DemoService。订阅者调用此暴露的服务实际就是调用此类拥有的功能（在 Java 中实际是此类具有的方法）。
- ref：必填，服务对象实现引用。

（2）<dubbo:reference/>配置标签用于创建一个远程服务代理，一个引用可以指向多个注册中心。它指明了要订阅的服务。

- id：必填，服务引用 BeanId。
- interface：必填，服务接口名。
- timeout：服务方法调用超时时间（毫秒）。
- retries：远程服务调用重试次数，不包括第一次调用。如果不需要重试则设为 0。
- check：默认会在启动时检查依赖的服务是否可用，不可用时会抛出异常，阻止 Spring 初始化完成，以便上线时能及早发现问题，默认 check="true"。我们可以通过 check="false"关闭检查，例如，测试时，有些服务不需要关心，或者出现了循环依赖，必须有一方先启动。
- loadbalance：负载均衡策略，可选值为 random、roundrobin 和 leastactive，分别表示随机、轮循和最少活跃调用。

（3）<dubbo:protocol/>配置标签用于配置提供服务的协议信息，协议由提供方指定，消费方被动接受。它指明了消费者消费时使用的通行协议，Dubbo 支持的有 HTTP、Dubbo、Redis、memcache、rmi 等，也可以自行扩展，默认是 Dubbo。

- name：协议名称，默认是 Dubbo。
- port：服务端口，Dubbo 协议默认端口为 20880，RMI 协议默认端口为 1099，HTTP 和 Hessian 协议默认端口为 80。如果 port 配置为 -1 或者没有配置，则会分配一个没有被占用的端口。Dubbo 2.4.0 版本以上分配的端口在协议默认端口的基础上增长，确保端口段可控。

（4）<dubbo:registry/>配置标签用于配置连接注册中心相关信息，Dubbo 支持多播、单播和 Redis，或使用 ZooKeeper。官方推荐使用 ZooKeeper。

- address：必填，注册中心服务器地址。如果地址没有端口默认为 9090。同一集群内的多个地址用逗号分隔，如“ip:port,ip:port”。不同集群的注册中心，需配置多个<dubbo:registry/>标签。

第二个配置文件为 dubbo.xsd，这里需要注意，因为 code.alibabatech.com 已经不提供服务了，所以该网址无法访问，因此需要手动添加该文件，否则后面集成 JMeter 时会出问题。在刚刚下载的项目的依赖中找到 Dubbo 的 jar 包，将包目录下的配置文件 dubbo.xsd 复制到项目的 src/main/resources 目录下即可。

（4）开始编写代码。自定义的 Java Sampler 测试类需要继承 AbstractJavaSamplerClient 抽象类，并且我们需要重载 setupTest、runTest 和 teardownTest 这 3 个方法。

- setupTest：用于构建测试环境。我们在这里可以初始化 Spring 以及 Dubbo 上下文，获取服务器端的 bean。
- runTest：具体的测试逻辑。我们在这里向服务器端发送了一个 sayHello 请求，然后借助 Sample Result 类将服务器端的返回值回显到 JMeter。
- teardownTest：执行收尾工作。例如，释放相关资源等。

具体代码如代码清单 4-4 所示。

代码清单 4-4　ServiceDubboSampler.java

```
package com.dubboForJmeter;

/**
* @author hutong
* @datetime May 8, 2020 10:03:54 AM
* @other 微信公众号：大话性能
*/

import java.util.Random;

import org.apache.jmeter.config.Arguments;
import org.apache.jmeter.protocol.java.sampler.AbstractJavaSamplerClient;
import org.apache.jmeter.protocol.java.sampler.JavaSamplerContext;
import org.apache.jmeter.samplers.SampleResult;
import org.springframework.context.support.ClassPathXmlApplicationContext;

import com.hutong.dubbo.interfaces.DemoService;

public class ServiceDubboSampler extends AbstractJavaSamplerClient {
    private static ClassPathXmlApplicationContext applicationContext = new
ClassPathXmlApplicationContext(
            "classpath*:consumer.xml");

    private DemoService demoService;
    private static long start = 0;
    private static long end = 0;

    /**
     * 测试开始时执行
     *
     * @param context
```

```
 */

// 该方法设置的参数，都会出现在 JMeter 的参数列表中，并且展示相关设置的默认值
public Arguments getDefaultParameters() {
     Arguments params = new Arguments();
     // params.addArgument("title","casetitle");
     return params;
}

@Override
public void setupTest(JavaSamplerContext context) {
     super.setupTest(context);
     // 在此处加载 bean 对象，引入需要测试的 Dubbo 服务对象
     demoService = (DemoService) applicationContext.getBean("helloService");
     start = System.currentTimeMillis();
     // System.out.println("11111");
}

public SampleResult runTest(JavaSamplerContext javaSamplerContext) {
     SampleResult sr = new SampleResult();
     sr.setSamplerData("dubbo 请求");
     sr.sampleStart();
     // 此处可以增加请求的 label，也可以不变
     // sr.setSampleLabel(title);
     /*
     *从 JMeter 中获取相关的参数，组装后，调用相关的接口
     * long
     * erpStoreId=Long.parseLong(javaSamplerContext.getParameter("erpStoreId"));
     * Double
     * latitude=Double.parseDouble(javaSamplerContext.getParameter("latitude"));
     */
     System.out.println("consumer start");
     Random r = new Random();
     try {
         // 真正调用 Dubbo 服务接口
         String result = demoService.sayHello(r.nextInt(100000) + "tt");
         System.out.println("respones from dubbo service: " + result);
         sr.setResponseData("from provider:" + result, null);
         sr.setDataType(SampleResult.TEXT);
         sr.setSuccessful(true);

     } catch (Exception e) {
          e.printStackTrace();
     }

     /*
     *
     *
     * try { boolean result = sendMsgService.sendMsgSync(mqMessage);
```

```
        * System.out.println(String.format("消息发送%s", result ? "成功" : "失败")); if
        * (result) { sr.setResponseData(String.format("消息发送%s", result ? "成功" : "失败"),
        * "utf-8"); sr.setDataType(SampleResult.TEXT); sr.setSuccessful(true); } else {
        * sr.setSuccessful(false); } } catch (ServiceException e) {
        * sr.setResponseData(e.getMessage(), "utf-8");
        * sr.setDataType(SampleResult.TEXT); sr.setSuccessful(false); }
        */
        sr.sampleEnd();
        return sr;
    }

    /**
     * 测试结束时执行
     *
     * @param context
     */
    @Override
    public void teardownTest(JavaSamplerContext context) {
        end = System.currentTimeMillis();
        System.out.println("该请求共耗时:" + (end - start) + "毫秒");
    }
}
```

我们可以将代码打成一个 jar 包，然后传到 JMeter 的 lib/ext 目录下进行调试，但是这样太麻烦了。这里可以直接用 main 函数调试，当这里 main 函数调试成功后，再打成 jar 包，然后上传到 JMeter 的相关路径，再进行测试，这样做会高效很多。main 函数的具体代码如代码清单 4-5 所示。

代码清单 4-5　.testMain.java

```
package com.dubboForJmeter;

import org.apache.dubbo.config.spring.context.annotation.EnableDubbo;
import org.apache.jmeter.config.Arguments;
import org.apache.jmeter.protocol.java.sampler.JavaSamplerContext;

/**
 * @author hutong
 * @datetime May 11, 2020 2:42:55 PM
 * @other 微信公众号：大话性能
 */

public class testMain {
   public static void main(String[] args) {
        JavaSamplerContext context = new JavaSamplerContext(new Arguments());
        ServiceDubboSampler test = new ServiceDubboSampler();
        test.setupTest(context);
        test.runTest(context);
        test.teardownTest(context);
  }
}
```

运行启动后，成功显示，如图 4-11 和图 4-12 所示，消费者和提供者信息都打印了出来。

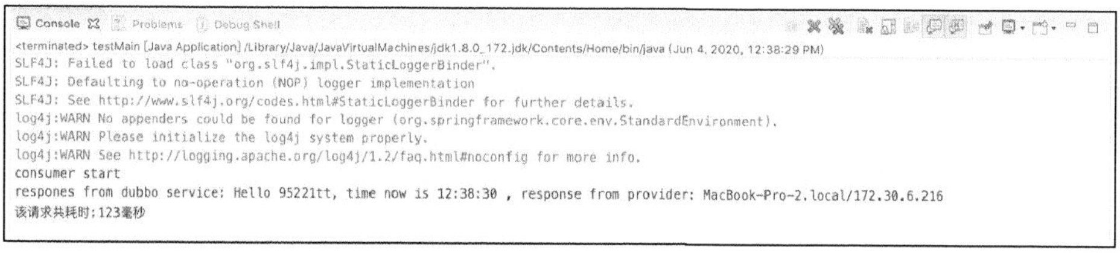

```
Console ⊠  Problems  Debug Shell
<terminated> testMain [Java Application] /Library/Java/JavaVirtualMachines/jdk1.8.0_172.jdk/Contents/Home/bin/java (Jun 4, 2020, 12:38:29 PM)
SLF4J: Failed to load class "org.slf4j.impl.StaticLoggerBinder".
SLF4J: Defaulting to no-operation (NOP) logger implementation
SLF4J: See http://www.slf4j.org/codes.html#StaticLoggerBinder for further details.
log4j:WARN No appenders could be found for logger (org.springframework.core.env.StandardEnvironment).
log4j:WARN Please initialize the log4j system properly.
log4j:WARN See http://logging.apache.org/log4j/1.2/faq.html#noconfig for more info.
consumer start
respones from dubbo service: Hello 95221tt, time now is 12:38:30 , response from provider: MacBook-Pro-2.local/172.30.6.216
该请求共耗时:123毫秒
```

图 4-11　JMeter 消费者调用 Dubbo 服务

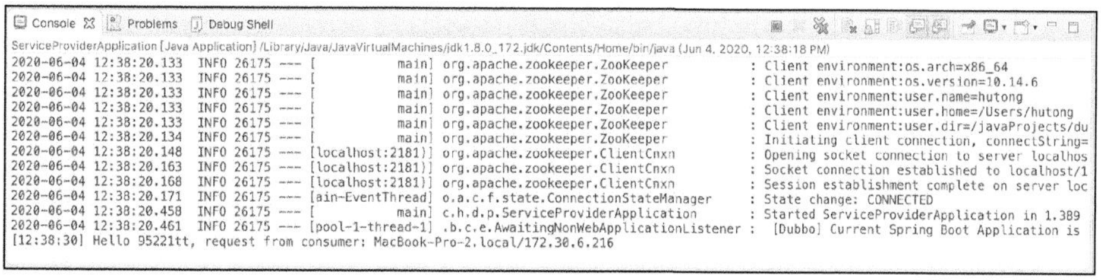

```
Console ⊠  Problems  Debug Shell
ServiceProviderApplication [Java Application] /Library/Java/JavaVirtualMachines/jdk1.8.0_172.jdk/Contents/Home/bin/java (Jun 4, 2020, 12:38:18 PM)
2020-06-04 12:38:20.133  INFO 26175 --- [           main] org.apache.zookeeper.ZooKeeper           : Client environment:os.arch=x86_64
2020-06-04 12:38:20.133  INFO 26175 --- [           main] org.apache.zookeeper.ZooKeeper           : Client environment:os.version=10.14.6
2020-06-04 12:38:20.133  INFO 26175 --- [           main] org.apache.zookeeper.ZooKeeper           : Client environment:user.name=hutong
2020-06-04 12:38:20.133  INFO 26175 --- [           main] org.apache.zookeeper.ZooKeeper           : Client environment:user.home=/Users/hutong
2020-06-04 12:38:20.133  INFO 26175 --- [           main] org.apache.zookeeper.ZooKeeper           : Client environment:user.dir=/javaProjects/du
2020-06-04 12:38:20.134  INFO 26175 --- [           main] org.apache.zookeeper.ZooKeeper           : Initiating client connection, connectString=
2020-06-04 12:38:20.148  INFO 26175 --- [localhost:2181)] org.apache.zookeeper.ClientCnxn          : Opening socket connection to server localhos
2020-06-04 12:38:20.163  INFO 26175 --- [localhost:2181)] org.apache.zookeeper.ClientCnxn          : Socket connection established to localhost/1
2020-06-04 12:38:20.168  INFO 26175 --- [localhost:2181)] org.apache.zookeeper.ClientCnxn          : Session establishment complete on server loc
2020-06-04 12:38:20.171  INFO 26175 --- [ain-EventThread] o.a.c.f.state.ConnectionStateManager     : State change: CONNECTED
2020-06-04 12:38:20.458  INFO 26175 --- [           main] c.h.d.p.ServiceProviderApplication       : Started ServiceProviderApplication in 1.389
2020-06-04 12:38:20.461  INFO 26175 --- [pool-1-thread-1] .b.c.e.AwaitingNonWebApplicationListener :  [Dubbo] Current Spring Boot Application is
[12:38:30] Hello 95221tt, request from consumer: MacBook-Pro-2.local/172.30.6.216
```

图 4-12　提供者信息

（5）调试成功后，我们就可以把代码打成 jar 包了。首先，我们需要在工程的 pom.xml 文件中添加如下的打包插件，注意，需要把相关的依赖和配置都打进去，然后利用 Maven 的命令行 mvn clean package 打包。

```
<!-- 打 jar 包的插件 -->
<plugin>
    <groupId>org.apache.maven.plugins</groupId>
    <artifactId>maven-jar-plugin</artifactId>
        <configuration>
            <archive>
                <manifest>
                    <addClasspath>true</addClasspath>
                    <classpathPrefix>lib</classpathPrefix>
                    <!-- 程序启动入口 -->
                    <mainClass>com.dubboForJmeter.testMain</mainClass>
                </manifest>
                <manifestEntries>
                    <!-- 将 lib 包抽到上一层文件夹中，classpathPrefix 属性是包名 -->
                    <Class-Path>./</Class-Path>
                </manifestEntries>
            </archive>
            <excludes>
                <!-- 将 config/**抽离出来 -->
                <exclude>config/**</exclude>
                <exclude>spring/**</exclude>
            </excludes>
        </configuration>
```

```
    </plugin>
    <plugin>
        <groupId>org.apache.maven.plugins</groupId>
        <artifactId>maven-assembly-plugin</artifactId>
            <configuration>
                <descriptorRefs>
                    <descriptorRef>jar-with-dependencies</descriptorRef>
                 </descriptorRefs>
            </configuration>
            <executions>
                 <execution>
                      <id>make-assembly</id>
                      <phase>package</phase>
                      <goals>
                           <goal>single</goal>
                      </goals>
                 </execution>
            </executions>
    </plugin>
```

打包无报错后，我们只需要把testDubboJmeter-jar-with-dependencies.jar导入到JMeter的lib/ext目录下。新建一个Java请求如图4-13所示，即可看到Classname下拉框中有自定义扩展的com.dubboForJmeter.ServiceDubboSampler类。然后，简单调试，如图4-14所示。运行成功后，我们加大并发线程数目，将脚本放到服务器上通过命令行方式即可开始压测。

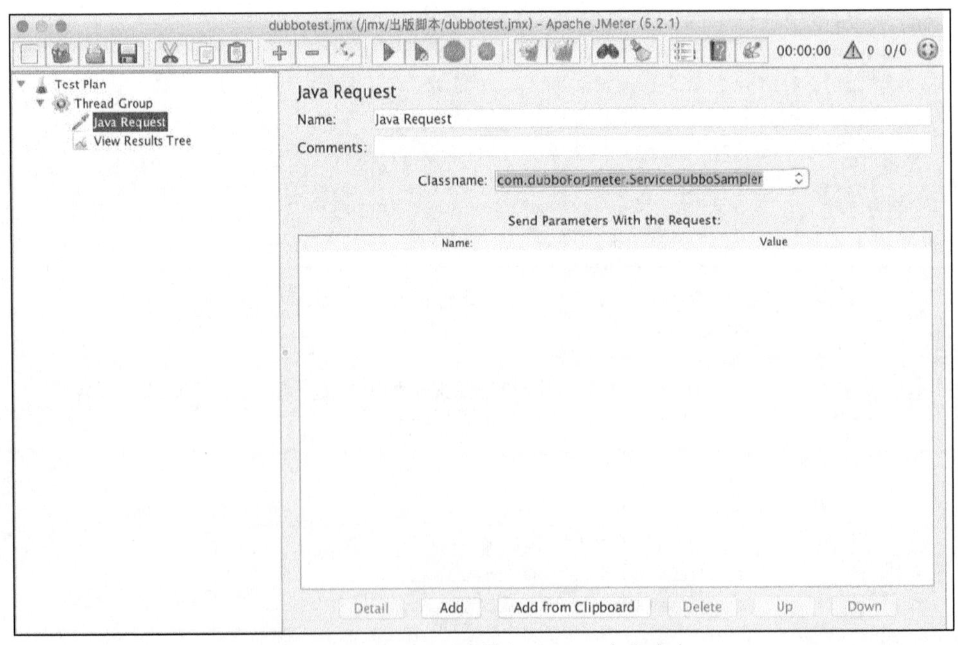

图4-13 JMeter正确导入Dubbo自定义包

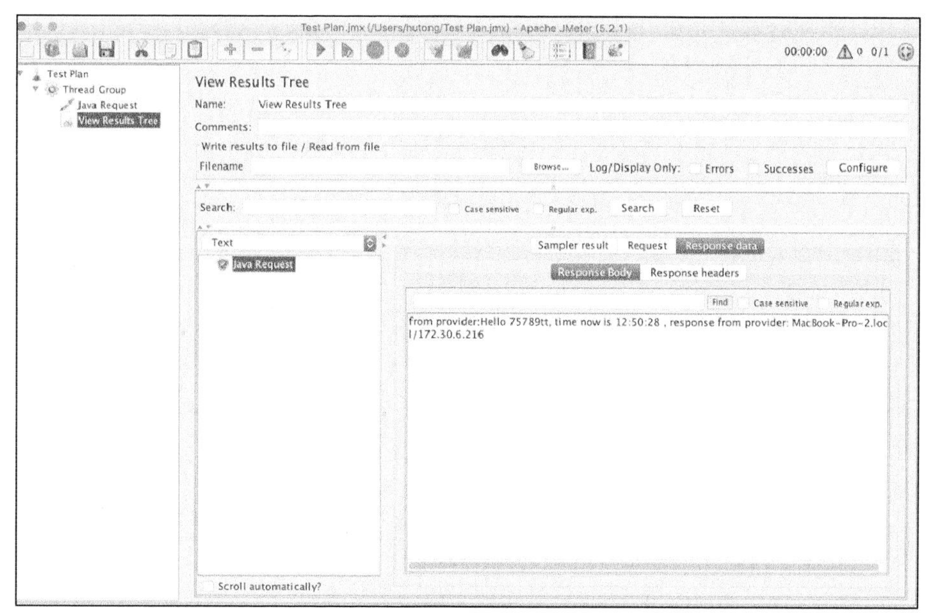

图 4-14　JMeter 调试 Dubbo 脚本

在此期间遇到的错误和解决方法总结如下，供读者参考与借鉴。

（1）在 eclipse 工具上，代码调试成功，而打成 jar 包后放到服务器上运行，报错如下：

```
    Caused by: org.springframework.beans.factory.BeanDefinitionStoreException: IOException
parsing XML document from class path resource [dubbo_consumer.xml]; nested exception is
java.io.FileNotFoundException: class path resource [dubbo_consumer.xml] cannot be opened
because it does not exist.
```

解决方法如下。

- 如果 XML 文件放错了地方，即没有放在/src/main/resources 目录下，而是放到了/src/test/resources 目录下，将其放在正确目录下即可。
- 如果代码中加载 XML 文件没有加 classpath*，如 new ClassPathXmlApplicationContext ("classpath*:consumer.xml")，加上 classpath*后即可在 jar 包中找到配置文件。

（2）打成 jar 包后出错，总是找不到 bean，报错如下：

```
    org.springframework.beans.factory.NoSuchBeanDefinitionException: No bean named 'demoS
ervice' is defined。
```

解决方法是我们可以将待发布的 Dubbo 服务接口打成 jar 包后发布到本地仓库，然后通过 pom 方式导入到 JMeter 的消费者代码工程中。

（3）报空指针错误：

```
java.lang.NullPointerException: null
at com.hutong.dubbo.consumer.Consumer.consume(Consumer.java: 25) ~[classes/: na]
at sun.reflect.NativeMethodAccessorImpl.invoke0(Native Method) ~[na: 1.8.0_172]
```

```
    at sun.reflect.NativeMethodAccessorImpl.invoke(NativeMethodAccessorImpl.java: 62) ~
[na: 1.8.0_172]
    at sun.reflect.DelegatingMethodAccessorImpl.invoke(DelegatingMethodAccessorImpl.java:
43) ~[na: 1.8.0_172]
```

这可能是代码中不正确地使用static字段导致的，解决方法如下所示。

```
@Reference(check = false)
private static DemoService demoService;
```

我们把static去掉即可。

（4）报找不到方法错误：

```
java.lang.NoSuchMethodError: org.springframework.util.ClassUtils.getMethod(Ljava/lang/
Class;Ljava/lang/String;[Ljava/lang/Class;)Ljava/lang/reflect/Method;
```

Dubbo与Spring整合时出现包冲突，即Dubbo中Maven依赖传递时存在Spring包，然后在项目中引入Spring时就会出现包冲突。解决办法是我们可以在引入Dubbo依赖时，除去Spring依赖。

```
<dependency>
    <groupId>com.alibaba</groupId>
    <artifactId>dubbo</artifactId>
      <version>${dubbo.version}</version>
        <exclusions>
          <exclusion>
              <artifactId>spring</artifactId>
              <groupId>org.springframework</groupId>
          </exclusion>
        </exclusions>
</dependency>
```

（5）错误信息如下：

```
***Multiple annotations found at this line:
- cvc-complex-type.2.4.c: The matching wildcard is strict, but no declaration can be
found for element 'dubbo:application'.
- schema_reference.4: Failed to read schema document 'XXX/schema/dubbo/dubbo.xsd',
because 1) could not find the
document; 2) the document could not be read; 3) the root element of the document is not .*
```

解决方法如下。

由于code.alibabatech.com已经停止了服务，系统没有找到dubbo.xsd这个文件，我们需要手动添加dubbo.xsd文件。因此我们可以直接在pom文件中配置Dubbo的依赖，然后下载dubbo.jar，解压后将dubbo.xsd文件复制出来，并通过如下方式添加至JMeter中。

首先，依次选择window→Preferences→XML→XML Catalog→User Specified Entries选项打开窗口，单击Add按钮。

然后，在Add XML Catalog Entry对话框中选择或输入以下内容。

- Location：/dubbo/dubbo.xsd，此项须更改为自己的实际目录。
- Key Type：Schema Location。
- KEY: dubbo.xsd 的默认 URL。

（6）Dubbo 抛出异常 threadpool is exhausted。

Dubbo 生产者线程池默认有 200 个线程，如果压测的时候设置线程个数超过 200，这时候我们需要修改生产者线程池中的线程个数。具体来说是调用 ProtocolConfig 类的 setThreads 方法来设置，或者采用 XML 方式，设置 threads=500。

4.1.3 二次优化脚本和问题

如果需要写 *n* 个 Dubbo 服务的接口，那么我们就要写类似的 *n* 个类，虽说复制粘贴很容易，但这样会产生一堆类文件，很冗余，这里我们可以用 Java 的反射机制来实现方法的动态调用。简单地说就是在 runTest()方法中不固定具体用例调用的方法，而是由 Java 反射机制通过输入参数来决定。

假设 DemoService 类中声明了两个方法，我们需要对这两个 Dubbo 接口进行性能测试，则利用反射机制导出一个 jar 包即可。具体代码如代码清单 4-6 所示。

代码清单 4-6　DemoService.java

```
package com.hutong.dubbo.interfaces;
/**
* @author hutong
* @datetime May 10, 2020 7:52:39 PM
* @other 微信公众号：大话性能
*/
public interface DemoService {
    String sayHello(String name);
    String sayHi(String name, String nickName);
}
```

我们先写一个抽象类来继承 AbstractJavaSamplerClient，里面只写动态调用的方法，其他方法在用例类中重写。具体代码如代码清单 4-7 所示。

代码清单 4-7　AbstractServiceClient.java

```
package com.dubboForJmeter;

import java.lang.reflect.InvocationTargetException;
import java.lang.reflect.Method;
import org.apache.jmeter.protocol.java.sampler.AbstractJavaSamplerClient;
import org.apache.jmeter.protocol.java.sampler.JavaSamplerContext;
import org.apache.jmeter.samplers.SampleResult;

/**
 * @author hutong
 * @datetime Jun 4, 2020
```

```
 * @other 微信公众号：大话性能
 */

public abstract class AbstractServiceClient extends AbstractJavaSamplerClient {
    public Object invokeRunTest(String testName, JavaSamplerContext context, SampleResult
sampleResult)  {
        Method[] methods = this.getClass().getMethods(); // 通过反射，获取该类拥有的方法
        for (Method method : methods) {
                if (method.getName().equalsIgnoreCase(testName)) {
                        try {
                              return method.invoke(this, context, sampleResult);
                        } catch (IllegalArgumentException e) {
                              e.printStackTrace();
                        } catch (IllegalAccessException e) {
                              e.printStackTrace();
                        } catch (InvocationTargetException e) {
                              e.printStackTrace();
                        }
                }
        }
        return null;
    }
}
```

测试具体的用例类继承上面的动态方法调用的抽象类。这里我们新增了一个参数 testName，通过这个参数来决定具体调用哪个用例方法。这样，我们就实现了在同一个类中写不同的测试用例，方便而且优雅，具体代码如代码清单 4-8 所示。

代码清单 4-8 DynamicMethodInvokeSampler.java

```
package com.dubboForJmeter;

import org.apache.jmeter.config.Arguments;
import org.apache.jmeter.protocol.java.sampler.JavaSamplerContext;
import org.apache.jmeter.samplers.SampleResult;
import org.springframework.context.support.ClassPathXmlApplicationContext;

import com.hutong.dubbo.interfaces.DemoService;

/**
 * @author hutong
 * @datetime  Jun 4, 2020
 * @other 微信公众号：大话性能
 */

public class DynamicMethodInvokeSampler extends AbstractServiceClient{
 // 定义 label 名称，显示在 JMeter 的结果窗口
```

```
    private static String label_name = "dubbo_consumer";
    private static ClassPathXmlApplicationContext applicationContext = new ClassPathXml
ApplicationContext("classpath*:consumer.xml");
    private DemoService demoService;

    @Override
    public void setupTest(JavaSamplerContext context) {
      // 定义测试初始值，setupTest 只在测试开始前使用
      super.setupTest(context);
      // demoService = (DemoService) cxt.getBean("demoService");
      demoService = (DemoService) applicationContext.getBean("helloService");
    }

    @Override
    public Arguments getDefaultParameters() {
      // 参数定义，显示在前台，也可以不定义
      Arguments params = new Arguments();
      params.addArgument("name","hutong");
      params.addArgument("nickName","TT");
      params.addArgument("testApi","sayHi");
      return params;
    }
    @Override
    public SampleResult runTest(JavaSamplerContext context) {
      String testName = context.getParameter("testApi");
      SampleResult sr = new SampleResult();
      System.out.println("testName :"+testName);
      super.invokeRunTest(testName,context,sr); // 根据接口名调用对应的服务
      return sr;
    }
    // Dubbo 接口 1 具体的测试用例
    public void sayHello(JavaSamplerContext context,SampleResult sr){
      boolean success = true;
      sr.setSampleLabel("dubbo sayHello");
      System.out.println("dubbo sayHello");
      sr.sampleStart();
      try {
        String name = context.getParameter("name");
        String msg = demoService.sayHello(name);
        //Thread.sleep(5000);
        System.out.println(msg);
        sr.setResponseMessage(msg);
        sr.setResponseCode("1000");
      } catch (Exception e) {
        success = false;
      }finally{
        sr.sampleEnd();
        sr.setSuccessful(success);
```

```
      }
    }

    // Dubbo 接口 2 具体的测试用例
    public void sayHi(JavaSamplerContext context,SampleResult sr){
      boolean success = true;
      sr.setSampleLabel("dubbo sayHi");
      System.out.println("dubbo sayHi");
      sr.sampleStart();
      try {
        String name = context.getParameter("name");
        String nickName = context.getParameter("nickName");
        String msg = demoService.sayHi(name,nickName);
        // Thread.sleep(5000);
        System.out.println(msg);
        sr.setResponseMessage(msg);
        sr.setResponseCode("1001");
      } catch (Exception e) {
        success = false;
      }finally{
        sr.sampleEnd();
        sr.setSuccessful(success);
      }
    }

    @Override
    public void teardownTest(JavaSamplerContext context){
      super.teardownTest(context);
    }

    public static void main(String[] args) {
    DynamicMethodInvokeSampler test = new DynamicMethodInvokeSampler();
    Arguments arguments =test.getDefaultParameters();
    JavaSamplerContext context = new JavaSamplerContext(arguments);
    test.setupTest(context);
    test.runTest(context);
    test.teardownTest(context);
   }
  }
```

按照 4.1.2 节的方法将 Dubbo 服务打成 jar 包后导入 JMeter，正常显示如图 4-15 所示。我们可以通过该界面传入参数，并可以方便地调用不同的 Dubbo 接口服务。sayHello 和 sayHi 这两个 Dubbo 服务接口正常通过了调试，如图 4-16 所示。如果实际工程中需要测试的接口很多，也可以采用此方法。

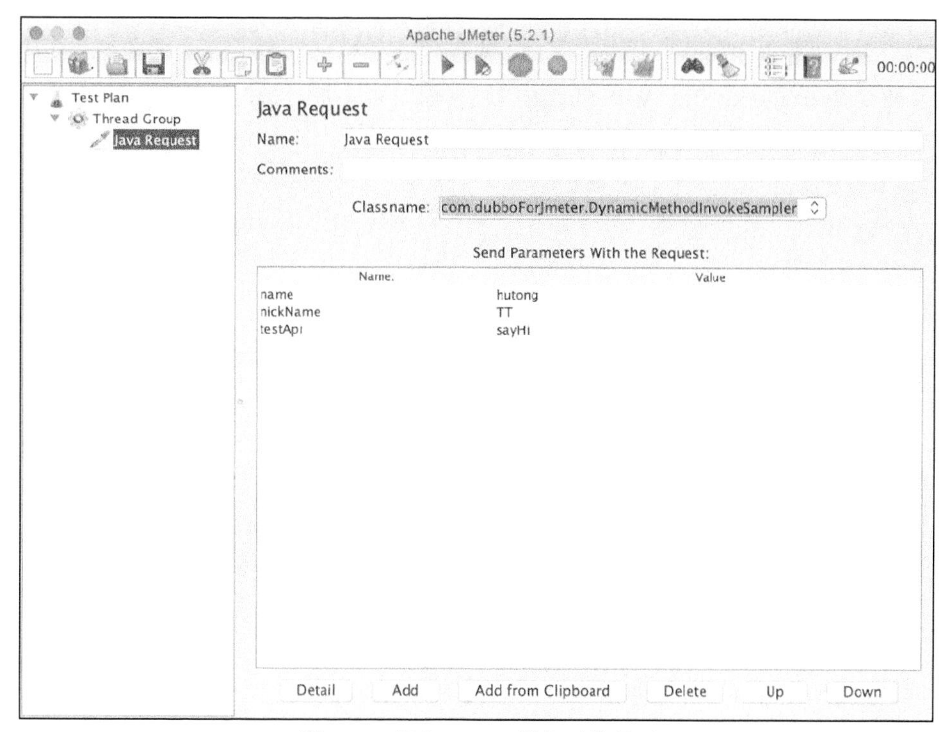

图 4-15 导入 Dubbo 服务正常显示

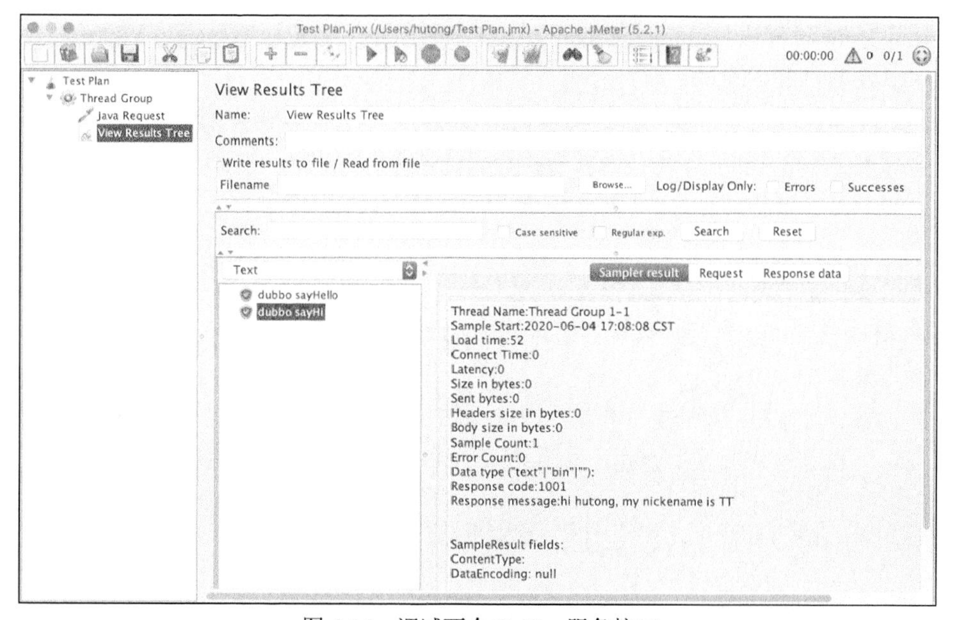

图 4-16 调试两个 Dubbo 服务接口

提示

这里介绍一些 Spring Boot 配置 Tomcat 运行参数，以及优化 JVM、提高系统稳定性的方法。

我们在使用 Spring Boot 开发 Web 项目时，大多数时候采用的是内置的 Tomcat（当然也可以配置支持内置的 Jetty）。内置 Tomcat 有什么好处呢?

- 方便微服务部署，减少繁杂的配置。
- 方便项目启动，不需要单独下载 Web 容器，如 Tomcat、Jetty 等。

针对目前的容器优化，可以从以下几点考虑：

- 线程数；
- 超时时间；
- JVM 优化。

首先，线程数是一个重点，比较重要的有两个方面：初始线程数和最大线程数。初始线程数用来保障启动的时候，如果有大量用户访问，系统能够很稳定地接受请求。最大线程数用来保证系统的稳定性。min-spare-threads 为最小备用线程数，Tomcat 启动时的初始线程数。max-threads 为 Tomcat 可创建的最大线程数，一个线程处理一个请求，超过这个请求数后，客户端请求只能排队，等有线程释放出来才能处理。connection-timeout 为最长等待时间，如果没有数据传输，则等待一段时间后断开连接，释放线程。

超时时间用来保障服务器不容易被压垮。如果大批量的请求涌入，系统延迟比较高，很容易把线程数用光，这时就需要提高超时时间。这种情况在生产环境中是比较常见的，一旦网络不稳定，我们宁愿丢包也不能把服务器压垮。

在 Spring Boot 配置文件 application.yml 中，我们可以添加配置对 Tomcat 进行优化，设置最大线程数是 1000，初始化线程是 30，超时时间是 5000ms。

JVM 优化一般来说没有太多方法，无非就是加大初始堆大小和最大限制堆大小。当然也不能无限增大，要根据实际情况优化。初始内存和最大内存基本会设置成一样的值，具体大小根据场景设置。-server 是一个必须要用的参数，至于收集器等使用默认的设置就可以了，除非有特定需求，主要设置如下。

（1）使用-server 模式

设置 JVM 使用 server 模式。64 位的 JDK 默认启动该模式。

（2）指定堆参数

根据服务器的内存大小来设置堆参数，-Xms 用于设置 Java 堆的初始大小，-Xmx 用于设置最大的 Java 堆大小。设置初始堆为 512MB，最大堆为 768MB。

4.2 JMeter 的 TCP 自定义消息性能测试实践

TCP 是面向连接的，需要三次握手通信成功后建立连接。它是一种可靠的数据传输协议，适用于对数据传输可靠性要求比较高的场景，常用于工业互联网场景下软硬件直接场景数据传输。常见的高性能的 TCP 架构有 Netty 和 Mina。

本章就是利用 JMeter 对基于 TCP 的请求进行百万级别 TPS 的性能测试验证。

4.2.1 TCP 组件知识详解

JMeter 自带了 TCP 取样器（TCP Sampler），界面如图 4-17 所示。

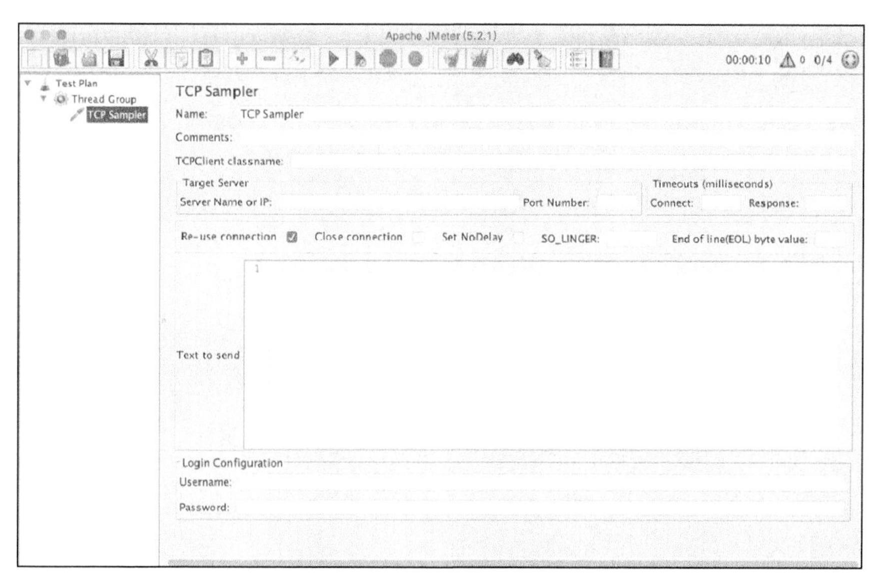

图 4-17 TCP 取样器界面

界面内容的说明如下。

（1）TCPClient classname。这是重点，表示发出去的 TCP 报文是什么格式的，JMeter 自己提供了 3 个实现类。

- TCPClientImpl 类是最简单的实现类，就是基础的文本，一般用来发 JSON 字符串，我们可以设置其编码格式。
- BinaryTCPClientImpl 类是要重点说的，在发送十六进制报文的时候，它能将十六进制报文转换成二进制报文，然后读取响应的时候将二进制报文转换回十六进制。
- LengthPrefixedBinaryTCPClientImpl 类实现了 BinaryTCPClientImpl 类，所以继承了 BinaryTCPClientImpl 类的所有功能。它在 BinaryTCPClientImpl 类处理后的报文前面增加两个字节数据，即将已发送内容用字节前缀进行填充。

（2）Server Name or IP 和 Port Number：此处填入要发送报文的地址包括服务器名称或 IP，以及端口号。

（3）Connect 和 Response：这部分很重要，它决定了在没有设置 End of line 的时候，什么时候断开 TCP 连接。超时会报 500 错误，如果没有设置 End of line，在读取流的时候会无限阻塞，直到超时，然后报 500 错误。

（4）Re-use connection: 如果选择此项，就代表在一个线程里复用一个连接。我们在要求 TCP 长连接的时候需要用到此项，否则读取到数据之后连接就会关闭。

（5）Close connection：如果选择此项，一个取样器就只会用一个 TCP 连接，也就是发送完报文以后，就关闭 TCP 连接。

（6）SO_LINGER：该配置项用于控制在关闭连接之前是否要等待缓冲区中的数据发送完成。如果 SO_LINGER 选项指定了值，则在收到关闭连接的请求之后还会等待指定的秒数以完成缓冲区中数据的发送，并在指定的 SO_LINGER 秒数完成后关闭连接。如果把该选项设置为 0，那么所有连接在收到关闭连接的请求时都会立即关闭，避免产生很多处于 TIME_WAIT 状态的套接字。

（7）End of line(EOL) byte value：该配置项用于判断行结束的字节值。如果指定的值大于 127 或者小于-128，则会跳过 EOL 检测。例如，服务器端返回的字符串都是以回车符结尾，那么我们可以将该选项设置成 10。

一般可以通过如下两种方法获取这个值。

- 用 Wireshark 抓包，将返回的最后两位十六进制数，转为十进制填入。
- 手动暂停 JMeter 请求，虽然报了 500 错误，但返回结果里已经有值了，所以，我们把文本格式转为十六进制，取最后两位转为十进制即可。

关于 JMeter 的 TCP 测试，最核心也是最重要的两个问题需要明确。

（1）发送给服务器的数据格式，是文本格式还是十六进制格式？

（2）一条数据的结束符是什么？

问题（1）涉及到底用哪个 TCPClient classname 去发送数据。

问题（2）涉及发送给服务器端的数据，服务器端怎么判断客户端已经发送结束；服务器端返回给客户端的数据，客户端如何知道服务器端已经发送结束。所以这就有客户端读数据的结束符号和服务器端读取数据的结束符号两种情况。

默认情况下，jmeter.properties 配置文件中 tcp.handler 属性用来设置默认的 TCPClient 的实现类。我们可以在 TCP 取样器配置（TCP Sampler configuration）处修改相关的参数，如图 4-18 所示。

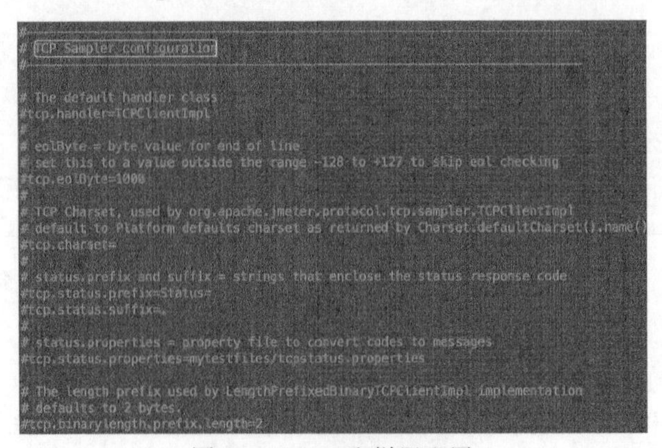

图 4-18　TCP 取样器配置

另外，我们可以通过继承 AbstractTCPClient 的自定义 TCPClient 来扩展，只不过需要自己编写一些代码，并指明自定义的 classname 来使用。

4.2.2 示例代码讲解

假设某平台是面向物联网领域的智能硬件平台，为开发者提供了智能硬件的连接、管理和数据分析等云服务。其主要涉及的接口有设备接入接口、设备管理开放接口和云平台开放接口。架构师为了验证该平台设计的一个百万长连接方案，需要进行基于 TCP 的压力测试。

该方案是在一台基于 TCP 的接入服务器上部署 3 台 Tomcat。然后利用不同的端口，完成一台服务器和 Nginx 的 18 万多个 TCP 长连接。逐渐增加 TCP 连接的服务器数量，观察 Nginx 端能否支撑住百万长连接。百万长连接方案设计图如图 4-19 所示。

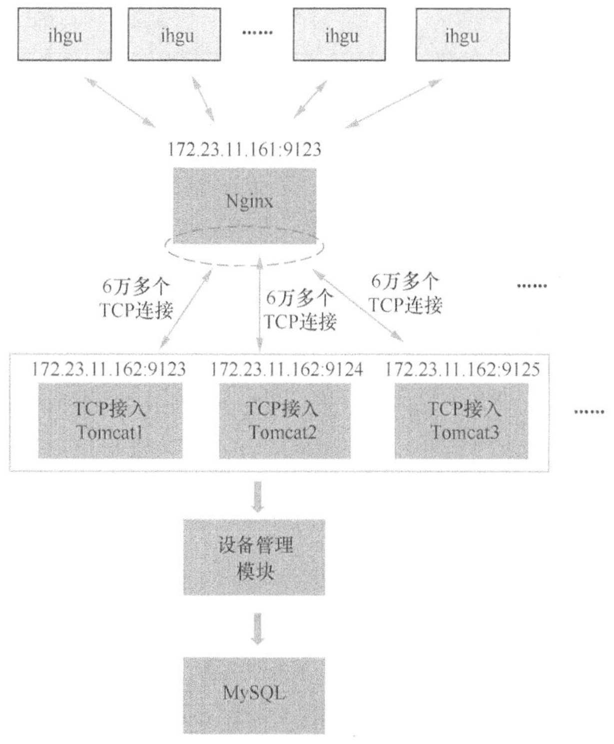

图 4-19 百万长连接方案设计图

设计文档中规定设备以 TCP 协议与平台通信时，数据包示例和请求字段名说明如表 4-2 和表 4-3 所示。注意，TCP 组包时，字符串须以“/r/n”作为结尾符。

设备每次接入前需要进行设备登录，获取 ACCKEY，将 ACCKEY 作为加密因子加密数据包后与平台进行数据交互。在数据传输过程中，需要对 body 进行加密，平台支持 TEA、DES 和 AES 这 3 种加密算法对数据加密。

表 4-2　数据包示例

<table>
<tr><th>数据包类型</th><th>数据包示例</th></tr>
<tr><td>TCP 数据包</td><td><pre>
{
    "header":{
        "version":"0.5",
        "msgType":"login",
        "msgId":"1",
        "did":"YDHZ1JQR01SZ010000001",
        "encrypt":1,
        "nonce":45679
    },
    "body":{
        "eid":"131502050201C0002968",
        "IMEI":"153862161524619"
    }
}
</pre></td></tr>
</table>

表 4-3　请求字段名说明

字段名	可选	说明
version	M	协议版本号
msgType	M	消息类型，login 表示登录
did	M	设备 ID
encrypt	M	数据加密方式，1 表示 AES，2 表示 3DES，3 表示 TEA
nonce	M	当设备初次登录时使用随机数作为传输密文，范围为 0～4294967295 当设备非初次登录时使用上次登录返回时间加上随机数作为传输密文，范围为 0～4294967295 如{"20150101123035": 45679}

下面我们正式开始进行性能测试验证，首先需要申请服务器进行系统的搭建，共申请了 12 台服务器用于部署图 4-19 所示的系统，服务器信息如表 4-4 所示。其中，部署 Nginx 的服务器的内存需要比较大，具体的部署过程就不展开了。

表 4-4　服务器信息

主机名	CPU(核)	内存(MB)	硬盘(GB)	操作系统	私网 IP
nginx01.yzcj.homeopen	8	32768	50	CentOS 7.3	172.23.11.161
tcp01.yzcj.homeopen	4	8192	50	CentOS 7.3	172.23.11.162
tcp03.yzcj.homeopen	4	8192	50	CentOS 7.3	172.23.11.164
tcp05.yzcj.homeopen	4	8192	50	CentOS 7.3	172.23.11.166
tcp07.yzcj.homeopen	4	8192	50	CentOS 7.3	172.23.11.168
devmgmt01.yzcj.homeopen	4	8192	50	CentOS 7.3	172.23.11.170
tcp02.yzcj.homeopen	4	8192	50	CentOS 7.3	172.23.11.163

续表

主机名	CPU(核)	内存(MB)	硬盘(GB)	操作系统	私网 IP
tcp04.yzcj.homeopen	4	8192	50	CentOS 7.3	172.23.11.165
tcp06.yzcj.homeopen	4	8192	50	CentOS 7.3	172.23.11.167
tcp08.yzcj.homeopen	4	8192	50	CentOS 7.3	172.23.11.169
zookeeper01.yzcj.homeopen	4	8192	50	CentOS 7.3	172.23.11.171
mysql01.yzcj.homeopen	8	16384	50	CentOS 7.3	172.23.11.172

然后我们需要进行系统参数的调优，默认的系统参数肯定是不支持百万的连接目标的。测试 TCP 并发就是指让这个值达到的顶峰，要达到这个峰值必须满足两点，一是短时间内构造百万级连接，二是服务器端同时负载百万级连接。需要强调的是 TCP 并发连接不同于 HTTP 并发连接，TCP 并发连接是指一个服务器同时负载的连接数量，确切地说是指服务器端看到的“ESTABLISHED”状态的 TCP 连接数量。通过命令 netstat -n | grep ^tcp | awk '{print $NF}' | sort -nr | uniq -c，我们可以查看当前服务器 TCP 状态统计报告。我们也可以利用 ss 命令，该命令的速度会比 netstat 快一些。

我们都知道一台服务器的端口是有限的，最多 65535 个，所以要支撑百万个连接，就需要优化服务器的系统参数。对一台服务器来说，支撑高并发 TCP 连接是一个挑战，这主要由于内存和连接数的限制。

1. 内存问题

默认设置下，系统为每个 TCP 连接分配 4KB 的读内存（rmem）和 4KB 的写内存（wmem）的缓存（buffer），那么一个连接需要 8KB 的内存，一千万个连接理论上至少需要 80GB 内存。

```
sysctl -w net.ipv4.tcp_rmem=4096
sysctl -w net.ipv4.tcp_wmem=4096
```

修改系统的配置，将 rmem 和 wmem 改为 1KB，这样一千万个连接需要的内存为 20GB，实际使用中还会有其他的内存开销，因此最好准备 32GB 或更大的内存，修改后查看/etc/sysctl.conf，修改命令如下，修改后 TCP 读写内存大小如图 4-20 所示。

```
fs.file-max = 10485760
net.ipv4.tcp_rmem = 1024
net.ipv4.tcp_wmem = 1024
```

图 4-20　TCP 读写内存大小

2. 系统文件数

关于文件描述问题，系统允许打开的文件数是有限制的，默认值 1024 位很小，应当修改，命令如下。

```
sysctl -w fs.file-max=1024000
```

还有单进程的文件数量限制的最大值只能到 1048576，应当修改，命令如下。

```
echo "* soft nofile 1024000" >> /etc/security/limits.conf
echo "* hard nofile 1024000" >> /etc/security/limits.conf
ulimit -n 1024000
```

当前会话生效后，最大打开文件数如图 4-21 所示。

另外，我们还需要调整 Nginx 服务器的连接数、最大打开文件数，如图 4-22 所示。

```
[root@nginx01 ~]# ulimit -a
core file size          (blocks, -c) 0
data seg size           (kbytes, -d) unlimited
scheduling priority             (-e) 0
file size               (blocks, -f) unlimited
pending signals                 (-i) 127965
max locked memory       (kbytes, -l) 64
max memory size         (kbytes, -m) unlimited
open files                      (-n) 1024000
pipe size            (512 bytes, -p) 8
POSIX message queues     (bytes, -q) 819200
real-time priority              (-r) 0
stack size              (kbytes, -s) 512000
cpu time               (seconds, -t) unlimited
max user processes              (-u) 1024000
virtual memory          (kbytes, -v) unlimited
file locks                      (-x) unlimited
[root@nginx01 ~]#
```

图 4-21　最大打开文件数

```
worker_processes  8;

#error_log  logs/error.log;
#error_log  logs/error.log  notice;
#error_log  logs/error.log  info;

#pid        logs/nginx.pid;


events {
    worker_connections  1024000;
}
```

图 4-22　Nginx 服务器的 worker_connections 设置

最后我们可以编写 JMeter 脚本了。首先添加参数化配置文件，读取外部的 did 值和对应的 did_key 值，后续用来做参数化。然后添加一个 TCP 取样器组件，完成 TCP 请求，因为该请求是经过加密和特殊处理的，所以在该组件下添加一个 BeanShell 前置处理器，用来完成一些请求构造的处理工作。然后再添加一个响应断言，用来自动判断请求结果是否和预期的一致。由于设备登录后会生成一个唯一的 token 值，因此这里利用正则表达式和 BeanShell 后置处理器把值保存到一个文件中，供后续使用。实际脚本结构如图 4-23 所示，大家可以修改每个组件的名字，明确组件的意义和目的。

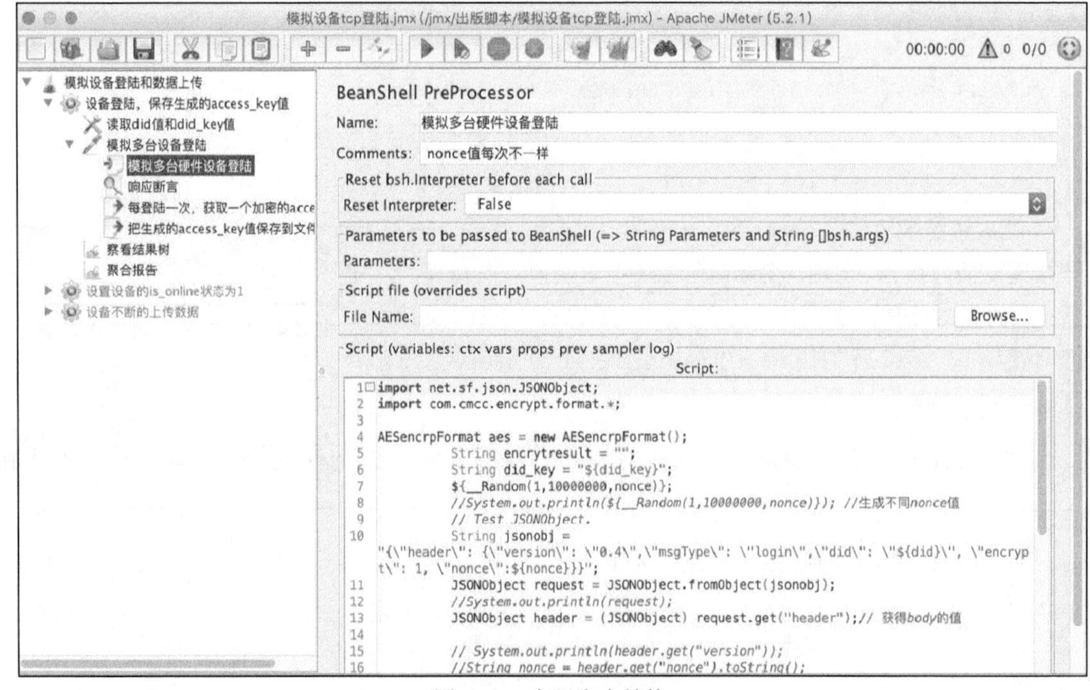

图 4-23　实际脚本结构

TCP 取样器组件中，请求内容采用变量引用的方式。另外 End of line(EOL)byte value 中的值填写 10，表示读取数据结束的分隔符，如图 4-24 所示。我们需要使用 BeanShell 脚本编写如下的请求处理，参数化字符串，并且进行拼接和数据类型的转化，具体代码如代码清单 4-9 所示。

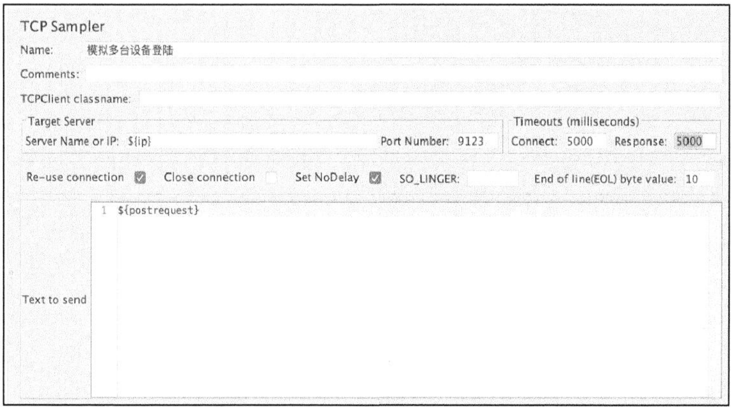

图 4-24　TCP 取样器组件的实际内容

代码清单 4-9　beanshell

```
import net.sf.json.JSONObject;
import com.cmcc.encrypt.format.*;

AESencrpFormat aes = new AESencrpFormat();
String encrytresult = "";
String did_key = "${did_key}";
${__Random(1,10000000,nonce)};
// System.out.println(${__Random(1,10000000,nonce)});  // 生成不同 nonce 值
// Test JSONObject.
String jsonobj = "{\"header\": {\"version\": \"0.4\",\"msgType\": \"login\",\"did\":
\"${did}\", \"encrypt\": 1, \"nonce\":${nonce}}}";
JSONObject request = JSONObject.fromObject(jsonobj);
// System.out.println(request);
JSONObject header = (JSONObject) request.get("header"); // 获得 body 的值

try {
    // encrytresult = aes.encrypt(nonce, did_key);
    encrytresult = aes.encryptNum(header.getInt("nonce"), did_key);
} catch (Exception e) {
    // e.printStackTrace();
}
 //System.out.println("加密后:" + encrytresult);

/*
 * try { encrytresult=aes.decrypt(encrytresult, did_key);
 *
```

```
    * } catch (Exception e) { // e.printStackTrace(); }
    * System.out.println("解密后:"+encryresult);
    */
   // 加密后的 nonce 字段值放回原来 JSON 文件中
   header.put("nonce", encryresult);
   String encrytRequest = request.toString();
   encrytRequest = encrytRequest +"\\r\\n";
   // System.out.println(encrytRequest);
   vars.put("postrequest",encrytRequest);
```

脚本编写好后，部署到申请好的十几台压测服务器上，利用分布式的方式发起 TCP 请求登录连接。具体分布式的配置和使用见 3.1 节，此次测试过程也不具体展开了。我们不断加大并发数，直到 Nginx 服务器上的连接数到达百万，内存消耗如图 4-25 所示，测试结果如表 4-5 所示。

```
[root@nginx01 ~]# ss -ant | grep ESTAB|wc -l
1160331
[root@nginx01 ~]# ss -ant | grep ESTAB|wc -l
1160331
[root@nginx01 ~]# ss -ant | grep ESTAB|wc -l
1160331
[root@nginx01 ~]# ss -ant | grep ESTAB|wc -l
1160331
[root@nginx01 ~]# free -m
              total        used        free      shared  buff/cache   available
Mem:          32013       12283       15266          17        4462       16435
Swap:          4095           0        4095
[root@nginx01 ~]#
```

图 4-25 Nginx 服务器的百万连接的内存消耗

表 4-5 TCP 百万连接测试结果

TCP 长连接测试	Nginx 的 TCP 连接数	Nginx 的内存消耗	总的 TCP 连接数	单台接入的平均 TCP 连接数	单台接入内存平均消耗
Nginx+1 台服务器(部署 3 个 Tomcat)	387061	3819MB	193521	193521	3202MB
Nginx+2 台服务器(部署 6 个 Tomcat)	774121	6183MB	386606	193303	3212MB
Nginx+3 台服务器(部署 9 个 Tomcat)	1160331	11660MB	580632	193544	3232MB

根据表 4-5 的测试结果数据我们可以得出以下结论。

- 接入 TCP 服务器台数 N 对 Nginx 的内存消耗为 3800×N。
- 32GB 内存的 Nginx 服务器最多能支持 8 台 TCP 服务器（各含 3 个 Tomcat）的接入。
- 单台 TCP 服务器的 TCP 连接数在 193400 左右。
- 32GB 内存的 Nginx 服务器端 TCP 连接数极限值在 310 万左右，即 155 万的网关接入量。

根据上述结论，百万连接数的服务器资源规划如下。

- 1 台内存 32GB 的 Nginx 服务器。
- 6 台内存 8GB 的设备接入服务器（部署 3 个 Tomcat）。

4.2.3 百万连接的参数调优

我们在进行百万连接压测验证的时候，服务器在高并发达到一定数值时，会报出 too many open files 的错误。

这是因为在 Linux 系统中任何一个对象都是一个文件，都需要占用一个文件句柄。我们在压测的时候，一个连接用到一个文件句柄。Linux 系统绝大部分默认情况下只有 1024 个文件句柄数。因为操作系统有最大打开文件数（Max Open Files）限制，限制分为系统全局的限制和进程级的限制。

1. 全局限制

首先我们进行全局限制的修改。在 Linux 下执行命令 cat /proc/sys/fs/file-nr，会打印出类似这样的输出：

```
5100 0 101747
```

其中，第 3 个数字 101747 就是当前系统的全局最大打开文件数。我们可以看到，只有 10 万，所以在这台服务器上无法支持百万连接，默认情况下很多系统的全局最大打开文件数更小。为了修改这个数值，用 root 权限修改 /etc/sysctl.conf 文件。

```
fs.file-max = 1020000
net.ipv4.ip_conntrack_max = 1020000
net.ipv4.netfilter.ip_conntrack_max = 1020000
```

2. 进程限制

然后我们修改进程限制。可以在服务器上先执行命令 ulimit -n，观察结果，输出为 1024。这说明当前 Linux 中的每一个进程最多只能打开 1024 个文件。为了支持百万连接，我们同样需要修改此限制。

若是临时修改，执行下面的命令即可，这样做比较快速，但是关闭客户端后此修改将失效。

```
ulimit -n 1020000
```

另外，如果我们不是 root 用户，修改此值超过 1024 时可能会报错如下：

```
- bash： ulimit： open files： cannot modify limit： Operation not permitted。
```

若需要永久修改此设置，我们需要在配置文件中设置，即在/etc/security/limits.conf 文件中加入如下内容：

```
vi /etc/security/limits.conf
hard nofile 1020000
soft nofile 1020000
```

完成上述两处修改后，服务器将可以支撑起百万连接。

4.2.4 问题总结

在编写上述 JMeter 的 TCP 请求脚本过程中作者主要遇到了如下两个问题。

（1）JMeter 使用 TCP 请求时，返回结果为乱码。

解决方法是，TCP 请求默认发的是 GBK 字符集，要想修改成 UTF-8，只需要修改 bin 目录下的 jmeter.properties 文件，将其中的 tcp.charset 这个属性直接赋值为 UTF-8 即可（默认 tcp.charset 是被注释的）。

（2）报错信息为 Response message：org.apache.jmeter.protocol.tcp.sampler. Read Exception:Error reading from server,bytes read:0。

解决方法是，这个问题应该和读取数据有关系，我们需要指定传输完毕的判断符，即将 End of line (EOL) byte value 设置为指定值（根据实际项目情况，指定值可能是换行符号也可能是特殊字符）。

4.3　JMeter 对中间件的基准测试

互联网中间件一般涉及消息中间件、缓存中间件、负载均衡中间件等，而每一类中间件又包含好几种不同的中间件，例如消息中间件就包含 Kafka、RabbitMQ、ActiveMQ、RocketMQ、ZeroMQ 等。有时候为了验证选取的某一个中间件在项目中的性能情况，需要对该中间件在特定场景下做一个基准测试。本节选取了 1 个消息中间件的 ActiveMQ 中间件和 1 个缓存中间件的 Redis 中间件进行基准测试。

4.3.1　消息中间件 ActiveMQ

现在大部分系统都离不开消息中间件。消息队列是指利用高效可靠的消息传递机制，进行与平台无关的数据交流，并基于数据通信来进行分布式系统的集成。引入消息中间件的主要目的是为了发挥其系统解耦、应用异步、流量削峰等作用。Kafka、RabbitMQ、RocketMQ、ActiveMQ 都是 Apache 出品，其丰富的 API、多种集群构建模式使得它成为业界老牌消息中间件，在中小型企业中应用广泛。

因为 ActiveMQ 的性能和其他的主流 MQ 相比是比较一般的，所以早些年它是比较流行的，如今高并发、大数据的应用场景随处可见，在 MQ 的选择上如果再使用 ActiveMQ 往往就显得力不从心了。如果公司某项目由于历史原因使用了该消息中间件，但是现在线上监控显示 ActiveMQ 的使用存在瓶颈，那么就需要将其更改为另一种使用模式。这种情况下，为了验证性能，我们就要开始如下的 ActiveMQ 基准性能测试了。测试主要分安装部署、设计对比场景、编写性能测试脚本、测试结论分析共 4 部分，我们将逐一展开讲解。

1. ActiveMQ 安装部署

（1）首先配置 JDK，然后从官网下载 ActiveMQ 的安装包，例如下载 apache-activemq-5.15.6-bin.tar.gz。

（2）解压安装包，命令如下。

```
cd /usr/local/
tar zxvf apache-activemq-5.15.6-bin.tar.gz
```

（3）配置环境变量，命令如下。

```
vi /etc/profile
```

在文件中输入以下内容：

```
export ACTIVEMQ_HOME=/usr/local/apache-activemq-5.15.6
export ACTIVEMQ_BIN=$ACTIVEMQ_HOME/bin
export PATH=${PATH}:${ACTIVEMQ_BIN}
```

然后，执行命令 source /etc/profile。

（4）启动或关闭 ActiveMQ。

ActiveMQ 启动分 linux-x86-32 和 linux-x86-64 两种。作者的系统是 64 位的，所以这里启动 64 位文件夹下的启动命令：

```
./activemq start # 启动
./activemq stop # 停止
```

（5）访问验证。

输入 IP 地址和端口 D8161，如图 4-26 所示，单击箭头所指示的选项，输入用户名和密码即可登录，用户名和密码均为 admin。

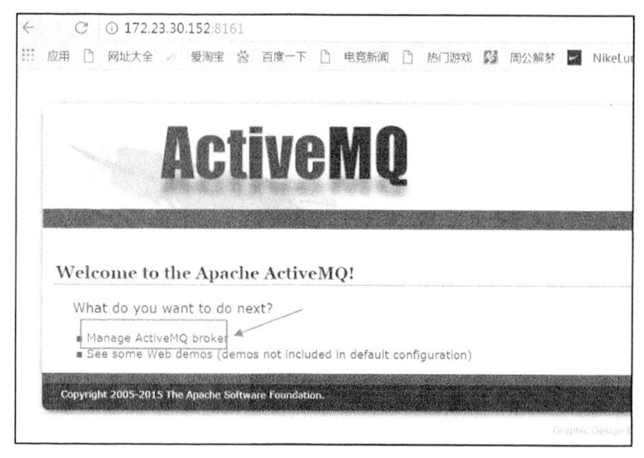

图 4-26 ActiveMQ 登录页面

其中，ActiveMQ 压测过程中重点查看 4 个指标。

- Number of Consumers 是消费者端的消费者数量。
- Number of Pending Messages 是当前未出队列的消息数量。
- Messages Enqueued 是进入队列的消息数量，包括出队列的。
- Messages Dequeued 是出了队列的消息数量，可以理解为是消费者消费掉的数量。

2. 设计对比场景

ActiveMQ 的使用中主要有 Queue 和 Topic 两种消息模式，主要区别是能否重复消费。

Queue 模式，不可重复消费。消息生产者生产消息并发送到队列中，然后消息消费者从队列中取出并且消费消息。消息被消费以后，队列中不再有存储，所以消息消费者不可能消费已经被消费的消息。Queue 模式支持存在多个消费者，但是对一个消息而言，只会有一个消费者可以消费。

Topic 模式，可以重复消费。消息生产者将消息发布到主题中（发布），同时有多个消息消费者消费该消息（订阅）。和 Queue 模式不同，发布到主题的消息会被所有消费者消费。

目前线上采用的是最简单的 Queue 模式，如图 4-27 所示，新方案采用的是图 4-28 所示的 Topic 模式。多个生产者往同一个主题发送消息，消息带上了 id。多个消费者订阅了该 topic，并且只消费指定 id 的自己订阅的内容。现在我们需要对以上两种场景进行对比性能测试。

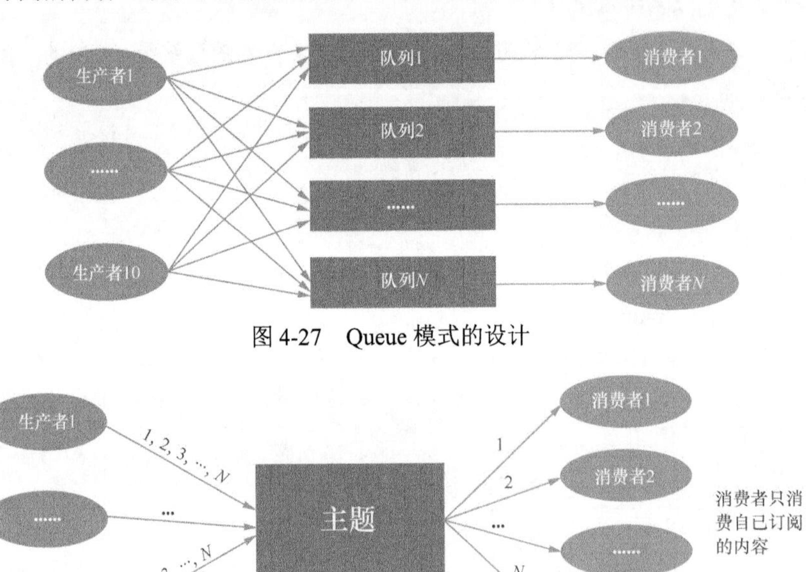

图 4-27　Queue 模式的设计

图 4-28　Topic 模式的设计

3. 编写性能测试脚本

ActiveMQ 下 JMS（Jave Messaging Service）编程模型的实现主要通过连接工厂（Connection Factory）、目的地（Destination）、连接对象（Connection）和会话（Session）这 4 个对象。

（1）连接工厂：

```
ConnectionFactory connectionFactory = new ActiveMQConnectionFactory(ActiveMQConnection.
DEFAULT_BROKER_URL);
```

其中，ActiveMQConnection.DEFAULT_BROKER_URL 为 ActiveMQ 默认设置的参数，包括用户名、密码，以及网络地址（localhost:8161）。

我们也可以按照如下方式设置：

```
ConnectionFactory connectionFactory =
New ActiveMQConnectionFactory(ActiveMQConnection.DEFAULT_USER,ActiveMQConnection.
DEFAULT_PASSWORD, "tcp://localhost:61616");
```

参数分别为设置好的用户名、密码，以及映射的 TCP 地址或者直接设置的 URL。

（2）通过连接工厂得到连接对象并启动对象：

```
connection = connectionFactory.createConnection();
connection.start();
```

（3）设置会话：

```
session = connection.createSession(false,Session.AUTO_ACKNOWLEDGE);
```

会话通过连接对象得到。第一个参数为 false 表示为非事务类型。第二个参数为消息的确认类型，Session.AUTO_ACKNOWLEDGE 表示消息自动确认。

（4）设置消息目的地：

```
Destination destination = session.createQueue("MyQueue");
```

消息目的地通过会话对象创建，这里实现消息的不可重复消费，所以创建队列对象，表示消息将发布到 MyQueue 队列中。若要实现发布/订阅模式，则使用 session.createTopic ("name");。

（5）新建生产者（Producer）和消费者（Consumer）：

```
producer = session.createProducer(destination);
consumer = session.createConsumer(destination);
```

首先编写 Queue 模式的生产者和消费者，生产者代码如代码清单 4-10 所示，消费者代码如代码清单 4-11 所示，项目工程目录如图 4-29 所示。

```
activemqForJmeter
  src/main/java
    com.jmeter.demo.activemqForJmeter
      App.java
      QueueConsumer.java
      QueueProducer.java
      TopicConsumer.java
      TopicProducer.java
  src/test/java
  JRE System Library [J2SE-1.5]
  Maven Dependencies
  Referenced Libraries
  log
  src
  target
  pom.xml
```

图 4-29 项目工程目录

代码清单 4-10 QueueProducer.java

```
package com.Jmeter.demo.activemqForJmeter;

import java.io.IOException;
import java.util.concurrent.TimeoutException;
import org.apache.jmeter.config.Arguments;
import org.apache.jmeter.protocol.java.sampler.JavaSamplerClient;
import org.apache.jmeter.protocol.java.sampler.JavaSamplerContext;
import org.apache.jmeter.samplers.SampleResult;
import org.apache.log4j.PropertyConfigurator;
import org.slf4j.LoggerFactory;
import javax.jms.BytesMessage;
import javax.jms.Connection;
import javax.jms.DeliveryMode;
import javax.jms.Destination;
import javax.jms.JMSException;
import javax.jms.MapMessage;
import javax.jms.MessageProducer;
import javax.jms.ObjectMessage;
```

```
import javax.jms.Session;
import javax.jms.StreamMessage;
import javax.jms.TextMessage;
import org.apache.activemq.ActiveMQConnection;
import org.apache.activemq.ActiveMQConnectionFactory;
import org.apache.log4j.Logger;

// 测试ActiveMQ入队性能（Queue模式）
public class QueueProducer implements JavaSamplerClient {
    private static final String USER = ActiveMQConnection.DEFAULT_USER;
    private static final String PASSWORD = ActiveMQConnection.DEFAULT_PASSWORD;
    private static final String URL = "tcp://172.28.20.159:61616";
    private static final String SUBJECT = "myqueue";
    private Destination destination ;
    private static Connection conn ;
    private static Session session ;
    private static MessageProducer producer;
    // 待入队的消息
    private String message;
    // private static ConnectionFactory factory;
    // ConnectionFactory factory = new ConnectionFactory();
    // 连接工厂
    ActiveMQConnectionFactory connectionFactory = new ActiveMQConnectionFactory(USER,
PASSWORD, URL);

    private String queuename;
    // 设置传入的参数，可以设置多个，已设置的参数会显示到JMeter的参数列表中
    public Arguments getDefaultParameters() {
        Arguments params = new Arguments();
        params.addArgument("MESSAGE", "hello world"); // 设置参数，并赋予默认值
        params.addArgument("QUEUENAME", "myqueue1,myqueue2,myqueue3,myqueue4");
        // 设置参数，并赋予默认值
        return params;
    }

    // 初始化方法，实际运行时每个线程仅执行一次，在测试方法运行前执行
    public void setupTest(JavaSamplerContext arg0) {
        queuename = arg0.getParameter("QUEUENAME");
        try {
            conn = connectionFactory.createConnection();
        } catch (JMSException e) {
            // TODO Auto-generated catch block
            e.printStackTrace();
        }
        // 事务性会话，自动确认消息
        try {
            session = conn.createSession(false, Session.AUTO_ACKNOWLEDGE);
        } catch (JMSException e) {
```

```
            // TODO Auto-generated catch block
            e.printStackTrace();
        }
            // 消息的目的地（Queue/Topic）
        try {
            destination = session.createQueue(queuename);
        } catch (JMSException e) {
            // TODO Auto-generated catch block
            e.printStackTrace();
        }
        // destination = session.createTopic(SUBJECT);
        // 消息的生产者
        try {
            producer = session.createProducer(destination);
        } catch (JMSException e) {
            // TODO Auto-generated catch block
            e.printStackTrace();
        }
        // 不持久化消息
        try {
            producer.setDeliveryMode(DeliveryMode.NON_PERSISTENT);
        } catch (JMSException e) {
            // TODO Auto-generated catch block
            e.printStackTrace();
        }
    }

    // 测试运行的循环体，根据线程数和循环次数的不同可运行多次
    public SampleResult runTest(JavaSamplerContext arg0) {
        // factory.setVirtualHost(virtualHost);
        // 得到一个连接
        message = arg0.getParameter("MESSAGE");

        SampleResult results = new SampleResult();
        results.setSampleLabel("activemq 入队测试！(queue 模式)");
        results.sampleStart(); // JMeter 开始统计响应时间标记
        try {
            // 连接到 JMS 提供者（服务器）
            conn.start();
            // 发送文本消息
            String textMsg = "ActiveMQ Text Message!";
            TextMessage msg = session.createTextMessage();
            // TextMessage msg = session.createTextMessage(textMsg);
            msg.setText(message);
            // System.out.println( msg );
            producer.send(msg);
            // session.commit();
            // System.out.println(" Sent '" + message );
```

```
            // log.info(message);
            results.setResponseData("activemq入队成功: " + message, null);
            results.setDataType(SampleResult.TEXT);
            results.setSuccessful(true);
        } catch (Throwable e) {
            e.printStackTrace();
            results.setResponseData("activemq入队失败: " + e.getMessage(), null);
            results.setDataType(SampleResult.TEXT);
            results.setSuccessful(false);
        } finally {
            results.sampleEnd(); // JMeter结束统计响应时间标记
        }
        return results;
    }

    // 结束方法，实际运行时每个线程仅执行一次，在测试方法运行结束后执行
    public void teardownTest(JavaSamplerContext arg0) {
        if (producer != null)
            try {
                producer.close();
            } catch (JMSException e) {
                // TODO Auto-generated catch block
                e.printStackTrace();
            }
        if (session != null)
            try {
                session.close();
            } catch (JMSException e) {
                // TODO Auto-generated catch block
                e.printStackTrace();
            }
        if (conn != null)
            try {
                conn.close();
            } catch (JMSException e) {
                // TODO Auto-generated catch block
                e.printStackTrace();
            }
    }

    public static void main(String[] args) {
      // TODO Auto-generated method stub
      PropertyConfigurator.configure("log4j.properties");
      Arguments params = new Arguments();
      params.addArgument("MESSAGE", "hello world"); // 设置参数，并赋予默认值
      params.addArgument("QUEUENAME", "myqueue1,myqueue2,myqueue3,myqueue4");
```

```
        // 设置参数，并赋予默认值
        JavaSamplerContext arg0 = new JavaSamplerContext(params);
        QueueProducer test = new QueueProducer();
        test.getDefaultParameters();
        test.setupTest(arg0);
        test.runTest(arg0);
        test.teardownTest(arg0);
    }

}
```

消费者以监听的模式进行消费，其中主要实现了 onMessage 方法，一有消息即消费，并通过线程安全的 AtomicInteger 进行消费数据的统计，避免多线程并发下出现资源竞争，保证计数的准确性。

代码清单 4-11 QueueConsumer.java

```
package com.Jmeter.demo.activemqForJmeter;

import java.util.concurrent.atomic.AtomicInteger;
import javax.jms.Connection;
import javax.jms.Destination;
import javax.jms.JMSException;
import javax.jms.Message;
import javax.jms.MessageConsumer;
import javax.jms.MessageListener;
import javax.jms.Session;
import javax.jms.TextMessage;

import org.apache.activemq.ActiveMQConnection;
import org.apache.activemq.ActiveMQConnectionFactory;
import org.apache.jmeter.config.Arguments;
import org.apache.jmeter.protocol.java.sampler.JavaSamplerClient;
import org.apache.jmeter.protocol.java.sampler.JavaSamplerContext;
import org.apache.jmeter.samplers.SampleResult;

public class QueueConsumer implements JavaSamplerClient {
    private static final String USER = ActiveMQConnection.DEFAULT_USER;
    private static final String PASSWORD = ActiveMQConnection.DEFAULT_PASSWORD;
    private static final String URL = "tcp://172.28.20.159:61616";

    private Destination destination;
    private static Connection conn;
    private static Session session;
    private static MessageConsumer consumer;

    // private static ConnectionFactory factory;
```

```
    // ConnectionFactory factory = new ConnectionFactory();
    // 连接工厂
    ActiveMQConnectionFactory connectionFactory = new ActiveMQConnectionFactory(USER,
PASSWORD, URL);
    private String queuename;
    private static AtomicInteger counter = new AtomicInteger(0);

    // 设置传入的参数，可以设置多个，已设置的参数会显示到 JMeter 的参数列表中
    public Arguments getDefaultParameters() {
        Arguments params = new Arguments();
        params.addArgument("QUEUENAME", "myqueue1"); // 设置参数，并赋予默认值
        return params;
    }

    // 初始化方法，实际运行时每个线程仅执行一次，在测试方法运行前执行
    public void setupTest(JavaSamplerContext arg0) {
        queuename = arg0.getParameter("QUEUENAME");
        try {
              conn = connectionFactory.createConnection();
        } catch (JMSException e) {
              // TODO Auto-generated catch block
              e.printStackTrace();
        }
       // 事务性会话，自动确认消息
       try {
             session = conn.createSession(false, Session.AUTO_ACKNOWLEDGE);
       } catch (JMSException e) {
             // TODO Auto-generated catch block
             e.printStackTrace();
       }
       // 消息的目的地（Queue/Topic）
       try {
             destination = session.createQueue(queuename);
       } catch (JMSException e) {
             // TODO Auto-generated catch block
             e.printStackTrace();
       }
       // destination = session.createTopic(SUBJECT);
       // 消息的生产者
       try {
             consumer = session.createConsumer(destination);
       } catch (JMSException e) {
             // TODO Auto-generated catch block
             e.printStackTrace();
       }

    }
```

```
// 测试运行的循环体，根据线程数和循环次数的不同可运行多次
public SampleResult runTest(JavaSamplerContext arg0) {
    // factory.setVirtualHost(virtualHost); // 得到一个连接
    SampleResult results = new SampleResult();
    results.setSampleLabel("activemq 队列消费测试! (queue 模式)");
    results.sampleStart(); // JMeter 开始统计响应时间标记
    try {
            // 连接到 JMS 提供者（服务器）
            conn.start();
            // 发送文本消息
            consumer.setMessageListener(new MessageListener() {
                long startTime = System.currentTimeMillis();
                public void onMessage(Message msg) {
                    if (msg != null) {
                            TextMessage message = (TextMessage) msg;
                            // log.info("queue consumer 收到消息：  "+message.getText());
                            try {
                                    System.out.println("now: " + System.currentTimeMillis() + ",
消费数目:"+ counter. incrementAndGet() + ",内容为:" + message.getText() + ",来自队列:"+ message.
getJMSDestination() + ",开始时间: " + startTime);
                                    // System.out.println("1111");
                            } catch (JMSException e) {
                                    // TODO Auto-generated catch block
                                    e.printStackTrace();
                            }
                            // session.commit();
                    }
                }
            });
            results.setResponseData("activemq 出队成功: " + counter.get(), null);
            results.setDataType(SampleResult.TEXT);
            results.setSuccessful(true);
    } catch (Throwable e) {
            e.printStackTrace();
            results.setResponseData("activemq 出队失败: " + e.getMessage(), null);
            results.setDataType(SampleResult.TEXT);
            results.setSuccessful(false);
            // System.out.println("2222");
    } finally {
            results.sampleEnd(); // JMeter 统计响应时间标记
            // System.out.println("3333");
    }
    // System.out.println("4444");
    return results;
}
// 结束方法，实际运行时每个线程仅执行一次，在测试方法运行结束后执行
```

```
public void teardownTest(JavaSamplerContext arg0) {
    if (consumer != null)
          try {
                consumer.close();
          } catch (JMSException e) {
                // TODO Auto-generated catch block
                e.printStackTrace();
          }
    if (session != null)
          try {
                session.close();
          } catch (JMSException e) {
                // TODO Auto-generated catch block
                e.printStackTrace();
          }
    if (conn != null)
          try {
                conn.close();
          } catch (JMSException e) {
                // TODO Auto-generated catch block
                e.printStackTrace();
    }
}

public static void main(String[] args) {
     Arguments params = new Arguments();
     params.addArgument("QUEUENAME", "myqueue10"); // 设置参数，并赋予默认值
     JavaSamplerContext arg0 = new JavaSamplerContext(params);
     QueueConsumer test = new QueueConsumer();
     test.getDefaultParameters();
     test.setupTest(arg0);
     test.runTest(arg0);
     test.teardownTest(arg0);
  }
}
```

Topic 模式的生产者和消费者的代码与 Queue 模式的类似，主要区别如下。

TopicProducer.java 中，destination = session.createTopic(SUBJECT)新生成一个方法用于表述消息的 id，方法如下：

```
public static String randomName() {
    String[] id={"A","B","C","D","E","F","G","H","I","J"};
    int num=(int)(Math.random()*id.length);
    return id[num];
}
```

所以，发送消息之前我们需要设置 JMSXGroupID，核心代码如下：

```
TextMessage msg = session.createTextMessage();
// TextMessage msg = session.createTextMessage(textMsg);
// 这里我们分别设置对应的消息信息，将其当成是一组消息
String id = randomName();
msg.setStringProperty("JMSXGroupID",id);
msg.setText(message);
```

TopicConsumer.java 中，在 setup 方法中声明消费者消费绑定的 jmsxgroupid，代码如下：

```
messageConsumer1 = session.createConsumer(destination,"JMSXGroupID="+randomName()+"");
```

两种模式的生产者和消费者代码都编写完成，然后在 Eclipse 中添加 main 函数调试通过后，再按照之前讲解的方法将代码打成 jar 包，放到 JMeter 的 lib/ext 目录下。重启 JMeter，即可添加 Java 取样器进行生产者生成消息的脚本和消费者消费消息的脚本的测试了。

另外在压测过程中，我们可以借助 ActiveMQ 自带的 Web 页面观察多少消息生产和消费了，观察有无积压。Queue 模式和 Topic 模式通过选择不同的标签切换即可，ActiveMQ 的 Web 页面如图 4-30 所示。

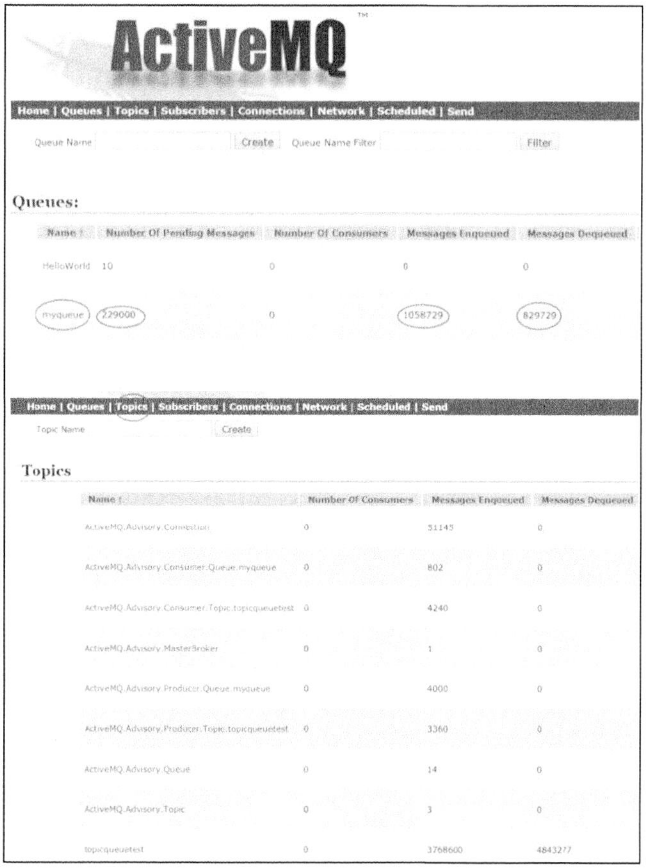

图 4-30 ActiveMQ 的 Web 页面

4. 测试结论分布

ActiveMQ 的性能测试结果如图 4-31 和图 4-32 所示。消费者采用 messagelisten 的监听模式，value 的大小对消费者的消费能力影响不大，Queue 模式和 Topic 模式下的消费能力都超过了 4 万。生产者由于插入消息的 value 增大，生产性能会变差，尤其是 value 达到 1024 比特的时候，TPS 明显下降到 3000～4000。

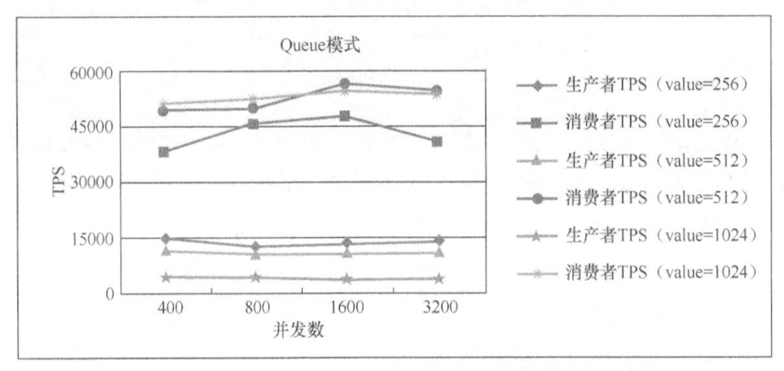

图 4-31 ActiveMQ 在 Queue 模式下的性能测试结果

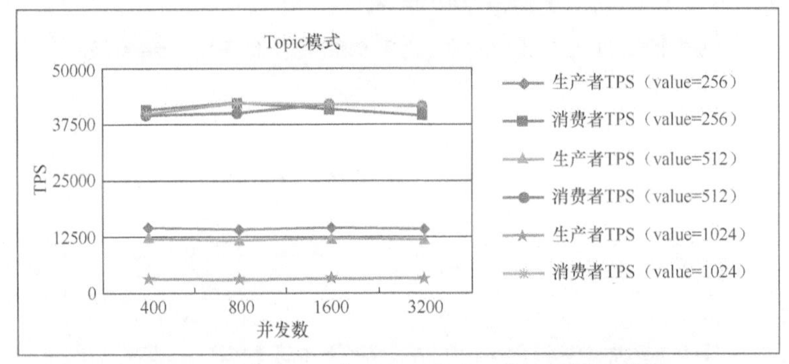

图 4-32 ActiveMQ 在 Topic 模式下的性能测试结果

4.3.2 缓存中间件 Redis

在真实项目中一般使用缓存解决两个问题——高性能和高并发。例如，App 的某个页面的数据变化很小，如果用户总是刷新页面，每次刷新都查库可能需要 500ms，那么用户刷新两回就会因为速度太慢而放弃。这个时候我们可以根据业务情况，将数据加载到缓存，结果 2ms 就查询出来了，性能提高了 250 倍。另外，MySQL 关系型数据库单机 QPS 达到 2000 就可能会出现响应慢的情况，在系统使用高峰期产生较多的查询数据库的请求，数据库可能就会出现各种超时。因此如果整个架构中缺少缓存中间件的存在，系统总体的处理能力就无法提升，其极限就是数据库本身的处理能力。

缓存相关的中间件有很多，如 Redis、MemCache、MongoDB、Couchbase 等。本节主要讲解 Redis 单机模式和集群模式下的性能基准测试。

Redis 是开源的高性能的键值非关系型数据库。它支持多种数据类型，包括 String、List、Set、

Zset（有序集合）和 Hash。它基于内存，可持久化，其主要特点如下。

- 速度快，效率高：Redis 是基于内存操作，单线程，多 CPU，没有线程上下文切换，采用单线程-多路复用 IO 模型。
- 持久化：Redis 支持 AOF 和 RDB 两种持久化方式。
- 支持主从复制：主机会自动将数据同步到从机，从而进行读写分离。
- 数据类型丰富：Redis 除了支持 String 类型的值，还支持 String、Hash、Set、Zset、List 等数据类型。

常见的 Redis 使用场景如下。

- 热点数据缓存，即经常会被查询但是不经常被修改或者删除的数据，特别适合被放入缓存，内存的读写速度远快于硬盘。
- Session 缓存，此场景下使用 Hash 类型。
- 排行榜或计数，此场景下使用 Zset 中的 score。
- 消息队列此场景下使用 List 类型。

接下来，我们分 Redis 的部署、Redis 性能监控、压测场景设计、压测脚本编写和压测的测试结果这 5 部分来展开讲解。

一、Redis 的部署

1. Redis 的单机模式

服务器信息如表 4-6 所示，其中 Redis 的版本是 4.0.2，我们部署了 2 个实例，采用 1 主 1 从模式。

表 4-6 服务器信息

服务器	系统	CPU	内存	Redis 实例（Master）	Redis 实例（Slave）	Redis 版本
172.23.25.129	CentOS	4 核	8G	6379	6380	4.0.2

Redis 单机模式安装具体步骤如下。

（1）提前安装 gcc 相关的包：

```
yum install -y open-ssl-devel gcc glibc gcc-c*
```

（2）下载 Redis 的安装包：

```
cd /usr/local/src/
```

通过 wget 命令下载 redis-4.0.2.tar.gz。

（3）解压安装包：

```
tar -xvzf redis-4.0.2.tar.gz
```

（4）正式安装，指定安装目录：

```
cd redis-4.0.2
make MALLOC=libc
```

```
cd src/
make install PREFIX=/usr/local/redis
```

（5）复制 redis.conf 配置文件到指定目录：

```
mkdir -p /usr/local/redis/etc
cp /usr/local/src/redis-4.0.2/redis.conf /usr/local/redis/etc/
```

（6）添加 Redis 命令到全局变量，方便在任何目录下执行 Redis：

```
 vi /etc/profile
```

在配置文件最后一行添加如下语句：

```
export PATH="$PATH:/usr/local/redis/bin"
```

然后执行命令 source /etc/profile 生效。

修改配置文件 redis.conf，核心主要更改如下的值：

```
daemonize yes
timeout 300
requirepass cloudtest
maxclients 10000
port 6379
slaveof ip port
```

（7）启动 Redis 服务：

```
redis-server /usr/local/redis/redis.conf
```

（8）通过命令行连接 Redis 服务：

```
redis-cli -h 127.0.0.1 -p 6379 -a myPassword # 通过密码连接指定的服务器
```

（9）启动 Redis 后，验证是否真正启动成功。

执行 ps -ef | grep redis，成功启动显示如图 4-33 所示。

```
[root@xntest03 ~]# ps -ef | grep redis
root     17873     1  0 May18 ?        00:32:50 redis-server 172.23.25.219:6379
root     17878     1  0 May18 ?        00:08:06 redis-server 172.23.25.219:6380
root     28169 28151  0 14:04 pts/0    00:00:00 grep --color=auto redis
[root@xntest03 ~]#
```

图 4-33　单机模式的 Redis 进程

2. Redis 的集群模式

Redis 集群是无中心结构的，集群中每个节点保存数据和整个集群状态，每个节点都和其他所有节点连接；使用数据分片引入哈希槽（16384）来实现节点间数据共享，并且可动态调整数据分布；Redis 集群提供了工具 redis-trib 让运维人员手动调整槽位的分配情况，解决单点故障问题。

部署 Redis 集群至少需要 3 台集群服务器，服务器信息如表 4-7 所示，主机和从机各部署 3 个。

表 4-7 Redis 的集群服务器信息

服务器	系统	CPU	内存	Redis 实例（master）	Redis 实例(slave）	Redis 版本
172.23.30.150	CentOS	4 核	8GB	6379	6380	4.0.2
172.23.30.151	CentOS	4 核	8GB	6379	6380	4.0.2
172.23.25.220	CentOS	4 核	8GB	6379	6380	4.0.2

具体步骤如下。

（1）首先按照单机模式安装 3 台服务器的 Redis。

（2）然后修改配置。

在每台服务器生成两份 Redis 的 conf 配置文件，修改如下参数，避免冲突。

- port。
- pidfile。
- logfile。
- timeout。
- daemon。
- protected mode。
- cluster-enabled。
- cluster-config-file。
- cluster-node-timeout。

（3）开始搭建集群。

准备好搭建集群的 Redis 节点后，我们要把这些节点串连搭建集群。创建集群需要 Ruby 环境，官方提供了一个工具 redis-trib.rb（/usr/local/redis/src/redis-trib.rb），接下来我们需要安装 Ruby。

安装 RubyGems 组件：

```
yum -y install ruby ruby-devel rubygems rpm-build
```

接着，通过 gem 来安装 redis-cluster 相关依赖：

```
gem install redis
```

然后每台服务器各启动 2 个 Redis 实例。随便进入一台服务器的 Redis 解压缩出来的 src 目录，启动 Redis 集群，命令如下：

```
./redis-trib.rb create --replicas 1 172.23.30.150:6379 172.23.30.150:6380 172.23.30.
151:6379 172.23.30.151:6380 172.23.25.220:6379 172.23.25.220:6380
```

启动成功后，显示如图 4-34 所示。

我们可以在任意一个节点集群上通过 Redis 的客户端命令 redis-cli -c -h 172.23.25.220 -p 6381 连接集群。在命令行输入 cluster info，显示集群信息如图 4-35 所示；输入 cluster nodes，显示各节点的角色信息如图 4-36 所示。

```
[root@vhost31 src]# ./redis-trib.rb create --replicas  1 172.23.30.150:6379 172.23.30.150:6380  17
23.25.220:6380
>>> Creating cluster
>>> Performing hash slots allocation on 6 nodes...
Using 3 masters:
172.23.30.150:6379
172.23.30.151:6379
172.23.25.220:6379
Adding replica 172.23.30.151:6380 to 172.23.30.150:6379
Adding replica 172.23.30.150:6380 to 172.23.30.151:6379
Adding replica 172.23.25.220:6380 to 172.23.25.220:6379
M: db5f8b12d66173c7c1e9ea8c9bbe57544e9cc105 172.23.30.150:6379
   slots:0-5460 (5461 slots) master
S: 1a212898c036420b65b37a1184efb28d41c3ef11 172.23.30.150:6380
   replicates 8566a9b368c27a6a695d301e2f7a50c0bdacbd21
M: 8566a9b368c27a6a695d301e2f7a50c0bdacbd21 172.23.30.151:6379
   slots:5461-10922 (5462 slots) master
S: 9fefaa52953b676ecd65835bc936eb09b54d9ecb 172.23.30.151:6380
   replicates db5f8b12d66173c7c1e9ea8c9bbe57544e9cc105
M: 6f781f1c16da08c989c37ad6d37f3e7ebad976ec 172.23.25.220:6379
   slots:10923-16383 (5461 slots) master
S: 06c208637b0cc9e7f5ac0e56fe3d5852ea3a0f83 172.23.25.220:6380
   replicates 6f781f1c16da08c989c37ad6d37f3e7ebad976ec
```

图 4-34 Redis 集群启动成功

```
[root@vhost30 ~]# redis-cli  -c -h 172.23.25.220 -p 6381
172.23.25.220:6381> cluster info
cluster_state:ok
cluster_slots_assigned:16384
cluster_slots_ok:16384
cluster_slots_pfail:0
cluster_slots_fail:0
cluster_known_nodes:6
cluster_size:3
cluster_current_epoch:6
cluster_my_epoch:5
cluster_stats_messages_ping_sent:602571
cluster_stats_messages_pong_sent:575142
cluster_stats_messages_meet_sent:3
cluster_stats_messages_sent:1177716
cluster_stats_messages_ping_received:575140
cluster_stats_messages_pong_received:602571
cluster_stats_messages_meet_received:2
cluster_stats_messages_received:1177713
172.23.25.220:6381>
```

图 4-35 Redis 客户端连接并查看信息

```
172.23.25.220:6381> cluster nodes
ab32b458198b712856c305c6ce46b125540ca790 172.23.25.220:6382@16382 slave aa6d4d3f3b5810123398be62ae1836f6c429156d 0 1526879666587 6 connected
ff7b17c13dd29d2773c6f49ab0cde385a0085e49 172.23.30.150:6381@16381 master - 0 1526879666000 1 connected 0-5460
6704a085416e53a0c5341761fa480a14c866107e 172.23.30.150:6382@16382 slave 4a81661794adab2ca0b0e971e399016b1d5182c3 0 1526879667590 3 connected
a918ee362d6823a2efad0418de8d17eadae18b2a 172.23.30.151:6382@16382 slave ff7b17c13dd29d2773c6f49ab0cde385a0085e49 0 1526879665000 4 connected
aa6d4d3f3b5810123398be62ae1836f6c429156d 172.23.25.220:6381@16381 myself,master - 0 1526879667000 5 connected 10923-16383
4a81661794adab2ca0b0e971e399016b1d5182c3 172.23.30.151:6381@16381 master - 0 1526879666000 3 connected 5461-10922
172.23.25.220:6381>
```

图 4-36 Redis 各节点信息

作者在搭建 Redis 的过程中，遇到了一些报错。

（1）错误内容如下：

```
CC:error: ../deps/hiredis/libhiredis.a: No such file or directory
CC:error: ../deps/lua/src/liblua.a: No such file or directory
Make[1]: *** [redis-server] Error 1
Make[1]: Leaving directory /root/redis-4.0.2/src
Make: ** [all] Error 2
```

解决方法为执行如下命令。

```
cd deps/
make hiredis jemalloc linenoise lua
```

（2）没有安装 Ruby 或者 Ruby 版本太低。

执行命令./redis-trib.rb create --replicas 1 172.23.30.150:6379 172.23.30. 151:6379。

报错内容/usr/bin/env: ruby: No such file or directory。

然后尝试执行命令 gem install redis。

报错内容 ERROR: Error installing redis: redis requires Ruby version >= 2.2.2。

解决方法如下。

- 安装 rvm，执行命令如下：

```
gpg --keyserver hkp://keys.gnupg.net --recv-keys 409B6B1796C275462A1703113804BB82D39DC0E3
7D2BAF1CF37B13E2069D6956105BD0E739499BDB
curl -sSL https://get.rvm.io | bash -s stable
source /usr/local/rvm/scripts/rvm
```

- rvm 库中已知的 Ruby 版本，执行命令如下：

```
rvm list known
```

- 安装一个新的版本，执行命令如下：

```
rvm install 2.4.1
rvm use 2.4.1-default
ruby --version
```

二、Redis 性能监控

Redis 的所有数据都保存在内存中，然后不定期地通过异步方式保存到磁盘上（半持久化模式）我们也可以把每一次数据变化都写入一个 append only file(aof)里面（全持久化模式）。为了了解和掌握 Redis 目前的性能状态，我们需要知道 Redis 的一些方法和命令。

Redis 监控最直接的方法就是使用系统提供的 info 命令，只需要执行下面一条命令，我们就能获得 Redis 系统的状态报告。

```
redis-cli info
```

执行结果会返回 Server、Clients、Memory、Persistence、Stats、Replication、CPU 和 Keyspace 共 8 个部分。从返回结果中提取相关信息，就可以达到有效监控的目的。

在了解 info 命令的相关指标之后，我们可根据需要选择几个相对重要的指标进行监控。

```
connected_clients:68 # 连接的客户端数量
used_memory_rss_human:847.62M
used_memory_peak_human:794.42M
total_connections_received:619104 # 服务器已接受的连接请求数量
instantaneous_ops_per_sec:1159 # 服务器每秒执行的命令数量
instantaneous_input_kbps:55.85 # Redis 网络入口 kbps
instantaneous_output_kbps:3553.89 # Redis 网络出口 kbps
```

```
rejected_connections:0 # 因为最大客户端数量限制而被拒绝的连接请求数量
expired_keys:0 # 因为过期而被自动删除的数据库键数量
evicted_keys:0 # 因为最大内存容量限制而被驱逐的键数量
keyspace_hits:0 # 查找数据库键成功的次数
keyspace_misses:0 # 查找数据库键失败的次数
```

其中，我们要重点关注内存使用和 QPS。

- 内存使用：如果 Redis 使用的内存超出了可用的物理内存大小，那么 Redis 很可能会被系统杀掉。针对这一点，我们可以通过 info 命令对 used_memory 和 used_memory_peak 进行监控，为使用内存量设定阀值，并设定相应的报警机制。当然，报警只是手段，重要的是要预先计划好，当内存使用量过大系统应该做些什么，是清除一些没用的冷数据，还是把 Redis 迁移到更强大的计算机上去。
- QPS：每分钟执行的命令个数，即（total_commands_processed2−total_commands_processed1）/span。为了实时得到 QPS，我们可以设定脚本在后台执行，记录过去几分钟的 total_commands_processed。在计算 QPS 时，利用过去的信息和当前的信息得出 QPS 的估计值。

Redis 有一个实用的功能 slowlog。顾名思义，它用来检查运行缓慢的查询。查询执行时间指的是不包括像客户端响应、发送回复等 IO 操作，而仅仅是执行一个查询命令所耗费的时间。

另外，slowlog 保存在内存里面，读写速度非常快，因此我们可以放心地使用它，不必担心因为开启 slowlog 而损害 Redis 的速度。

slowlog 将会记录运行时间超过 y 微秒的最后 x 条查询。x 和 y 可以在 redis.conf 或者在运行时通过 CONFIG 命令设置。

```
CONFIG SET slowlog-log-slower-than 5000
CONFIG SET slowlog-max-len 25
```

slowlog-log-slower-than 用来设置微秒数，因此上面的设置将记录执行时间超过 5s 的查询。slowlog-max-len 用来设置记录的条数。

要查看 slowlog，我们可以使用 SLOWLOG GET 命令或者 SLOWLOG GET number 命令，前者打印所有 slowlog，最大长度取决于 slowlog-max-len 的值，而 SLOWLOG GET number 则只打印指定数量的日志，最新的日志会最先被打印。

例如 ./redis-cli -a be53700eb6014490:Kaistart2015

```
127.0.0.1:6379> SLOWLOG GET 10
 1) 1) (integer) 258 # 编号
   2) (integer) 1535526904  # 时间戳
   3) (integer) 17860  # 耗时（微秒）
   4) 1) "info"   # 命令
 2) 1) (integer) 257
```

该命令把耗时较长的命令列出来，对存取优化很有帮助。

三、压测场景设计

本次测试设计了如下两种场景的对比。

（1）分别设置 value 值大小为 64B、128B、256B、512B，往 Redis 集群和 Redis 单机写入 500 万条记录。

（2）并发分别设置 80、160、320、500、1000、2000、3000、4000、5000、6000、8000 对拥有 500 万条记录的 Redis 集群和 Redis 单机进行读取的测试。

压力工具，为 JMeter+Java 的模式。其中，用于请求 Redis 的 Jedis 版本为 2.9.0，采用 JedisPool 模式发起请求，最大可用连接数设置为 1024。另外，压力机和 Redis 都在同一个局域网内，网络延迟在 0.35ms 以内。具体的搭建测试对方法如图 4-37 和图 4-38 所示。

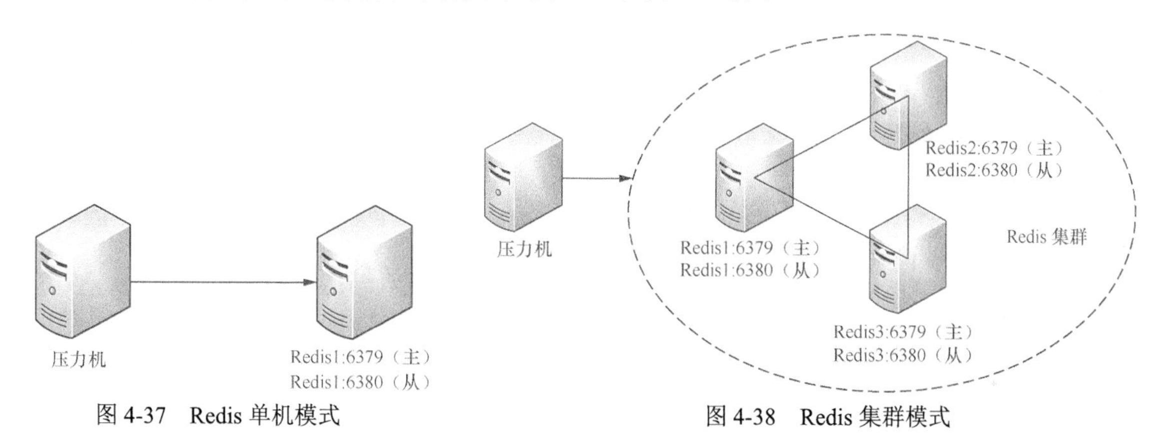

图 4-37 Redis 单机模式　　图 4-38 Redis 集群模式

四、压测脚本的编写

我们需要新建一个 Maven 工程，然后新建 4 个类，依次是 RedisSingleSet、RedisSingleGet、RedisClusterSet 和 RedisClusterGet，分别对应单机模式的 Redis 写和读、集群模式的 Redis 写和读。

其中，单机模式的 Redis 写代码如代码清单 4-12 所示，我们利用 Java 的 Jedis 库新建一个 JedisPool 连接池，Java 中使用 Redis 也同样提供了类 redis.clients.jedis.JedisPool 来管理 Redis 连接池对象，并且可以使用 redis.clients.jedis.JedisPoolConfig 来对连接池进行配置，修改一些配置参数。在 runTest 方法中我们通过 jedis.set(mykey, myvalue)写入 Redis。RedisSingleGet.java 的代码类似，主要区别是通过方法 jedis.get(mykey)进行读操作。

代码清单 4-12 RedisSingleSet.java

```
package com.jmeter.demo.redisSingleForJmeter;
import java.io.IOException;
import java.util.concurrent.TimeoutException;
import org.apache.jmeter.config.Arguments;
import org.apache.jmeter.protocol.java.sampler.JavaSamplerClient;
import org.apache.jmeter.protocol.java.sampler.JavaSamplerContext;
```

```
import org.apache.jmeter.samplers.SampleResult;
import org.apache.log4j.Logger;
import org.apache.log4j.PropertyConfigurator;
import redis.clients.jedis.Jedis;
import redis.clients.jedis.JedisPool;
import redis.clients.jedis.JedisPoolConfig;

// 测试Redis写入性能（单机）
public class RedisSingleSet implements JavaSamplerClient {
    static Logger log = Logger.getLogger(RedisSingleSet.class.getName());
    private String mykey;
    private String myvalue;
    // Redis服务器IP地址
    private static String ADDR = "172.23.30.150";
    // Redis的端口号
    private static int PORT = 6379;
    // 可用连接实例的最大数目，默认值为8
    // 如果赋值为-1，则表示不限制；如果连接池已经分配了maxActive个Jedis实例，则此时连接池的状态为耗尽
    private static int MAX_ACTIVE = 10240;
    // 控制一个连接池最多有多少个状态为空闲的Jedis实例，默认值为8
    private static int MAX_IDLE = 200;
    // 等待可用连接的最大时间，单位毫秒，默认值为-1，表示永不超时。如果超过等待时间，则直接抛出
JedisConnectionException
    private static int MAX_WAIT = 10000;
    private static int TIMEOUT = 10000;
    // 在申请一个Jedis实例时，判断是否提前进行验证操作；如果为true，则得到的Jedis实例均是可用的
    private static boolean TEST_ON_BORROW = true;
    private static JedisPool pool;
    static {
        JedisPoolConfig poolConfig = new JedisPoolConfig();
        // 最大连接数
        poolConfig.setMaxTotal(10240);
        // 最大空闲数
        poolConfig.setMaxIdle(200);
        // 最大允许等待时间，如果超过这个时间还未获取到连接，则会报JedisException异常：
        // Could not get a resource from the pool
        poolConfig.setMaxWaitMillis(100000000);
        pool = new JedisPool(poolConfig, "172.23.25.219", 6379, 1000000);
    }

    // 设置传入的参数，可以设置多个，已设置的参数会显示到JMeter的参数列表中
    public Arguments getDefaultParameters() {
        Arguments params = new Arguments();
        // params.addArgument("HOST", "172.23.30.150"); // 设置参数，并赋默认值
        // params.addArgument("PORT", "6379"); // 设置参数，并赋默认值
        params.addArgument("KEY", "username"); // 设置参数，并赋默认值
        params.addArgument("VALUE", "guester001"); // 设置参数，并赋默认值
```

```
        return params;
    }

    // 初始化方法，实际运行时每个线程仅执行一次，在测试方法运行前执行
    public void setupTest(JavaSamplerContext arg0) {
    }

    // 测试执行的循环体，根据线程数和循环次数的不同可执行多次
    public SampleResult runTest(JavaSamplerContext arg0) {
        // factory.setVirtualHost(virtualHost);
        // getting a connection
        mykey = arg0.getParameter("KEY");
        myvalue = arg0.getParameter("VALUE");
        // System.out.println(mykey);
        // System.out.println(myvalue);
        Jedis jedis = pool.getResource();
        SampleResult results = new SampleResult();
        results.setSampleLabel("redis 单机 set 数据测试! ");
        results.sampleStart(); // JMeter 开始统计响应时间标记
        try {
            // 添加字符串
            String result = jedis.set(mykey, myvalue);
            // System.out.println(result);
            results.setResponseData("redis单机set数据成功:" + mykey + ":" + myvalue, null);
            results.setDataType(SampleResult.TEXT);
            results.setSuccessful(true);
        } catch (Throwable e) {
            e.printStackTrace();
            results.setResponseData("redis 单机 set 数据失败:" + e.getMessage(), null);
            results.setDataType(SampleResult.TEXT);
            results.setSuccessful(false);
        } finally {
            results.sampleEnd(); // JMeter 结束统计响应时间标记
            jedis.close();
        }
        return results;
    }

    // 结束方法，实际运行时每个线程仅执行一次，在测试方法运行结束后执行
    public void teardownTest(JavaSamplerContext arg0) {

    pool.close();
    }

    public static void main(String[] args) {
        // TODO Auto-generated method stub
```

```
        PropertyConfigurator.configure("log4j.properties");
        Arguments params = new Arguments();
        // params.addArgument("HOST", "172.23.30.150"); // 设置参数，并赋默认值
        // params.addArgument("PORT", "6379"); // 设置参数，并赋默认值
        params.addArgument("KEY", "username6"); // 设置参数，并赋默认值
        params.addArgument("VALUE", "adminer77"); // 设置参数，并赋默认值
        JavaSamplerContext arg0 = new JavaSamplerContext(params);
        RedisSingleSet test = new RedisSingleSet();
        test.setupTest(arg0);
        test.runTest(arg0);
        test.teardownTest(arg0);
    }
}
```

另外，集群模式的 Redis 代码 RedisClusterSet.java 和 RedisClusterGet.java 的内容和单机模式的类似，主要区别是初始化 Redis 的连接池代码。集群模式是通过如下方式，增加节点变量 nodes，并通过 JedisCluster 进行初始化，然后通过 cluster.get(mykey);进行集群模式的读操作，通过 cluster.set(mykey, myvalue);进行集群模式的写操作。

```
private static JedisCluster cluster;
// 初始化 Redis 连接池
static{
    try {
        JedisPoolConfig config = new JedisPoolConfig();
        config.setMaxTotal(MAX_ACTIVE);
        config.setMaxIdle(MAX_IDLE);
        config.setMaxWaitMillis(MAX_WAIT);
        config.setTestOnBorrow(TEST_ON_BORROW);

        Set<HostAndPort> nodes = new LinkedHashSet<HostAndPort>();
        nodes.add(new HostAndPort("172.23.30.150", 6381));
        nodes.add(new HostAndPort("172.23.30.150", 6382));
        nodes.add(new HostAndPort("172.23.30.151", 6381));
        nodes.add(new HostAndPort("172.23.30.151", 6382));
        nodes.add(new HostAndPort("172.23.25.220", 6381));
        nodes.add(new HostAndPort("172.23.25.220", 6382));
        cluster = new JedisCluster(nodes,config);
        } catch (Exception e) {
            // TODO: handle exception
            e.printStackTrace();
        }
}
```

编写完成两种模式的写和读的代码，并在 Eclipse 中添加 main 方法。调试通过后，我们按照之前

讲解的方法打成 jar 包，放到 JMeter 的 lib/ext 目录下，重启 JMeter，即可添加 Java 取样器进行 Redis 的单机和集群的读写脚本测试了。

作者在写代码压测过程中遇到错误如下。

```
    redis.clients.jedis.exceptions.JedisConnectionException: Could not get a resource
from the pool
    …
    Caused by: java.util.NoSuchElementException: Pool exhausted
      at
    org.apache.commons.pool2.impl.GenericObjectPool.borrowObject(GenericObjectPool.java:464)
```

问题原因如下。

（1）客户端高并发下连接池设置过小，出现供不应求的情况，所以会出现上面的错误。但是正常情况下只要设置比默认的最大连接数（8 个）大即可，因为正常情况下 Jedis Pool 和 Jedis 的处理效率足够高。

（2）客户端没有正确使用连接池，例如没有进行释放，我们需要主动关闭连接（jedis.close()）。

五、压测对比结果

用固定的并发线程数 50，往空的 Redis 单机和集群环境写入 500 万条记录，依次测试写入 value 的大小为 128B、256B、512B。

从图 4-39 的测试结果可以看出，集群模式的整体性能优于单机模式的 Redis 写入性能，并且随着写入的数据包变大，性能会有所下降。

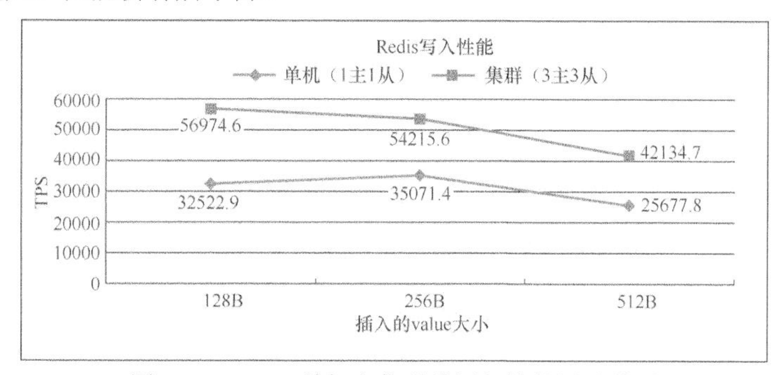

图 4-39　Redis 单机和集群的写入性能测试结果

在 Redis 存有 500 万条数据，每条数据的大小为 128B 的背景下，不断调整并发数去读取 Redis 单机和 Redis 集群的数据，测试其读取的性能。

从图 4-40 测试结果可以看出，在并发数 2000 左右的时候，单机 Redis 和集群 Redis 的读取性能达到较优值，其中集群模式的读取性能 TPS 可以达到 7 万多。

另外，从测试结果可以发现集群模式并不是按照单机模式的线性比例增加性能的，它有一定的损耗，并且不同计算机测试出来的结果也会有差异。

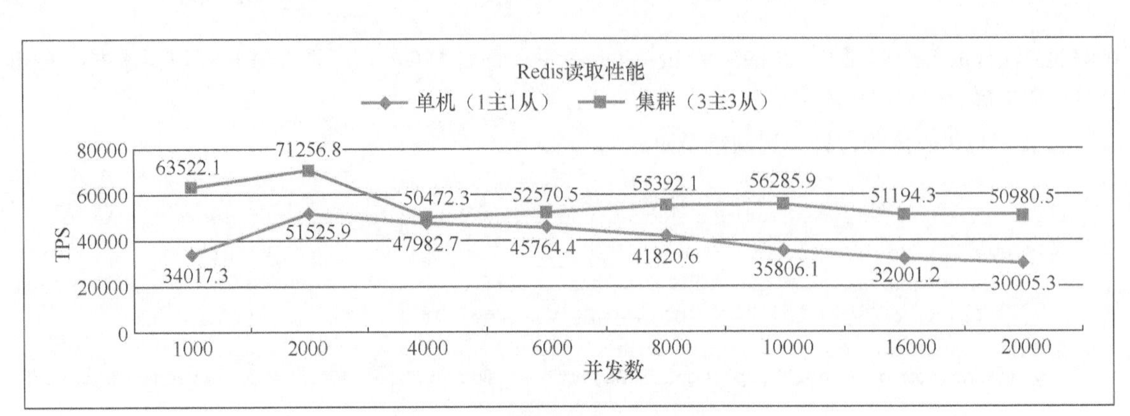

图 4-40 Redis 单机和集群的读取性能测试结果

4.4 JMeter 的常见问题和性能优化

使用 JMeter 的过程中，有一个原则，那就是瓶颈不能出现在 JMeter 本身，因此我们务必保证 JMeter 自身性能。这里作者总结了编写脚本时的一些注意事项。

（1）使用命令行启动，减少界面造成的性能问题。

（2）命令行记录聚合报告，不要启动过多的其他监控报告。

（3）尽可能关闭不必要的日志，包括测试代码的日志、JMeter 自身的日志。

（4）确保测试脚本耗时统计准确，需确认好哪些步骤需要统计在耗时里面。

另外，无论是调试脚本还是部署 JMeter，总会出现很多共性的错误，作者整理总结如下。

（1）Socket closed 错误，报错 Non HTTP response code:org.apache.http. NoHttpResponse Exception (the target server failed to respond)。

解决方法是，在 HTTP 请求取样器的 Advance 标签页中修改 httpclient4.idletimeout=<time in ms>，设置成我们认为合理的时间。一般可设置成 10～60s（表示连接空闲 10～60s 后才会断开），注意这里单位是毫秒。修改完成后我们再次压测，就不再有错误了。

在进行负载测试时，我们有时候会遇到 Socket closed 错误，这通常是由服务器收到大量并发，超出处理能力而中断连接导致的。但在请求量大的负载测试下，服务器本身处于正常状态也会发生极其少量的此类异常。

如果认为服务器运行正常，则我们可以更改下面的配置。

对于 HttpClient 4，在 user.properties 中设置 httpclient4.retrycount = 1，这将使 JMeter 重试一次。

（2）产生异常 java.net.NoRouteToHostException:Cannot assign requested address。

这是由 Linux 分配的客户端连接端口用尽，无法建立套接字连接导致的。虽然套接字连接正常关闭，但端口不是立即释放的，而是处于 TIME_WAIT 状态，默认等待 60s 后才释放的。

解决方法如下。

首先，查看 Linux 支持的客户端连接端口范围，命令如下。

```
cat /proc/sys/net/ipv4/ip_local_port_range
```

然后，减少端口释放后的等待时间，将默认值 60s，修改为 15～30s。

```
echo 30 > /proc/sys/net/ipv4/tcp_fin_timeout
```

最后，修改 TCP/IP 配置，通过配置/proc/sys/net/ipv4/tcp_tw_reuse，将默认值 0，修改为 1，释放 TIME_WAIT 端口给新连接使用。

```
echo 1 > /proc/sys/net/ipv4/tcp_tw_reuse
```

修改 TCP/IP 配置，快速回收套接字资源，将默认值 0，修改为 1。

```
echo 1 > /proc/sys/net/ipv4/tcp_tw_recycle
```

（3）报错 java.lang.AbstractMethodError:com.mysql.jdbc.Connection. isValid(I)。

这是由于 mysql.jdbc 驱动包版本过低，解决方法是更新驱动包。

（4）If 控制器判断接口无法识别

If 控制器只接收两个结果，true 或 false，此问题可能是由返回的结果不为 true 或 false 导致的。

解决方法是利用 JMeter 函数处理结果。

例如，${__groovy(1==1，)}会返回 true，${__groovy(1==2，)}会返回 false。

（5）在执行 JMeter jmx 文件的时候，报错 missing class com.thoughtworks.xstream.converters.ConversionException。

此问题可能是由缺少了某个 jar 包导致的。

解决方法是，检查执行脚本所用到的 jar 包是否存在于 JMeter lib 或者 lib/ext 目录下。

（6）报错 Error in NonGUIDriver java.lang.IllegalArgumentException:Problem loading XML from:'/home/bjqa/apache-Jmeter-5.0/bin/../project/realnameauthINFTest/RNA_INFtest.jmx',missing class com.thoughtworks. xstream. converters.Conversion Exception:kg.apc.Jmeter.vizualizers.CorrectedResultCollector: kg.apc.Jmeter. vizualizers.Corrected ResultCollector ---- Debugging information ----。

此问题可能是由当前 JMeter 运行环境中缺少 jar 包导致的。

解决方法是，尽量保持测试计划的脚本的版本一致，或者添加对应版本的插件（例如，测试时用的 JMeter 脚本版本是 5.2.1，那么在其他环境下运行的 JMeter 脚本也尽量使用 5.2.1）。

4.5 JMeter 的源码编译和解读

如果我们需要自定义一些特殊的功能，那么就需要修改源码，编译后使用。另外，JMeter 是 Apache 的一个开源项目，从最早的 2013 年的 2.10 版本，持续更新到 2020 年 5 月的 5.3 版本，不管是修订 bug 还是新增加功能，都是开发人员煞费苦心的成果。十年一剑，其代码肯定是有值得学习和借鉴的地方。作者在此简要地进行源码编译和结构解读，抛砖引玉，供读者后续深入研究。

4.5.1　JMeter 源码编译

作者使用的开发工具是 Eclipse，我们需要下载相应的 JMeter 源码，然后进行编译。

1. 下载源码项目

通常 JMeter 官网只保留最新版本的 binaries 包和 source 包，如果需要获取历史版本的可运行包和源码包，大家可以通过 Apache 官网获取，JMeter 历史版本如图 4-41 所示。source 目录下存放的是各个历史版本的源码文件，binaries 目录下存放的是各个历史版本的可运行包。

Java version

Apache JMeter 5.3 requires Java 8+

Name	Last modified	Size	Description
Parent Directory		-	
binaries/	2020-05-15 17:16	-	
source/	2020-05-15 17:17	-	
sources/	2019-11-03 20:00	-	
KEYS	2015-09-17 21:56	13K	
META	2017-09-12 17:07	189	
META.asc	2017-09-12 17:07	862	

图 4-41　JMeter 历史版本

单击 source 链接，进入列表，选择 apache-Jmeter-5.0_src.zip 下载即可，注意 JDK 版本应不低于 8。

2. 导入源码项目工程

（1）打开 Eclipse，单击菜单栏中的 File 选项，在弹出的菜单中依次选择 New→Java Project 选项。然后，在弹出的窗口中填写 Project Name 为 JMeter5.0，选择 allow output folders for source folders 选项。

（2）用鼠标右键单击刚刚建立的项目 JMeter5.0，选择 Import→File System 选项，单击 Next 按钮，选择之前下载的 JMeter 源码所在的路径，选择后单击 Finish 按钮即可。

（3）重命名 JMeter5.0 工程目录下的 eclipse.classpath 为 .classpath，eclipse.project 为 .project，然后重启 Eclipse。

3. 下载 jar 包

利用 Ant 下载相关的 jar 包，找到 build.xml，用鼠标右键单击此项，并在弹出的菜单中选择 Run As→Ant Build，如图 4-42 所示。在弹出的 Edit Configuration 对话框中先去掉 install，然后选择 download_jars 选项，如图 4-43 所示，单击 Run 按钮开始下载依赖包。

下载时间会比较长，下载成功后，控制台显示如图 4-44 所示。另外，我们也可以从源码对应的 JMeter 可运行包中把相关的 jar 包复制到工程对应的目录下。

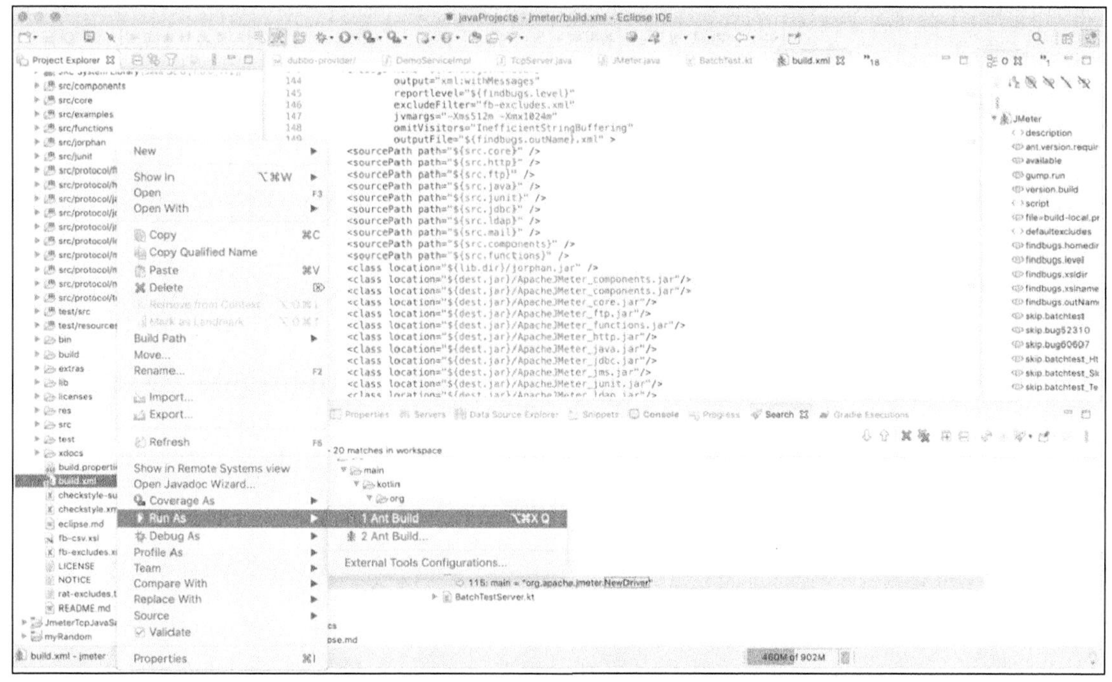

图 4-42 利用 Ant 下载依赖包

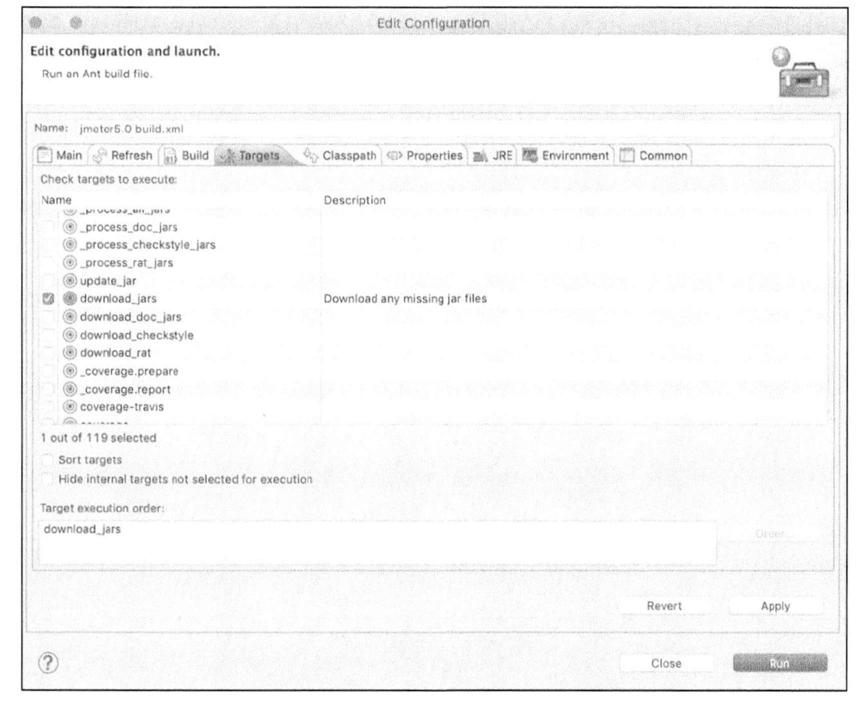

图 4-43 选择 download_jars 下载依赖包

```
Markers  Properties  Servers  Data Source Explorer  Snippets  Console  Progress  Search  Gradle Executions
<terminated> jmeter build.xml [Ant Build] /Library/Java/JavaVirtualMachines/jdk1.8.0_172.jdk/Contents/Home/bin/java (May 24, 2020, 3:17:30 PM)
setproxy:
_get_jarfile:
     [echo] Fetching: /Users/hutong/Downloads/apache-jmeter-5.0_src/lib/opt/sonarqube-ant-task-2.5.jar
      [get] Getting: http://maven.aliyun.com/nexus/content/groups/public/org/sonarsource/scanner/ant/sonarqube-ant-task/2.5/sonarqube-a
      [get] To: /Users/hutong/Downloads/apache-jmeter-5.0_src/build/sonarqube-ant-task-2.5.jar
      [get] http://maven.aliyun.com/nexus/content/groups/public/org/sonarsource/scanner/ant/sonarqube-ant-task/2.5/sonarqube-ant-task-2
      [get] https://maven.aliyun.com/nexus/content/groups/public/org/sonarsource/scanner/ant/sonarqube-ant-task/2.5/sonarqube-ant-task-
_checkMD5:
     [echo] Checksum OK: sonarqube-ant-task-2.5.jar
     [move] Moving 1 file to /Users/hutong/Downloads/apache-jmeter-5.0_src/lib/opt
     [move] Attempting to rename: /Users/hutong/Downloads/apache-jmeter-5.0_src/build/sonarqube-ant-task-2.5.jar to /Users/hutong/Downl
setproxy:
_get_zipfile:
BUILD SUCCESSFUL
Total time: 34 seconds
```

图 4-44　依赖包下载成功

提示

利用默认的依赖仓库去下载 jar 包，速度是很慢的。我们可以通过将 build.properties 中 maven2.repo 的值修改为阿里云的仓库地址，来很快完成依赖包的下载。

4. Ant Build

（1）在 Eclipse 的项目名 jmeter5.0 上用鼠标右键单击选择-Build Path-Configure Build Path，移除所有带红色×号的 jar 包，添加项目名 jmeter5.0 目录刚刚下载完成的 lib 目录和 lib 子目录下的所有 jar 包，并单击 Apply 按钮，如图 4-45 所示。

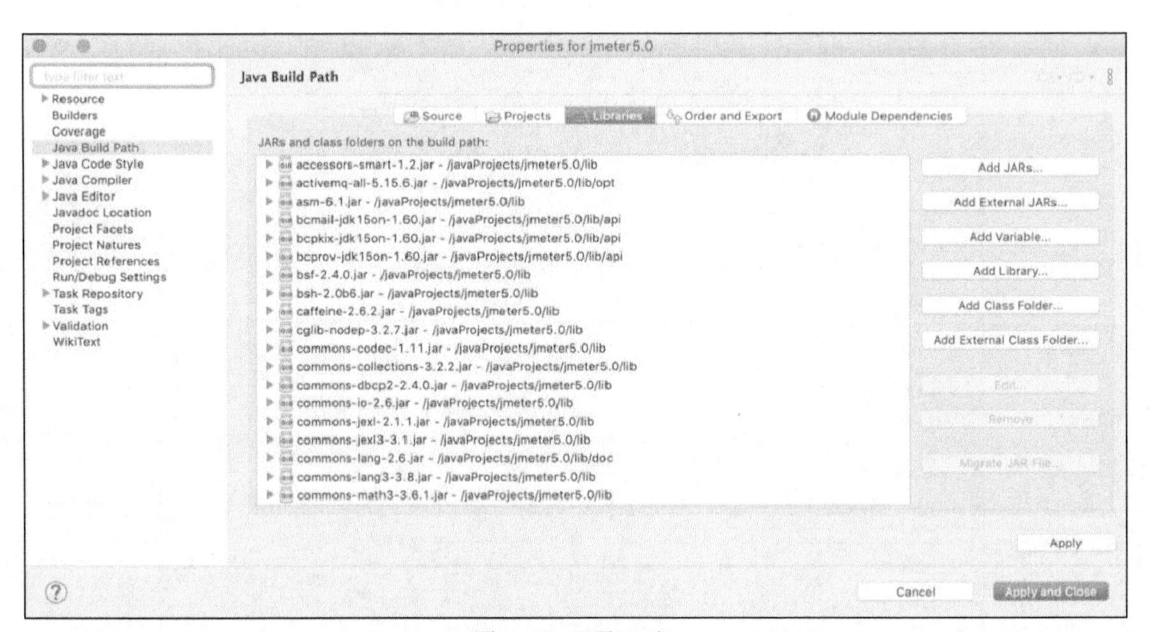

图 4-45　配置 jar 包

正确下载依赖包和导入后，项目工程目录如图 4-46 所示，项目上的红色叹号！就不是红色了。

图 4-46　导入成功后源码项目工程目录

（2）配置启动入口，JMeter 的启动入口是 NewDriver.java，该类在 src/core 目录下的 org.apache.jmeter 包目录下。选择菜单栏中的 Run，在弹出的菜单中选择 Run Configurations 打开 Run Configurations 对话框，如图 4-47 所示，在 Main 标签页配上入口信息。

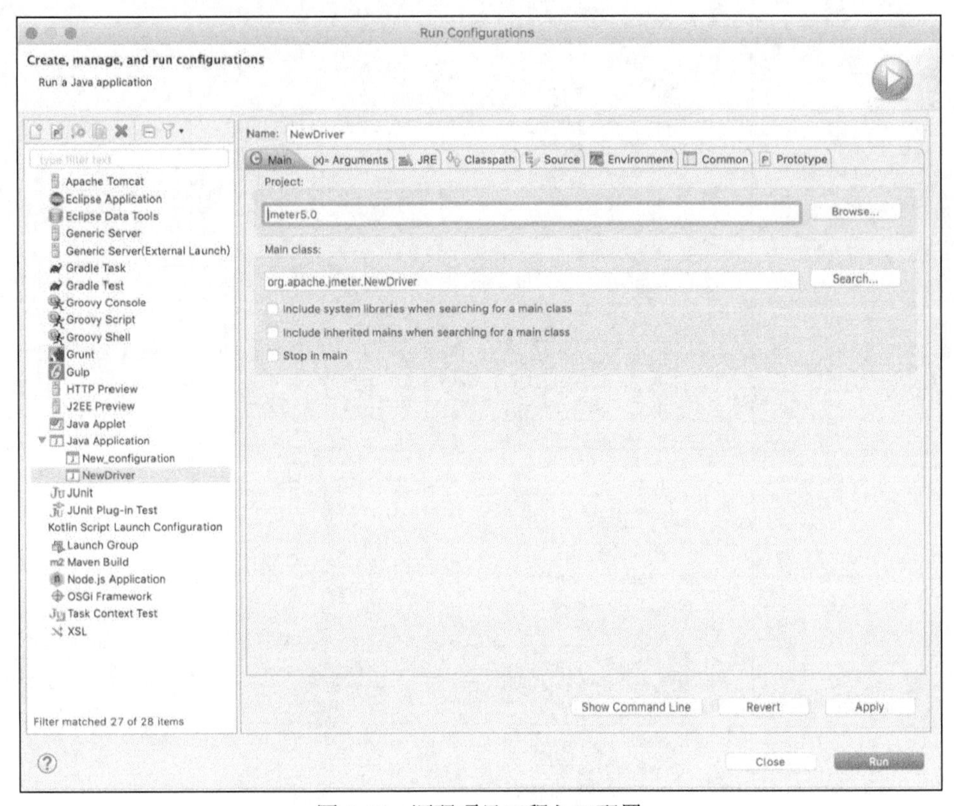

图 4-47 源码项目工程入口配置

（3）使用 Ant install。利用 build.xml 去下载 JMeter 需要的各种 jar 包。用鼠标右键单击工程 build.xml 并选择 Run As 选项，然后选择 Ant Build。我们找到 install 选项并选择后就可以进行编译了，如图 4-48 所示，成功后控制台显示如图 4-49 所示。

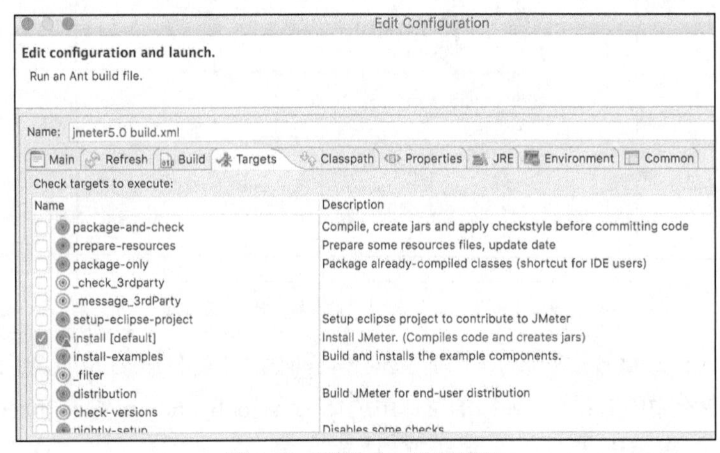

图 4-48 利用 Ant 进行编译

```
<terminated> jmeter build.xml [Ant Build] /Library/Java/JavaVirtualMachines/jdk1.8.0_172.jdk/Contents/Home/bin/java (May 24, 2020, 3:24:29 PM)
    [anakia] Input:  usermanual/remote-test.xml
    [anakia] Output: /Users/hutong/Downloads/apache-jmeter-5.0_src/printable_docs/usermanual/remote-test.html
    [anakia] Input:  usermanual/test_plan.xml
    [anakia] Output: /Users/hutong/Downloads/apache-jmeter-5.0_src/printable_docs/usermanual/test_plan.html
      [echo] Fixing EOL
      [echo] Removing unnecessary </br> tags
      [echo] Copying files
      [copy] Copying 2 files to /Users/hutong/Downloads/apache-jmeter-5.0_src/docs/css
      [copy] Copying 503 files to /Users/hutong/Downloads/apache-jmeter-5.0_src/docs/images
      [copy] Copying 16 files to /Users/hutong/Downloads/apache-jmeter-5.0_src/printable_docs/demos
      [copy] Copying 5 files to /Users/hutong/Downloads/apache-jmeter-5.0_src/printable_docs/usermanual
      [copy] Copying 1 file to /Users/hutong/Downloads/apache-jmeter-5.0_src/printable_docs/extending
install:
BUILD SUCCESSFUL
Total time: 3 seconds
```

图 4-49 源码项目编译成功

5. 启动验证

运行 NewDriver.java，如果成功，正常显示如图 4-50 所示，这样就可以启动 JMeter 了。另外，大家会发现原来 16MB 大小的源码文件夹变成了 100MB 大小的文件夹，其和正常下载的 binaries 的可运行文件差不多了，所以编译完成后的 JMeter 也可以直接用来压测。

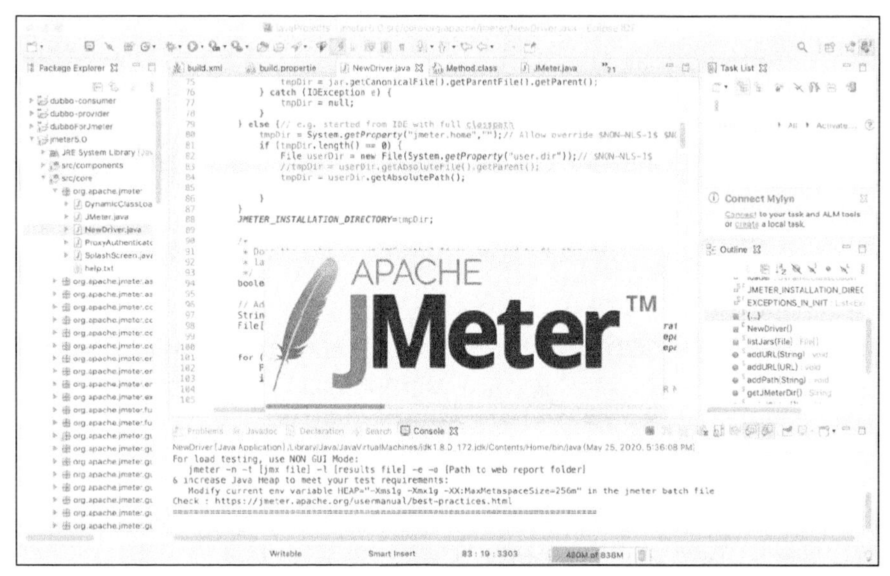

图 4-50 源码项目成功运行

运行期间遇到的错误如图 4-51 所示。

```
<terminated> NewDriver [Java Application] /Library/Java/JavaVirtualMachines/jdk1.8.0_172.jdk/Contents/Home/bin/java (May 25, 2020, 12:46:38 PM)
        at org.apache.jmeter.NewDriver.main(NewDriver.java:245)
ERROR StatusLogger Reconfiguration failed: No configuration found for '2a139a55' at 'null' in 'null'
12:46:39.302 [main] ERROR org.apache.jmeter.JMeter - An error occurred:
java.lang.RuntimeException: Could not read JMeter properties file:/javaProjects/bin/jmeter.properties
        at org.apache.jmeter.util.JMeterUtils.loadJMeterProperties(JMeterUtils.java:209) ~[core/:?]
        at org.apache.jmeter.JMeter.initializeProperties(JMeter.java:771) ~[core/:?]
        at org.apache.jmeter.JMeter.start(JMeter.java:453) [core/:?]
        at sun.reflect.NativeMethodAccessorImpl.invoke0(Native Method) ~[?:1.8.0_172]
        at sun.reflect.NativeMethodAccessorImpl.invoke(NativeMethodAccessorImpl.java:62) ~[?:1.8.0_172]
        at sun.reflect.DelegatingMethodAccessorImpl.invoke(DelegatingMethodAccessorImpl.java:43) ~[?:1.8.0_172]
        at java.lang.reflect.Method.invoke(Method.java:498) ~[?:1.8.0_172]
        at org.apache.jmeter.NewDriver.main(NewDriver.java:247) [core/:?]
An error occurred: Could not read JMeter properties file:/javaProjects/bin/jmeter.properties
```

图 4-51 运行期间遇到的错误

解决方法是，找到 NewDriver.java 这个文件，将其中一行代码 tmpDir = userDir.getAbsoluteFile().getParent();，修改为 tmpDir = userDir.getAbsolutePath();。

提示

其实从 JMeter 的 5.2.1 版本开始，官网上提供的源码中已经没有 build.xml 文件了。官方建议采用 gradle 的方式去编译源码，所以我们需要重点阅读源码文件中 gradle.md、eclipse.md、CONTRIBUTING.md 这 3 个说明，此处不做讨论，有兴趣的读者可以去研究。

Gradle 是一个基于 Apache Ant 和 Apache Maven 概念的项目自动化构建开源工具。它使用一种基于 Groovy 的特定领域语言（DSL）来声明项目设置，抛弃了基于 XML 的各种烦琐配置，帮我们做了依赖、打包、部署、发布各种渠道的差异管理等工作。

4.5.2 JMeter 源码解读

本节从源码的目录结构、程序入口、jmx 的 HashTree 结构这 3 方面简要解读源码。

1. 目录结构

JMeter 的源码目录主要是根据支持的协议和功能来组织的。这样设计的好处是开发者可以编译一个只支持某种协议的 JMeter 包而不用编译整个应用。上述是用 Eclipse 作开发环境，接下来我们也根据 Eclipse 项目的目录结构来做介绍。

（1）顶部目录。

- bin 目录包含扩展名为 bat 和 sh 的文件，这些文件用于启动 JMeter。bin 目录同时也包含了 ApacheJmeter.jar 和相关的配置文件。
- build 目录为 build 脚本创建的目录，用于存放一些 build 过程生成的文件。
- dist 目录为 build 脚本创建的目录，用于存放最后输出的文件。
- docs 目录为 JMeter 文档的相关目录。
- extras 目录包含 Ant 相关的其他文件。
- lib 目录包含 JMeter 依赖的相关文件。
- src 目录的子目录包含支持的协议和相关组件代码。
- test 目录为单元测试目录。
- xdocs 目录用于生成文档的 XML 文件，JMeter 用 XML 格式来生成文档。

（2）lib 目录结构。

- ext 目录包含 JMeter 核心和协议相关的 jar 包。把这些 jar 包独立出来的原因是，如果都放在 lib/目录里启动，速度会变慢。
- opt 目录包含一些可选的 jar 包，用于实现 JMeter 的一些可选的功能。这些 jar 包只有在 build 和运行的时候才会被引入。用户可以自己下载可选的 jar 包放到整个目录里。

（3）src 目录结构。

- core 目录为 JMeter 核心功能和接口的代码目录，这个目录是我们分析的重点。
- components 目录包含和协议无关的一些类，例如协议、GUI 组件等。
- examples 目录包含一些取样器的例子。
- functions 目录包含一些其他组件会使用的标准函数。
- jorphan 目录包含公共方法类。
- protocol 目录包含不同的协议支持代码。
- junit 目录包含测试相关的代码。

2. 程序入口

NewDriver 类的完整路径是 org.apache.jmeter.NewDriver，它是整个 JMeter 的入口类，主要的作用是提供了 main 方法用于启动 JMeter。

不过在启动程序 main 方法之前，NewDriver 类会做一些运行环境的检查和初始化，主要通过 static initializer 的方式来做，我们先来看一下初始化的代码。

```
private static final String JAVA_CLASS_PATH = "java.class.path";
// 此处省略了部分代码
// 这个就是静态初始化的代码块
static {
    final List<URL> jars = new LinkedList<>();
    final String initiaClasspath = System.getProperty(JAVA_CLASS_PATH);

    // 从初始的路径中查找 JMeter 的主路径
    String tmpDir;
    StringTokenizer tok = new StringTokenizer(initiaClasspath, File.pathSeparator);
    if (tok.countTokens() == 1  || (tok.countTokens() == 2   && OS_NAME_LC.startsWith
("mac os x")      )
        {
         File jar = new File(tok.nextToken());
         try {
           tmpDir = jar.getCanonicalFile().getParentFile().getParent();
         } catch (IOException e) {
           tmpDir = null;
         }
    } else
         tmpDir = System.getProperty("Jmeter.home","/Users/ylshao/code/github/Jmeter");
         if (tmpDir.length() == 0) {
           File userDir = new File(System.getProperty("user.dir"));
           tmpDir = userDir.getAbsoluteFile().getParent();
         }
    }
    Jmeter_INSTALLATION_DIRECTORY=tmpDir; // 获取 JMeter 当前安装目录
}
```

这是静态初始化代码的一部分，它主要的作用是判断JMeter的安装目录，Jmeter.sh运行的方式是通过classpath来推导安装主目录，也可以通过读取系统变量Jmeter.home来获取，最后把tmpDir值赋给Jmeter_INSTALLATION_DIRECTORY变量。变量Jmeter_INSTALLATION_DIRECTORY非常重要，其用来推导整个JMeter后续的目录结构，参看下面的代码。

```
    StringBuilder classpath = new StringBuilder();
    File[] libDirs = new File[] { new File(Jmeter_INSTALLATION_DIRECTORY +
File.separator + "lib"),
            new File(Jmeter_INSTALLATION_DIRECTORY + File.separator + "lib" +
File.separator + "ext"),
            new File(Jmeter_INSTALLATION_DIRECTORY + File.separator + "lib" +
File.separator + "junit")};
```

通过上面计算出来的Jmeter_INSTALLATION_DIRECTORY，我们可以获取相关lib目录和其子目录的路径，并读取到这些目录下所有的jar包，最后的目的是通过这些jar包创建一个ClassLoader。

```
    for (File libJar : libJars) {
        try {
            String s = libJar.getPath();
                if (usesUNC) {
                   if (s.startsWith("\\\\") && !s.startsWith("\\\\\\")) {
                     s = "\\\\" + s;
                   }else if (s.startsWith("//") && !s.startsWith("///")) {
                     s = "//" + s;
                   }
            }


                jars.add(new File(s).toURI().toURL());
                classpath.append(CLASSPATH_SEPARATOR);
                classpath.append(s);
        } catch (MalformedURLException e) {
            EXCEPTIONS_IN_INIT.add(new Exception("Error adding jar:"+libJar.
getAbsolutePath(), e));
        }

      System.setProperty(JAVA_CLASS_PATH, initiaClasspath + classpath.toString());
      // 创建自定义的ClassLoader
      loader = AccessController.doPrivileged(
           (PrivilegedAction<DynamicClassLoader>) () ->
               new DynamicClassLoader(jars.toArray(new URL[jars.size()])));
    }
```

直到创建了loader这个自定义的ClassLoader后，整个静态初始化才算结束。

最后我们来看一下main方法，main方法的逻辑比较简单。

```
    public static void main(String[] args) {
        if(!EXCEPTIONS_IN_INIT.isEmpty()) {
            System.err.println("Con figuration error during init, see exceptions:"+
exceptionsToString(EXCEPTIONS_IN_INIT));
        } else {
            Thread.currentThread().setContextClassLoader(loader);
            setLoggingProperties(args);
            try {
                if(System.getProperty(HEADLESS_MODE_PROPERTY) == null &&
shouldBeHeadless(args)) {
                    System.setProperty(HEADLESS_MODE_PROPERTY, "true");
                }
                Class<?> initialClass = loader.loadClass("org.apache.jmeter.jmeter");
                Object instance = initialClass.getDeclaredConstructor().newInstance();
                Method startup = initialClass.getMethod("start", new Class[] { new
String[0].getClass() });
                startup.invoke(instance, new Object[] { args });
            } catch(Throwable e){
                e.printStackTrace();
                System.err.println("Jmeter home directory was detected as: "+ Jmeter_
INSTALLATION_DIRECTORY);
            }
        }
    }
```

main 方法中先判断了 EXCEPTIONS_IN_INIT 是否为空，如果不为空则表示静态初始化有异常，需要直接退出进程并打印错误信息，并初始化一些基本的日志配置。

然后用刚才初始化的 ClassLoader 加载类 org.apache.jmeter.jmeter，通过 Java 反射的方式来调用 org.apache.jmeter.jmeter 的 start 方法，正式完成 JMeter 的启动。

3. jmx 文件的 HashTree

注意，这里的 HashTree 和数据结构里的哈希树完全不是一个概念。

jmx 文件是 JMeter 用来描述测试用例的核心文件，它可以用于在 GUI 模式下加载整个测试组件，也可以直接运行于 Non-GUI 的执行模式，其格式是基于 XML 的。HashTree 是它在内存的一份映射。我们先来看一份作者自定义的 jmx 文件，其中一些 XML 节点都折叠起来了，否则文件内容会很长。

XML 是有一定格式的，其每一层都只有两个类型的节点。

- Object 表示一个测试组件。
- HashTree 表示一个 HashTree 的子节点。

接下来，我们来看一下 org.apache.jorphan.collections.HashTree 这个类的定义。

```
public class HashTree implements Serializable, Map<Object, HashTree>, Cloneable {
    private static final long serialVersionUID = 240L;
    private static final String FOUND = "found";
```

```
    protected final Map<Object, HashTree> data;
    // 创建一个空的 HashTree
    public HashTree() {
      this(null, null);
    }
    ...
}
```

它的核心存储是一个 protected final Map<Object, HashTree> data 的 Map，通过对外提供 Map 接口来给上层提供读写的能力。

在熟练掌握一个 jmx 脚本的 HashTree 结构后，如图 4-52 所示，读者如果有兴趣完全可以扩展开发自定义在线拼接 JMeter 的压测脚本的功能。

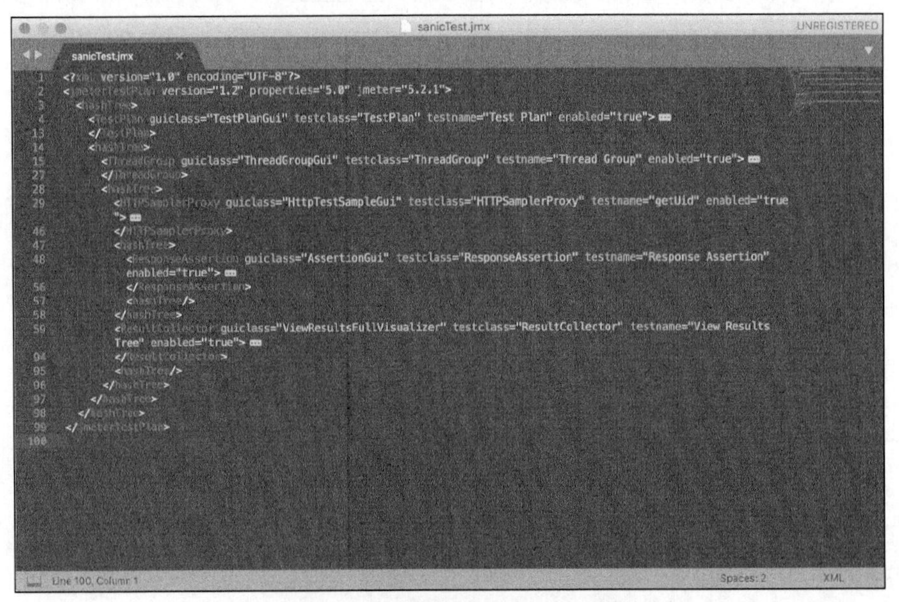

图 4-52　jmx 脚本的 HashTree 结构

JMeter 源码的内容还有很多，例如多线程模式、分布式引擎等，这里的解读是抛砖引玉，不继续深入讲解。

4.6　小结

基于 JMeter 开发的定制化测试插件已经在实际性能测试项目中落地应用，它解决了一些特定场景下的测试需求，例如本章的 Dubbo、TCP、ActiveMQ 和 Redis 的性能测试。随着 JMeter 在性能测试工作中的广泛应用，针对一些特殊测试场景和特定测试需求，测试人员可以扩展开发自己的测试插件，并在一定范围内共享使用。作者在本章向读者传授了高级的实战技能，掌握本章的内容后，读者可以提高性能测试工作技能和完成高难度的性能测试任务。

第5章

性能测试实战案例

在实际工作中，版本迭代是日常的工作，而性能测试又是一种特殊的测试，我们可以根据一定的规则选择特定版本进行性能测试。另外，项目负责人或架构师在系统方案的选型设计对比时也离不开性能测试，如果需要验证方案中的一些开源中间件在使用场景下的性能情况，那更是少不了性能测试。本章将分享3个典型的性能测试案例，为读者提供一些学习的思路。

5.1 日常项目性能测试

某个新项目需要上线，按照部门的上线要求，新产品必须进行性能测试，不满足要求的产品不能正常发布。

5.1.1 项目背景

某平台是面向物联网领域的智能硬件平台，平台面向开发者提供智能硬件的连接、管理和数据分析等云服务。平台主要涉及的接口有设备接入接口、设备管理开放接口和云平台开放接口。

5.1.2 性能测试目标

由于平台是第一次上线，而且是一个全新的系统，架构师要求对该平台进行一个性能的摸底测试。本次性能测试采用最小单元环境的方式，每个模块尽可能部署在1台服务器上进行压力测试。本次的性能测试重点业务和在此测试环境下的预期目标如表5-1所示。

表5-1 性能测试重点任务和预期目标

序号	测试业务	依赖接口	预期目标
1	模拟批量设备的同时登录	设备登录接口	并发数300，响应时间小于1s
		设备管理的RPC接口	
2	模拟大量设备不停上传数据	设备数据上传接口	并发数200，响应时间小于1s
		设备管理的RPC接口	

5.1.3 性能测试架构

根据平台提供的相关资料，我们画出该平台的最小单元系统架构图，如图5-1所示。平台共涉及了3个RPC服务，1个消息中间件RabbitMQ，1个缓存Couchbase，还有注册中心ZooKeeper和数据库MySQL。

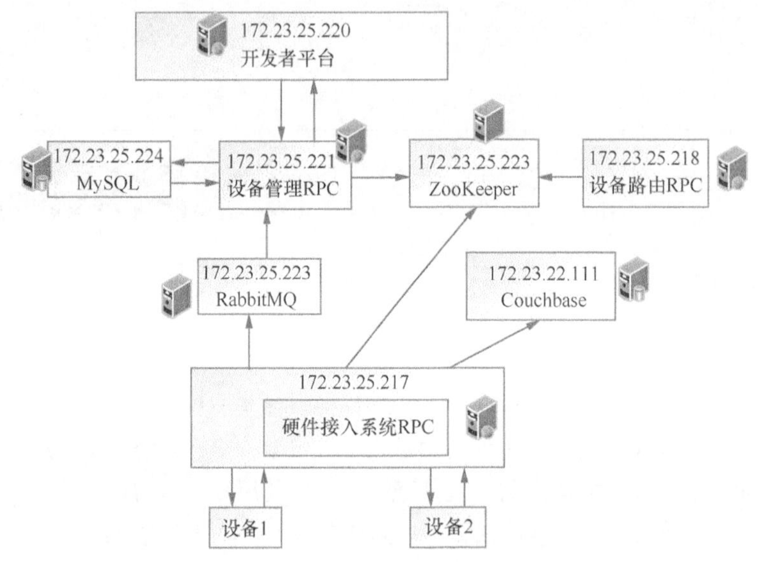

图5-1 最小单元的系统架构图

首先硬件通过硬件接入模块进行登录认证，这期间会把相关的认证信息存入Couchbase。登录成功后系统会根据设备路由，找到对应的设备管理模块。此时该硬件上传的数据通过RabbitMQ传递给设备管理，然后存入MySQL，并通过开发者平台展示。

5.1.4 测试环境搭建

按照上述的最小单元环境要求，我们申请了7台服务器，进行平台的性能测试环境搭建，服务器信息和用途如表5-2所示。

表5-2 服务器信息和用途

IP	服务器信息	用途
172.23.25.217	CentOS 6.7，8GB内存，4核CPU，50GB硬盘，1000MB网卡	硬件接入系统RPC
172.23.25.218	CentOS 6.7，8GB内存，4核CPU，50GB硬盘，1000MB网卡	设备路由RPC
172.23.25.220	CentOS 6.7，8GB内存，4核CPU，50GB硬盘，1000MB网卡	开发者平台
172.23.25.221	CentOS 6.7，8GB内存，4核CPU，50GB硬盘，1000MB网卡	设备管理RPC
172.23.25.223	CentOS 6.7，16GB内存，4核CPU，50GB硬盘，1000MB网卡	RabbitMQ、ZooKeeper
172.23.25.224	CentOS 6.7，16GB内存，8核CPU，100GB硬盘，1000MB网卡	MySQL
172.23.22.111	CentOS 6.7，4GB内存，2核CPU，50GB硬盘，1000MB网卡	Couchbase

表 5-3 所示为平台测试环境涉及的软件核心参数，其中主要是和性能息息相关的参数，我们要做好相对应的数值调整。

表 5-3 软件核心参数

软件名称及版本号	核心参数配置
MySQL-5.6.22	max_connections thread_cache_size query_cache_size
couchbase-server-enterprise-3.0.3-centos6.x86_64	Per Server RAM Quota Bucket Type Per Node RAM Quota
rabbitmq-server-3.5.3	num_acceptors.tcp vm_memory_high_watermark
apache-tomcat-7	maxThreads minSpareThreads maxSpareThreads acceptCount connectionTimeout JVM 堆分配参数
系统内核	TCP 相关参数： net.ipv4.ip_local_port_range vm.swappiness net.core.somaxconn net.ipv4.tcp_max_syn_backlog net.ipv4.tcp_fin_timeout net.ipv4.tcp_tw_reuse net.ipv4.tcp_retries2 net.ipv4.tcp_syn_retries net.ipv4.tcp_keepalive_time net.ipv4.tcp_keepalive_intvl net.ipv4.tcp_keepalive_probes net.core.netdev_max_backlog 文件句柄数：open files

5.1.5 测试数据构造

性能测试需要构造一些业务数据，尤其是新产品的性能测试。根据被测对象和业务涉及的 MySQL 数据表，我们整理出核心数据表，如表 5-4 所示，并通过代码构造满足一定规则的测试数据量。具体的关键字段说明如表 5-5 所示。

表5-4 核心数据表

核心数据表	构造数据说明	数据量
d_base_inf	构造准备20万台硬件设备	20万
dp_product	构造一定数目的不同产品，以挂载设备	5个
dp_product_datapoint	在每个设备上传的数据点构造5个字段	若干

表5-5 关键字段说明

缩写	名词	全称	说明
MID	厂商ID	Manufacture identity	该字段用于识别不同的开发者，共5位，由大写字母和数字组成，在平台内唯一
PID	产品ID	Product identity	该字段用于识别厂商开发的不同产品，共6位，由大写字母、数字、“-”、“_”组成，在厂商内唯一。其中，第一个字符是T代表测试产品，是P代表发布产品
SN	自定义ID	Serial number	该字段是某产品型号识别编码，可以做厂商内部资产编码，位数在1～32位，由大写字母和数字组成，在产品内唯一
DID	设备识别码	Device identity	该字段由MID、PID、SN组合而成。例如，MID=YDHZ1，PID=PJQR01， SN=SZ010000001，则 DID= YDHZ1JQR01SZ010000001
DIDKEY	设备密钥	DID key	该字段是32位的字母、数字的组合，可以作为加解密因子，在激活消息中使用,规则为MD5（随机码）
DEVKEY	开发者密钥	Development key	该字段是32位的字母、数字的组合，由开发者平台产生
GROUPKEY	分组密钥	Group key	该字段是开发者在开发者平台分组后的密钥
ACCESSTOKEN	临时口令	User token	该字段是用户登录后使用的口令

5.1.6 性能测试用例

根据业务判断，设备登录和设备数据上传这两个接口的数据量会比较大，而且是TCP连接的，经过项目组评估重点需要对这两个接口进行性能测试。在规定的服务器资源范围内，模拟大量不同的硬件设备的性能测试，以确定系统能够承受的最大并发数和业务处理能力。设备登录性能测试用例和设备数据上传性能测试用例如图5-2和图5-3所示。

项目	某平台性能测试	分项目	
用例编号	1	版本	V3.0.0
参考文档		系统架构	
重要性	A	优先级	A
测试目的	在最小测试单元环境下，测试设备登录接口最大能够支持的并发数，以及业务处理能力，并调优，使之在最小单元下达到最优		
预置条件	• 数据库准备一定量的硬件设备数据 • Couchbase 中存在一定量的记录		
测试步骤	• 在同网段的服务器上启动 JMeter 的设备登录脚本，进行施压 • 在一定的并发线程数下压测 15min，观察服务器资源消耗情况和业务处理能力 • 逐步增加并发数，继续施压，直到出现错误或者资源满负荷 • 定位问题并调优后，再次测试该设备登录接口的最大能够支持的并发数和业务处理能力		
预期结果	• 每台服务器的平均 CPU 消耗<80% • 每台服务器的平均内存消耗<80% • JVM 老年代的回收频率>0.5h		
参考流程	该设备登录接口的具体业务流程如下： （1）硬件与智能硬件接入系统建立 TCP 连接，硬件发送登录请求给接入系统； （2）接入系统通过设备管理提供的 RPC 接口，对请求内容进行验证； （3）验证通过，将版本信息、ACCKEY 等相关信息存入 Couchbase 缓存系统； （4）返回成功信息给智能硬件		

图 5-2　设备登录性能测试用例

项目	某平台性能测试	分项目	
用例编号	2	版本	V3.0.0
参考文档		系统架构	
重要性	A	优先级	A
测试目的	在最小测试单元环境下，测试设备数据上传接口的最大能够支持的并发数，以及业务处理能力，并调优，使之在最小单元下达到最优		
预置条件	• 数据库准备一定量的硬件设备数据 • Couchbase 中存在一定量的记录		

图 5-3　设备数据上传性能测试用例

测试步骤	• 在同网段的另一台服务器上启动 JMeter 的设备数据上传脚本，进行施压； • 在一定的并发线程数下压测 15min； • 逐步增加并发数，继续施压，并监控此时服务器、软件应用等的情况； • 定位问题并调优后，再次测试该设备登录接口的最大能够支持的并发数和业务处理能力
预期结果	• 每台服务器的平均 CPU 消耗<80% • 每台服务器的平均内存消耗<80% • JVM 老年代的回收频率>0.5h
参考流程	设备数据上传接口的具体业务流程如下： （1）硬件与智能硬件接入系统建立 TCP 连接，硬件发送上传请求给接入系统； （2）接入系统通过设备管理提供的 RPC 接口和 Couchbase，对请求内容进行验证； （3）验证通过，将上传信息上报给设备管理的 RabbitMQ，设备管理读取 RabbitMQ 进行入库； （4）同时上传一份上报信息给设备路由，用于数据点推送； （5）同时上传一份上报信息给 storm，用于告警； （6）返回成功信息给智能硬件

图 5-3　设备数据上传性能测试用例（续）

5.1.7　性能脚本编写

根据设计规范文档，设备接入流程如图 5-4 所示，数据平台主要与设备商和设备交互。流程说明如下：

（1）设备商开发人员登录待测平台，创建设备，得到 MID 和创建 PID；

（2）跟进平台规则生成设备 SN 号和 DIDKEY，写至设备中；

（3）在待测平台上批量导入设备信息，包括 DID（MID+PID+SN）、DIDKEY；

（4）设备每次开机后需要进行登录操作，数据用 DIDKEY 进行加密；

（5）登录成功后，得到 ACCKEY，设备与平台间的数据交互通过 ACCKEY 加密。

在学习了设计文档，了解了流程交互后，我们就可以根据具体的接口说明文档，进行 JMeter 脚本的模拟编写了，首先是设备登录接口。

1. 设备登录

设备每次接入前需要进行设备登录，获取 ACCKEY，将 ACCKEY 作为加密因子加密数据包，加密后的数据包与平台进行数据交互。

- 请求方向：设备→平台。
- 请求方式：HTTP。
- URL : http://××××.××××.××××.××××:8081/V0.5/command/login。
- Method：POST。
- HTTP HEADER : Content-Type: application/octet-stream。

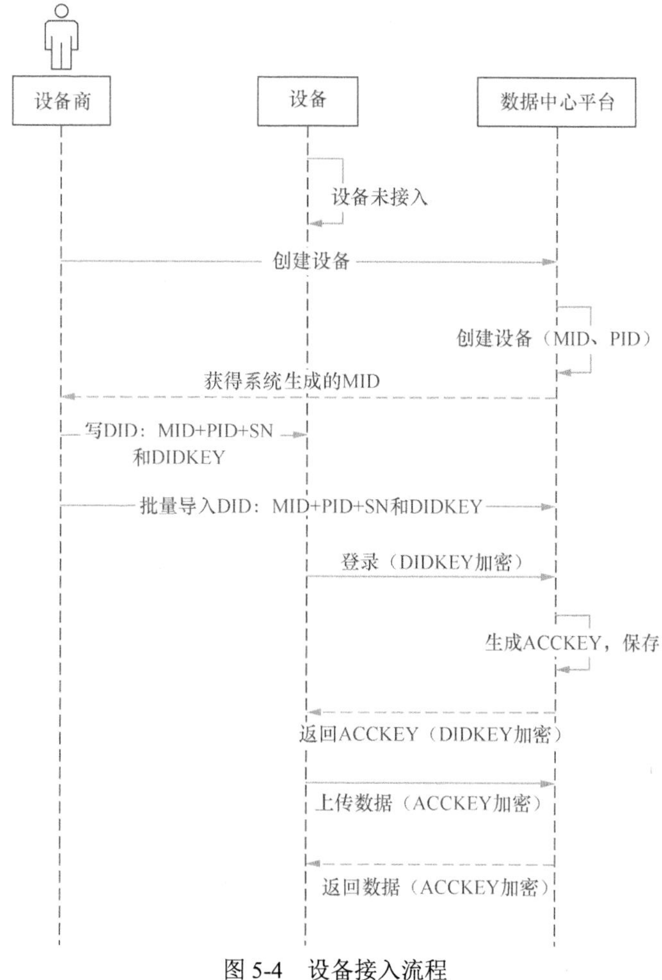

图 5-4 设备接入流程

TCP 连接信息如下。

- IP: ××××.××××.××××.××××。
- PORT：9123。

请求内容为 JSON 格式。

- BODY 明文内容如下：

```
{
    "header":{
        "version":"0.5",
        "msgType":"login",
        "did":"YDHZ1JQR01SZ010000001",
        "encrypt":1,
        "nonce":45679
        /*
        非初次登录
```

```
            "nonce":{"20150101123035": 45679}
            */
        }
}
```

- BODY 密文内容：加密因子 DIDKEY 为 thebestsecretkeythebestsecretkey，如下所示。

```
{
    "header":{
        "version":"0.5",
        "msgType":"login",
        "did":"YDHZ1JQR01SZ010000001",
        "encrypt":1,
        "nonce": "yMevcMj0Tq5HZIIGYpWoqA=="
        /*
        非初次登录
        "nonce":"KHI2nHp/h4ox4ccpw99FsbM6Ovak36qPZpBI1JQoqHw="
        */
    }
}
```

请求参数说明如表 5-6 所示。其中，M 表示必须，O 表示可选。

表 5-6　设备登录接口请求参数说明

字段名	可选	说明
version	M	协议版本号
msgType	M	消息类型， login 表示登录
did	M	设备 ID
encrypt	M	数据加密方式，1 表示 AES，2 表示 3DES，3 表示 TEA
nonce	M	当设备初次登录时，该参数值为随机数，传输密文，范围为 0～4294967295 当设备非初次登录时，该参数值为上次登录返回时间+随机数（传输密文，范围为 0～4294967295），如，{"20150101123035": 45679}

响应内容为 JSON 格式。

- BODY 明文内容如下：

```
{
    "header":{
        "version":"0.5",
        "msgType":"login",
        "encrypt":1,
        "counter":120,
        "responseCode":"1200",
        "responseMsg":"20160505102859"
    },
    "body":{
        "accKey": "thisisaaccesskeythisisaaccesskey"
    }
}
```

- BODY 密文内容如下：

```
{
    "header":{
        "version":"0.5",
        "msgType":"login",
        "encrypt":1,
        "counter":"sKb60bs/fgr4hod9lRukpA==",
        "responseCode":"1200",
        "responseMsg":"20160505102859"
    },
    "body":"jNIixlSC7FCqNLjT3/9ujMQCNVrO4VtYkt97AFShgas5wE1WQa8pkqMxM1Bnx4y5"
}
```

响应参数说明如表 5-7 所示。

表 5-7 设备登录接口响应参数说明

字段名	可选	说明
version	M	协议版本号
msgType	M	消息类型，login 表示登录
encrypt	M	数据加密方式
counter	M	帧计数器，范围为 0～4294967295
responseCode	M	消息返回码
responseMsg	O	返回消息，若登录成功则返回当前时间，格式如 20160505102859，精确到秒
accKey	M	激活生产的 ACCKEY

根据上面的接口详细说明，我们开始编写 JMeter 的脚本。

首先我们需要新建一个线程组，然后添加一个参数化配置元件用于从 csv 文件中读取提前准备好的 did 的值和 did_key 的值，如图 5-5 所示。

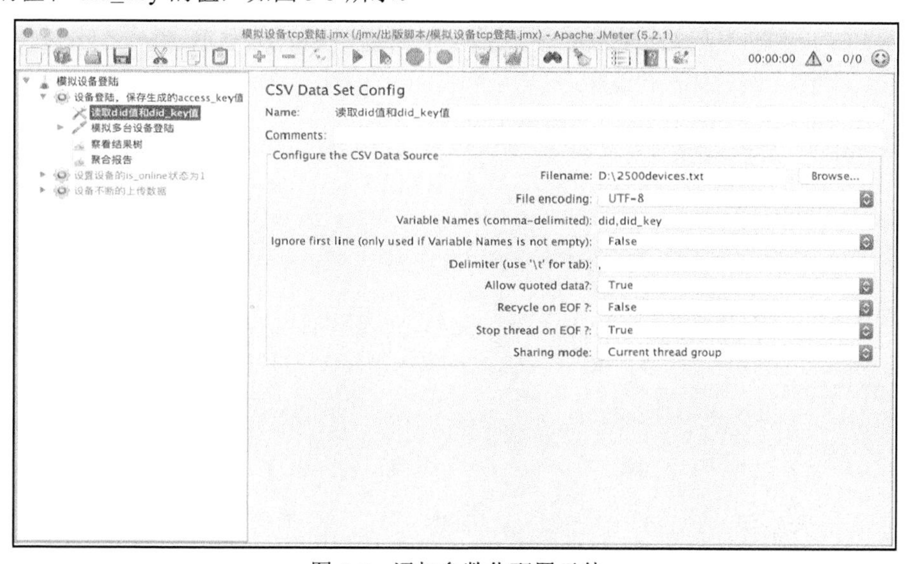

图 5-5 添加参数化配置元件

接着我们需要添加一个 TCP 取样器组件，如图 5-6 所示，填写 IP 地址、端口，还有请求的内容 ${postrequest}。因为待发送的数据需要做特殊处理，所以此处通过变量引用。最后不要忘记填写 EOL 的值，这是结束读取数据的结束判断符，若不填写该值 JMeter 将不知道读取数据什么时候结束。

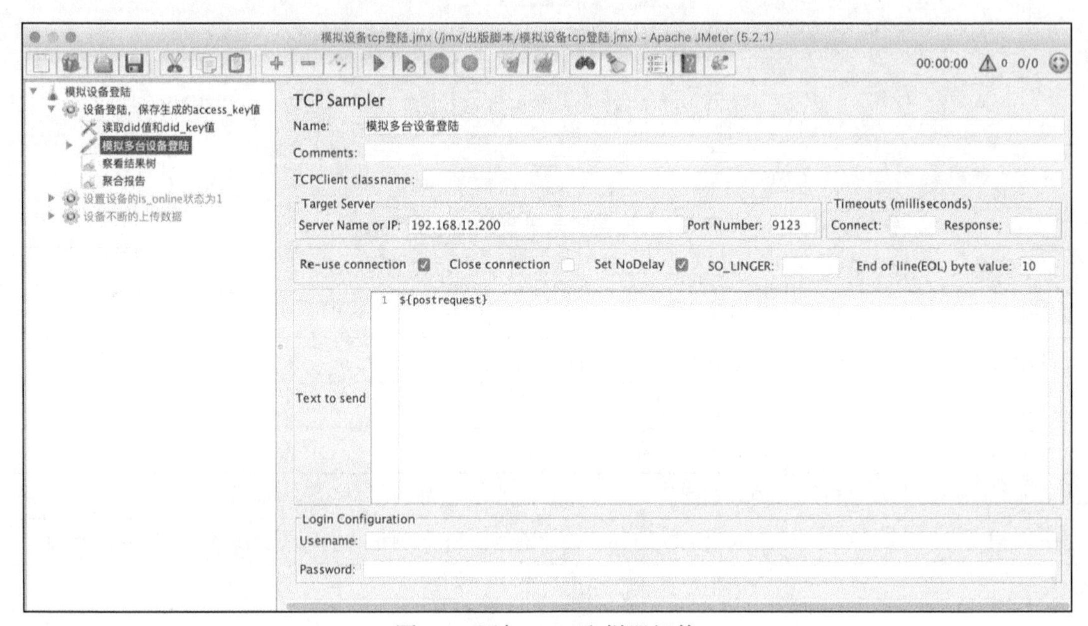

图 5-6　添加 TCP 取样器组件

在 TCP 取样器组件下添加一个 BeanShell 后置处理器，用于进行数据的加密，如图 5-7 所示。需要注意的是加密的算法需要打成 jar 包，导入到 JMeter 中，然后再通过 import com.cmcc. encrypt. format.*; 方式引入代码中。详细的代码如代码清单 5-1 所示，主要工作是通过 JSONObject 的类进行 JSON 原始数据特定字段的获取、修改加密和替换。

代码清单 5-1　beanshell

```
import net.sf.json.JSONObject;
import com.cmcc.encrypt.format.*;

AESencrpFormat aes = new AESencrpFormat();
    String encrytresult = "";
    String did_key = "${did_key}";
    ${__Random(1,10000000,nonce)};
    // System.out.println(${__Random(1,10000000,nonce)}); //生成不同 nonce 值
    // 测试的 JSONObject.
    String jsonobj = "{\"header\": {\"version\": \"0.4\",\"msgType\": \"login\",
\"did\": \"${did}\", \"encrypt\": 1, \"nonce\":${nonce}}}";
    JSONObject request = JSONObject.fromObject(jsonobj);
    // System.out.println(request);
    JSONObject header = (JSONObject) request.get("header");// 获得 body 的值

    // System.out.println(header.get("version"));
```

```
// String nonce = header.get("nonce").toString();
// System.out.println(name+":"+age);
// System.out.println(nonce);
try {
      // encrytresult = aes.encrypt(nonce, did_key);
      encrytresult = aes.encryptNum(header.getInt("nonce"), did_key);
} catch (Exception e) {
      // e.printStackTrace();
}
// System.out.println("加密后:" + encrytresult);

/*
 * try { encrytresult=aes.decrypt(encrytresult, did_key);
 *
 * } catch (Exception e) { // e.printStackTrace(); }
 * System.out.println("解密后:"+encrytresult);
 */
// 加密后的 nonce 字段值放回原来 JSON 数据中
header.put("nonce", encrytresult);
String encrytRequest = request.toString();
encrytRequest = encrytRequest +"\\r\\n";
// System.out.println(encrytRequest);
vars.put("postrequest",encrytRequest);
```

最后我们需要添加一个响应断言，断言内容"responseCode":"1200"表示登录成功。在笔记本计算机上调试通过后，登录接口的 jmx 脚本就编写完成了。

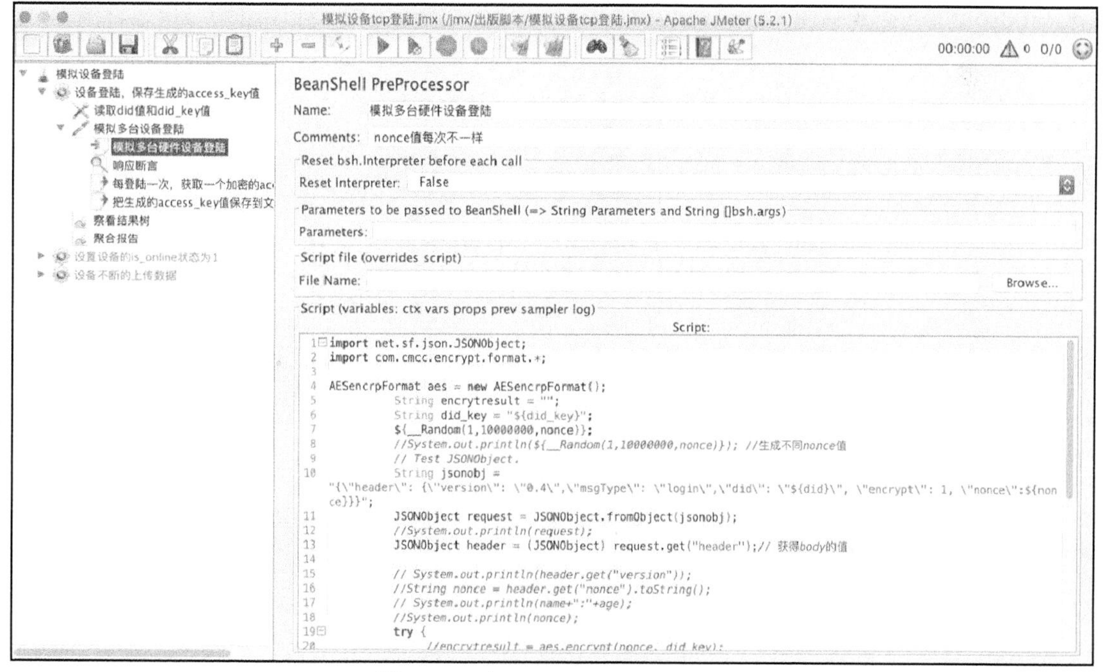

图 5-7 添加 BeanShell 后置处理器

2. 设备数据上传

智能设备通过该接口上传数据点信息至平台，具体接口的描述如下。

- 请求方向：设备→平台。
- 请求方式：HTTP。
- URL : http://××××.××××.××××.××××:8081/V0.5/data/upload。
- Method：POST。
- HTTP HEADER : Content-Type: application/octet-stream。

TCP 连接信息如下。

- IP: ××××.××××.××××.××××。
- PORT：9123。

请求内容为 JSON 格式。

- BODY 明文内容如下：


```
{
    "header":{
        "version":"0.5",
        "msgType":"up",
        "msgId":"1",
        "did":"YDHZ1JQR01SZ010000001",
        "encrypt":1,
        "counter":120
    },
    "body":{
    "datapoints":[
    {
    "id":"Location",
    "datas":[{"value":{
                "Lat":3016.94036,
                "Lon":5,"Alt":10.02,
                "Speed":0.283},
                "at":""}]
    },
    {
       "id":"PowerSupply",
       "datas":[{"value":1,"at":""}]
    },
    {"id":"Voltage",
       "datas":[{"value":3,"at":""}]
    },
    {"id":"CellID",
       "datas":[{"value":"7af2","at":""}]
    }
    ]
    }
}
```

- BODY 密文内容：加密因子 ACCKEY 为 thisisaaccesskeythisisaaccesskey，如下所示。

```
{
    "header":{
        "version":"0.5",
        "msgType":"up",
        "msgId":"1",
        "did":"YDHZ1JQR01SZ010000001",
        "encrypt":1,
        "counter":"NZfv9RYtpzn7VsUtWMfeSA==",
    },
    "body":"SQyZAxlFXGQvYPgiz/Ggki33ENKTHRh4bL5BeXHeZQnJbOabqoXDHvEqY+tZERu5KDwobdCp3
      dy8xBaoNsxtqnpX90RDdL9DK7r8t+qjHgE0JtnMunoJZPEDNvFDcZ91QY1SgsTcvuIeaGVjJnl4Ksc
      p6mnIbjCaCrNiRqkPSfU6nClq2Nv64ewb052/dY1yTX+vPboSj/CWDaPAQqgSwo1eDtQHVgmSVxm37
      bvuvtmZh4vT/Zp6vVklF7cKTfGeHiSdGRy8so+ZeOQtcDp3WijPvm/d2x2cYIZ2xdr5/Kznodk4teB
      nOJ6xbVm9dBareXxZTQnmiEV3bCMnXPdIVnEvHbx/otiXJDD6hmtGfULgeDRK6cjMZYyOdZ/Dvd7H2
      Xx5a/KdNokz8CW/O7KnnJ4NaHS73jLTCX48XmZijz/L5LvzHBfjWGgIfhThxTe/"
}
```

请求参数说明如表 5-8 所示。

表 5-8 数据上传接口请求参数说明

字段名	可选	说明
version	M	协议版本号
msgType	M	消息类型，up 表示数据上传
msgId	M	消息 ID
did	M	设备 ID
encrypt	M	数据加密方式，1 表示 AES，2 表示 3DES，3 表示 TEA
counter	M	帧计数器，范围为 0～4294967295
datapoints	M	数据点参数，其中 id 表示参数类型，datas 表示数据组，value 表示参数值（可为空），At 表示时刻（可为空）

在进行数据透传时，BODY 内使用 raw 字段，如下所示。

```
{
    "header":{
        "version":"0.5",
        "msgType":"up",
        "msgId":"1",
        "did":"YDHZ1JQR01SZ010000001",
        "encrypt":1,
    },
    "body":{
        "raw":"xxxxxxxxx"
    }
}
```

响应内容为 JSON 格式。

- BODY 明文内容如下：

```
{
    "header":{
        "version":"0.5",
        "msgType":"up",
        "encrypt":1,
        "counter":120,
        "responseCode":"1200",
        "responseMsg":"20160505102859"
    }
}
```

- BODY 密文内容如下。

```
{
    "header":{
        "version":"0.5",
        "msgType":"up",
        "msgId":"1",
        "encrypt":1,
        "counter":"NZfv9RYtpzn7VsUtWMfeSA==",
        "responseCode":"1200",
        "responseMsg":"20160505102859"
    }
}
```

响应参数说明如表 5-9 所示。

表 5-9　数据上传接口响应参数说明

字段名	可选	说明
version	M	协议版本号
msgType	M	消息类型，up 表示数据上传
encrypt	M	数据加密方式
counter	M	帧计数器，范围为 0～4294967295
responseCode	M	消息返回码
responseMsg	M	返回消息，若登录成功则返回当前时间，格式如 20160505102859，精确到秒

设备数据上传接口的 JMeter 脚本和前文中登录接口的 JMeter 脚本类似，只是这里需要利用每个设备的 did 值和 did_key 值，以及每次登录生成的唯一的 access_key 值，如代码清单 5-2 所示。我们根据数据上传接口的请求参数加密要求进行数据的处理，生成 postdata 数据。

代码清单 5-2 beanshell2

```
import bsh.EvalError;
import bsh.Interpreter;
import org.apache.jmeter.util.*;
import net.sf.json.*;
import com.cmcc.encrypt.format.*;
AESencrpFormat aes = new AESencrpFormat();
String did_key = "${did_key2}";
String encrypted_accesskey = "${access_key2}";  // 登录成功后返回加密后的 access_key
// System.out.println("encrypted_acckey:"+encrypted_accesskey);
// JMeterUtils.setProperty("test01",encrypted_accesskey);
${__Random(1,50,value)};
${__time(YMD,time1)};
${__time(HMS,time2)};
String access_key = "";
// 1.解密获取的 access_key 的值
try {
     access_key = aes.decrypt(encrypted_accesskey, did_key);
} catch (Exception e1) { e1.printStackTrace(); }
// System.out.println("解密后 access_key:"+access_key);
JSONObject body= JSONObject.fromObject(access_key);
String accKey = body.get("accKey").toString();
// System.out.println( "acckey:"+accKey);
// 2.构造请求 JSON 数据，并用 accKey 加密 counter 字段值，另外 value 字段值随机。
String jsonobj2 ="{\"header\":{\"version\": \"0.4\",\"msgType\":\"up\",\"msgId\":\"abc\",
\"did\": \"${did2}\",\"encrypt\":1,\"counter\": 1}," + "\"body\": {\"datapoints\": [{\"id\":
\"ht0001\",\"datas\": [{\"value\": \"${value}\"}]},{\"id\":\"ht0002\",\"datas\":[{\"value\":
{\"Lat\":3016.94036,\"Lon\":5,\"Speed\":0.283},\"at\":\"${time1}${time2}\"}]}]}}";
JSONObject request2 = JSONObject.fromObject(jsonobj2);
// String prettyjson=JSON.toJSONString(request, true);
// System.out.println(prettyjson);
// System.out.println(request2);
JSONObject header2 = (JSONObject) request2.get("header");
// System.out.println(header.get("version"));
String counter = header2.get("counter").toString();
// System.out.println(name+":"+age);
// System.out.println("counter:"+counter);
// System.out.println("body:"+request2.get("body"));
String encrytCounter = "";
String encrytBody = "";
Integer decryptCounter = 0;
try {
    // encrytresult = aes.encrypt(nonce, did_key);
    encrytCounter = aes.encryptNum(header2.getInt("counter"),accKey);
    encrytBody = aes.encrypt(request2.get("body").toString(),accKey);
} catch (Exception e) {
    e.printStackTrace();
```

```
}
// System.out.println("加密后 counter:" + encrytCounter);
// System.out.println("加密后 body:" + encrytBody);
/*
 try { decryptCounter = aes.decryptNum(encrytCounter, accKey);

 } catch (Exception e) { e.printStackTrace(); }
 System.out.println("解密后 counter:"+decryptCounter);
 */
 // 加密后的 counter 字段值放回原来 JSON 数据中
 header2.put("counter", encrytCounter);
 request2.put("body",encrytBody);
 String encrytRequest2 = request2.toString();
 encrytRequest2 = encrytRequest2+"\\r\\n";
 // System.out.println(encrytRequest2);
 vars.put("postdata",encrytRequest2);
 // log.info(${postdata});
```

5.1.8 性能测试监控

我们需要在各台服务器上部署监控脚本，具体步骤可参考 1.2.8 节或使用第三方的监控工具，例如 Zabbix、Nmon 等，此处不展开讲解。

5.1.9 性能测试执行

接下来，我们把本机调试通过的设备登录和设备数据上传的 jmx 脚本，上传到服务器压测机，并采用命令行的方式执行脚本。在脚本执行期间，我们首先应该观察各台服务器有没有一些明显的异常，查看应用日志有无报错。

（1）在执行的过程中，观察 MySQL 服务的 CPU 使用情况，发现 8 核的 CPU 中 CPU 0 这个核几乎被占满，其他几个核使用较少，如图 5-8 所示，CPU 0 使用率达到了 99.7%。

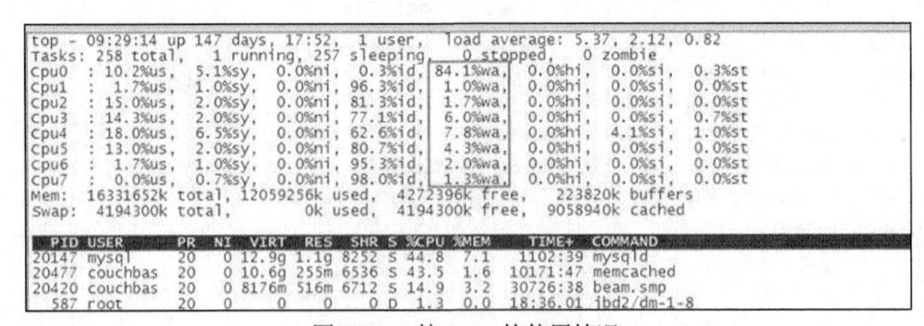

图 5-8　8 核 CPU 的使用情况

这个现象是不正常的，CPU 0 被占满，会导致 CPU 的调度出现问题。后来经过 DBA 的确认，我们调优 MySQL 安装编译参数，DBA 采用二进制方式重新安装，并更新为稳定的版本 5.7.30。

（2）数据上传接口压测的时候，发现并发数 200 的时候，响应时间会很长。经过排错我们发现数据库连接池太小，开发人员采用的是默认配置，如图 5-9 所示。修改配置中数据源的连接参数后，调整设备管理模块的数据库 MySQL 的 maxactive 参数值为 80，响应时间从原来的 1.6s 缩短到了 0.976s。

```
<!-- 配置数据源 -->
<bean id="dataSource" class="com.alibaba.druid.pool.DruidDataSource"
        init-method="init" destroy-method="close">
        <property name="url" value="${jdbc.url}" />
        <property name="username" value="${jdbc.username}" />
        <property name="password" value="${jdbc.password}" />
        <property name="filters" value="stat" />
        <property name="maxActive" value="20" />
        <property name="initialSize" value="1" />
        <property name="maxWait" value="60000" />
        <property name="minIdle" value="1" />
        <property name="timeBetweenEvictionRunsMillis" value="3000" />
        <property name="minEvictableIdleTimeMillis" value="300000" />
        <property name="validationQuery" value="SELECT 'x'" />
        <property name="testWhileIdle" value="true" />
        <property name="testOnBorrow" value="false" />
        <property name="testOnReturn" value="false" />
        <property name="poolPreparedStatements" value="true" />
        <property name="maxPoolPreparedStatementPerConnectionSize"
                value="20" />
</bean>
```

图 5-9 数据源默认配置

（3）另外，我们调大了 Dubbo 的线程数。

经过多次压测和调整后，设备数据上传接口在并发数 200 下，95%的响应时间从 1.981s 缩短到了 0.976s，满足了项目组要求。

5.1.10 性能测试结果

在负载测试下，设备登录接口性能测试结果如表 5-10 所示，设备数据上传接口性能测试结果如表 5-11 所示。

表 5-10 设备登录接口性能测试结果

设备登录接口			
并发数	TPS	95%响应时间	成功率
100	502.9	198	100%
200	533.7	372	100%
300	565.1	561	100%

表 5-11 设备数据上传接口性能测试结果

设备数据上传接口			
并发数	TPS	95%响应时间	成功率
100	140.1	705	100%
200	204.2	976	100%

在压测过程中，服务器的 CPU、内存无异常现象，如表 5-12 所示。

表 5-12 服务器指标测试数据

用例	服务器类型	CPU	内存
设备登录	硬件接入服务器（4 核）	平均消耗：236%	无交换
	设备管理服务器（4 核）	平均消耗：210%	无交换
	数据库服务器（8 核）	平均消耗：125%	无交换
	Couchbase 服务器（2 核）	平均消耗：115%	无交换
设备数据上传	硬件接入服务器（4 核）	平均消耗：90%	无交换
	设备管理服务器（4 核）	平均消耗：206%	无交换
	数据库服务器（8 核）	平均消耗：120%	无交换
	Couchbase 服务器（2 核）	平均消耗：65%	无交换

经过本次的性能测试，发现在并发数 200 的压力下，服务器的资源消耗小于安全临界阈值，并且无内存泄漏、无表死锁、无线程死锁且无日志错误。各个测试对象的具体负载业务指标结果，经和产品部确认可以满足产品目前的性能需求，产品满足发布上线的要求。

5.2 方案对比性能测试

架构师或者项目负责人在选技术方案的过程中，需要对比方案的性能差异，这个时候就可以通过性能测试来量化不同方案在特定场景需求下的性能表现，从而进行方案取舍。

5.2.1 方案对比需求

根据项目组的需要，测试对比采用 FTP 方式和采用 HTTPS（RESTful）方式处理文件的效率。

5.2.2 性能测试方法

FTP 方式通过搭建 FTP 服务器的方式进行文件处理。

HTTPS（RESTful）方式按照 RESTful 编码规则编写接口代码的方式进行文件处理。

我们需要申请如表 5-13 所示的服务器，并按照如图 5-10 所示的架构进行搭建，让两种方案在相同配置的服务器上进行对比测试。

表 5-13 服务器信息表

服务器	CPU	内存	作用
172.28.96.96	4 核	8GB	提供 HTTPS 接口服务
172.28.96.89	4 核	8GB	提供 FTP 服务
172.28.96.94	4 核	8GB	提供 JMeter 测试工具

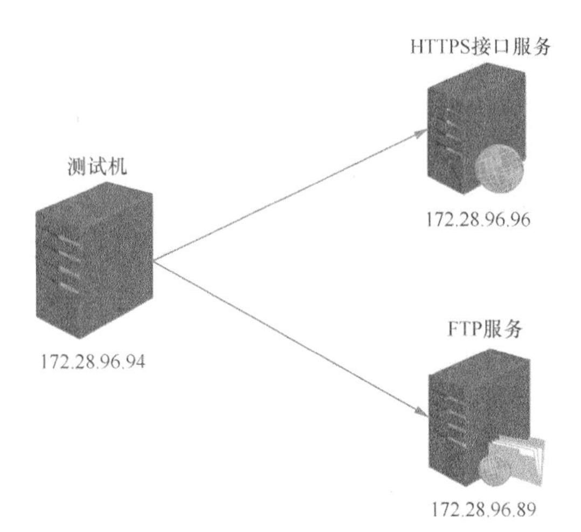

图 5-10 对比测试架构

5.2.3 性能测试场景

根据需求，我们主要在不同文件大小和不同并发数下，从响应耗时、处理速度、丢包情况等多个维度对比两种方案的优劣。测试场景设计如表 5-14 所示。

表 5-14 测试场景设计

测试场景设计					FTP 方式文件处理					HTTPS（RESTful）方式文件处理				
测试用例编号	文件类型	文件处理	文件大小	并发数	平均耗时(ms)	传输丢包率	传输速度TPS	服务占用CPU情况	服务占用带宽情况（MB/s）	平均耗时(ms)	传输丢包率	传输速度TPS	服务占用CPU情况	服务占用带宽情况（MB/s）
1	CSV/XML/ZIP	下载	1B～1KB	1										
2				10										
3				50										
4				100										
5				150										
6			1KB～100KB	1										
7				10										
8				50										
9				100										
10				150										

5.2.4　性能测试脚本和代码

我们首先完成 FTP 方式的服务器端服务搭建和客户端脚本编写。服务器端服务搭建无须编写额外代码，直接在 172.28.96.89 服务器上搭建部署 FTP 服务即可。JMeter 自带 FTP 请求（FTP Request）插件，所以我们可以直接进行 FTP 的客户端脚本开发，如图 5-11 所示。

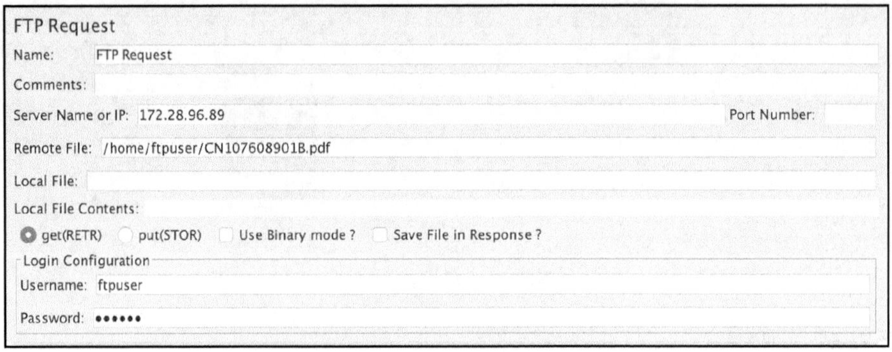

FTP Request
Name: FTP Request
Comments:
Server Name or IP: 172.28.96.89　Port Number:
Remote File: /home/ftpuser/CN107608901B.pdf
Local File:
Local File Contents:
get(RETR)　put(STOR)　Use Binary mode ?　Save File in Response ?
Login Configuration
Username: ftpuser
Password: ••••••

图 5-11　FTP 请求界面

然后完成 HTTP 方式的服务器端代码编写和客户端脚本编写。本节基于 Spring 编写服务器端代码，首先封装服务 Service，通过 org.springframework.http.ResponseEntity 进行文件的下载，封装了自定义的 StorageService 类用于文件的加载，如代码清单 5-3 所示。

代码清单 5-3　StorageService.java

```
package com.dahuaxingneng.uploaddownload;

import org.springframework.core.io.Resource;
import org.springframework.core.io.UrlResource;
import org.springframework.stereotype.Service;
import org.springframework.util.FileCopyUtils;
import org.springframework.util.FileSystemUtils;
import org.springframework.util.StringUtils;
import org.springframework.web.multipart.MultipartFile;

import java.io.File;
import java.io.FileInputStream;
import java.io.IOException;
import java.io.InputStream;
import java.net.MalformedURLException;
import java.nio.charset.StandardCharsets;
import java.nio.file.*;
import java.util.Base64;
import java.util.stream.Stream;

@Service
```

```
public class StorageService {
  private final Path rootLocation;

  public StorageService(@SuppressWarnings("SpringJavaInjectionPointsAutowiringInspection")
String root) {
    this.rootLocation = init(root);
  }

  public Path load(String filename) {
    return rootLocation.resolve(filename);
  }

  public Resource loadAsResource(String filename) {
    try {
      Path file = load(filename);
      Resource resource = new UrlResource(file.toUri());
      if (resource.exists() || resource.isReadable()) {
        return resource;
      }
      else {
        throw new RuntimeException("Could not read file: " + filename);
      }
    }
    catch (MalformedURLException e) {
      throw new RuntimeException("Could not read file: " + filename, e);
    }
  }

  public byte[] loadAsBytes(String filename) {
    File file = load(filename).toFile();
    try {
      InputStream stream = new FileInputStream(file);
      return FileCopyUtils.copyToByteArray(stream);
    } catch (Exception e) {
      e.printStackTrace();
      return null;
    }
  }
}
```

接着在控制层，通过 FileResourceController 类声明了一个 GET 请求，通过/files/{filename}方式请求文件下载，其中具体实现部分调用了 Storage Service 类封装的方法，如代码清单 5-4 所示。

代码清单 5-4 FileResourceController.java

```
package com.dahuaxingneng.uploaddownload;

import org.springframework.beans.factory.annotation.Autowired;
import org.springframework.core.io.Resource;
```

```java
import org.springframework.http.HttpHeaders;
import org.springframework.http.HttpStatus;
import org.springframework.http.ResponseEntity;
import org.springframework.web.bind.annotation.*;
import org.springframework.web.multipart.MultipartFile;
import org.springframework.web.servlet.mvc.method.annotation.MvcUriComponentsBuilder;

import java.util.List;
import java.util.stream.Collectors;

@RestController
public class FileResourceController {
  private final StorageService storageService;

  @Autowired
  public FileResourceController(StorageService storageService) {
    this.storageService = storageService;
  }

  @GetMapping("/files/{filename:.+}") @ResponseBody
  public ResponseEntity<Resource> serveFile(@PathVariable String filename) {
    Resource file = storageService.loadAsResource(filename);
    return ResponseEntity.ok().header(HttpHeaders.CONTENT_DISPOSITION,
        "attachment; filename=\"" + file.getFilename() + "\"").body(file);
  }
}
```

最后，通过UploadDownloadApplication类启动工程，如代码清单5-5所示。调试成功后，我们把工程代码打成jar包，放到IP地址为172.28.96.96的服务器上，采用java -jar的模式运行服务，这样服务器端代码就部署完成了。

代码清单5-5　UploadDownloadApplication.java

```java
package com.dahuaxingneng.uploaddownload;

import org.springframework.boot.SpringApplication;
import org.springframework.boot.autoconfigure.SpringBootApplication;
import org.springframework.context.annotation.Bean;
import org.springframework.context.annotation.ComponentScan;
import org.springframework.context.annotation.Configuration;

@Configuration
@ComponentScan
@SpringBootApplication
public class UploadDownloadApplication {
```

```
    public static void main(String[] args) {
        SpringApplication.run(UploadDownloadApplication.class, args);
    }

    @Bean
    public StorageService storageService() {
        return new StorageService("data");
    }
}
```

我们将不同大小的文件上传到代码中声明的特定目录 data 目录下，如图 5-12 所示。然后利用 JMeter 的 HTTP 请求取样器编写一个 HTTP 脚本进行文件的下载，如图 5-13 所示。

```
[root@tomcat8 data]# ll -h
total 125M
-rw-r--r-- 1 root root 107M Apr 27 14:15 10.mov
-rw-r--r-- 1 root root 839K Apr 26 18:00 CN107608901B.pdf
-rw-r--r-- 1 root root 2.0M Apr 27 11:08 CN110796031A.pdf
-rw-r--r-- 1 root root  27K Apr 27 11:05 [illegible].zip
-rw-r--r-- 1 root root  16M Apr 27 11:12 httpfiledemo.jar
-rw-r--r-- 1 root root 1.1K Apr 27 14:44 test.xml
```

图 5-12 文件下载目录

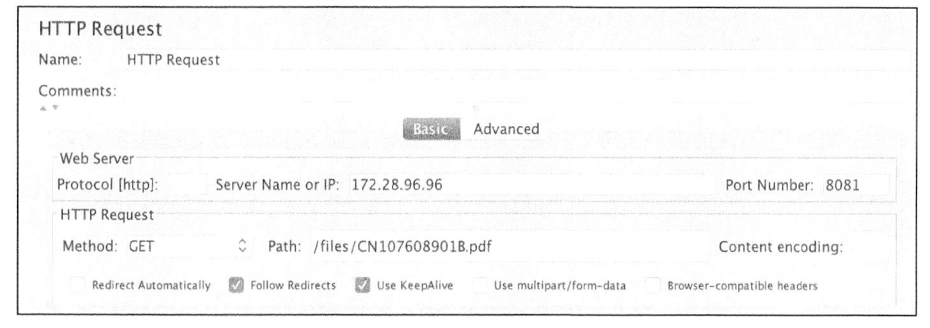

图 5-13 HTTP 方式的文件下载脚本

5.2.5 性能测试结果

经过多轮次的测试，我们对比测试结果，如图 5-14 和图 5-15 所示，分析之后可以得到如下结论。

- 从整体处理速度来看，在并发数为 1～150 和文件大小为 1B～100MB 的各个组合场景下，HTTPS 方式的文件处理速度优于 FTP 方式。
- FTP 方式在文件大小相同并发数不同的情况下，处理的稳定性优于 HTTPS 方式，波动小。
- FTP 服务对 CPU 资源的消耗明显大于 HTTPS 服务对 CPU 资源的消耗，采用 HTTPS 方式处理文件更节省服务器的 CPU 资源。

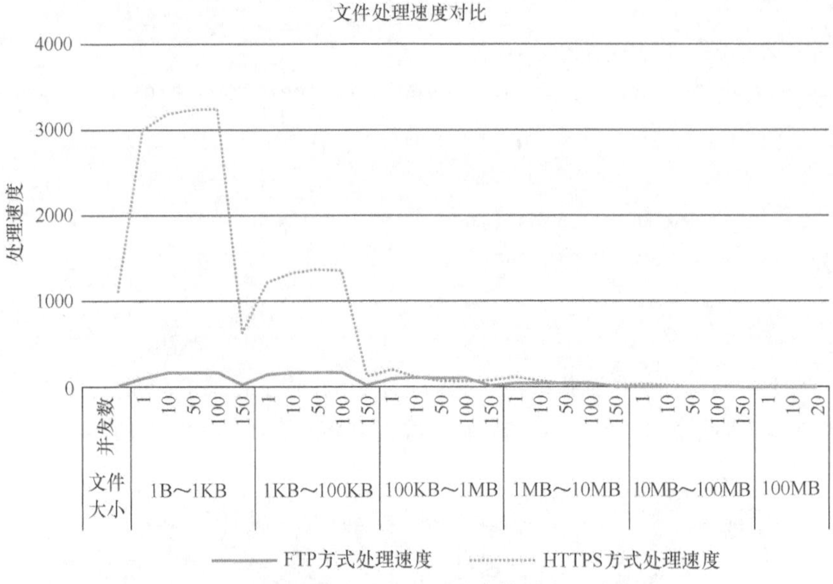

图5-14　不同文件大小和不同并发数下处理速度对比

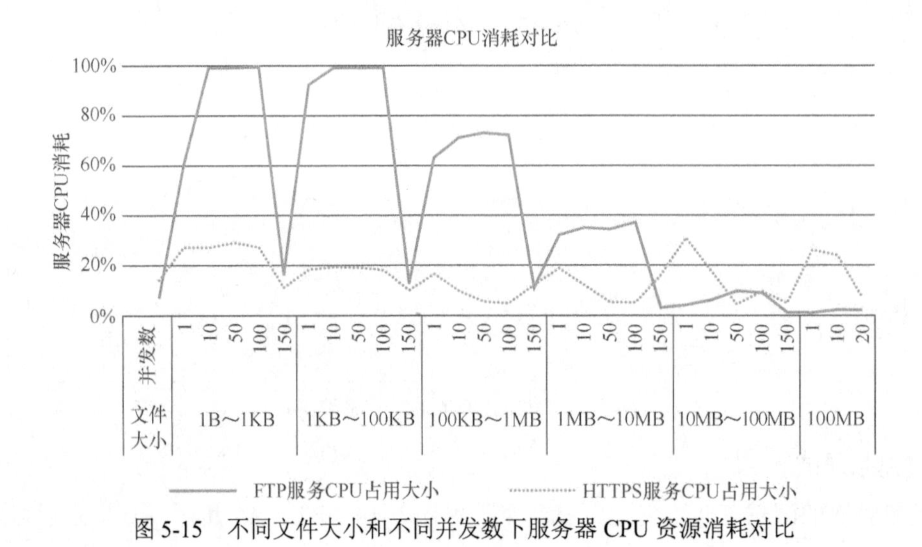

图5-15　不同文件大小和不同并发数下服务器CPU资源消耗对比

5.3　MQTT性能测试

消息队列遥测传输（Message Queuing Telemetry Transport，MQTT）协议是轻量级通信协议，用于连接移动端与云服务实现双向通信，其广泛应用于物联网（Internet of Things，IoT）领域，如设备向云端上报状态、云端向设备推送消息、设备A向设备B发送消息等场景。

5.3.1 项目背景

某云网关的系统架构中采用了 MQTT 消息队列，如图 5-16 所示。为了验证该协议的连接性能情况，我们需要进行性能测试。

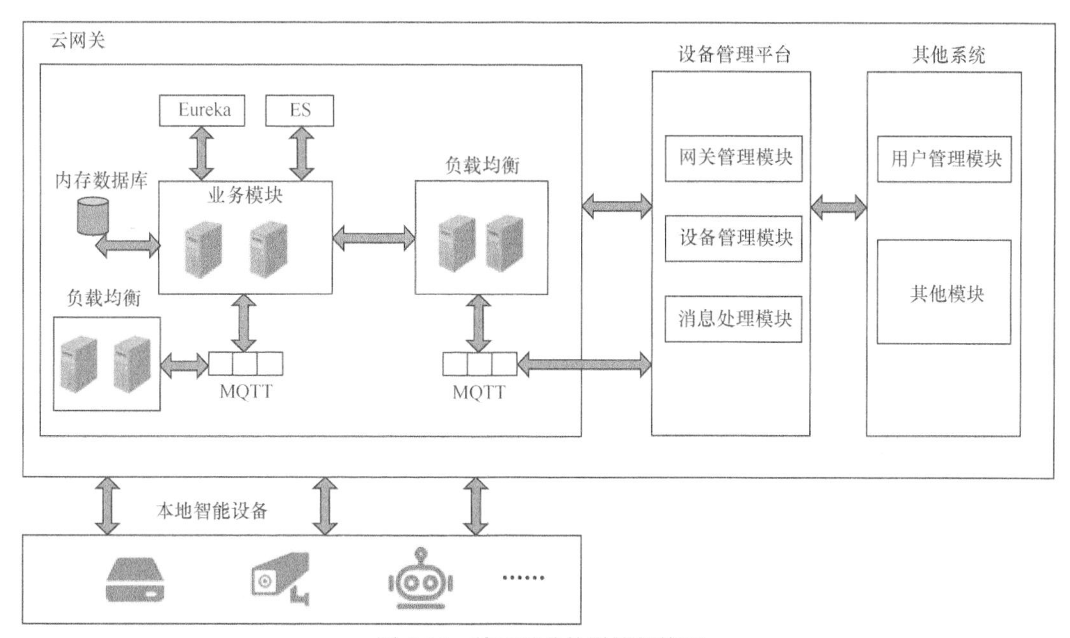

图 5-16 某云网关的系统架构图

5.3.2 MQTT 和 EMQ

MQTT 协议是一个基于发布/订阅模式的轻量级消息传输协议，它专门针对低带宽、不可靠网络环境设计，广泛应用于各类智能硬件的消息推送。

EMQ 是一款完全开源，基于高并发的 Erlang/OTP 语言平台开发，支持百万级连接和分布式集群架构，发布订阅模式的 MQTT 消息服务器。EMQ 是 5G 时代万物互联的消息引擎，适用于 IoT、M2M（Machine to Machine）和移动应用程序等，可处理千万级别的并发客户端。

EMQ X 作为物联网应用开发和物联网平台搭建必须用到的基础设施软件，主要在边缘和云端实现物联网设备互联。

另外，EMQ X 还有丰富的特性如下。

- 物联网设备一站式连接，3G、4G、5G 和 NB-IoT 全网络支持。
- 高并发低时延，支持大规模分布式，可以实现千万级并发连接、百万级消息吞吐和毫秒级消息时延。
- 具有丰富的扩展模块和插件，支持以插件方式提供接口，能非常方便快速地集成其他系统。
- 支持多种物联网协议，完整支持 MQTT V5.0 协议规范，并向下兼容 MQTT V3.1 和 V3.1.1。
- 完全开放源码，遵守 Apache 2.0 开源协议，支持开源免费使用。

5.3.3 性能测试环境

首先我们需要下载 EMQ 程序包，EMQ X 消息服务器每次版本更新都会发布对应的可部署在 Ubuntu、CentOS、FreeBSD、macOS、Windows 等系统的程序包和 Docker 镜像，如图 5-17 所示。

图 5-17　EMQ 程序包下载页面

我们申请了 3 台 CentOS 的服务器，服务器信息如表 5-15 所示，用于部署 EMQ 的集群测试环境。

表 5-15　EMQ 部署环境服务器信息表

服务器 IP	操作系统	CPU	内存	磁盘	用途
172.28.51.224	CentOS 7.4	16GB	32GB	50GB	部署 EMQ3.1.0 版本中间件
172.28.51.162	CentOS 7.4	16GB	32GB	50GB	部署 EMQ3.1.0 版本中间件
172.28.51.217	CentOS 7.4	16GB	32GB	50GB	部署 EMQ3.1.0 版本中间件

在这 3 台服务器上依次部署 EMQ，选取的 EMQ 版本是 3.1.0。

（1）执行解压缩命令 unzip emqx-centos7-v3.1.0.zip。

（2）进入压缩后的目录，执行命令./bin/emqttd start 启动 EMQ 服务，执行成功后显示：

```
emqx 3.1.0 is started successfully!
```

（3）查询确认启动状态，执行命令./bin/emqx_ctl status，显示状态 running 表示部署成功：

```
Node 'emqx@127.0.0.1' is started
emqx v3.1.0 is running
```

（4）我们也可以通过访问 http://127.0.0.1:18083 的方式进行 Web 验证，这里默认用户名为 admin，密码为 public，如图 5-18 所示，执行命令：

```
./bin/emqx_ctl admins passwd 用户名 密码
```

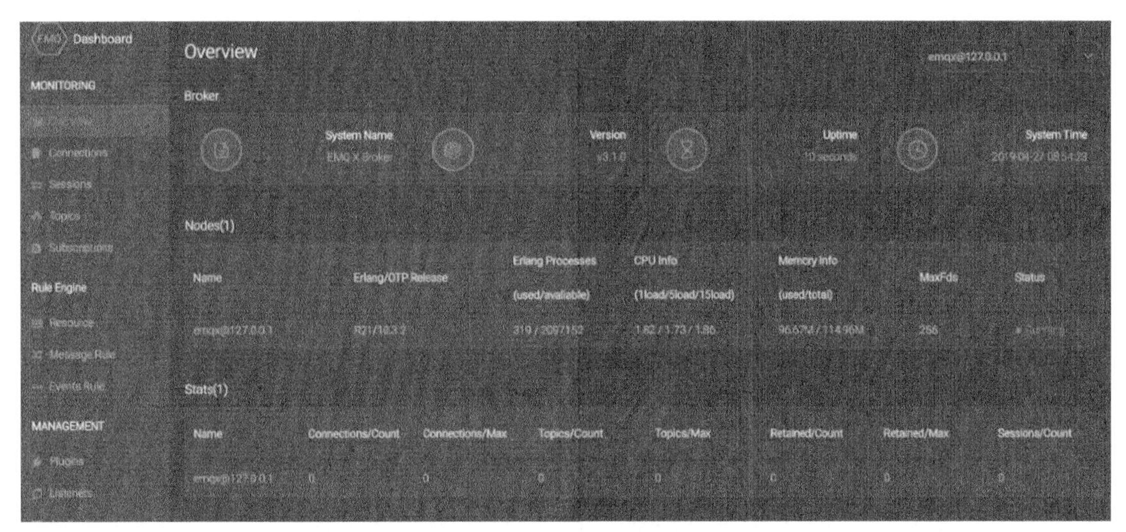

图 5-18 EMQ 启动成功后的 Web 页面

提示

在 Linux 服务器上启动服务后，外网默认是无法访问的，因为防火墙不允许，所以我们要开启防火墙，让其可以访问这些端口号。EMQ 的端口和用途如下。

- 1883 为 MQTT 协议端口。
- 8883 为 MQTT/SSL 端口。
- 8083 为 MQTT/WebSocket 端口。
- 8080 为 HTTP API 端口。
- 18083 为 Dashboard 管理控制台端口。

安装完成这 3 个节点的 EMQ 并成功启动后，接着我们需要完成 EMQ 的集群配置，主要修改 $EMQ_PATH/etc/emqx.conf，例如在 IP 地址为 172.28.51.224 的节点上，添加如下配置，其他 2 个节点配置过程类似。

```
node.name = emqx@172.28.51.224
```

这里需要注意的是，上述配置中的 emqx 指集群名称，即在配置文件中 cluster.name = emqx，这里集群名称必须一致，否则该节点不能加入集群，并显示无响应。

配置修改完成之后，我们重新启动 3 个节点，并选择其中 1 个节点执行命令，例如在 IP 地址为 172.28.51.224 的节点上执行如下命令：

```
./bin/emqx_ctl cluster join emqx@172.28.51.162 emqx@172.28.51.217
```

显示如下：

```
Join the cluster successfully.
Cluster status: [{running_nodes,['emqx@172.28.51.224','emqx@172.28.51.162','emqx@172.
28.51.217']}]
```

启动成功后，我们可以在任意节点上查询集群状态，显示如下代表 EMQ 集群部署成功，执行命令如下：

```
./bin/emqx_ctl cluster status
```

显示如下：

```
Cluster status: [{running_nodes,['emqx@172.28.51.224','emqx@172.28.51.162','emqx@172.
28.51.217']}]
```

提示

节点退出集群有两种方式。

（1）leave：本节点退出集群。例如，在 IP 地址为 172.28.51.224 的节点上，执行如下命令，让该节点主动退出集群。

```
./bin/emqx_ctl cluster leave
```

（2）force-leave：从集群删除其他节点。

例如，在 IP 地址为 172.28.51.224 的节点上，执行如下命令，从集群删除 IP 地址为 172.28.51.162 的节点。

```
./bin/emqx_ctl cluster force-leave emqx@172.28.51.162
```

5.3.4　性能测试用例

此次性能测试主要设计了两个场景，目的是验证 EMQ 的连接性能情况和稳定性，如图 5-19 和图 5-20 所示。

项目	××网关	分项目	
用例编号	1	版本	3.1
参考文档		参考组网	
重要性	A	优先级	A
测试目的	压测集群模式下 EMQ X 能够承受的最大连接数		
预置条件	• EMQ 服务正常，网络正常； • F5 负载均衡配置正确		
测试步骤	（1）编写压测脚本，用 15 台压测机，在并发数 200 的压测过程中创建连接请求持续 600s； （2）在浏览器中输入 http://172.28.51.162:18083，可以在控制台观察各个服务器连接情况； （3）分别登录服务器查看服务器内存、CPU 使用情况		
参考流程	无		

图 5-19　测试集群模式下 EMQ X 的最大连接数

项目	××网关	分项目	
用例编号	2	版本	3.1
参考文档		参考组网	
重要性	A	优先级	A
测试目的	压测集群模式下能够承受的最大连接+上报数据		
预置条件	• EMQ 服务正常，网络正常； • F5 负载均衡配置正确		
测试步骤	（1）编写压测脚本，用 15 台压测机，并发数 200 在压测过程中创建连接+上报数据请求，共持续 600s，限制上报的 TPS 为 1000； （2）在浏览器中输入 http://172.28.51.162:18083，可以在控制台观察各个服务器连接情况； （3）分别登录服务器查看服务器内存、CPU 使用情况		
参考流程			

图 5-20 测试集群模式下在上报数据的同时的最大连接数

5.3.5 JMeter 脚本编写

（1）下载插件。

默认情况下，JMeter 是不支持 MQTT 协议的测试的，需要下载 MQTT-JMeter 插件，作者下载的插件 jar 包为 mqtt-xmeter-2.0.2-jar-with-dependencies.jar，读者可自行从 GitHub 网站下载。我们需要将该 jar 包复制到 JMeter 安装目录的 lib/ext/子目录下，如图 5-21 所示。

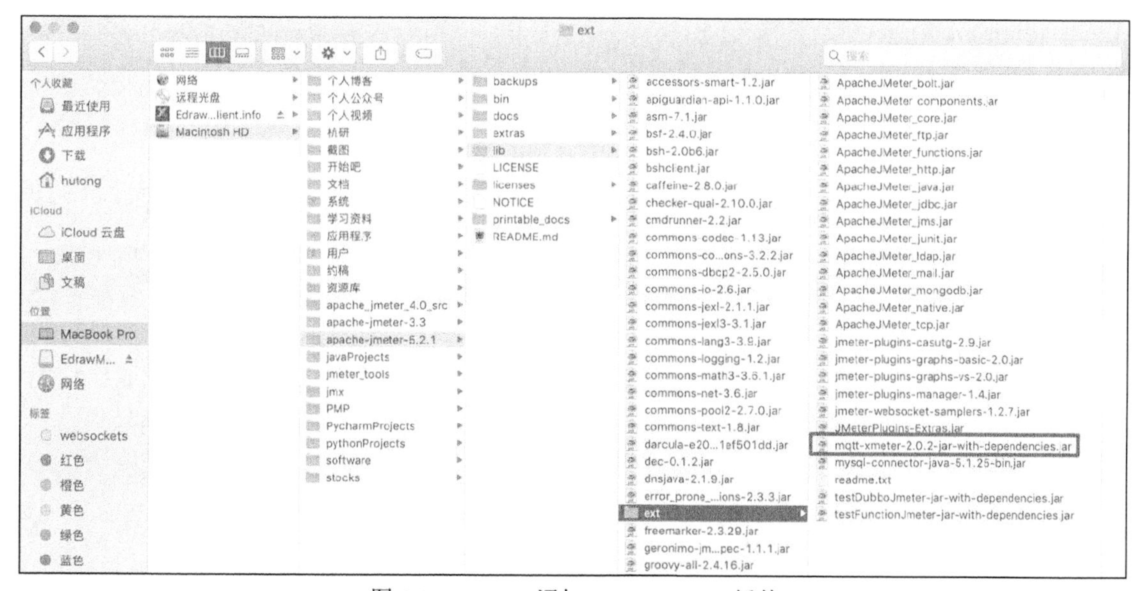

图 5-21 JMeter 添加 MQTT-JMeter 插件

（2）配置 CSV 数据文件。

每个设备和物联网平台建立连接时，都需要提供身份信息 UserName 和 Password，上报状态数据时需要通过自身的 productKey 和 deviceName 确定通信 Topic。依照物联网平台身份认证文档，我们提前准备 UserName 和 Password 并将其存储在 token.txt 文件中。

在 JMeter 界面左侧文件目录中用鼠标右键单击“测试计划”，选择 Add→Threads (Users) →Thread Group 选项。

在“测试计划”区域用鼠标右键单击 Once Only Controller，选择 Add→Config Element→CSV Data Set Config 选项，并在打开的 CSV Data Set Config 对话框中配置如图 5-22 所示的信息，从 token.txt 文件中读取信息到变量 mqttUser 和 mqttPassword 中，便于后续的使用。

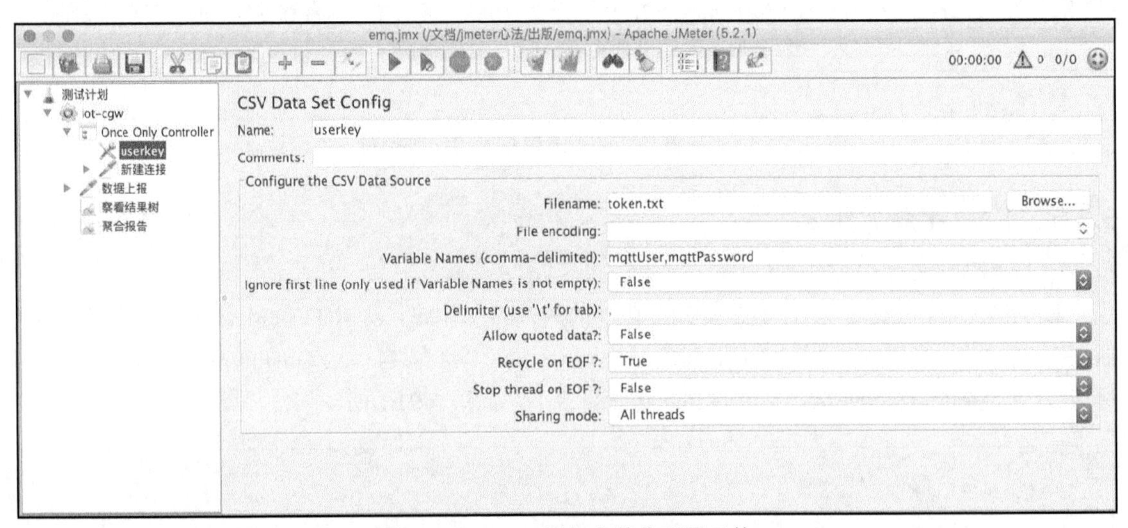

图 5-22 JMeter 添加参数化配置元件

（3）建立 MQTT 连接。

使用 Once Only Controller 控制一个客户端只需执行一次建立连接操作。在“测试计划”区域用鼠标右键单击 Thread Group，选择 Add→Logic Controller→Once Only Controller 选项。JMeter 中一个线程模拟一个 MQTT 客户端设备，使用 Once Only Controller 保证一个线程仅读取一次客户端 CSV 数据文件，绑定一条客户端信息。

在“测试计划”区域用鼠标右键单击 Once Only Controller，依次选择 Add→Sampler→MQTT Connect 选项。然后在 MQTT Connect 对话框中配置如图 5-23 所示的信息，配置信息说明如下。

- Server name or IP：设置被测 MQTT 服务器地址。
- Port number：通常 TCP 连接的端口是 1883，SSL 连接的端口是 8883。
- Timeout(s)：连接超时设置，以秒为单位。
- Protocols：客户端与服务器通过 SSL 加密通道连接时，可以选择单向或者双向认证（Dual）。

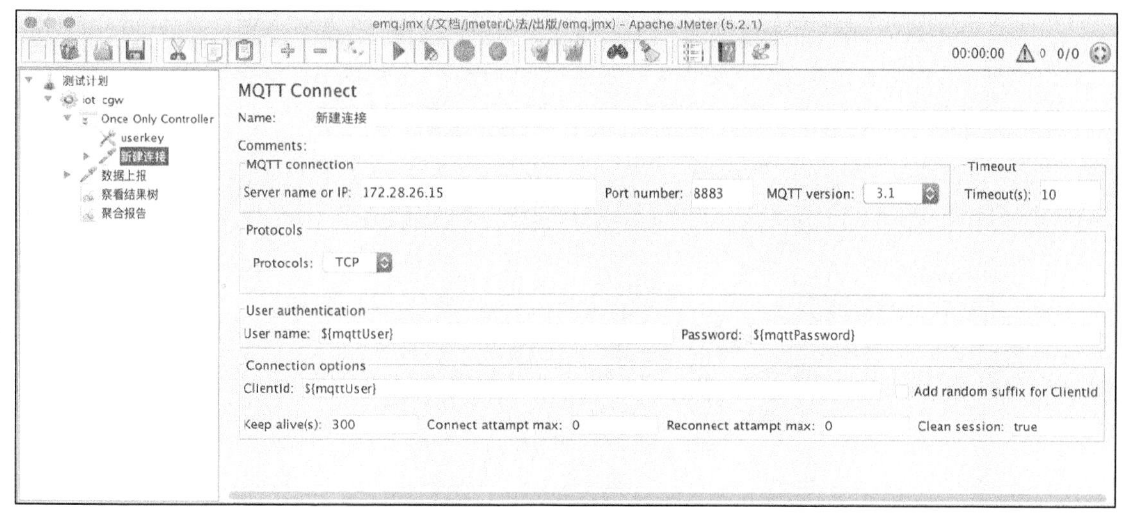

图 5-23　JMeter 配置 MQTT Connect

- User authentication：如果服务器配置了用户认证，那么我们需要提供相应的用户名和密码。
- ClientId：标识客户端的固定前缀，给每个连接（虚拟用户）添加一个 uuid 字符串，整体作为客户端标识。
- Keep alive(s)：心跳信号发送间隔。例如，此项填入 300 表示客户端每隔 300 秒向服务器发出 ping 请求，以保持连接活跃。
- Connect attempt max：第一次连接过程中，尝试重连的最大次数。超过该次数则认为连接失败。
- Reconnect attempt max：后续连接过程中，尝试重连的最大次数。超过该次数则认为连接失败。
- Clean session：如果希望在连接之间保留会话状态，可将此项设为 false。

另外，我们可以在 JMeter 左侧文件目录中用鼠标右键单击“测试计划”，选择 Add→Listener→View Results Tree 选项，添加 View Results Tree 监听器，方便本地调试测试脚本。

（4）配置发布消息。

在“测试计划”区域用鼠标右键单击 Thread Group，选择 Add→Sampler→MQTT Pub Sampler 选项，然后在 MQTT Pub Sampler 对话框中配置，如图 5-24 所示，配置信息说明如下。

- QoS Level：客户端向服务器发布消息的服务质量。例如，选择 0，即只发送一次，丢失不重发。我们可按需选择其他级别，此项取值为 0、1、2，分别代表 MQTT 协议规范中的至多一次（AT_MOST_ONCE）、至少一次（AT_LEAST_ONCE）和精确一次（EXACTLY_ONCE）。
- Retained messages：如果希望使用保留消息，可将此项设为 true，MQTT broker 端将会存储插件发布的保留消息及其 QoS，并在相应主题上发生订阅时，直接将最后一条保留消息投递给订阅端，使得订阅端不必等待即可获取发布端的最新状态值。
- Topic name：消息主题。MQTT topic 支持层次结构，使用“/”分割，类似文件路径，例如 pts_test/jmeter。

- Add timestamp in payload：发布的消息体开头会附带当前时间戳。利用时间戳，我们可以在消息接收端计算消息达到的延时。一般选择此项是为了方便测试时检查消息延迟，不选择此项则只发送实际的消息体。

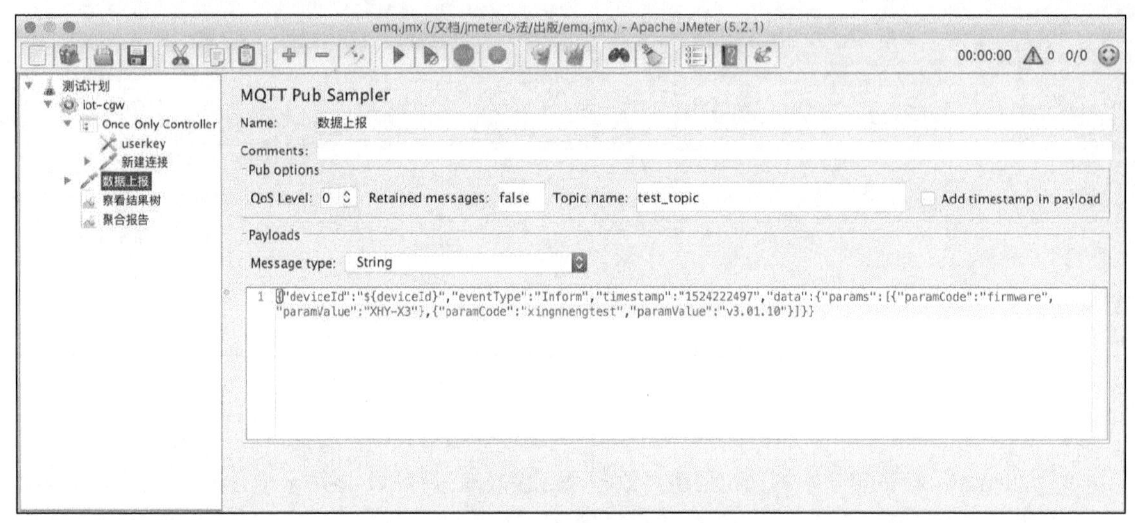

图 5-24　JMeter 配置 MQTT Pub Sampler

- Payloads：消息体。其中，Message type 目前支持 String、Hex String 和 Random string with fixed length 这 3 种消息类型。String 是普通字符串。Hex String 是以十六进制数值表示的串，例如字符串 Hello,可以表示为 48656C6C6F（其中，48 在 ASCII 表中对应字母 H，依次类推）。通常该类型串用来构造非文本的消息体，例如描述某些私有的协议交互和控制信息等。Random string with fixed length 是按指定长度生成随机的串作为消息体。

提示

MQTT-JMeter 插件 2.0.2 版本的新特性如下。

（1）支持 WS/WSS 协议。

该版本新增了对 WS/WSS 协议的支持，我们可在 MQTT Connect 中选择是否使用协议。同时，WSS 协议支持单向和双向 SSL 认证。

（2）支持 Clean session。

如果希望在连接之间保留会话状态，可在 MQTT Connect 中将 Clean session 选项值设为 false。如果不希望在新的连接中保留会话状态，则将该项值设为 true。

（3）增加了支持批量连接的取样器。

该版本新增了 Efficient MQTT Connect 和配对的 Efficient MQTT DisConnect，支持一个线程中对 MQTT broker 端发起多个连接请求，从而在大规模的连接场景中减少线程创建带来的开销，缓解系统资源压力。

5.3.6 性能测试结果

在我们搭建的 EMQ 集群模式下，依次进行两个测试用例的性能测试，测试结果如下：

（1）集群模式下，只压测新建 MQTT 连接，连接数达到 91 万时为极限，此时 CPU 消耗 74%左右，内存消耗 48%左右，再继续增加连接会出现连接全部断开现象；

（2）集群模式下，压测建立连接的同时上报数据，保持每台连接数在 21 万时，用 1000 的 TPS 上报数据，连接稳定，此时 CPU 消耗在 25%左右，内存消耗在 20%左右。

5.3.7 问题和优化

（1）EMQ 消息服务器和压测服务器的系统参数调优。

该调优操作的目的是增加服务器本身支持的连接数和端口，执行修改 Linux 内核参数的命令如图 5-25 所示。我们可以通过 sysctl 命令参数，加上-w 临时改变某个指定参数的值来修改 Linux 内核参数，也可以直接修改 sysctl.conf 文件来实现永久修改 Linux 内核参数。

```
sysctl -w fs.file-max=2097152
sysctl -w fs.nr_open=2097152
echo 2097152 > /proc/sys/fs/nr_open
ulimit -n 1048576
sysctl -w net.core.somaxconn=32768
sysctl -w net.ipv4.tcp_max_syn_backlog=16384
sysctl -w net.core.netdev_max_backlog=16384
sysctl -w net.ipv4.ip_local_port_range='1000 65535'
sysctl -w net.core.rmem_default=262144
sysctl -w net.core.wmem_default=262144
sysctl -w net.core.rmem_max=16777216
sysctl -w net.core.wmem_max=16777216
sysctl -w net.core.optmem_max=16777216
#sysctl -w net.ipv4.tcp_mem='16777216 16777216 16777216'
sysctl -w net.ipv4.tcp_rmem='1024 4096 16777216'
sysctl -w net.ipv4.tcp_wmem='1024 4096 16777216'
modprobe ip_conntrack
sysctl -w net.nf_conntrack_max=1000000
sysctl -w net.netfilter.nf_conntrack_max=1000000
sysctl -w net.netfilter.nf_conntrack_tcp_timeout_time_wait=30
sysctl -w net.ipv4.tcp_max_tw_buckets=1048576
sysctl -w net.ipv4.tcp_fin_timeout=15
```

图 5-25 修改 Linux 内核参数的命令

（2）压测机最大句柄数优化。

我们要保证每台部署 JMeter 的压测机能最大限度地使用连接，所以需要修改系统的最大句柄数。通过修改/etc/security/limits.conf，在该配置文件中添加如下内容：

```
* soft nproc 1000000
* hard nproc 1000000
* soft nofile 100000
* hard nofile 100000
```

保存修改后，我们必须退出连接服务器的客户端，重新连接登录，才能看到修改是否成功，可以通过 ulimit-a 命令查看结果。

（3）JMeter 的 JVM 调优。

按照图 5-26 所示修改 JMeter 的 JVM 参数进行 JVM 内存的优化，提高 JMeter 的性能。

```
set HEAP=-Xms1024m -Xmx512m
set NEW=-XX:NewSize=128m -XX:MaxNewSize=128m
set SURVIVOR=-XX:SurvivorRatio=8 -XX:TargetSurvivorRatio=50%
set TENURING=-XX:MaxTenuringThreshold=2
```

图 5-26 修改 JMeter 的 JVM 参数

5.4 测试实战问题分析

在性能测试过程中，总会出现类似的错误内容，虽然导致错误的原因不一定相同，但是错误分析的方法总是相似的。本节分享几个实战典型问题分析的案例。

5.4.1　实战典型问题一

1. 问题现象

客户端请求某核心服务时出现大量异常信息 connection reset by peer。

2. 问题定位分析

（1）查看日志命令如下，并没有 access 日志输出和响应 connection reset by peer。

```
tail -f ./log/xxx.log
```

（2）通过 tcpdump 查看请求的详细数据包的情况，命令如下。从结果我们发现，TCP 三次握手完成，在发送数据时服务器没有响应 ACK，而响应了 reset，这导致了客户端 HTTP 请求响应 connection reset by peer。

```
/usr/sbin/tcpdump -i eth0 -n -nn host 10.xx.xx.35
```

（3）通过 netstat 或 ss 查看监听端口的连接情况，通过 lsof 查看进程句柄占用情况，通过 ulimit 查看系统限制，命令如下。我们可以发现果然进程句柄被占用过多，句柄数超过了 10240 的限制。此时确认是由进程句柄被占用过多导致客户端请求响应 connection reset by peer。同时通过 netstat 的统计信息我们还发现，处于 CLOSE_WAIT 状态的连接很多，但是远小于打开的句柄数。至此，虽然明确了客户端请求会响应 connection reset by peer 是由服务进程句柄被占满导致的，但是我们依然不知道什么原因导致了服务进程句柄被占用过多。

```
netstat -an | grep port或者ss -ant | grep port
lsof -p port
ulimit -a
```

（4）CLOSE_WAIT 状态的连接太多，而连接可能会占用大量的句柄。结合这些信息我们可以猜测，服务句柄是被逐渐累积占用的，出现大量 CLOSE_WAIT 状态的连接是由于客户端先断开连接（很可能是因为请求超时）。服务器在收到客户端超时端口请求后，由于用户态请求处理阻塞，因此第二次 FIN 包无法发送，这可能是因为出现了死锁等问题产生持久阻塞（即句柄一直没有被释放）。客户端应该是先产生大量 IO 超时，等服务器句柄被占满后才出现 connection reset by peer 的，而客户器 IO 超时增多很可能是由服务器处理请求耗时突增或者阻塞导致的。

（5）在应用程序层面，我们要分析进程过去发生了什么，这只能从应用日志和服务监控入手了。从历史监控曲线（包括内存、句柄、流量、耗时等信息）查找可能出现异常的时间点，再对关键时间点的日志仔细分析，我们发现刚开始是处理耗时增长，然后只能输出 access_log，最后才到请求无日志输出。从日志验证上面的分析，我们发现耗时突增是关键点，仔细分析业务日志后，发现是请求数据库的耗时增加。进一步查看请求数据库的统计信息，我们发现数据库连接池一直在被占用，请求排队等待空闲连接，这导致了请求处理耗时增加。然后排队请求越来越多，直到句柄被占满。由于数据库连接池新建连接需要句柄，句柄被排队等待空闲连接的请求给占满了，因此形成了死锁。这就出现了句柄被占满却无法释放的情况。我们根据这个思路，在线上环境修改数据库连接池配置，然后进行压测，很快复现了问题。

至此，我们终于发现了真相，为了防止数据库连接数被占满，刚开始数据库连接池最大连接数被配置得比较小。随着流量慢慢上涨逼近平衡点，异常出现当天运营活动稍微增加点流量就成了压死骆驼的最后一根稻草。它导致查询数据库请求排队等待空闲连接，排队时间越长，积压的请求越多，请求处理耗时越长，直到积压请求太多导致句柄被占满，出现了死锁问题。

3. 问题修复

找到问题后，我们只需要去掉数据库连接池最大连接数限制即可解决问题。

提示

（1）线上服务问题，优先止损，重启虽然暴力，但是有用，关键时刻大家别忘记，止损最重要；

（2）重要服务的日志、统计和监控一定要全，日志最少保留 7 天，核心错误和统计信息一定要输出（例如，数据库连接池的统计信息），统计和监控数据要持久保存且可以追溯，CPU、内存、句柄、磁盘占用、磁盘 IO、网络 IO 等计算机资源一定要有监控，各关键请求的耗时一定要输出到日志，对请求整体耗时要进行监控；

（3）服务相关配置，包括计算机相关配置要跟得上流量上涨；

（4）对系统底层知识（内功）和常用的系统工具（招式）要熟练，否则遇到网络类问题特别容易不知所措；

（5）要从开发阶段重视日志，要完备又不多余地输出日志；

（6）定位线上问题时，结合监控、系统工具和日志进行定位，优先仔细分析日志，如果日志记录完备，大部分问题都能从日志中发现。

5.4.2 实战典型问题二

1. 问题现象

在对某项目做性能测试的过程中，我们发现对个人计步排行的查询接口进行小并发压测后，搭载 MySQL 数据库的服务器的 CPU（4 核）满负荷运行了，并且接口的 TPS 也很小。

2. 问题定位分析

性能测试做久了，大家会发现大部分的性能问题都和数据库有关，而经常遇到的就是索引问题和 SQL 语句问题。

根据经验，出现这种问题在大部分情况下是索引没建好，于是我们登录搭载 MySQL 数据库的服务器后，执行命令 mysql -uroot -proot -h192.168.16.59 -P33061 -e 'show full processlist;' | grep -v 'Sleep'，观察有无执行缓慢或者经常出现的 SQL 语句。结果发现 select count(*) from t_member_dayranklist WHERE (update_date = '2015- 11-02 00:00:00' and department_id = 22292800)类似语句不断出现，用 explain 查询这些语句，观察 MySQL 是如何处理该 SQL 语句的、索引是如何被利用的、数据表是如何被搜索和排序的。

执行命令 Show index from t_member_dayranklist 后，我们发现建立的表索引只有列 update_date、 department_id 的单独索引，而 explain 查询语句结果如图 5-27 所示，发现需要搜索的有 5506 行，并且显示索引被使用的 ref 值为 null，可见索引有优化的空间。

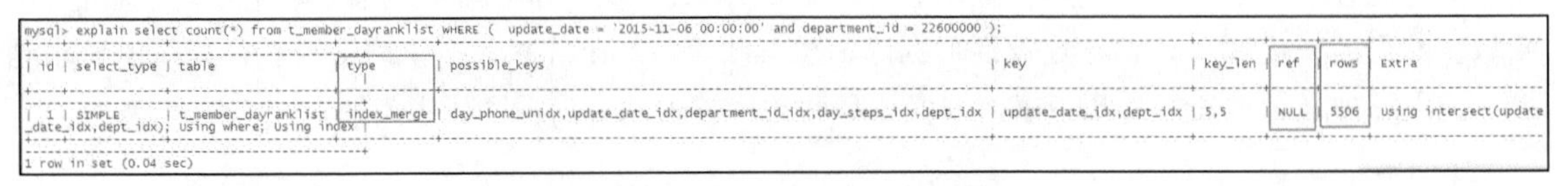

```
mysql> explain select count(*) from t_member_dayranklist WHERE (  update_date = '2015-11-06 00:00:00' and department_id = 22600000 );
```

id	select_type	table	type	possible_keys	key	key_len	ref	rows	Extra
1	SIMPLE	t_member_dayranklist	index_merge	day_phone_unidx,update_date_idx,department_id_idx,day_steps_idx,dept_idx	update_date_idx,dept_idx	5,5	NULL	5506	Using intersect(update_date_idx,dept_idx); Using where; Using index

1 row in set (0.04 sec)

图 5-27　explain 查询语句结果

3. 问题修复

找到问题后，我们尝试通过命令 alter table t_member_dayranklist add index date_dept_idx (update_date，department_id)增加一个组合索引。

优化后我们发现索引的效率确实高了一些，如图 5-28 所示，而此时索引也确实是按照我们添加的 date_dept_id 进行搜索，搜索的行数也比之前的少了 2/3。

```
mysql> explain select count(*) from t_member_dayranklist WHERE (  update_date = '2015-11-06 00:00:00' and department_id = 22600000 );
```

id	select_type	table	type	possible_keys	key	key_len	ref	rows	Extra
1	SIMPLE	t_member_dayranklist	ref	day_phone_unidx,update_date_idx,department_id_idx,day_steps_idx,dept_idx,date_dept_idx	date_dept_idx	10	const,const	1659	Using index

1 row in set (0.00 sec)

图 5-28　explain 查询语句结果（优化后）

优化后的效果出乎意料，作者第一次切身感受到了正确的索引带来的性能提升还是很可观的，具体结果如图 5-29 和图 5-30 所示，效果显而易见。

CPU Utilisation

CPU	User%	Sys%	Wait%	Idle
1	99.0	1.0	0.0	0.0
2	99.5	0.5	0.0	0.0
3	100.0	0.0	0.0	0.0
4	99.5	0.5	0.0	0.0
Avg	99.5	0.5	0.0	0.0

优化前搭载 MySQL 数据库的服务器的 CPU 利用率

CPU Utilisation

CPU	User%	Sys%	Wait%	Idle
1	28.1	3.0	0.0	68.8
2	28.3	3.5	0.0	68.2
3	26.1	4.0	0.0	69.8
4	84.3	7.0	0.0	8.6
Avg	40.8	4.4	0.0	54.8

优化后搭载 MySQL 数据库的服务器的 CPU 利用率

图 5-29　优化前后 CPU 消耗对比

Label	# Samples	Average	Median	90% Line	Min	Max	Error %	Throughput	KB/sec
个人日步行排行查询（当日）	44765	1023	835	1373	15	5197	0.00%	97.5/sec	123.9
总体	44765	1023	835	1373	15	5197	0.00%	97.5/sec	123.9

Label	# Samples	Average	Median	90% Line	Min	Max	Error %	Throughput	KB/sec
个人日步行排行查询（当日）	151016	113	114	210	9	840	0.00%	873.0/sec	1110.5
总体	151016	113	114	210	9	840	0.00%	873.0/sec	1110.5

图 5-30　优化前后接口响应时间和 TPS 对比图

从图 5-26 我们可以清晰地看出搭载 MySQL 数据库的服务器的 CPU 平均利用率下降了近 55%，从图 5-27 可以看到，接口的平均响应时间从 1023ms 下降到 113ms，而 TPS 从 97.5 上升到 873.0，这很好地满足了系统和接口的需求。

5.4.3 实战典型问题三

1. 问题现象

不管如何增加并发数，TPS 的值不会增加，并且请求响应速度慢。

2. 问题定位分析

项目中使用 Sphinx（一个基于 SQL 的全文检索引擎）实现倒排索引，但 Sphinx 从 MySQL 查询源数据的时候，查询的记录数才几万条，但查询的速度非常慢，要 4～5min。

用 explain 看不出问题，那到底问题出在哪里呢？于是我们想到了使用 show processlist 命令查看 SQL 语句执行状态，查询结果如图 5-31 所示。

```
mysql> show processlist \G
*************************** 1. row ***************************
     Id: 459
   User: mng
   Host: 127.0.0.1:45819
     db: management
Command: Query
   Time: 15
  State: Sending data
   Info: SELECT gp.id id, gp.platform_id platform_id, gp.game_id game_id, g.category_id category_id,
gt.paren
```

图 5-31　show processlist 查询结果

从结果我们发现，很长一段时间查询都处在 Sending data 状态。查询一下 Sending data 状态的含义，原来这个状态的名称很具有误导性，所谓 Sending data 并不是单纯的发送数据，而是包括了“收集+发送”数据。

这里的关键是为什么要收集数据，原因是在 MySQL 中使用索引完成查询结束后，MySQL 会得到很多行 id，如果有的列并不在索引中，MySQL 需要重新到数据行上将需要返回的数据读取出来返回给客户端。

首先我们怀疑索引没有建好，于是使用 explain 命令查看查询计划，结果如图 5-32 所示。

id	select_type	table	type	possible_keys	key	key_len	ref	rows	Extra
1	SIMPLE	gp	ALL	i_gameid_platformid	(NULL)	(NULL)	(NULL)	71818	
1	SIMPLE	gk	ref	i_gameid	i_gameid	5	portal.gp.game_id	1	
1	SIMPLE	g	eq_ref	PRIMARY,i_typeid	PRIMARY	4	portal.gp.game_id	1	
1	SIMPLE	gt	eq_ref	PRIMARY	PRIMARY	4	portal.g.type_id	1	
1	SIMPLE	gds	ref	uidx_game_id_ext,i_gameid_platformid	uidx_game_id_ext	10	portal.g.id,portal.gp.platform_id	1	
1	SIMPLE	gii	ref	i_gameid_platformid	i_gameid_platformid	10	portal.g.id,portal.gp.platform_id	1	

图 5-32　使用 explain 查看查询计划结果

从结果来看，整个语句的索引设计是没有问题的，除了第一个表因为业务需要进行整表扫描，其他的表都是通过索引访问。

为了进一步验证查询的时间分布，我们使用了 show profile 命令来查看详细的时间分布。对比如图 5-33 所示。

从结果可以看出，Sending data 状态执行了 217s。

经过以上步骤，我们已经确定查询速度慢是因为大量的时间耗费在了 Sending data 状态上。结合 Sending data 状态的定义，我们将目标聚焦在查询语句的返回列上面。

Result #1

Status	Duration
starting	0.000014
checking query cache for query	0.000099
checking permissions	0.000006
checking permissions	0.000004
checking permissions	0.000003
checking permissions	0.000002
checking permissions	0.000003
checking permissions	0.000004
Opening tables	0.000017
System lock	0.000008
Table lock	0.000029
init	0.000027
optimizing	0.000011
statistics	0.000027
preparing	0.000017
executing	0.000002
Sending data	216.692205
end	0.000012
query end	0.000003
freeing items	0.000020
logging slow query	0.000003
logging slow query	0.000071
cleaning up	0.000007

Result #1

Status	Duration
starting	0.000013
checking query cache for query	0.000071
checking permissions	0.000005
checking permissions	0.000004
checking permissions	0.000002
checking permissions	0.000004
checking permissions	0.000006
checking permissions	0.000004
Opening tables	0.000012
System lock	0.000005
Table lock	0.000027
init	0.000019
optimizing	0.000012
statistics	0.000034
preparing	0.000020
executing	0.000003
Sending data	14.805517
end	0.000013
query end	0.000004
freeing items	0.000015
logging slow query	0.000003
logging slow query	0.000045
cleaning up	0.000006

图 5-33　优化前后查询时间对比

3. 问题修复

经过一一排查，最后定位到数据表中一个列名为 description 的列上，这个列的设计为“`description` varchar(8000) DEFAULT NULL COMMENT '游戏描述'”我们采取对比的方法，看看不返回 description 的结果如何。show profile 的结果如图 5-33 中的右图所示，从图中可以看出，不返回 description 的时候，查询时间只需要 15s，而返回 description 的时候，查询时间则需要 216s，两者相差 15 倍。

最后强调一点，性能测试发现的问题常常是配置不当或者数据库操作不当导致的，不一定总是代码的问题。作者认为，除了出现死锁、死循环之类的问题需要修复代码，多数情况下性能优化的最后一步才是代码的优化。

5.5　小结

本章通过对日常项目迭代型、方案对比型和 MQTT 开源协议这 3 种典型的性能测试场景逐一进行详细讲解，进一步提升大家解决实际工作中遇到的性能问题的能力，让大家能够独立承担特殊需求的性能测试。最后剖析 3 个实战典型问题的定位和分析过程，真正传授性能测试经验。若想要成为性能测试专家，大家在掌握了基本技能后，更需要在实际项目的实践中不停地思考总结。学习性能测试任重而道远，并非一蹴而就的。

附录 A

常见性能测试问题

A.1 出现 too many open files

Linux 系统中有两种文件句柄，一种是系统级的，一种是用户级的。

too many open files 问题经常在使用 Linux 的时候出现，大多数情况下是程序没有正常关闭一些资源引起的，所以出现这种问题，我们需要先检查 IO 读写、套接字通信等是否正常关闭。如果检查程序没有问题，那可能是 Linux 默认的 open files 值太小，不能满足当前程序的要求，例如数据库连接池的个数、Tomcat 请求连接的个数等。

单个进程打开的文件句柄数量超过了系统定义的值时，也会出现 too many open files 的错误提示。我们如何知道当前进程打开了多少文件句柄呢？可以使用脚本命令 lsof -n |awk '{print $2}' |sort|uniq -c |sort -nr|more 查看。

知道问题后，修改 Linux 的最大文件句柄数限制的方法如下。

（1）使用命令 ulimit -n 65535，此方法在当前会话有效，用户退出或者系统重启后恢复默认值。

（2）修改/etc/profile 文件，在 profile 文件中添加 ulimit -n 65535，但只对单个用户有效。

（3）修改/etc/security/limits.conf 文件，在文件中添加如下内容：

```
* soft nofile 65536 # 限制单个进程最大文件句柄数（到达此限制时系统报错）
* hard nofile 65536 # 限制单个进程最大文件句柄数（到达此限制时系统报错）
```

其中，星号表示任何用户，soft 和 hard 分别表示软限制和硬限制。

（4）修改/etc/sysctl.conf 文件，在文件中添加如下内容：

```
fs.file-max=655350 # 限制整个系统最大文件句柄数
```

然后执行命令/sbin/sysctl -p 使配置生效。

A.2 出现 Out Of Memory Error

通常出现这个问题可能是由于内存泄漏（内存中的对象已经死亡，无法通过垃圾收集器进行自动回收），我们需要找出泄漏的代码位置和原因。出现这个问题也可能是由于内存溢出（内存中的对象都必须还存活着），这说明 Java 堆分配空间不足，我们需要检查堆大小设置（-Xmx 与-Xms），检查代码是否存在对象生命周期过长、持有状态时间过长的情况。

引起内存溢出的原因有很多种，常见的有以下几种：

- 内存中加载的数据量过于庞大，如一次从数据库取出过多数据；
- 在集合类中引用对象，使用完未清空，使得 JVM 不能回收；
- 代码中存在死循环或循环产生过多重复的对象实体；
- 使用的第三方软件中存在问题；
- 启动参数内存值设定过小。

通常内存溢出或泄漏的解决方案如下：

- 修改 JVM 启动参数，直接增加内存；
- 检查错误日志，查看出现 Out Of Memory Error 前是否有其他异常或错误；
- 走查和分析代码，找出可能发生内存溢出的位置；
- 使用内存查看工具 MAT 动态查看内存使用情况。

A.3 数据库连接池不释放

问题现象为性能压测进行一段时间后，报连接超时的错误。排查步骤如下。

（1）在 MySQL 命令行中执行命令 show full processlist 查看应用程序与数据库的连接有多少个，比较应用程序中配置的最大连接数和执行命令输出的从应用服务器连接过来的连接数，如果数量接近，证明数据库连接池已被占满。

（2）将应用程序中的最大连接数改大一点（比如改为 100），再重新进行压测，如果还是出现连接池被占满的情况，则证明问题是数据库连接池不释放造成的。

通过排查代码，我们可以得知数据库连接部分应该是有创建连接但是没有关闭连接的情况，让开发人员修改代码即可。

A.4 CPU 利用率高

问题现象为在压测过程中，使用 top 命令查看服务器系统资源占用情况时，发现 CPU 利用率过高，且长时间超过 70%。排查步骤如下。

（1）使用 top 命令查看哪个进程消耗 CPU 资源多。

（2）找到消耗 CPU 资源高的线程，执行命令 top -H -p 进程号。

（3）把线程号转换成十六进制，执行命令“printf "%x\n"线程号”。

（4）用 jstack 命令分析线程情况，命令格式为“jstack 进程号 | grep 十六进制的线程号”，通过多次输出前后的线程栈信息进行比对排查。

（5）通过 JProfiler 工具的 CPU Views 层层分析，可以清楚地找到造成 CPU 利用率高的原因。

A.5　无论怎么压测，系统的 TPS 上不去

这个问题出现的原因可能有很多，常见的原因如下。

（1）网络带宽。在压力测试中，有时候要模拟大量的用户请求，如果单位时间内传递的数据包过大，超过了带宽的传输能力，就会造成网络资源竞争，并间接导致服务器接收到的请求数达不到服务器的处理能力上限。

（2）连接池。最大连接数太小，造成请求等待。常见的连接池有服务器中间件的连接池（比如 Tomcat）和数据库的连接池（比如 MySQL）。

（3）GC 机制。从常见的应用服务器中间件来说，比如 Tomcat，如果堆大小设置比较小，就会造成新生代的 Eden 区频繁地进行 YGC，老年代的 FGC 也较频繁。这对系统 TPS 也是有一定影响的，因为 GC 时通常会暂停所有线程的工作。

（4）数据库。在高并发情况下，当请求数据需要写入数据库，且需要写入多个表的时候，如果数据库的最大连接数不够，或者写入数据的 SQL 没有索引、没有绑定变量，或者没有主从分离、没有读写分离等，就会导致数据库事务处理过慢，影响到系统 TPS。

（5）压力工具。比如 JMeter 和 LoadRunner，单机负载能力有限，如果需要模拟的用户请求数超过其负载极限，也会间接影响系统 TPS，这个时候就需要通过分布式压测来解决单机负载能力有限的问题。

（6）业务逻辑。业务解耦度较低，业务逻辑较为复杂，整个事务处理线被拉长也会导致系统 TPS 上不去。

（7）系统架构。系统中是否有缓存服务，缓存服务器如何配置，缓存命中率、缓存穿透和缓存过期的情况等，都会影响到测试结果。

附录 B

性能参数调优

B.1 Spring Boot

我们在使用 Spring Boot 开发 Web 项目时，大多数时候采用的是内置的 Tomcat（当然我们也可以配置支持内置的 Jetty），内置 Tomcat 方便微服务部署，减少了繁杂的配置，方便项目启动，不需要单独额外下载 Web 容器 Tomcat 或 Jetty 等。

B.2 操作系统

通过调整 Linux 内核参数，解决大量连接的 TIME_WAIT 问题。

```
vim /etc/sysctl.conf
```

编辑文件，加入以下内容：

```
net.ipv4.tcp_syncookies = 1
net.ipv4.tcp_tw_reuse = 1
net.ipv4.tcp_tw_recycle = 1
net.ipv4.tcp_fin_timeout = 30
```

然后执行命令 /sbin/sysctl -p 让参数生效。

配置说明如下。

- net.ipv4.tcp_syncookies = 1 表示开启 SYN Cookies。当出现 SYN 等待队列溢出时，启用 cookies 来处理，可防范少量 SYN 攻击。该配置项默认为 0，表示关闭。
- net.ipv4.tcp_tw_reuse = 1 表示开启重用。允许 TIME_WAIT sockets 重新用于新的 TCP 连接。该配置项默认为 0，表示关闭。

- net.ipv4.tcp_tw_recycle = 1 表示开启 TCP 连接中 TIME_WAIT sockets 的快速回收。该配置项默认为 0，表示关闭。
- net.ipv4.tcp_fin_timeout=30 用于修改系统默认的超时时间。

B.3 常用中间件的核心性能参数

（1）Tomcat 的核心参数，如图 B-1 所示。

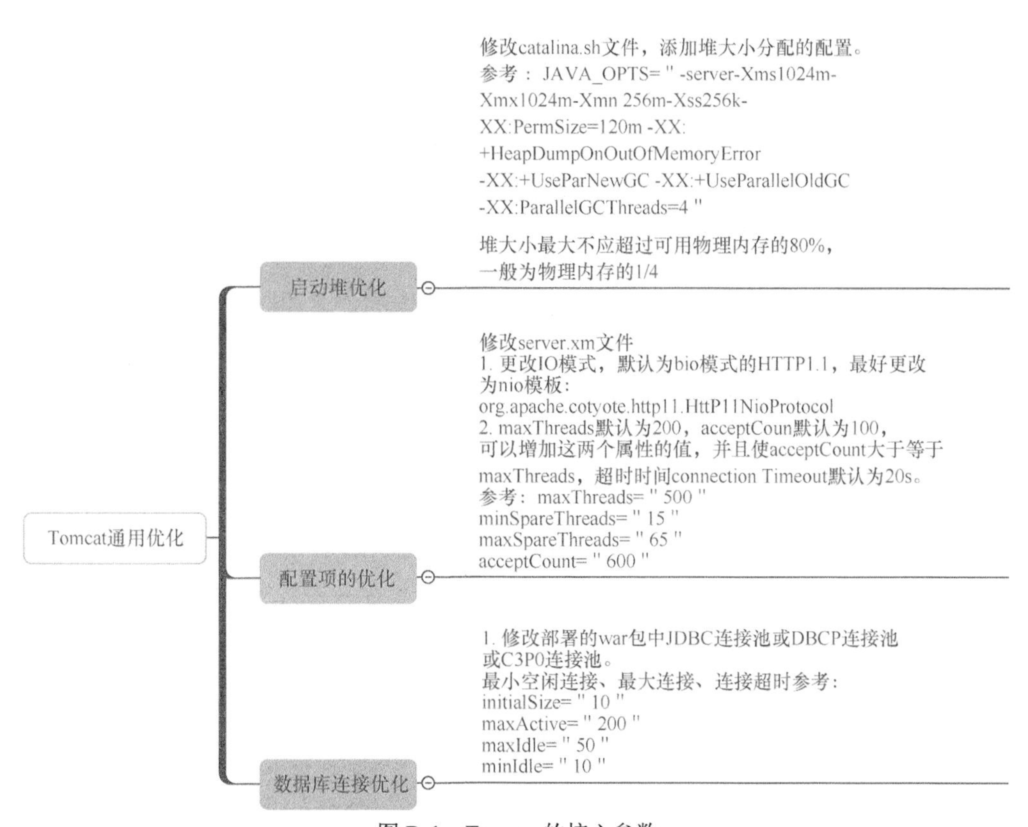

图 B-1　Tomcat 的核心参数

（2）Nginx 的核心参数，如图 B-2 所示。

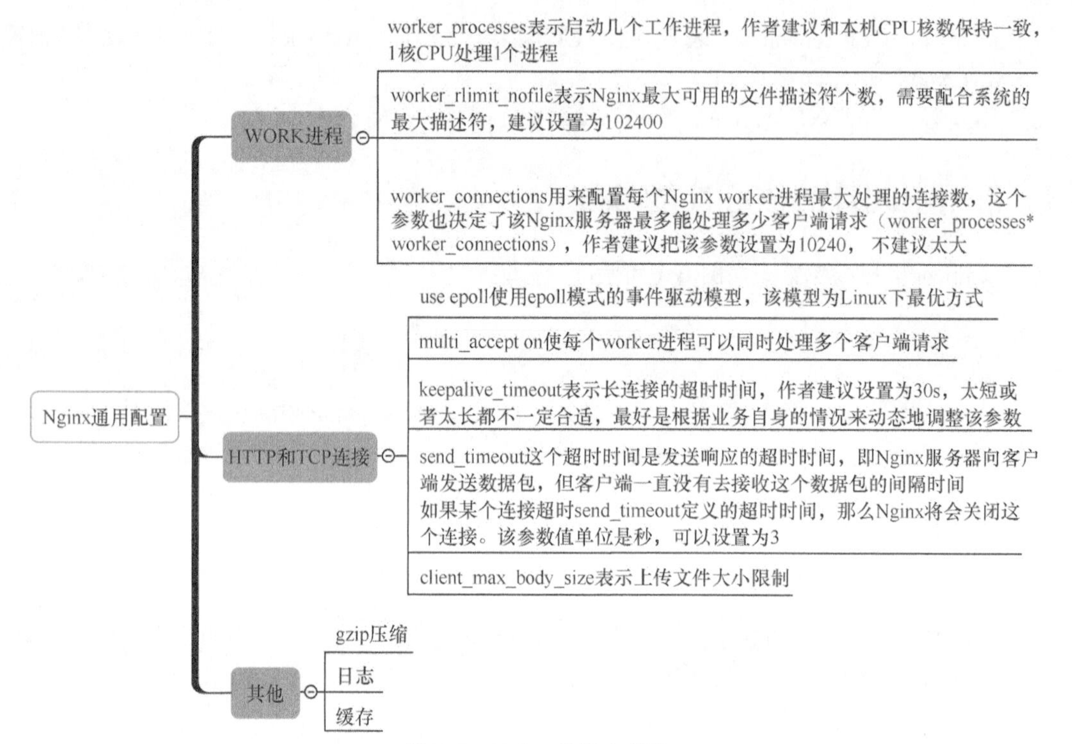

图 B-2　Nginx 的核心参数

（3）MySQL 的核心参数，如图 B-3 所示，更加详细的内容参看附 5。

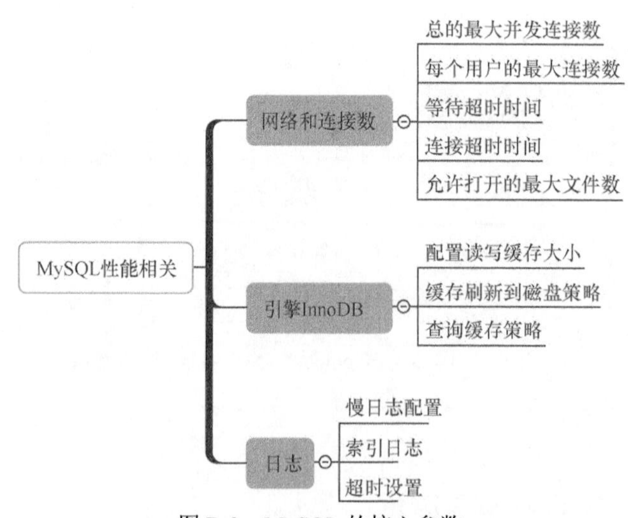

图 B-3　MySQL 的核心参数

附录 C
Java 代码定位和优化建议

代码优化是一个很重要的课题。可能有些人认为代码优化没用，认为一些细小的地方改与不改对于代码的运行效率影响不大，但是一个一个细小的优化点累积起来，对于代码的运行效率绝对是有提升作用的。通常代码优化的目标是减小代码的体积和提高代码运行的效率，下面是作者平日写代码过程中总结的和性能息息相关的一些细节和代码问题定位的通用方法。

C.1 代码优化细节

（1）尽量指定类和方法的 final 修饰符。带有 final 修饰符的类是不可派生的。在 Java 核心 API 中，有许多应用 final 的例子，例如 java.lang.String，整个类都是 final 的。为类指定 final 修饰符能让类不能被继承，为方法指定 final 修饰符可以让方法不能被重写。如果指定了一个类是 final 的，则该类所有的方法都是 final 的。Java 编译器会寻找机会内联所有的 final 方法，内联对于提升 Java 运行效率作用重大，能够使性能提升一些。

（2）尽量重用对象。使用 String 对象时特别需要注意这一点，当出现字符串连接，我们应该使用 StringBuilder 或 StringBuffer 代替 String。由于 Java 虚拟机不仅要花时间生成对象，以后可能还需要花时间对这些对象进行垃圾回收和处理，因此，生成过多的对象会给程序的性能带来很大的影响。

（3）尽量使用局部变量。调用方法时传递的参数和在调用过程中创建的临时变量都被保存在栈中，这样速度较快。而其他变量，如静态变量、实例变量等，都在堆中创建，这样速度较慢。另外，栈中创建的变量，当方法的运行结束，这些内容就出栈了，不需要额外的垃圾回收。

（4）及时关闭流。在用 Java 编程过程中，进行数据库连接、IO 流操作时务必小心，使用完毕应及时关闭以释放资源。因为操作这些大型对象会造成系统开销大，稍有不慎，将会导致严重的后果。

（5）尽量减少对变量的重复计算。这里明确一个概念，即使方法中只有一条语句，调用方法也是有消耗的，包括创建栈、调用方法时保护现场、调用方法完毕恢复现场等操作的语句。所以，例如下面的操作：

```
for (int i = 0; i < list.size(); i++){...}
```

作者建议替换为 for (int i = 0,int length = list.size(); i < length; i++){...}

这样，当 list.size()很大的时候，用替换后的语句可以减少很多消耗，提升性能。

（6）尽量采用懒加载的策略，即在需要的时候才创建。例如，作者建议替换 String str = "aaa";if (i == 1){list.add(str);}为 if (i == 1){String str = "aaa";list.add(str);}

（7）慎用异常。异常对性能不利，抛出异常首先要创建一个新的对象。例如，Throwable 接口的构造函数调用名为 fillInStackTrace()，这是一个本地同步方法，fillInStackTrace()方法用于检查栈，收集调用跟踪信息。只要有异常被抛出，Java 虚拟机就必须调整栈，因为在处理过程中创建了一个新的对象。异常只能用来处理错误，不应该用来控制程序流程。

（8）初始化容量。如果我们能估计待添加的内容长度，底层以数组方式实现的集合等数据类型例如 ArrayList、LinkedList、StringBuilder、StringBuffer、HashMap、HashSet 等，最好指定初始长度，以 StringBuilder 为例：

- StringBuilder()表示默认分配 16 个字符的空间；
- StringBuilder(int size)表示默认分配 size 个字符的空间；
- StringBuilder(String str)表示默认分配 16 个字符加上 str.length()个字符空间。

我们可以通过类设定它的初始容量，这样可以明显提升性能。

（9）循环内不要不断创建对象引用。例如，for (int i = 1; i <= count; i++){Object obj = new Object();}这种做法会导致内存中有 count 个 Object 类对象引用，如果 count 值很大，会耗费内存。作者建议修改为 Object obj = null;for (int i = 0; i <= count; i++) { obj = new Object(); }。

修改后，内存中只有一个对象引用。每次创建新对象的时候，虽然对象引用指向不同的 Object，但是内存中只有一个，这样就大大节省了内存空间。

（10）基于对效率和类型检查的考虑，应该尽可能使用 Array，无法确定数组大小时才使用 ArrayList。

（11）尽量使用 HashMap、ArrayList、StringBuilder，除非线程安全需要，否则不推荐使用 Hashtable、Vector、StringBuffer，后三者由于使用了同步机制，因此产生了性能开销。

（12）尽量在合适的场合使用单例模式。使用单例模式可以减轻加载的负担、缩短加载的时间、提高加载的效率，但单例模式不是适用于所有场合。简单来说，单例模式主要适用于以下 3 种场合：

- 控制资源的使用，通过线程同步来控制资源的并发访问；
- 控制实例的产生，达到节约资源的目的；
- 控制数据的共享，在不建立直接关联的条件下，让多个不相关的进程或线程之间实现通信。

（13）尽量避免随意使用静态变量。当某个对象被定义为静态变量并被引用，GC 通常是不会回收这个对象所占有的堆的，如 public class A{ private static B b = new B();}。

此时静态变量 b 的生命周期与 A 类相同，如果 A 类不被卸载，那么引用 b 向的 B 对象会常驻内存，直到程序终止。

（14）及时清除不再需要的会话。为了清除不再活动的会话，许多应用服务器都有默认的会话超时时间，一般为 30min。当应用服务器需要保存更多的会话时，如果内存不足，操作系统会把部分数据转移到磁盘，应用服务器也可能根据最近最常使用（Most Recently Used，MRU）算法把部分不活跃的会话转储到磁盘，甚至可能抛出内存不足的异常。会话如果要被转移到磁盘，那么必须要先被序列化，在大规模集群中，序列化对象的代价是很高的。因此，当会话不再被需要时，我们应当及时调用 HttpSession 的 invalidate()方法清除会话。

（15）把一个基本数据类型转为字符串类型，“使用基本数据类型.toString()”是最快的方式，“String.valueOf(数据)”次之。所以当需要把一个基本数据类型转为字符串类型的时候，作者建议大家优先使用 toString()方法。

（16）使用最有效率的方式遍历 Map。遍历 Map 的方式有很多，通常如果我们需要遍历 Map 中的 Key 和 Value，作者推荐使用的效率最高的方式是：

```
Map<String,String> map=dbUtil.executeQuery(sql, null);
Iterator iter=map.entrySet().iterator();
// Test...循环输出数据
while(iter.hasNext()){
Map.Entry<String,String> entry = (Map.Entry<String,String>) iter.next();
String key=entry.getKey();
String value=entry.getValue();
System.out.println("key="+key+" "+"value="+value);
}
```

C.2 Java 代码分析工具

作者建议使用如下方法对程序进行定位和调优。

首先，检查性能调优是否必要。测量性能不是一件简单的工作，我们也不能保证每次都获得满意的结果。因此如果程序已经满足预期性能需求，则不必在调优上增加额外的投入了。

如果问题只出在一个地方，我们要做的就是去解决它。二八定律对性能调优同样适用，这不是说某个模块的低性能一定只源于一个问题，而是强调我们应该在调优时把注意力放在影响最大的问题上。处理完最重要的问题，再去解决剩下其他的，也就是建议一次只修复一个问题，修复后再验证，如此循环。

另外，我们需要考虑到气球效应。例如，我们可以通过使用缓存来提高响应能力，但是当缓存逐渐增大，执行一次 GC 的时间也会更长。一般而言，如果希望内存使用率比较低，那么吞吐量和响应能力的问题可能都会恶化。因此，我们要知道什么对自己的程序来说最重要的，而哪些是次要的。

在定位 Java 代码问题时，JDK 自带了一些利器，如 jps（查看进程）、jstack（查看线程）、jmap

（查看内存）和jstat（性能分析）。

（1）jps。

我们可以通过jps找到对应的进程ID。参数说明如下：

- -q是不输出类名、jar包名和传入main方法的参数；
- -m是输出传入main方法的参数；
- -l表示输出main类或jar的全名；
- -v是输出传入JVM的参数。

（2）jstack。

该命令主要用于查看分析线程栈信息。它可以用于生成虚拟机当前时刻的线程快照（一般称为threaddump文件和javacore文件）。线程快照就是当前虚拟机内每一条线程正在执行的方法栈的集合，生成线程快照的主要目的是定位线程执行出现长时间停顿的原因，如线程间死锁、死循环、请求外部资源导致的长时间等待都是导致线程执行长时间停顿的常见原因。线程执行出现停顿的时候通过jstack来查看各个线程的调用栈，就可以知道没有响应的线程到底在后台做些什么事情，或者等待什么资源。

所以，jstack命令主要用来查看Java线程的调用栈的信息，也可以用来分析线程问题（如死锁）。

```
jstack [pid] | grep 5742 -A 30 # 打印栈信息前后信息
jstack -l pid | grep -i-E'BLOCKED | deadlock' # 查看线程死锁状态
```

参数说明如下：

- -F表示当正常输出的请求不被响应时，强制输出线程栈；
- -l表示打印出额外的锁信息，在发生死锁时可以用jstack -l pid来观察锁持有情况；
- -m不仅可以输出Java堆信息，还可以输出C和C++栈信息（如Native方法）。

jstack命令输出的栈信息值得关注的线程状态及说明如下。

- Deadlock（重点关注），指线程死锁。一般指多个线程调用时，相互占用资源，导致线程一直等待资源无法释放的情况。
- Runnable，一般指该线程正在执行状态，即该线程占用了资源，正在处理某个请求，有可能正在传递SQL语句到数据库执行，有可能正在对某个文件操作，有可能正在进行数据类型的转换。
- Waiting on condition（重点关注），指等待资源，或等待某个条件的发生，具体原因需结合实际栈来分析。一种情况是网络非常忙，几乎消耗了所有的带宽，但仍然有大量数据等待网络读写；一种情况是网络空闲，但由于路由等问题，导致数据包无法正常地到达；一种情况是该线程在休眠，等待休眠的时间结束，该线程将被唤醒。如果栈信息明确是应用代码，则证明该线程正在等待资源。一般是在该线程需要大量读取某资源，且该资源采用了资源锁的情况下，线程进入等待状态，等待资源的读取或等待其他线程的执行等。如果发现大量的线程都在Waiting on condition，从线程栈看，正在等待网络读写，那么这可能是一个网络瓶颈的征兆，因为网络阻塞所以无法执行线程。

- Blocked（重点关注），指线程阻塞，即当前线程执行过程中，长时间等待需要的资源却一直未能获取到，被容器的线程管理器标识为阻塞状态，可以理解为该线程等待资源超时。

（3）jmap。

jmap 命令用于查看堆问题，相关命令如下。

- 查看堆的命令为 jmap -heap [pid]。
- 查看堆中对象数目、大小统计直方图的命令为 jmap -histo[:live] pid，命令中有 live 字段则只统计活对象。例如，命令 jmap -histo pid | sort -n -r -k 2 | head -10 用于查看实例数量前 10 的类，命令 jmap -histo pid | sort -n -r -k 3 | head -10 用于查看实例容量前 10 的类。
- 生成 hprof 文件后，再用 MAT 工具离线分析，命令为 jmap -dump:live,format=b, file=dump.dump [pid]。

（4）jstat。

jstat 命令用于查看堆各部分的使用量和加载类的数量，是一个对 Java 应用程序的资源使用和性能进行实时监控的命令行工具，主要包括 GC 情况和堆资源使用情况。命令的格式如下：

```
jstat -<option>  <vmid> [<interval> [<count>]]
```

常用的参数说明如下。

- option 该参数通常使用-gcutil 或-gc 查看 GC 情况。该参数用于获取用户希望查询的虚拟机信息，主要分为类加载、垃圾收集和运行期编译状况这 3 类。
- vmid 表示 VM 的进程号，即当前运行的 Java 进程号。
- interval 表示间隔时间，单位为秒或毫秒。
- count 表示打印次数。

常见使用场景如下。

- 垃圾回收统计命令为 jstat -gcutil vmid。该命令用于查看 GC 的统计信息，关注点主要是已使用的在总空间的占比情况。
- 堆使用情况统计命令为 jstat -gccapacity vmid 20 20。
- 类加载统计命令为 jstat -class vmid 1000 100。

附录 D

MySQL 定位和优化建议

在系统中，数据库通常是最大的性能瓶颈，而影响数据库性能的两大问题是数据库设计和 SQL 语句质量。很多系统都拥有良好的或者至少是可用的数据库设计，但由于没有经过适当的性能测试，SQL 语句质量通常会很差。这样的 SQL 语句在开发环境中可能运行很快，因为其中只有小数据集和最小的负载，但是当成千上万的用户同时读取数据库中上百万条记录时，它就很可能会崩溃。

不幸的是，这些问题一开始并不明显，直到系统数据规模增大才会显现出来。在数据规模增大的过程中，数据库系统看起来运行得很快（因为数据都在内存中，而且很少有并发的查询），并且对用户的响应也很快，但实际上它的内部运行效率很低。这并不重要，我们关注的是如何在系统数据规模增大并遇到性能问题之前找到这些问题并加以解决。

MySQL 数据库常见的两个瓶颈是 CPU 的瓶颈和 IO 的瓶颈，大部分情况下这是磁盘 IO 的问题（如索引没建好、查询太复杂）。CPU 的瓶颈一般发生在数据装入内存或从磁盘上读取数据的时候。磁盘 IO 瓶颈发生在装入数据远大于内存容量的时候，如果应用分布在网络上，那么查询量相当大的时候瓶颈就会出现在网络上，我们可以用 mpstat、iostat、sar 和 vmstat 命令来查看系统的性能状态。接下来，我们从数据库性能瓶颈定位、配置优化、SQL 语句编写优化和索引建立原则共 4 部分内容展开讲解。

D.1 数据库性能瓶颈定位

解决数据库问题的方法总结为 3 招，show 命令、分析慢查询日志和 explain+profiling 分析查询。通常我们使用 explain 查看执行计划，结合 profiling 功能，我们可以定位 SQL 语句执行过程中的瓶颈到底出现在哪里。MySQL 5.0.37 版本以上支持 profiling 功能，我们通过使用 profiling 功能可以查看更详细的 SQL 语句资源消耗信息。

（1）show 命令。

我们可以通过 show 命令查看 MySQL 状态及变量，找到系统的瓶颈，相关命令如下：

```
mysql> show status 用于显示状态信息（扩展 show status like'XXX'）
mysql> show variables 用于显示系统变量（扩展 show variables like'XXX'）
mysql> show processlist 用于查看当前 SQL 执行，包括执行状态、是否锁表等
```

（2）分析慢查询日志。

- 慢查询日志开启。在配置文件 my.cnf 中，在[mysqld]一行下面加入两个配置参数：

```
log-slow-queries=/data/mysqldata/slow-query.log // 为慢查询日志存放的位置
long_query_time=2                   // 2 表示查询超过 2s 才记录相关语句
```

- 慢查询分析 mysqldumpslow。我们可以通过打开日志文件查看得知哪些 SQL 语句执行效率低下：

```
more slow-query.log
```

从日志中，我们可以发现执行时间超过 2s 的 SQL 语句，而小于 2s 的 SQL 语句没有出现在此日志中。如果慢查询日志中记录内容很多，可以使用 mysqldumpslow 工具（MySQL 客户端自带）来对慢查询日志进行分类汇总，并显示汇总后摘要结果，例如下面的命令：

```
mysqldumpslow -s c -t 10 /database/mysql/slow-query.log
```

执行命令会输出记录次数最多的 10 条 SQL 语句。其中，选项说明如下。

- -s 表示按照何种方式排序，c、t、l、r 分别是按照记录次数、时间、查询时间、返回的记录数来排序，ac、at、al、ar 表示相应的倒叙。
- -t 表示 top n，即为返回前面多少条的数据。
- -g 后可以写正则匹配表达式，该选项对大小写不敏感。

使用 mysqldumpslow 工具可以非常明确地得到各种我们需要的查询语句，监控、分析和优化 MySQL 查询语句是优化 MySQL 非常重要的一步。开启慢查询日志后，虽然日志记录操作在一定程度上会占用 CPU 资源影响 MySQL 的性能，但是我们可以阶段性开启来定位性能瓶颈。

（3）explain + profiling 分析查询。

我们可以使用 explain 命令模拟优化器执行 SQL 查询语句，从而知道 MySQL 是如何处理 SQL 语句的。这可以帮助我们分析查询语句或表结构的性能瓶颈。通过 explain 命令可以得到：

- 表的读取顺序；
- 数据读取操作的操作类型；
- 哪些索引可以使用；
- 哪些索引被实际使用；
- 表之间的引用；
- 每张表有多少行被优化器查询。

explain 命令执行结果字段含义如下。

- table 用于显示这一行的数据是关于哪张表的。
- possible_keys 用于显示可能应用在这张表中的索引。如果为空，没有可能应用的索引。

- key 用于显示实际使用的索引。如果为 NULL，则没有使用索引。MySQL 很少会选择优化不足的索引，此时可以在 SELECT 语句中使用 USE INDEX(index)来强制使用一个索引或者用 IGNORE INDEX（index）来强制忽略索引。
- key_len 用于显示使用的索引的长度。在不损失准确性的情况下，长度越短越好。
- ref 用于显示索引的哪一列被使用了。
- rows 用于显示执行该条 SQL 语句所需要扫描的行数，这个没有绝对值可参考，一般来说越小越好，如果 100 万数据量的数据库，rows 值是 70 万，那么可以判断 SQL 语句的查询性能很差；如果 100 万条数据量的数据库，rows 值是 1 万，可能还是能接受的。
- type 是最重要的字段之一，用于显示查询使用了何种类型。连接类型从最好到最差为 system、const、eq_reg、ref、range、index 和 all。
- extra 用于显示 MySQL 如何解析查询的额外信息，当 extra 的值包含 Using filesort、Using temporary 时，我们可以考虑是否需要进行 SQL 优化和索引调整，最后再调整 my.cnf 文件中与排序或者临时表相关的参数，如 sort_buffer_size 或者 tmp_table_size。

通过慢查询日志我们可以知道哪些 SQL 语句执行效率低下，通过 explain 我们可以得知 SQL 语句的具体执行情况、索引使用等。如果觉得 explain 的信息不够详细，可以通过 profiling 得到更准确的 SQL 执行消耗系统资源的信息。

profiling 默认是关闭的，可以通过以下语句打开功能：

```
mysql>set profiling=1;
```

然后执行需要测试观察的 SQL 语句，可以得到被执行的 SQL 语句的时间和 ID：

```
mysql>show profiles;
```

执行如下语句可以得到对应 SQL 语句执行的详细信息：

```
mysql>show profile for query 1;
```

通过 profiling 查看 SQL 具体的资源消耗信息，我们可以采取针对性的优化措施。

测试完毕以后，关闭参数：

```
mysql> set profiling=0
```

D.2 配置优化

通常 MySQL 的配置文件主要是/etc/my.cnf，在该配置文件中影响 MySQL 处理速度的核心参数有网络与连接、线程与缓存这两大块的参数。

（1）网络与连接。

```
max_connections = 1000
```

该参数是 MySQL 允许的最大并发连接数，默认值为 151。如果经常出现 Too many connections 的错误提示，则需要增大此值。

```
max_user_connections = 1000
```

该参数是每个数据库用户的最大连接，即同一个账号能够同时连接到 MySQL 服务的最大连接数，默认值为 0，表示不限制。

```
back_log = 500
```

该参数是 MySQL 监听 TCP 端口时设置的积压请求栈大小，默认值为 50+(max_connections/5)，最大不超过 900。

```
max_connect_errors = 10000
```

该参数是每个主机的连接请求异常中断的最大次数。对于同一主机，如果有超出该参数值个数的中断错误连接，则该主机将被禁止连接。如需对该主机进行解禁，执行命令 FLUSH HOST。

```
interactive_timeout = 28800
```

该参数是服务器关闭交互式连接前等待活动的秒数，默认值为 28800s（即 8h）。交互式客户端被定义为在 mysql_real_connect()中使用 CLIENT_INTERACTIVE 选项的客户端。

```
wait_timeout = 28800
```

该参数是服务器关闭非交互连接之前等待活动的秒数，默认值为 28800s（即 8h）。如果经常出现 Too many connections 的错误提示，或者通过 show processlist 命令发现有大量 sleep 进程，则需要同时减小 interactive_timeout 值和 wait_timeout 值。

```
connect_timeout = 28800
```

该参数是在获取连接时，等待握手的超时秒数，只在登录时生效。设置该参数主要是为了防止网络不佳时应用重连导致连接数增长太快，一般使用默认值即可。

```
open_files_limit = 5000
```

该参数是 MySQL 能打开文件的最大个数，默认为最小值 1024，如果出现 too many open files 之类的异常就需要增大该值。

```
max_allowed_packet = 256M
```

该参数指定在网络传输中一次消息传输量的最大值，系统默认值为 1MB，最大值为 1GB，该参数值必须设置为 1024 的倍数。

（2）线程与缓存。

```
sort_buffer_size = 2M
```

该参数是排序缓冲区大小，connection 级参数，默认大小为 2MB。如果想要增加 ORDER BY 的速度，首先需要看是否可以让 MySQL 使用索引，其次可以尝试增大该值。

```
read_buffer_size = 160M
```

该参数是顺序读缓冲区大小，connection 级参数，该参数对应的分配内存是每个连接独享。对表进行顺序扫描的请求将被分配一个读入缓冲区。

```
read_rnd_buffer_size = 160M
```

该参数是随机读缓冲区大小，connection 级参数，该参数对应的分配内存是每个连接独享，默认值为 256KB，最大值为 4GB。当按任意顺序读取行时，将被分配一个随机读缓存区。

```
join_buffer_size = 320M
```

该参数是联合查询缓冲区大小，connection 级参数，该参数对应的分配内存是每个连接独享。

```
bulk_insert_buffer_size = 64M
```

该参数是批量插入数据缓存大小，它可以有效提高插入效率，默认值为 8MB。

```
thread_cache_size = 8
```

该参数是服务器线程缓冲池中存放的最大连接线程数，默认值是 8。断开连接时如果缓存中还有空间，客户端的线程将被放到缓存中，当线程重新被请求，将先从缓存中读取。

该参数是根据物理内存设置规则为 1GB→8，2GB→16，3GB→32，大于 3GB→64。

```
thread_stack = 256K
```

该参数是每个连接被创建时，MySQL 分配给连接的内存，默认值为 192KB，已满足大部分场景，除非必要否则不要修改它，可设置范围 128KB～4GB。

```
query_cache_type = 0
```

该参数用于关闭查询缓存。

```
query_cache_size = 0
```

该参数是查询缓存大小。在高并发、写入量大的系统，作者建议把该功能禁止使用。

```
query_cache_limit = 4M
```

该参数用于指定单个查询能够使用的缓冲区大小，默认值为 1MB。

```
tmp_table_size = 1024M
```

该参数是 MySQL 的堆的表缓冲大小，即内存临时表，默认值是 32MB。如果超过该参数值，则会将临时表写入磁盘。在频繁做很多高级 GROUP BY 查询的环境，我们应增大该值。

实际对 MySQL 的堆的表缓冲大小起限制作用的是 tmp_table_size 和 max_heap_table_ size 的最小值。

```
max_heap_table_size = 1024M
```

该参数是用户可以创建的内存表（memory table）的大小，这个参数的值用来计算内存表的最大行数值。

```
table_definition_cache = 400
```

该参数用于表定义缓存区，缓存 frm 文件。表定义是全局的（global），可以被所有连接有效地共享。

```
table_open_cache = 1000
```

该参数是所有 SQL 线程可以打开表缓存的数量，缓存 IBD/MYI/MYD 文件。打开的表（Session 级别）是每个线程、每个表均可使用的。

```
table_open_cache_instances = 4
```

该参数是 table cache 能拆成的分区数，用于减少锁竞争，最大值为 64。

D.3 关于 SQL 语句的建议

平时写 SQL 语句时我们应当留意如下注意点和经验，读者可以参考。

（1）当确定结果集只有一行数据时，使用 LIMIT 1。

（2）避免使用 SELECT *，始终指定我们需要的列。

（3）使用连接（JOIN）来代替子查询（Sub-Queries）。

（4）使用 ENUM、CHAR，而不是 VARCHAR，使用合理的字段属性长度。

（5）尽可能地使用 NOT NULL。

（6）检索固定长度的表速度会更快。

（7）拆分复杂冗长的 DELETE 语句或 INSERT 语句。

（8）查询的列数据量越小越快。

（9）用整型设计索引。用整型设计的索引，占用的字节少，相比字符串索引检索速度要快很多，特别是创建主键索引和唯一索引的时候。设计日期时候，建议用 int 取代 char(8)，例如整型数据 20150603；设计 IP 地址的时候可以用 big int 把 IP 地址转化为长整型数据存储。

（10）尽量使用数字型字段。一部分开发人员和数据库管理人员喜欢把包含数值信息的字段设计为字符型，这会降低查询和连接的性能，也会增加存储开销。这是因为引擎在处理查询和连接时会逐个比较字符型字段中每一个字符，而对于数字型字段，引擎只需要比较一次就够了。

（11）索引并不是越多越好。索引固然可以提高相应的 SELECT 的效率，但同时也降低了 INSERT 及 UPDATE 的效率，因为 INSERT 和 UPDATE 时有可能会重建索引，所以需要慎重考虑如何建索引，视具体情况而定。一个表的索引数最好不要超过 6 个，若太多，则应考虑评估在一些不常使用的列上建的索引是否有必要。

D.4 索引建立和优化原则

索引是帮助 MySQL 有效检索数据的一种数据结构，它是获得高性能的关键，但是我们常常忘记或者错误地理解它，所以索引在现实中最常导致性能问题。

当数据量变得很大时，索引就变得非常重要，即使负载很小的数据库，如果没有恰当的索引，随着数据的增加，性能也会很快地下降。

MySQL 使用索引的方式都是类似的，首先在索引结构中搜索给定的值，如果在索引中找到，再去找包含匹配的值的行。

MySQL 的索引通常用于提高 WHERE 条件的数据行匹配速度，或者执行联结操作时匹配其他表的数据行的搜索速度。MySQL 也能利用索引来快速地执行 ORDER BY 和 GROUP BY 语句的排序和分组操作。

以下是一些建立索引和优化索引的基本原则，我们务必要提高索引使用的合理性，不随意对字段建立索引。

（1）尽量将索引建立在重复数据少的数据列中。例如，在性别列或者 status 列中就不要建立索引。

（2）尽量对较短的值建立索引。因为数据库中，数据的存储是以页为单位的，如果在一页中存储的数据越多，一次 IO 操作获取的数据量就越大，这样 IO 效率会更高一些，并且降低了磁盘 IO 操作的次数，另外索引缓冲区中可以容纳更多的键值，提高匹配命中率。如果对一个长的字符串建立索引，我们可以为其指定一个前缀长度。

（3）合理使用多列索引。如果多个条件经常需要组合起来查询，则要使用多列索引，因为一个表一次查询只能使用一个索引，建立多个单列索引也只能使用一个。

（4）不要建立过多的索引。我们通常选择为 WHERE 从句、GROUP BY 从句、ORDER BY 从句和 ON 从句中出现的列添加索引。在一些特殊情况下，我们还会为 SELECT 从句中出现的列进行索引，当一个索引包括了查询中的所有列，那么称这个索引为覆盖索引。我们通过索引完全能够获取需要的数据，而不用去查询表的数据，这样做效率是非常高的。

（5）对更新频繁的字段不建立索引。更新表数据的同时要更新索引数据，这会导致 IO 访问量增大，影响整个存储系统的消耗。如果查询更新都较多的情况下，则要比较查询与更新对系统消耗的比例，当查询比例较大的时候，更新产生的额外成本是可以接受的。

（6）通过 FORCE INDEX 强制使用指定的索引。有些查询不一定按照计划的索引走，可能通过查询优化器比较后用了其他的索引，此时我们就可以通过 FORCE 命令强制使用指定的索引。如 SELECT * FROM song_lib FORCE INDEX(song_name) ORDER BY song_name。

（7）尽量避免使用 MySQL 进行自动类型转换，否则将不能使用索引。例如，将 int 型的 num_col 用为 WHERE num_col=‘5’。

（8）不要对索引的字段列进行运算，否则将不能使用索引。

（9）尽量避免使用 filesort 进行排序操作。MySQL 查询只使用一个索引，如果 WHERE 子句中已经使用了索引，那么 ORDER BY 中的列是不会使用索引的，因此最好给这些列创建复合索引，否则当 ORDER BY 中的列不能使用索引时，排序只能在内存或者磁盘中进行，这会很消耗 CPU 资源。

总的原则是，每写好一条 SQL 语句，都需要用 explain 命令去查看一下，检查设计的索引是否合理、在真正执行的时候 SQL 语句是否按照设置的索引去查询。

附录 E

JVM 定位和优化建议

JVM 内存模型主要由堆、方法区、程序计数器、虚拟机栈和本地方法栈组成，其组成的结构如图 E-1 所示。其中，堆和方法区是所有线程共有的，而虚拟机栈、本地方法栈和程序计数器则是线程私有的。

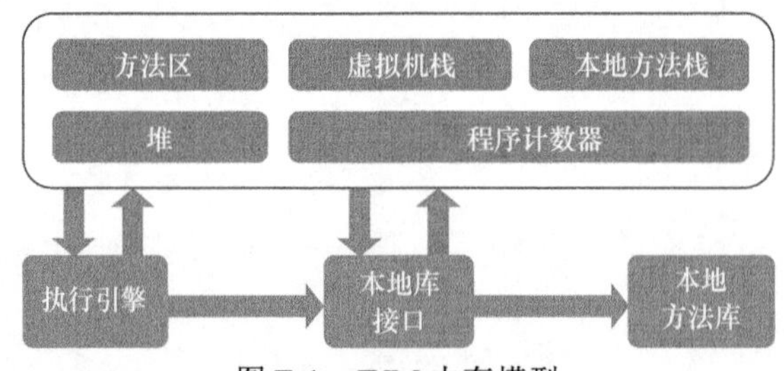

图 E-1　JVM 内存模型

- 堆：堆是所有线程共有的，存放的是对象，GC 就是收集这些对象，然后根据 GC 算法回收。
- 方法区：方法区与堆一样，是各个线程共享的区域，它用于存储已被虚拟机加载的类的信息、常量、静态变量、即时编译后的代码等数据。
- 程序计数器：在 JVM 的概念模型里，字节码解释器工作时就是通过改变这个计数器的值来选取下一条需要执行的字节码指令。分支、循环、跳转、异常处理、线程恢复等基础功能都需要依赖这个计数器来完成。
- 虚拟机栈：每个方法在执行时都会创建一个栈帧（stack frame）用于存储局部变量表（局部变量表需要的内存在编译期间就确定了，所以在方法运行期间不会改变大小）、操作数栈、动态链接、方法出口等信息。每一个方法从调用至出栈的过程，就对应着栈帧在虚拟机中从入栈到出栈的过程。
- 本地方法栈：栈作为一种线性的管道结构，遵循先进后出的原则，本地方法栈主要用于存储本地方法的局部变量表、本地方法的操作数栈等信息。栈内的数据在超出其作用域后，会被自动释放掉。本地方法栈是在程序调用或 JVM 调用本地方法接口时启用。

GC 只发生在线程共享的区域，而通常大部分是发生在堆上，所以这里重点剖析的也是这个堆，接下来，我们将逐一讲解堆的设置和原理、虚拟机内存监控手段、参数说明和垃圾回收器选择、常见 JVM 问题、GC 优化方法共 5 部分内容。

E.1 堆的设置和原理

堆组成主要分为两个部分：新生代和老年代，如图 E-2 所示。图中的 Perm 表示永久代，但是注意永久代并不属于堆的一部分，同时 JDK 8 之后永久代被移除。

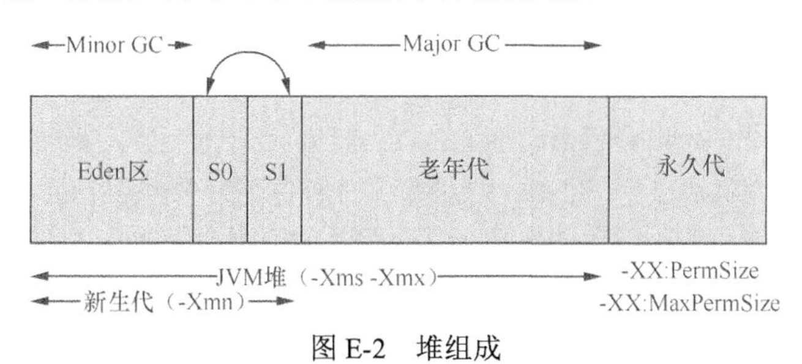

图 E-2 堆组成

（1）新生代。

所有新生成的对象起初都是放在新生代。新生代的目标就是尽可能快速地收集那些生命周期短的对象。新生代一般分 3 个区，其中 1 个 Eden 区、2 个 Survivor 区（from 和 to）。大部分对象在 Eden 区中生成，当 Eden 区满时，还存活的对象将被复制到 Survivor 区（两个中的一个）。当一个 Survivor 区满了，此区的存活对象将被复制到另外一个 Survivor 区。当另一个 Survivor 区也满了，从前一个 Survivor 区复制过来的并且此时还存活的对象，将可能被复制到老年代。

两个 Survivor 区是对称的，没有先后关系，所以一个 Survivor 区中可能同时存在从 Eden 区复制过来的对象，和从另一个 Survivor 区复制过来的对象，而复制到老年代的只有从另一个 Survivor 区过来的对象。因为需要交换，Survivor 区至少有一个是空的。在特殊的情况下，根据程序需要，我们可以配置多个 Survivor 区（多于两个），这样可以增加对象在新生代中的存在时间，减少被放到老年代中的对象。针对新生代的垃圾回收为 YGC。

（2）老年代。

在新生代中经历了 *N* 次（此值可配置）垃圾回收后仍然存活的对象，就会被复制到老年代中。因此，可以认为老年代中存放的都是一些生命周期较长的对象。针对老年代的垃圾回收为 FGC。

总的来说，当一组对象生成时，内存申请过程如下。

（1）JVM 会试图为相关 Java 对象在新生代的 Eden 区中初始化一块内存区域。

（2）当 Eden 区空间足够时，内存申请结束，否则执行下一步。

（3）JVM 尝试释放在 Eden 区中所有不活跃的对象（即 YGC）。释放后若 Eden 空间仍然不足以放入新对象，JVM 则尝试将部分 Eden 区中活跃对象放入 Survivor 区。

（4）Survivor 区被用作 Eden 区及老年代的中间交换区域。当老年代空间足够时，Survivor 区中存活了一定次数的对象会被移到老年代。

（5）当老年代空间不够时，JVM 会在老年代进行完全的垃圾回收（即 FGC）。

（6）Full GC 后，若 Survivor 区和老年代仍然无法存放从 Eden 区复制过来的对象，则会导致 JVM 无法在 Eden 区为新生成的对象申请内存，即出现 Out Of Memory 异常。

E.2 虚拟机内存监控手段

虚拟机常出现的问题包括内存泄漏、内存溢出、频繁 GC 导致性能下降等，导致这些问题的原因可以通过下面虚拟机内存监视手段来进行分析，具体实施时我们可能需要灵活选择，同时借助两种甚至更多的手段来共同分析。

比如通过 GC 日志我们可以分析出哪些 GC 较为频繁而导致性能下降、是否发生内存泄漏。jstat 工具和 GC 日志类似，同样可以用于查看 GC 情况、分析是否发生内存泄漏。判断发生内存泄漏后，我们可以通过结合 jmap 工具和 MAT 等分析工具查看虚拟机内存快照，分析发生内存泄漏的原因。通过内存溢出快照我们可以分析出内存溢出发生的原因等。

（1）GC 日志记录。

将 JVM 每次进行 GC 的情况记录下来，通过 GC 日志我们可以查看 GC 的频度、每次 GC 都回收了哪些区域的内存，并根据这些信息为依据来调整 JVM 相关设置，这不仅可以减少 Minor GC 的频率和 Full GC 的次数，还可以判断是否有内存泄漏发生。

在启动 Java 进程时加入相关的参数记录，可以采用在 Java 命令中加入参数来指定对应的 GC 类型和打印 GC 日志信息并输出至文件等策略。GC 日志是以替换（>）的方式写入的，而不是以追加（>>）的方式，如果下次写入同一个文件中的话，以前的 GC 日志内容会被清空。

下面是常见的 GC 日志输出参数：

- -XX:+PrintGC 表示输出 GC 日志；
- -XX:+PrintGCDetails 表示输出 GC 的详细日志；
- -XX:+PrintGCTimeStamps 表示输出 GC 的时间戳（以基准时间的形式）；
- -XX:+PrintGCDateStamps 表示输出 GC 的时间戳（以日期的形式，如 2019-05-04T21:53:59.234+0800）；
- -XX:+PrintHeapAtGC 表示在进行 GC 的前后打印出堆的信息；
- -Xloggc:../logs/gc.log 表示日志文件的输出路径。

我们可以使用一些离线的工具来分析 GC 日志，如 GCViewer 的开源工具。

（2）虚拟机统计信息监控工具 jstat。

jstat 工具可以实时监视虚拟机运行时的类装载情况、各部分内存占用情况、GC 情况、JIT 编译情况等。

命令格式为"jstat –gc pid 间隔时间（ms）次数"，其他可以使用的参数如下：

- -class 用于监视类装载、卸载数量、总空间以及类装载耗费的时间；
- -gccapacity 用于监视内容与-gc 相同，输出主要关注堆各个区域使用的最大、最小空间；
- -gcutil 用于监视内容与-gc 相同，输出主要关注堆各个区域已使用空间占总空间百分比；
- -gcnew 用于监视新生代 GC 情况；
- -gcold 用于监视老年代 GC 情况。

（3）虚拟机内存映像工具 jmap。

jmap 工具可以让运行中的 JVM 生成 dump 文件，当 JVM 内存出现问题时我们可以通过 jmap 工具生成快照，分析整个堆。命令为 jmap -dump:format=b,file=path/heap.bin PID。

获得 JVM 快照的 dump 文件之后，可以通过 MAT 进行分析。

MAT 是 Eclipse 的一个插件，使用起来非常方便。尤其是在分析大内存的 dump 文件时，MAT 可以非常直观地展示各个对象在堆中占用的内存大小、类实例数量、对象引用关系。MAT 可以利用 OQL 对象查询，可以很方便地找出对象 GC Roots 的相关信息，最吸引人的是它能够为开发人员快速地生成内存泄漏报表，方便开发人员定位和分析问题。

E.3 参数说明和垃圾回收器选择

JVM 中不管是内存的分配还是 GC 都是通过命令行参数的方式配置。

（1）参数说明。

- -Xmx3550m 表示设置 JVM 最大堆大小为 3550MB。
- -Xms3550m 表示设置 JVM 初始堆大小为 3550MB。此参数值可以设置与-Xmx 相同，以避免每次垃圾回收完成后 JVM 重新分配内存。
- -Xss128k 表示设置每个线程的栈大小。JDK 5 以后每个线程栈大小为 1MB，之前每个线程栈大小为 256KB。我们应当根据应用的线程所需内存大小进行调整。在相同物理内存下，减小此参数值能生成更多的线程。但是操作系统对一个进程内的线程数还是有限制的，不能无限生成，作者的经验是此参数值在 3000～5000。需要注意的是，当此参数值被设置的较大（例如大于 2MB）时，将会在很大程度上降低系统的性能。
- -Xmn2g 表示设置新生代大小为 2GB。在整个堆大小确定的情况下，增大新生代将会减小老年代，反之亦然。此值关系到 JVM 垃圾回收，对系统性能影响较大，官方推荐配置为整个堆大小的 3/8。
- -XX:NewSize=1024m 表示设置新生代初始值为 1024MB。
- -XX:MaxNewSize=1024m 表示设置新生代最大值为 1024MB。
- -XX:PermSize=256m 表示设置永久代初始值为 256MB。
- -XX:MaxPermSize=256m 表示设置永久代最大值为 256MB。
- -XX:NewRatio=4 表示设置新生代（包括 1 个 Eden 区和 2 个 Survivor 区）与老年代的比值为 1:4。

- -XX:SurvivorRatio=4 表示设置新生代中 2 个 Survivor 区（JVM 堆新生代中默认有 2 个大小相等的 Survivor 区）与 1 个 Eden 区内存大小的比值为 2∶4，即 1 个 Survivor 区内存占整个新生代大小内存的 1/6。
- -XX:MaxTenuringThreshold=7 表示一个对象如果在 Survivor 区移动了 7 次还没有被垃圾回收就进入老年代。如果设置参数值为 0，则新生代对象不经过 Survivor 区，直接进入老年代，对于需要大量常驻内存的应用，这样做可以提高效率。如果将参数值设置为一个较大值，则新生代对象会在 Survivor 区进行多次复制，这可以增加对象在新生代的存活时间，增加对象在新生代被垃圾回收的概率，减少 FGC 的频率，这样做在某种程度上可以提高服务稳定性。

（2）垃圾回收器选择。

JVM 给出了 3 种选择：串行收集器、并行收集器和并发收集器。串行收集器只适用于小数据量的情况，所以生产环境的选择主要是并行收集器和并发收集器。JDK 5 以前版本在默认情况下都是使用串行收集器，如果想使用其他收集器需要在启动时加入相应参数。JDK 5 以后版本，JVM 会根据当前系统配置进行智能判断。

串行收集器相关参数。

- -XX:+UseSerialGC 表示设置为串行收集器。

并行收集器（吞吐量优先）相关参数。

- -XX:+UseParallelGC 表示设置为并行收集器。此配置仅对新生代有效，即新生代使用并行收集，而老年代仍使用串行收集。
- -XX:ParallelGCThreads=20 表示设置并行收集器的线程数为 20，即同时有 20 个线程一起进行垃圾回收。此值建议设置与 CPU 数目相等。
- -XX:+UseParallelOldGC 表示设置老年代垃圾收集方式为并行收集。JDK 6 开始支持对老年代并行收集。
- -XX:MaxGCPauseMillis=100 表示设置每次新生代垃圾回收的最长时间为 100ms。如果无法满足此时间，JVM 会自动调整新生代大小，以满足此时间。
- -XX:+UseAdaptiveSizePolicy 表示设置此参数后，并行收集器会自动调整新生代 Eden 区大小和 Survivor 区大小的比例，以达成目标系统规定的最低响应时间或者收集频率等指标。作者建议在使用并行收集器时，一直打开此参数。

并发收集器（响应时间优先）相关参数。

- -XX:+UseConcMarkSweepGC，即 CMS 收集，表示设置老年代为并发收集。CMS 收集是 JDK 1.4 后期版本引入的新 GC 算法。它的主要适用场景是对响应时间的需求大于对吞吐量的需求，能够承受垃圾回收线程和应用线程共享 CPU 资源，并且应用中存在比较多的长生命周期对象的场景。CMS 收集的目标是尽量减少应用的暂停时间，减少 FGC 发生的概率，利用和应用程序线程并发的垃圾回收线程来标记清除老年代内存。
- -XX:+UseParNewGC 表示设置新生代为并发收集。该参数可与 CMS 收集同时使用。JDK5

以上版本，JVM 会根据系统配置自行设置，所以无须再设置此参数。

- -XX:CMSFullGCsBeforeCompaction=0 表示设置运行 0 次 FGC 后对内存空间进行压缩和整理，即每次 Full GC 后立刻开始压缩和整理内存。由于并发收集器不对内存空间进行压缩和整理，因此运行一段时间并行收集以后会产生内存碎片，这使得内存使用效率降低。
- -XX:+UseCMSCompactAtFullCollection 表示打开内存空间的压缩和整理，在 FGC 后执行。该参数可能会影响性能，但可以消除内存碎片。
- -XX:+CMSIncrementalMode 表示设置为增量收集模式。一般适用于单 CPU 情况。
- -XX:CMSInitiatingOccupancyFraction=70 表示老年代内存空间使用到 70%时就开始执行 CMS 收集，以确保老年代有足够的空间接纳来自新生代的对象，避免 FGC 的发生。

E.4 常见 JVM 问题

造成 Out Of Memory Error 的原因一般有以下两种。

（1）内存泄漏，内存中的对象已经死亡，无法通过垃圾收集器进行自动回收，通过找出泄露的代码位置和原因，才能确定解决方案。

（2）内存溢出，内存中的对象都还必须存活着，这说明 Java 堆分配空间不足，检查堆大小设置（-Xmx 与-Xms），检查代码是否存在对象生命周期太长、持有状态时间过长的情况。

- 老年代溢出，表现为 java.lang.OutOfMemoryError:Javaheapspace。

这是最常见的情况，产生的原因可能是设置的内存参数-Xmx 过小或程序的内存泄漏、使用不当。例如，循环上万次的字符串处理、创建上千万个对象、在一段代码内申请上百兆比特甚至吉比特的内存。还有的时候虽然不会报内存溢出错误，却会使系统不间断地垃圾回收，而无法处理其他请求。这种情况下除了通过检查程序、打印堆大小等方法排查，还可以借助一些内存分析工具，比如 MAT 就很不错。

- 永久代溢出，表现为 java.lang.OutOfMemoryError:PermGenspace。

通常由于永久代设置过小，动态加载了大量 Java 类将导致溢出，解决办法唯有将参数-XX:MaxPermSize 的值调大（一般 256MB 能满足绝大多数应用程序需求）。将部分 Java 类放到容器共享区（例如 Tomcat share lib）去加载的办法也是一个思路，但前提是容器里部署了多个应用，且这些应用有大量的共享类库。

E.5 GC 优化方法

对于基于 Java 的服务，是否真有必要优化 GC？其实，对于所有的基于 Java 的服务，并不总是需要进行 GC 优化。如果 Java 的系统已经通过-Xms 和-Xmx 设置了内存大小，包含了-server 参数，系统中没有超时日志等错误日志，那其实是没必要进行 GC 优化的，GC 优化永远是最后一项任务。在检查 GC 状态的过程中，我们应该分析监控结果再决定是否进行 GC 优化，如果分析结果表明执行

GC 的时间只有 0.1s～0.3s，那就没必要浪费时间去进行 GC 优化。但是，如果 GC 的执行时间是 1～3s，或者超过 10s，GC 将势在必行。

通常情况下，如果 GC 执行时间满足下面所有的条件，就意味着无须进行 GC 优化了。

- Minor GC 执行得很快（小于 50ms）。
- Minor GC 执行得并不频繁（大概 10s 一次）。
- FGC 执行得很快（小于 1s）。
- FGC 执行得并不频繁（10min 一次）。

上面提到的数字并不是绝对的，它们根据服务状态的不同而有所区别，某些服务可能满足 FGC 每次 0.9s 的速度，但另一些可能不是。因此，针对不同的服务设定不同的值以决定是否进行 GC 优化。

GC 优化可以归纳为两个方法，一个是将转移到老年代的对象数量降到最少；另一个是减少 FGC 的执行时间。

（1）将转移到老年代的对象数量降到最少。

对象被创建在 Eden 区后转化到 Survivor 空间，最终剩余的对象被送到老年代。某些比较大的对象会在被创建在 Eden 区后，直接转移到老年代空间。老年代空间上的 GC 处理会比新生代花费更多的时间，因此减少被移到老年代的对象的数据可以显著地减少 FGC 的频率。减少被移到老年代的对象的数量，可能被误解为将对象留在新生代。这是不可能的，但是，我们可以调整新生代空间的大小。

（2）减少 FGC 执行时间。

FGC 的执行时间比 Minor GC 要长很多。因此，如果 FGC 花费了太多的时间（超过 1s），一些连接的部分可能会发生超时错误。

- 如果我们试图通过消减老年代空间来减少 FGC 的执行时间，可能会导致 Out Of Memory Error 或者 FGC 执行的次数会增加。
- 与之相反，如果我们试图通过增加老年代空间来减少 FGC 执行次数，执行时间会增加。

因此，我们需要将老年代空间设定为一个“合适”的值，不要认为“某个人设定了 GC 参数后性能得到极大的提高，我们为什么不和他用一样的参数”。因为不同的 Web 服务创建的对象的大小和它们的生命周期都不相同。

总之，GC 参数优化的最基本原则是将不同的 GC 参数用于两台或者多台服务器，进行实际对比，并将那些被证明提高了性能或者减少了 GC 执行时间的参数应用于服务器，参数的调优一定是基于实际测试观察后得出的，请谨记这一点。

附录 F

Cookie 和 Session 的关系

日常工作中，我们在做基于 HTTP 协议的接口测试和性能测试时，总是避免不了会遇到 Cookie 和 Session 这两个概念。这两个概念本来就容易混淆，如果稍不注意就会对测试结果有影响，在此作者将深入讲解，帮助大家区分。

HTTP 是一个无状态协议，什么是无状态呢？就是说这一次请求和上一次请求是没有任何关系的、互不认识的、没有关联的。这种无状态的好处是快速，坏处是假如我们想要把一些网页关联起来，就必须使用某些手段和工具。

由于 HTTP 的无状态性，为了使某个域名下的所有网页能够共享某些数据，Session 和 Cookie 出现了。一般浏览器访问 Web 服务器的流程如图 F-1 所示。

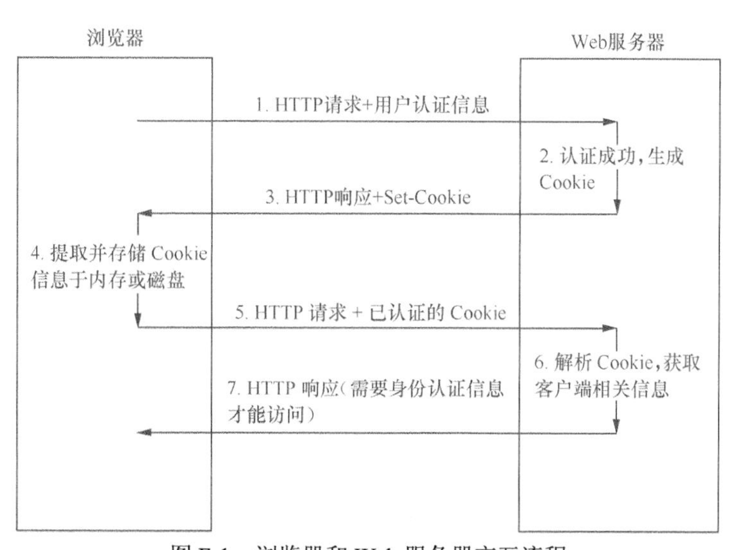

图 F-1 浏览器和 Web 服务器交互流程

首先，浏览器会发送一个 HTTP 请求到 Web 服务器，Web 服务器接受浏览器请求后，建立一个 Session，并发送一个 HTTP 响应到浏览器。这个响应头中就包含 Set-Cookie 头部，该头部包含了 SessionId。在当浏览器发起第二次请求，假如 Web 服务器给出 Set-Cookie，浏览器会自动在请求头中添加 Cookie。当 Web 服务器接收请求，会分解 Cookie，验证信息，核对成功后返回响应给浏览器。

F.1　Cookie

HTTP 协议是无状态的，每一次数据交换完毕就结束，服务器和客户端（如浏览器）的连接就会关闭，每次交换数据都需要建立新的连接。Cookie 是服务器发送到浏览器并保存在本地某个目录下的文本内的一小块数据，它会在浏览器之后向同一个服务器再次发起请求时被携带上，用于告知服务器两个请求是否来自同一浏览器，即为了能让无状态的 HTTP 报文带上一些特殊的数据，让服务器能够辨识请求的身份。

Cookie 是一些文本文件，通常是加密过的，存储在本地浏览器中，用来识别用户。它的优点是网站可以根据 Cookie 里的信息来确认访问的用户，对网站的易用性有好处；缺点是如果滥用 Cookie，会泄露用户的隐私等。

Cookie 的内容主要包括名字、值、过期时间、路径和域。路径和域一起构成了 Cookie 的作用范围。若不设置过期时间，则表示这个 Cookie 的生命周期为浏览器会话期间，关闭浏览器窗口，Cookie 就消失。这种生命周期为浏览器会话期的 Cookie 被称为会话 Cookie。会话 Cookie 一般不存储在硬盘上，而是保存在内存里，当然这种行为并不是规范规定的。若设置了过期时间，浏览器就会把 Cookie 保存到硬盘上，关闭后再次打开浏览器，这些 Cookie 仍然有效直到超过设定的过期时间。存储在硬盘上的 Cookie 可以在不同的浏览器进程间共享，例如在两个 IE 浏览器窗口间共享。而对于保存在内存里的 Cookie，不同的浏览器有不同的处理方式。

Cookie 写入数据的方式是通过 HTTP 返回报文头部 Set-Cookie 字段来设置，一个带有写 Cookie 指令的 HTTP 返回报文如下：

```
HTTP/1.1 200 OK
Set-Cookie: SESSIONID=e13179a6-2378-11e9-ac30-fa163eeeaea1; Path=/
Transfer-Encoding: chunked
Date: Tue, 29 Jan 2020 07: 12: 09 GMT
Server: localhost
```

上述报文 Set-Cookie 指示浏览器设置键为 SESSIONID，值为 e13179a6-2378-11e9-ac30-fa163eeeaea1 的 Cookie。

获取 Cookie 信息方式是，浏览器在发送请求的时候会检查当前域已经设置的 Cookie，在 HTTP 请求报文 Header 部分的 Cookie 字段里面带上 Cookie 的信息。下面是一段 HTTP 报文：

```
GET http: //10.0.1.24: 23333/ HTTP/1.1
Host: 10.0.1.24: 23333
Connection: keep-alive
```

```
    Pragma: no-cache
    Cache-Control: no-cache
    Upgrade-Insecure-Requests: 1
    User-Agent: Mozilla/5.0 (Windows NT 6.1; Win64; x64) AppleWebKit/537.36 (KHTML,
like Gecko) Chrome/70.0.3538.77 Safari/537.36
    Accept: text/html, application/xhtml+xml, application/xml;q=0.9, image/webp, image/apng,
*/*;q=0.8
    Accept-Encoding: gzip, deflate
    Accept-Language: zh-CN, zh;q=0.9, en;q=0.8
    Cookie: SESSIONID=e13179a6-2378-11e9-ac30-fa163eeeaea1
```

从最后的Cookie字段看到，浏览器请求时带上了键为SESSIONID，值为e13179a6-2378-11e9-ac30-fa163eeeaea1的数据，服务器直接解析HTTP报文就能获取Cookie的内容。

F.2 Session

Cookie有个缺点是可以人为修改其信息，有一定的安全隐患，于是Session诞生了。一般来说Session是基于Cookie实现的，它利用一个SessionId把用户的敏感数据隐藏起来。

Session机制采用了一种在客户端（如浏览器）与服务器之间保持状态的解决方案。服务器使用一种类似散列表的结构来保存信息。当程序需要为某个客户端的请求创建一个Session时，服务器首先检查这个客户端的请求里是否已包含了一个Session标识（即SessionId）。如果已包含则说明以前已经为此客户端创建过Session，服务器就根据SessionId把这个Session检索出来使用，若检索不到，则会新建一个。如果客户端请求不包含SessionId，则为此客户端创建一个Session并且生成一个与此Session相关联的SessionId，SessionId的值应该是一个既不会重复，又不容易被找到规律以仿造的字符串，这个SessionId将被在本次响应中返回给客户端保存。保存这个SessionId的方式可以采用Cookie，这样在交互过程中客户端可以自动的按照规则把这个标识发给服务器。一般这个Cookie的名字是类似SessionId的。但Cookie可以被人为地禁止，则必须有其他机制实现在Cookie被禁止时仍然能够把SessionId传递给服务器。经常被使用的一种技术叫作URL重写，就是把SessionId直接附加在URL的后面。还有一种技术叫作表单隐藏字段，就是服务器会自动修改表单，添加一个隐藏字段，以便在表单提交时能够把SessionId传递给服务器。

Session的实现方式：

（1）客户端发起请求；

（2）服务器检查Header，发现没有Cookie，则生成SessionId；

（3）服务器返回报文中，增加Set-Cookie字段，把SessionId带上发给客户端；

（4）客户端收到报文并存储SessionId，下次发送时带上该值；

（5）服务器读取SessionId，通过SessionId我们可以得到对应用户的隐私信息，如id、email。

我们简单总结一下。

- Cookie：服务器通过返回报文的Header中的Set-Cookie字段带给客户端一串字符串，客户端每次访问相同域名的网页时在请求中加上这串字符串，服务器可以通过这串字符串去读取客户端的信息。客户端要在一段时间内保存这个 Cookie，Cookie 默认在用户关闭页面后就会失效，但是后台代码可以任意设置 Cookie 的过期时间。

- Session：将 SessionId 通过 Cookie 发给客户端，客户端访问服务器时，服务器读取 SessionId。服务器有一块内存保存了所有的 Session，通过 SessionId 可以得到对应用户的隐私信息。

Session 和 Cookie 的区别是，Cookie 存储在客户端，Session 则存储在服务器上。Session 和 Cookie 的联系是，它们都是为了实现 HTTP 请求带上客户端状态的方法，并且 Session 大多数情况下都是依赖 Cookie 来传递 SessionId。

另外，我们需要注意两种方式对服务器压力的不同，Session 是存储在服务器上的，每个用户都会产生一个 Session。假如并发访问的用户十分多，会产生很多的 Session，耗费大量的内存。而 Cookie 存储在客户端，不会占用服务器资源。这点在做性能测试的时候务必留意，作者之前遇到过一个性能内存问题就是由不断建立 Session 导致内存溢出。